嵌入式系统原理与应用
——基于 Linux 和 ARM

蒋建春　曾素华　林　峰　编著

U0290881

电子工业出版社
Publishing House of Electronics Industry
北京·BEIJING

内 容 简 介

本书基于典型的 ARM 处理器和 Linux 嵌入式系统讲解嵌入式系统基本原理、软件架构和应用设计等相关知识。基于长期的嵌入式系统开发和教学经验，作者从嵌入式系统研发初学者角度出发，以掌握嵌入式系统设计需要的基础知识、软件架构、设计方法等为目标，将嵌入式系统的基础与原理、软件架构、实践编程方法和嵌入式系统实际应用开发结合起来，形成一套完整的嵌入式系统原理、设计与开发的教学内容。本书结构合理、层次清晰，易于理解和学习，主要内容包括：嵌入式系统基础，Linux 操作系统基础与内核，Linux 驱动程序结构、开发与典型驱动程序开发实例，Linux 系统移植与应用程序开发实例等。

本书可供高等学校计算机、电子工程、自动化与控制类等专业的本科高年级学生作为教学参考书使用，也可供人工智能、机器人、智能网联汽车等相关专业方向的硕士研究生参考。

图书在版编目（CIP）数据

嵌入式系统原理与应用：基于 Linux 和 ARM / 蒋建春，曾素华，林峰编著. —北京：电子工业出版社，2022.9
ISBN 978-7-121-44281-0

Ⅰ. ①嵌…　Ⅱ. ①蒋…　②曾…　③林…　Ⅲ. ①Linux 操作系统－高等学校－教材②微处理器－系统设计－高等学校－教材　Ⅳ. ①TP316.85②TP332.021

中国版本图书馆 CIP 数据核字（2022）第 167020 号

责任编辑：窦　昊
印　　刷：北京七彩京通数码快印有限公司
装　　订：北京七彩京通数码快印有限公司
出版发行：电子工业出版社
　　　　　北京市海淀区万寿路 173 信箱　邮编　100036
开　　本：787×1 092　1/16　印张：23.75　字数：608 千字
版　　次：2022 年 9 月第 1 版
印　　次：2025 年 1 月第 5 次印刷
定　　价：69.00 元

凡所购买电子工业出版社图书有缺损问题，请向购买书店调换。若书店售缺，请与本社发行部联系，联系及邮购电话：（010）88254888，88258888。

质量投诉请发邮件至 zlts@phei.com.cn，盗版侵权举报请发邮件至 dbqq@phei.com.cn。

本书咨询联系方式：（010）88254466，douhao@phei.com.cn。

序　言

　　嵌入式系统技术在大多数行业都得到了广泛应用，行业对嵌入式系统开发人才的需求逐年增加。面向嵌入式系统开发的参考书籍与教材也是百花齐放、种类繁多。对于高校教师和学生，选择一本符合本专业培养目标的教材是一件比较困难的事。对于老师，既要考虑学生能够容易理解、掌握嵌入式系统原理和关键知识点，又要能够培养学生的实践和创新能力，这一点通过一本教材的内容是很难在有限的时间里办到的。对于初学者，需要一本好的参考书，这本书既能够系统地把嵌入式系统相关的知识说清楚，又能引导初学者学到有用的知识和技能，掌握嵌入式系统的学习方法，为后续学习打下良好的基础。嵌入式系统课程本身就是一门多学科交叉的课程，涵盖了电子技术、微机原理、高级编程语言、操作系统等课程内容，还涉及实践编程环节。要想在一本参考书中把所有这些知识都讲清楚是一件非常难的事。同时，不同读者的基础不同，学习需求也不一样。因此，针对电子信息专业类初学者，作者经过多年教学总结和科研成果，从应用开发和初学者的角度，结合嵌入式系统的关键技术原理编著本书，力求以最简洁的内容讲解嵌入式系统原理及开发相关的主要知识，把嵌入式系统相关知识结合具体操作系统和处理器进行分析讲解，让读者既能够学到嵌入式系统原理知识，又能够掌握具体的嵌入式系统软件开发方法，以便后续能够持续学习。

　　随着设备智能化、网联化的推广，基于 ARM 处理器和 Linux 的嵌入式系统开发越发广泛，对 Linux 的嵌入式开发人才需求量越来越大。鉴于此，本书以成熟的 ARM 处理器和 Linux 内核为基础，结合嵌入式系统基础知识和模块原理，对系统启动、驱动程序、嵌入式系统软件框架和实现难点进行分析，然后以具体实例进行讲解。

　　全书共 10 章。第 1 章讲解嵌入式系统基本概念、基础知识、嵌入式可执行代码生成流程与代码结构、交叉开发模式等内容；第 2 章结合嵌入式处理器基础知识，讲解 ARM 处理器的体系架构、编程模型、内存管理与异常处理等内容，为系统启动、内核移植与驱动程序开发等内容的理解打下基础；第 3 章主要讲解操作系统基础知识、Linux 文件系统与模块机制等内容，为后续 Linux 内核的学习打下基础；第 4 章主要讲解 Linux 的内核结构、进程管理、内存管理、虚拟文件系统、进程间通信等几个方面，分析 Linux 内核各模块的作用与工作原理，为驱动程序与应用程序开发学习提供支撑；第 5 章主要讲解 Linux 设备驱动程序结构，重点分析内核设备模型、驱动程序结构、platform 总线与设备管理、设备树等内容，为后续字符设备与块设备驱动程序的学习打下理论基础；第 6 章首先分析字符设备的驱动程序结构、关键的数据结构和模块注册与卸载方法；然后以基于 GPIO 的 LED 驱动程序和基于 platform 总线的 UART 驱动程序为例，讲解典型字符设备驱动程序的主要开发流程、程序编写方法和关键数据操作；第 7 章针对块设备驱动程序的编写方法进行分析，从内核关键数据结构、操作传递过程分析讲解块设备驱动程序的主要软件结构层次、数据结构与重要函数接口、块设备管理与操作，然后以 RAM 驱动程序为例，分析说明块设备驱动程序的实现步骤与方法；第 8 章主要介绍网络设备驱动设计方法，首先分析网络设备驱动程序的数据结构、管理和控制操作方法等，然后以太网设备驱动程序为例讲解网络设备的驱动程序结构与编写方法；第 9 章主要讲解 Linux 移植与系统启动，该部分内容是 Linux 应用的一个难点，主要涉及系统启动、内核裁剪、根文件系统移植等部分，搭建 Linux 程序正常运行的基本环境；第 10 章首先综合分析程序、进程与线程的关系，讲解线程管理方法；然后以 OBU 应用编程为例，讲解 Linux 应用层软件结构、开发的流程、进程与线程的创建方法、进程与线程的通信编程等，为读者提供应用程序开发样例。

在编排方面，整本书先分析讲解模块结构与原理，然后结合软件结构分析讲解实例，并将理论与应用实践充分结合起来，让初学者从粗到细、从原理到实例进行学习，这样更容易掌握和理解嵌入式系统关键知识和程序编写方法。

我们对参与资料整理的何浩、李振东、罗小龙、马万路、梁大彬、曾鑫、赵健宽、杨谊、王建军、林家瑞、连皓宁、王章琦、李蔚敏等同学表示感谢！同时感谢重庆邮电大学自动化学院的领导、自动控制与机器人工程系的同事，感谢他们在本书编著过程中给出的宝贵建议和无私帮助。编著过程中，我们参考了大量网上资料和文献，通过这些参考资料，我们能够以浅显的描述使本书内容在一些细节上更加完美，对这些文献作者的支持和贡献表示感谢！

虽然我们在编著过程中力求完美，但书中难免存在不足和错误，请读者给予指正和建议。在此，我们表示衷心的感谢！

编著者

目　　录

第1章 嵌入式系统基础

本章从嵌入式系统应用需求出发，对嵌入式系统的定义、特点、分类及发展趋势进行介绍，然后介绍嵌入式计算机部分的系统组成结构、嵌入式处理器与嵌入式操作系统等内容。通过这些内容，让读者在总体上了解嵌入式系统基本概念和基础知识，建立学习兴趣，为后续学习打下基础。

1.1 嵌入式系统概述

1.1.1 嵌入式系统基本概念

嵌入式系统一般指的是非 PC 系统、具有计算机功能但又不被称为通用计算机的设备或器材。它是以应用为中心、软硬件可缩扩的，满足应用系统对功能、可靠性、成本、体积、功耗等综合性要求的专用计算机系统；主要由嵌入式处理器、支撑硬件、嵌入式操作系统及应用软件系统等组成。

与通用型计算机系统相比，嵌入式系统具有功耗低、可靠性高、功能强大、性价比高、实时性强、占用空间小、效率高等特点，主要面向特定应用，可根据应用要求灵活定制。

嵌入式系统应用广泛，几乎可见于生活中的所有电器设备，如电视机顶盒、智能手机、智能电视、智能汽车、机器人、智能家居系统、电梯、安全系统、自动售货机、工业自动化仪表、医疗仪器、无人机与航空设备等。

1. 嵌入式系统的历史

从 20 世纪 70 年代单片机的出现开始，到今天各式各样的嵌入式微处理器、微控制器的大规模应用，嵌入式系统已经有了近 50 年的发展历史。特别是近年来微电子技术和软件技术的发展使得硬件成本大大降低，嵌入式操作系统得到快速发展，软件的开发效率大大提高，嵌入式系统得到广泛应用。

一个系统，往往是在硬件和软件交替发展的双螺旋支撑下逐渐趋于稳定和成熟的，嵌入式系统也不例外。嵌入式系统的出现最初是基于单片机的，20 世纪 70 年代单片机的出现，使得汽车、家电、工业机器、通信装置以及成千上万种产品，可以通过嵌入电子装置来获得更佳的使用性能，更容易操作、性能更好、价格更便宜。这些装置初步具备了嵌入式的应用特点，但是这时的应用只是使用 8 位的芯片、执行一些单线程的程序，没有操作系统的参与，还谈不上"系统"的概念。

从 20 世纪 80 年代早期开始，嵌入式系统的程序员开始基于商业级的"操作系统"编写嵌入式应用软件，这样可以获取更短的开发周期、更低的开发资金和更高的开发效率，"嵌入式系统"真正出现了。确切地说，这时的操作系统是一个实时内核，这个实时内核包含了许多传统操作系统的特征，包括任务管理、任务间通信、同步与互斥、中断支持、内存管理等功能。比较著名的有雷迪系统公司（Ready System，已被 Mentor Graphics 公司收购）的 VRTX（Versatile Real-Time Executive，多工实时执行系统）、综合系统公司（Integrated System Incorporation，ISI）的 PSOS、风河公司（现已被 Intel 收购）的 VxWorks、黑莓公司的 QNX 等。这些嵌入式操作系统都具有嵌入式的典型特点：采用占先式的调度，响应时间很短，任务执行时间可以确定；系统内核很小，具有可裁剪、可扩充和可移植性，可以移植到各种处理器上；较强的实时性和可靠性，适合嵌入式应用。这些嵌入式实时多任务操作系统的出现，使得应用开发人员得以从小范围开发的束缚中解放出来，也使嵌入式有了更为广阔的应用空间。

20 世纪 90 年代以后，随着对实时性和交互性要求的提高，软件规模不断变大，嵌入式操作系统作为一种软件平台逐步成为嵌入式系统的主流。更多的公司看到了嵌入式系统的广阔发展前景，开始大力发展自己的嵌入式操作系统。除上面的几家公司外，出现了 Palm OS、Linux、Lynx、Nucleus 以及国内的 Hopen、Delta OS 等嵌入式操作系统。随着嵌入式技术与软件技术的发展，不断涌现新的嵌入式操作系统。

随着人工智能的兴起，针对机器人、移动智能终端、智能汽车、智能交通等应用的需要，具有更加强大应用开发支持库的操作系统 Linux 的生命力显得更加旺盛。基于 Linux 内核开发的嵌入式操作系统也在不断发展壮大，如 Android、iOS、ROS 等。这些操作系统为开发者提供更加丰富的开发资源，为用户提供更加人性化的应用体验，基于嵌入式操作系统研发的产品大大改善了人们的生活。

2. 嵌入式系统的定义

根据 IEEE 的定义，嵌入式系统是"控制、监视或辅助装置、机器和设备运行的装置"（devices used to control, monitor, or assist the operation of equipments, machinery or plants）。这主要是从应用上加以定义的，从中可以看出嵌入式系统是软件和硬件的综合体，还涵盖机械等附属装置。

不过，上述定义并不能充分体现嵌入式系统的精髓。目前，国内一个普遍被认同的定义是：以应用为中心、以计算机技术为基础、软件硬件可裁剪，满足应用系统对功能、可靠性、成本、体积、功耗严格要求的专用计算机系统。

参考这个定义，可从几个方面来理解嵌入式系统：

（1）嵌入式系统是面向用户、面向产品、面向应用的，它必须与具体应用相结合才具有生命力和优势。因此，可以这样理解上述三个面向的含义，即嵌入式系统是与应用紧密结合的，具有很强的专用性，必须结合实际系统需求进行合理的利用。

（2）嵌入式系统是先进的计算机技术、半导体技术和电子技术与各行业的具体应用相结合的产物，这一点决定了它必然是一个技术密集、资金密集、高度分散、不断创新的知识集成系统。所以，为了满足嵌入式系统行业需求，嵌入式系统必须有正确的定位。例如，Android 之所以在智能手机领域占有 70% 以上的市场，就是因为其立足于移动电子设备，着重发展图形界面和系统功能，提供完善技术支持，提供开放性和免费服务，是一个对第三方软件完全开放的平台，开发者在其上开发程序时拥有更大的自由度。而 Wind River 公司的 VxWorks

之所以在火星车上得以应用，则是因为其具有高实时性和高可靠性，以及完善的开发平台。

（3）嵌入式系统必须能够根据应用需求对软硬件进行裁剪，满足应用系统的功能、可靠性、成本、体积等要求。所以，如果能建立相对通用的软硬件基础，然后在其上开发出各种需要的系统，就是一种比较好的发展模式。目前的实时嵌入式系统的核心往往是一个只有几千字节（KB）到几十千字节的微内核，需要根据实际进行功能扩展或裁剪。即使应用在嵌入式系统中的 Linux、VxWorks 这类操作系统，相对于 PC 的 Windows 操作系统，其内核也小得多，可以根据具体需求进行功能配置。

实际上，嵌入式系统本身的外延极广，凡是与产品结合在一起、具有嵌入式特点的控制系统都可以称为嵌入式系统，有时很难给它下一个准确的定义。现在，人们在讲嵌入式系统时，某种程度上指的是具有操作系统的嵌入式系统，本书在进行嵌入式系统描述时，也沿用这一说法。

嵌入式系统一般指非 PC 系统，包括硬件和软件两部分。硬件包括嵌入式处理器、存储器，以及外设器件和 I/O 接口、图形控制器等，软件包括操作系统和应用程序编程。有时，设计人员把这两种软件组合在一起。应用程序控制着系统的运作和行为；而操作系统提供应用程序与硬件交互的接口，起着屏蔽硬件差异性和提供资源管理的作用。

总的说来，嵌入式系统是以应用为中心，以计算机技术为基础，软/硬件可定制，适用于各种应用场合，对功能、可靠性、成本、体积、功耗有严格要求的专用计算机系统。嵌入式计算机一般由嵌入式处理器及外围硬件设备、嵌入式操作系统以及用户的应用程序等部分组成，用于实现对其他设备的控制、监视或管理等功能。

3．嵌入式系统特点

嵌入式系统是微电子学、计算机科学、电子学、对象科学等学科的交叉和融合，微电子学为电子材料、工艺、集成电路以及芯片提供支持，用于嵌入式产品硬件电路的制造；计算机科学和电子学是核心，计算机科学为嵌入式系统提供计算机工程方法、基础软件、集成开发环境软件工具，电子学为嵌入式提供系统设计方法、电路理论等；对象科学是各个应用对象所涉学科的综合，是与嵌入式产品最终应用相关的学科，如汽车、消费类电子产品、医疗和军事航天等。

嵌入式系统的应用越来越广泛，这是因为嵌入式系统具有功能特定、规模可变、扩展灵活、有一定的实时性和稳定性、系统内核较小等特点。

（1）功能特定性。

嵌入式系统的个性化很强，软件和硬件的结合紧密，一般都针对具体硬件进行系统的移植，同时针对不同的任务，系统软件也需要进行配置修改，程序的编译下载要和具体硬件系统相结合。

应该说，所有的嵌入式系统基本上都具有一些特定的功能。嵌入式系统的这个特性，要求设计者在实际设计嵌入式系统时一定要做详尽的需求分析，把系统的功能定义清晰，真正了解客户的需求是做好设计的前提。另外，在系统中增加一些不必要的功能，是开发时间与开发经费的浪费，带来系统整体性价比的降低，同样会带来系统成本和功耗的增加。

（2）规模可变性。

这里的规模可变指的是嵌入式系统主要是以嵌入式处理器与周边器件构成核心的，其硬件和软件规模可以变化。嵌入式处理器可以从 8 位到 16 位、到 32 位甚至到 64 位。正是基于这个特点，推荐嵌入式系统开发工程师在实际开发过程中，先设计与调试系统中基本不会变的那部分——通常是指嵌入式处理器的核心电路部分，也就是本书中提到的核心板部分，然后根据实际的应用扩展其外围接口。当然，这里的规模可变也和具体应用有很大关系。嵌入式处理器内部集成的外围接口丰富，使得一般的嵌入式系统具有很强的规模可伸缩性。嵌入式系统的这个特点给开发人员在系统设计过程中带来了很大的灵活性。

早期的嵌入式系统，系统软件（如操作系统、文件系统等，见 1.2.1 节）和应用软件之间没有明显的区分，不要求其功能的设计过于复杂。不过，这也带来了开发上的不便，也就是说，如果不把系统软件和上层应用软件区分开，每次修改软件时都要把系统软件和上层软件一起编译调试，带来开发时间的浪费。因此，现在的嵌入式系统，系统软件与应用软件一般是分开的，方便移植和裁剪。在系统软件方面，开发者可以根据具体应用的需要，对系统软件，如文件系统、GUI 等，进行裁剪编译。

（3）实时性与稳定性。

嵌入式系统通常对实时性和稳定性有一定的要求。实时性的嵌入式软件是嵌入式系统的基本要求，所谓实时性，是指外部有事件发生时，运行于该系统的应用程序在最短时间内对该事件做出一系列动作。最短时间越短，实时性越高，系统的实时性越好。稳定性是嵌入式系统的生命线，系统稳定性是指系统在环境变化影响下的可靠运行程度，一般用持续正常运行时间进行描述。嵌入式系统的稳定性保障要从硬件与软件两个方面来考虑，是一个复杂的工程问题。工控领域中应用的嵌入式系统对实时性和稳定性的要求更高，这样的设备通常是不间断地运行的，需要面对较为恶劣的温度和湿度环境。

（4）操作系统内核小。

嵌入式系统一般应用于小型电子装置，正是嵌入式系统应用的特殊性，系统资源相对有限，才使得嵌入式系统在实时性、功耗、体积、存储空间上都有所限制，要求嵌入式系统操作内核比传统的操作系统小得多，从几千字节（KB）到几百兆字节（MB）不等。嵌入式操作系统内核较小的有 μC/OS、Nucleus、FreeRTOS，以及基于 OSEK 规范的汽车 ECU 实时操作系统等；相对较大的有 Linux、QNX、VxWorks 等操作系统，其内核也可以裁剪到只有几十兆字节，比 PC 上运行的其他操作系统规模小得多。

（5）具有专门的开发工具和开发环境。

由于资源的限制，嵌入式系统本身一般不具备安装程序开发、编译、调试工具与环境的条件，必须有一套开发工具和环境才能进行开发，这些工具和环境一般是基于通用计算机的软、硬件设备，以及各种仪器仪表等。开发时一般分为主机（Host）和目标机（Target）两个概念，主机用于程序开发，目标机作为执行机。通常在主机上建立基于目标机的编译环境，编译目标机要运行的代码，然后把编译出来的可执行二进制代码，通过主机和目标机之间的某种通信接口与协议传输到目标机上进行烧录和运行。

1.1.2　嵌入式系统的分类

嵌入式系统种类繁多，应用于生活中的各方面，如智能手机、光猫、数字机顶盒、无线路由器、智能冰箱、空调、洗碗机等中都有嵌入式系统。按照不同的方法，嵌入式系统可以进行不同的分类。

1. 按嵌入式系统的实时性分类

根据嵌入式系统的定义可知，嵌入式系统对实时性存在要求。不同的应用对嵌入式系统的实时性要求存在差别，按照实时性的不同，可将嵌入式系统分为软实时系统和硬实时系统两类。

1）软实时系统

软实时系统的时限是柔性灵活的，可以容忍偶然的超时错误；失败造成的后果并不严重，仅仅是减小了系统的吞吐量。确切地说，软实时系统就是那些从统计的角度来说，一个任务能够得到确保的处理时间，到达系统的事件也能够在截止期限前得到处理。但违反截止期限并不会带来致命的错误。实时多媒体操作系统就是一种软实时系统。基于 Linux 的嵌入式系统是典型的软实时系统，尽管在 RTLinux 里面对系统的调度机制做了很好的提高，使得实时性能也提高了很多，但 RTLinux 是一个软实时系统。基于 WinCE 的嵌入式系统也是软实时系统。

2）硬实时系统

硬实时系统是指系统要确保在最坏情况下的服务时间，即事件响应时间的截止期限必须得到满足。比如，航天中宇宙飞船的控制等就是这样的系统。硬实时系统要求系统运行有一个刚性的、严格可控的时间限制，不允许任何超出时限的错误发生。超时错误会带来损害甚至导致系统失败，或者导致系统不能实现预期目标。基于 VxWorks、μC/OS、eCOS、Nucleus、QNX、OSEK 等操作系统的嵌入式系统是硬实时系统。

2. 按嵌入式系统的应用领域分类

嵌入式系统技术具有非常广阔的应用前景，可应用在消费类电子产品、控制领域、网络设备、医疗与生物电子、国防工业和航空航天等方面，如表 1.1 所示。

表 1.1　嵌入式系统应用领域举例

应 用 领 域	应 用 实 例
消费类电子产品	智慧家电、智能玩具、智能手机、AI 摄像机等
控制领域	工控设备、智能仪表、汽车电子、智慧农业、机器人、无人机等
网络设备	路由器、V2X 路侧通信终端、5G 基站、高精度定位基站等
医疗与生物电子	智能检测仪器、指纹打卡机、红外温度仪、人脸识别机等
国防工业	侦测无人机、全地形机器人、无人战车、无人舰艇等
航空航天	火箭主控系统、卫星、卫星信号测控系统、月球车等

下面介绍几种典型的嵌入式产品。

1）消费类电子产品

嵌入式系统在消费类电子产品应用领域的发展最为迅速，而且在这个领域中，嵌入式处理器的需求量最大。智能嵌入式电子设备进入人们的生活与工作，不断丰富人们的生活，给人们带来便利，消费类电子产品已经成为现实生活中必不可少的一部分。大家最熟悉的莫过于智能手机、数码相机、平板电脑等，如图 1.1 所示。

图 1.1　常用消费类电子产品

这些消费类电子产品中的嵌入式系统一般含有嵌入式应用处理器、一些外围接口及一套基于操作系统的嵌入式软件等。以数码相机为例，它有一个 CCD 图像传感器，A/D 器件把图像的模拟信号转换成数字信号，送到嵌入式应用处理器进行适当的处理，再通过嵌入式处理器实现图像在 LCD 上的显示、在 SD 卡或 MMC 卡上的存储等。

随着嵌入式技术的发展，嵌入式产品与人们生活的联系越来越紧密。生活中我们会接触到一些智能的家电设备，比如智能电视、智能冰箱、机顶盒、智能电灯、服务机器人等。通常，在典型的智能家居系统中，不同嵌入式系统扮演不同的角色，智能家居集中控制器、红外转发设备、蓝牙转发设备、无线路由器等，它们主要负责信号的接收与转发，具有通用性；组成家庭智能控制系统的还包括终端设备，如电视、冰箱、摄像头、电动窗帘、烟雾检查报警器、智能开关等。由这些接收转发设备和终端设备共同组成智能家居控制系统，而这些设备都具有嵌入式系统的特征。图 1.2 给出一个典型的智能家居控制系统的示意图。

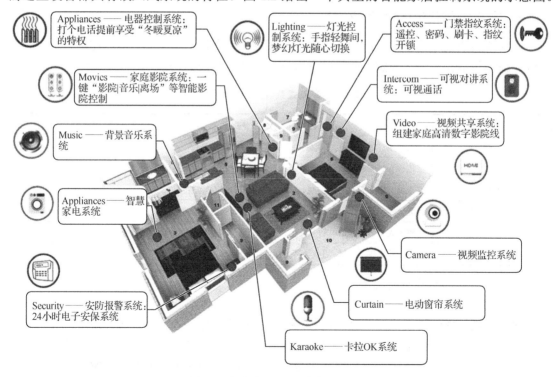

图 1.2　智能家居控制系统的示意图

2）控制领域嵌入式产品

控制领域嵌入式产品可能离我们的日常生活有点远，对于设备研发人员来说却是实验室里的必备工具，如智能仪表、智能检测仪、网络分析仪、热成像仪等，图 1.3 给出一些产品实例。通常，这些嵌入式产品中都有一个应用处理器和一个运算处理器，可以完成一定的数据采集、分析、存储、打印、显示等功能。这些产品对开发人员的帮助很大，是开发人员的"助手"。

  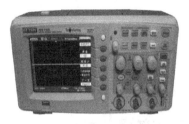

图 1.3　智能仪表嵌入式产品

众所周知，嵌入式系统有体积小、功耗低、集成度高、子系统间能进行通信融合等优点，这决定了它非常适合应用于汽车工业领域。随着汽车技术的发展以及微处理器技术的进步，嵌入式系统在汽车电子技术中得到广泛应用，如图 1.4 所示。目前，从车身控制、底盘控制、发动机管理、主被动安全系统到车载娱乐、信息系统，都离不开嵌入式技术的支持。例如，防抱死系统（ABS）、驱动防滑系统（ASR）、电子稳定控制系统（ESC）、高级驾驶辅助系统（ADAS）等都是嵌入式系统。汽车嵌入式系统大大提高了汽车电子系统的实时性、可靠性和智能化程度。

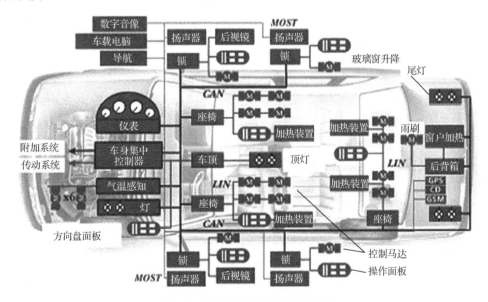

图 1.4　汽车控制系统嵌入式设备

此外，嵌入式技术在机器人、工业控制等领域也得到广泛应用。嵌入式系统的大量应用给嵌入式系统开发人员带来众多机遇。

3）国防工业嵌入式产品

国防武器设备是应用嵌入式系统设备较多的领域之一，如雷达识别、军用数传电台、电子对抗设备、无人战车等，相关产品如图 1.5 所示。在国防军事领域使用嵌入式系统典型案例是美军在海湾战争中采用的一套 Ad hoc 自组网作战系统。利用嵌入式系统设计开发了 Ad hoc 设备，安装在直升机、坦克、移动步兵身上，构成一个自愈合、自维护的作战梯队。这项技术现在发展成为 Mesh 技术，同样依托于嵌入式系统的发展，已经广泛应用于民用领域，如消防救火、应急指挥等。

图 1.5　国防武器设备嵌入式产品

4）医疗与生物电子嵌入式产品

目前，医疗与康复设备越来越智能化，这离不开嵌入式系统的支持。医院的核磁共振检测仪、肠胃镜监测装置等医疗电子设备（如图 1.6 所示），通过智能化医疗设备可以更准确和实时地监测病人的病理情况。同时，面向行动不便及老人需求的康复设备也越来越多，如便携式血压监测仪、自动护理设备、智能轮椅等，通过感知监测、人机交互、远程诊断、自动护理等功能，为康复病人提供更周到、更智能的服务，减少人工负担。

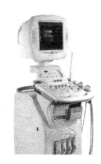

图 1.6　医疗电子嵌入式产品

指纹识别、声纹识别、人脸识别、生物传感器数据采集等应用中也广泛采用嵌入式系统，如图 1.7 所示。现在，环境监测已经成为人类突出要面对的问题，可以想象，随着技术的发展，将来的空气中、河流中都可能存在很多微生物传感器，这些设备在实时地监测环境状况，并实时地把这些数据传送到环境监测中心，避免发生更多的环境污染问题。这也许就是将来融合在我们生存环境中的一个无线环境监测传感器网。

图 1.7　生物电子嵌入式产品

1.1.3　嵌入式系统的现状和趋势

1. 嵌入式系统的现状

嵌入式系统是一种专用的计算机系统，作为装置或设备的一部分，嵌入式系统通常是一个控制程序，存储在嵌入式处理器控制板的 ROM 上。事实上，所有带有数字接口的设备，如智能手表、微波炉、数字电视、智能汽车等，都使用嵌入式系统。当前，除了少数领域的嵌入式设备是由单个程序实现控制逻辑的，大多数嵌入式系统都基于操作系统的应用程序实现嵌入式系统复杂的功能。

近年来嵌入式技术飞速发展，嵌入式产业涉及的领域也越发广泛，如手机、车载导航、工控、军工、多媒体终端等。随着信息化、智能化、网络化的发展，嵌入式技术将获得广阔的发展空间，网络化与智能化已成为嵌入式设备的共同发展方向。在通信领域，数字技术全面取代模拟技术。作为个人移动的数据处理和通信助手，4G/5G 手机、平板电脑等，不仅可以实现可视电话，还可以实现看电视、上网等功能。在广播电视领域，模拟电视向数字网络电视转变，支持 4K/8K 的数字机顶盒，采用的核心技术就是 32 位以上芯片的嵌入式技术。在汽车领域，基于环境感知的智能网联汽车逐渐成为主流。上述产品都离不开嵌入式技术。嵌入式设备具有自然的人机交互界面，手写文字输入、语音识别、手势识别、图像实时传输等成为现实。

对于企业专用解决方案，如物流管理、条码扫描、移动信息采集、状态实时监测等，小型手持嵌入式产品将发挥巨大的作用。在自动控制领域，嵌入式技术不仅用于 ATM 机、自动售货机、工业机器人等专用设备，结合移动通信技术、导航定位技术、视觉与雷达感知技术等，嵌入式系统同样发挥巨大的作用。

在硬件方面，不仅有各大公司的微处理器芯片，还有用于学习和研发的各种配套开发包。目前，底层系统和硬件平台已经相对比较成熟，各种功能的芯片应有尽有。

在软件方面，也有相当数量的成熟软件系统。在多媒体处理方面，Linux、iOS、Android、HarmonyOS 等操作系统的不断完善，为嵌入式多媒体设备提供更完善、更复杂的功能。在实时系统方面，国外商品化的嵌入式实时操作系统，已进入我国市场的有 WindRiver、QNX 和 Nucleus 等公司的产品。我国自主开发的嵌入式系统软件产品，包括华为的 HarmonyOS（鸿蒙 OS）、科银（CoreTek）公司的嵌入式软件开发平台 Delta OS、凯思公司的 Hopen OS（女娲计划）、中科院的 Hopen 嵌入式操作系统、上海普华的 Reworks OSEK OS 等。嵌入式系统是研究应用热点，可以在网上找到各种各样的免费资源，从各大厂商的开发文档到各种驱动程序源代码，甚至很多厂商还提供微处理器的样片。这对于我们的研发工作无疑是个资源宝库。对于软件设计，不管是入门还是进一步开发，相对来说都比较容易。这就使得初学者能够比较快地进入研究状态，利于发挥大家的创造性。

今天，嵌入式系统带来的工业年产值已超过 1 万亿美元。在国内，数字电视、机顶盒、信息家电、物联网设备、车联网设备、智能手持终端更成了 IT 产业的热点，而实际上这些都是嵌入式系统在特定环境下的应用。据调查，目前国际上有两百多种嵌入式操作系统，各种开发工具、应用于嵌入式开发的仪器设备更是不可胜数。我国拥有众多嵌入式设备生产企业和广阔的应用市场，嵌入式系统发展的空间真是无比广大。

2. 嵌入式系统的发展趋势

信息时代、数字时代使得嵌入式产品获得了巨大的发展契机，为嵌入式市场展现了美好的前景，也对嵌入式生产厂商提出了新的挑战，从中可以看出嵌入式系统的发展趋势。

（1）完善的平台化开发工具支持和生态。嵌入式开发是一项系统工程，因此嵌入式系统厂商不仅要提供嵌入式软硬件系统本身，还要提供强大的软件硬件开发平台工具和软件包支持。

目前，很多厂商已经充分考虑到这一点，在主推系统的同时，将开发环境作为重点进行推广。比如，三星、意法半导体、NXP 等公司，在推广 ARM 芯片的同时提供开发板和 BSP，VxWorks 的 Tonado 开发环境、QNX 的 Momentics IDE、HarmonyOS 的 DevEco Studio 编译环境等都是这一趋势的典型体现。当然，这也是市场竞争的结果。

此外，建立完善的生态也是嵌入式系统发展的关键。一些大的开发平台，如 iOS、Android、HarmonyOS 等，除了提供完善的开发工具，还与广大应用程序开发人员一起，基于平台开发出面向不同处理器、不同应用领域的组件与应用，满足人们的需要。

（2）设备功能的智能化。随着技术的不断发展，以往功能单一的设备如固定电话、手机、冰箱、微波炉、电视机等，结构更加复杂、功能更加完善。这就要求芯片设计厂商在芯片上集成更多的功能。为了满足应用功能的升级，设计师一方面采用更强大的嵌入式处理器（如 32/64 位处理器、DSP、GPU 等器件）增强处理能力，另一方面增加扩展功能接口，如 USB、CAN、I^2C、LVDS 等。在软件方面，采用多任务编程技术和交叉开发工具来控制功能复杂性，简化应用程序设计、保障软件质量、缩短开发周期。

随着处理器功能与性能的提高和人工智能的不断发展，在嵌入式系统中加载人工智能算法，加强对多媒体、图形等的处理，通过深度强化学习实现复杂环境感知识别和决策控制。人工智能与嵌入式技术的结合，在机器人、智能汽车、智能交通等领域大放异彩。

（3）网络互联成为必然趋势。随着 Internet 的成熟、带宽的提高，特别是无线通信技术的成熟与应用，为了适应网络发展的要求，未来的嵌入式设备必然要求硬件提供各种网络通信接口。

传统的单片机网络支持不足，而很多新一代的嵌入式处理器已经开始内嵌网络接口，也可以通过扩展通信模组来支持有线或无线通信要求。基于操作系统的嵌入式系统开发支持 TCP/IP 网络协议，有的还支持 IEEE 1394、USB、CAN、蓝牙或 IrDA 通信接口中的一种或几种，同时提供相应的通信组网协议软件和物理层驱动软件。在软件方面，系统内核支持网络模块，甚至可以在设备上嵌入 Web 浏览器，真正实现随时随地用各种设备上网。快速发展的物联网技术及设备就是一个很好的证明。

（4）精简系统内核、优化应用算法，降低功耗和软硬件成本。嵌入式产品是软硬件紧密结合的设备，为了降低功耗和成本，设计者要尽量精简系统内核，只保留和系统功能紧密相关的软硬件，利用最少的资源实现适当的功能，这就要求设计者选用最佳的编程模型和不断改进算法，优化编译器性能。因此，要求软件人员既有丰富的硬件知识，又掌握先进的嵌入式软件技术。

（5）提供友好的人机交互方式。嵌入式设备能与用户亲密接触，最重要的就是它能提供非常友好的人机交互方式。丰富便捷的交互方式，使得人们感觉嵌入式设备就像是一位熟悉的老朋友。这要求嵌入式软件设计者在识别技术、显示界面、多媒体技术上多做工作。手写文字输入、语音识别输入、手势识别输入可以快速转换成文字与操作命令。基于 LED、LCD、OLED 等的显示技术为用户提供了更加丰富的显示手段。VR、AR 技术的发展，更为人机交互带来新的感受。

（6）嵌入式技术的开放性。为了提高嵌入式产品的开发效率，缩短开发周期，提高嵌入式产品的可互换性，嵌入式技术逐渐向标准化、开放性方向发展。嵌入式软件架构、中间件技术、开发模式等都呈现出标准化/平台化趋势，如汽车电子的 AUTOSAR 规范，采用统一的基础软件架构和接口，提高应用软件的开发效率和互换性。基于 iOS、Android、HarmonyOS 等操作系统的应用程序开发逐渐实现了平台化开发模式，满足不同领域的功能应用需求，提高了软件的可重用性与设备的互操作性。嵌入式硬件接口朝标准化方向发展，如当前的主要硬件外设接口 I^2C、SPI、CAN、USB 等，在接口定义、通信协议等方面都进行了标准化。

同时，为促进行业发展，很多嵌入式操作系统进行了开源，以吸引更多的开发者共同完善软件功能，提供更加完备的功能模块。例如，Linux 就是遵循 GNU 的开源操作系统，谷歌公司开放 Android 系统源代码，华为也宣布对 HarmonyOS 进行开源。软件开源使得更多的开发者可以参与操作系统的优化和应用开发，以更低的成本促进软件的大规模应用推广。

1.2　嵌入式系统基础知识

嵌入式处理器是嵌入式系统的核心，是控制、辅助系统运行的硬件单元。嵌入式处理器类型范围极广，从目前仍在大规模应用的 8 位单片机，到广受青睐的 32 位、64 位嵌入式 CPU，以及未来发展方向之一的多核处理器。

目前，世界上具有嵌入式功能特点的处理器已经超过 1000 种，流行体系结构包括 MCU、MPU 等 30 多个系列。考虑到嵌入式系统广阔的发展前景，很多半导体制造商都大规模生产嵌入式处理器，公司自主设计处理器也已经成为嵌入式领域的一种趋势，其中，从单片机、DSP 到 FPGA，品种多样，从以前的单核向多核方向发展。运行速度越来越快，性能越来越强，价格也越来越低。根据现状及应用，嵌入式处理器分为微控制器、DSP、微处理器、图形处理器、片上系统等；按照指令集，嵌入式处理器可分为精简指令集处理器和复杂指令集处理器；按照存储结构，嵌入式处理器可分为冯·诺依曼结构和哈佛结构。

1.2.1 嵌入式系统基本组成

目前提及的嵌入式系统，一般指的是目标机的嵌入式计算机系统，主要包括硬件层、中间层、系统软件层和应用层 4 部分，如图 1.8 所示。嵌入式硬件主要包括提供嵌入式计算机正常运行的最小系统（如电源、系统时钟、复位电路、存储器等）、通用 I/O 接口和一些外设及其他设备。嵌入式系统中间层又称嵌入式硬件抽象层，主要包括硬件驱动程序（也简称为驱动）、系统启动软件等；嵌入式系统软件层为应用层提供系统服务，如操作系统、文件系统、图形用户接口等；而应用层主要是用户应用程序。

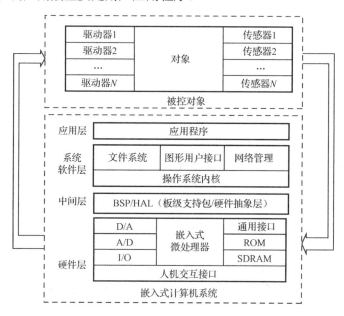

图 1.8　典型的嵌入式计算机系统组成

1. 硬件层

嵌入式计算机系统硬件通常指被控对象之外的、嵌入式系统要完成功能需具备的各种计算机系统设备，由嵌入式处理器、存储器、通用设备接口（A/D、D/A、I/O 等接口）和一些扩展外设组成。在嵌入式微处理器的基础上增加电源、时钟和存储器（ROM 和 RAM 等）等电路，就构成一个嵌入式计算机系统核心控制模块。其中，操作系统和应用程序都可以固化在 ROM 中。

嵌入式计算机系统的硬件层是以嵌入式处理器为核心的，最初的嵌入式处理器都是为通用目的而设计的，后来随着嵌入式系统应用的不断普及，出现了专用集成电路（Application-Specific Integrated Circuit，ASIC）或片上系统（System-on- Chip，SoC）。ASIC 是一种为具体任务而特定设计的专用电路，采用 ASIC 芯片可以提高性能、降低功耗和成本。SoC 意指它是一个产品，是一个有专用目标的集成电路，其中包含完整系统并有嵌入软件的全部内容。片上系统技术通常应用于小型的、日益复杂的消费类电子设备。例如，声音检测设备的片上系统，在单个芯片上提供包括音频接收端、模/数转换器（ADC）、微处理器、必要的存储器以及输入/输出逻辑控制等功能。

嵌入式系统外设是指为了实现系统功能而设计或提供的接口或设备。这些设备通过串行或并行总线与处理器进行数据交换，通常包括扩展存储器、输入/输出接口、人机交互设备、通信总线及接口、数模转换设备、控制驱动设备等。

2. 中间层

在以前的单片机系统中没有操作系统，软件的应用层直接调用底层软件进行操作。而在嵌入式系统中，操作系统的参与，要求底层软件必须按照操作系统规定的格式进行编写，介于硬件层与系统软件层之间，将硬件的细节进行屏蔽，便于操作系统调用，因此称为中间层，也称为硬件抽象层（Hardware Abstract Layer，HAL）或板级支持包（Board Support Package，BSP），它把系统软件与底层硬件部分隔离，使得系统软件与硬件无关，一般包括系统启动、硬件驱动程序和操作系统统一接口三部分，如图 1.9 所示。

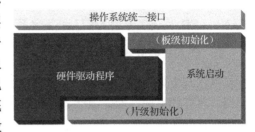

图 1.9　BSP 主要组成

3. 系统软件层

嵌入式系统软件层由多任务操作系统（Operating System，OS）、文件系统（File System，FS）、图形用户接口（Graphical User Interface，GUI）、网络系统（Network System，NS）及通用服务组件模块（如数据库、电源管理等）组成，主要为应用层提供标准编程接口，屏蔽底层硬件特性，降低应用程序开发难度，缩短应用程序开发周期。

4. 应用层

嵌入式应用层是应用软件，主要是针对特定应用领域，基于某一固定的硬件平台进行开发，用来达到用户预期目标的计算机软件。由于用户任务功能的复杂性和可靠性要求，有些嵌入式应用软件需要特定嵌入式操作系统的支持。嵌入式应用软件和普通应用软件有一定的区别，它不仅要求其准确性、安全性和稳定性等方面能够满足实际应用的需要，而且还要求尽可能地进行优化，以减少对系统资源的消耗，降低硬件成本。应用层由基于系统软件开发的应用软件程序组成，是整个嵌入式系统开发的重点，用来完成对被控对象的控制功能。

1.2.2　嵌入式处理器概述

嵌入式系统中的处理器（嵌入式处理器）种类较多，从应用的领域和特点可分为微控制器、微处理器、数字信号处理器（DSP）、图形处理器、片上系统等。

1. 嵌入式微控制器

和嵌入式微处理器相比，微控制器的最大特点是单片化，体积大大减小，功耗和成本下降、可靠性提高。微控制器是目前嵌入式系统工业领域的主流。微控制器的片上外设资源一般比较丰富，适用于控制，因此称为微控制器。

嵌入式微控制器的典型代表是单片机，从 20 世纪 70 年代末单片机出现到今天，虽然已经过 50 多年的历史，但这种 8 位的电子器件由于技术成熟、成本低，在一些嵌入式设备中仍有极其广泛的应用。单片机芯片内部集成 ROM/EPROM、RAM、总线、总线逻辑、定时/计数器、看门狗、I/O、串行接口（串口）、脉宽调制输出、ADC、DAC、Flash RAM、EEPROM 等各种必要功能和外设。随着以 ARM Cortex-M 系列为代表的新一代微控制器的推出，由于其更高的性价比，在控制领域逐渐取代 8 位、16 位单片机而得到广泛应用。

MCU 价格低廉、功能优良，所以拥有的品种和数量最多，较有代表性的包括 8051、MCS-251、MCS-96/196/296、P51XA、C166/167 以及 ARM Cortex-M 系列等，并且有支持 I^2C、CAN、LCD 及众多专用 MCU 和兼容系列。

2. 嵌入式微处理器

嵌入式微处理器是由通用计算机中的 CPU 演变而来的。它的特征是具有 32 位以上的处理器，具有较高的性能，当然其价格也相应较高。与计算机处理器不同的是，在实际嵌入式应用中，只保留和嵌入式应用紧密相关的功能硬件，去除其他的冗余功能部分，这样就以最低的功耗和资源实现嵌入式应用的特殊要求。和工业控制计算机相比，嵌入式微处理器具有体积小、重量轻、成本低、可靠性高的优点。

目前，主要的嵌入式处理器类型有 Am186/88、386EX、SC-400、PowerPC、68K、MIPS、ARM 系列等。

3. 嵌入式 DSP

DSP（Digital Signal Processor，数字信号处理器）是专门用于信号处理方面的处理器，其在系统结构和指令算法方面进行了特殊设计，具有很高的编译效率和指令的执行速度。在数字滤波、FFT、谱分析等各种仪器上，DSP 获得了大规模的应用。

DSP 的理论算法在 20 世纪 70 年代就已经出现，但是由于专门的数字信号处理器还未出现，所以这种理论算法只能通过 MPU 等分立元件实现。MPU 较低的处理速度无法满足 DSP 的算法要求，其应用领域仅仅局限于一些尖端的高科技领域。随着大规模集成电路技术的发展，1982 年世界上诞生了首枚 DSP 芯片，其运算速度比 MPU 快了几十倍，在语音合成和编码解码器中得到了广泛应用。至 20 世纪 80 年代中期，随着 CMOS 技术的进步与发展，第二代基于 CMOS 工艺的 DSP 芯片应运而生，其存储容量和运算速度都得到成倍提高，成为语音处理、图像硬件处理技术的基础。到 80 年代后期，DSP 的运算速度进一步提高，应用领域也扩大到通信和计算机方面。90 年代后，DSP 发展到第五代产品，集成度更高，使用范围也更加广阔。目前广泛应用的是 TI 公司的 TMS320C2000/C5000/C6000 系列。

4. 嵌入式图形处理器

图形处理器（Graphics Processing Unit，GPU），又称为显示核心、视觉处理器、显示芯片，是一种专门在个人计算机、工作站、游戏机和一些移动设备（如平板电脑、智能手机等）上进行图像运算工作的微处理器。用途是将计算机系统所需的显示信息进行转换驱动，并向显示器提供行扫描信号，控制显示器的正确显示，是连接显示器和个人计算机主板的重要元件，也是"人机对话"的重要设备之一。显卡作为主机的重要组成部分，承担输出显示图形的任务，对于从事专业图形设计的人来说，显卡非常重要。

GPU 使显卡减少了对 CPU 的依赖，并进行部分原本由 CPU 完成的工作，尤其是在 3D 图形处理时，GPU 所采用的核心技术有硬件几何转换和光照处理、立方环境材质贴图和顶点混合、纹理压缩和凹凸映射贴图、双重纹理 4 像素 256 位渲染引擎等，而硬件 T&L 技术可以说是 GPU 的标志。GPU 的生产商主要有国外的 NVIDIA 和 ATI，国内的地平线、景嘉微、芯原微等企业在 GPU 市场也占有一席之地。

5. 嵌入式片上系统（SoC）

SoC 是目前嵌入式应用领域的热门话题之一。SoC 最大的特点是成功实现了软硬件无缝结合，直接在处理器片内嵌入操作系统的代码模块。SoC 具有极高的综合性，运用 VHDL 等硬件描述语言，在一个硅片内部实现一个复杂的系统。用户不再需要像传统的系统设计一样，绘制庞大复杂的电路板，一点一点地连接焊制，只需要使用精确的语言，综合时序设计直接在器件库中调用各种通用处理器，然后通过仿真直接交付芯片厂商进行生产。由于绝大部分系统构件都在系统内部，整个系统特别简洁，不仅减小了系统的体积、降低了功耗，而且提高了系统的可靠性和设计生产效率。

当前，嵌入式处理器市场的趋势之一即高集成度的 SoC 芯片。SoC 处理器由可设计重用的 IP（Intellectual Property）核组成，IP 核是具有复杂系统功能、能够独立出售的 VLSI（Very Large Scale Integration）块，采用深亚微米以上工艺技术设计完成。SoC 中可集成控制处理器内核，如 ARM 内核；计算用 DSP 内核，如 CEVA 内核；存储器核或其复合 IP 核，同时具备接口等多种功能。

正是由于 SoC 易于集成的特点，多核处理器的 SoC 化也是 SoC 的发展方向之一。一些大的芯片公司和家用电器公司在设计自己的专用 SoC 芯片，如语音、图像、影视、网络及系统逻辑芯片等，从而通过提高性能、大规模应用来降低成本、占领市场。

1.2.3　嵌入式操作系统概述

1. 嵌入式系统为什么要用操作系统

以前在嵌入式系统中通常使用 8 位处理器——单片机，包括 8051 系列、PIC 等处理器，程序有的是用汇编语言写的，有的是用 C 语言编写的，程序基本没有底层和应用层之分，也根本不使用操作系统。这样的系统在应用发生变化时带来的问题是：硬件和软件扩展都非常不便，驱动程序、文件系统都没办法加载，以至于很多功能没有办法去完善，一旦程序需要修改，就需要把所有代码重新编译。还好，及时地跟上了技术的发展，很快开始选用 32 位 ARM 处理器，也渐渐地引入了操作系统，并且开始搭建基于 ARM 处理器的开发平台，给系统的软件、硬件升级带来了很大的便利。在一个平台上进行适当裁剪，可以在不同的应用上进行快速开发，使得开发效率得到了很大提高。

应该说嵌入式操作系统的应用是与应用复杂化直接相关的。过去，一个单片机应用程序所控制的外设和履行的任务不多，采取一个主循环和几个顺序调用的用户程序模块即可满足要求；现在的单片机芯片本身性能有很大提高，可以适应复杂化这一要求，问题主要还在于软件。随着应用的复杂化，一个嵌入式控制器系统可能要同时控制、监视很多外设，要求其有实时响应能力，处理很多任务，而且各任务之间也会有多种信息需相互传递，仍采用原来的程序设计方法可能存在以下问题。

● 中断可能得不到及时响应，处理时间过长，这在一些控制场合是不允许的；对于网络通信，则会降低系统整体的信息流量。

● 系统任务多，要考虑的各种可能性也多，资源调度不当就会发生死锁，降低软件的可靠性，程序编写任务量成指数级增加。

2. 无操作系统的设备访问方法

并不是任何一个计算机系统都一定要有操作系统，在许多情况下，操作系统并非必要。对于功能比较单一、控制并不复杂的系统，如公交车的刷卡机、电冰箱、微波炉等，并不需要多任务调度、文件系统、内存管理等复杂功能，用单任务架构完全可以很好地支持它们的工作。带中断的轮询结构是这类系统中软件的典型架构，在一个无限循环中对设备中断的检测或对设备的轮询，实现对设备的响应与控制。单任务软件典型结构示例如代码清单 1.2.3.1 所示。

代码清单 1.2.3.1　单任务软件典型结构示例

```
1    int main()
2    {
3        while(1)
4        {
5            if(serialInt_Flag==1)
6            {
7                SerialInt();              /* 处理串口中断 */
8                serialInt_Flag=0;         /* 串口中断标志清零 */
9            }
10           if(keyInt_Flag==1)
11           {
12               keyInt();                 /* 处理键盘中断 */
13               keyInt_Flag=0;            /* 键盘中断标志清零 */
14           }
15           …
16       }
17   }
```

在这样的系统中，虽然不存在操作系统，但是设备访问是存在的。一般情况下，每一种设备访问都定义为一个软件模块，包含.h 头文件和.c 源文件，前者定义该设备访问的数据结构并声明外部函数，后者进行设备访问函数的具体实现。

其他模块要使用这个设备时，只需要包含设备驱动程序的头文件.h，然后调用其中的外部接口函数即可。由此可见，在无操作系统的情况下，设备访问的驱动程序被直接提交给应用软件工程师，应用软件没有跨越任何层次就直接访问设备驱动程序的接口。设备访问包含的接口函数也与硬件的功能直接吻合，没有任何附加功能。图 1.10 所示即为无操作系统时硬件、设备驱动程序与应用软件的关系。有的工程师把单任务系统设计成了如图 1.11 所示的结构，即设备访问函数和具体的应用软件模块之间平等，驱动程序中包含了业务层面上的处理。

这显然是不合理的,不符合软件设计中高内聚、低耦合的要求。另一种不合理的设计是直接在应用中操作硬件的寄存器,而不单独设计设备访问模块,如图 1.12 所示。这种设计意味着系统中不存在或未充分利用可重用的程序代码。

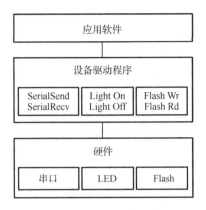

图 1.10 无操作系统时硬件、设备驱动程序和应用软件的关系

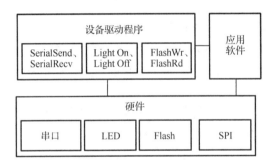

图 1.11 设备驱动程序与应用软件高耦合的不合理设计

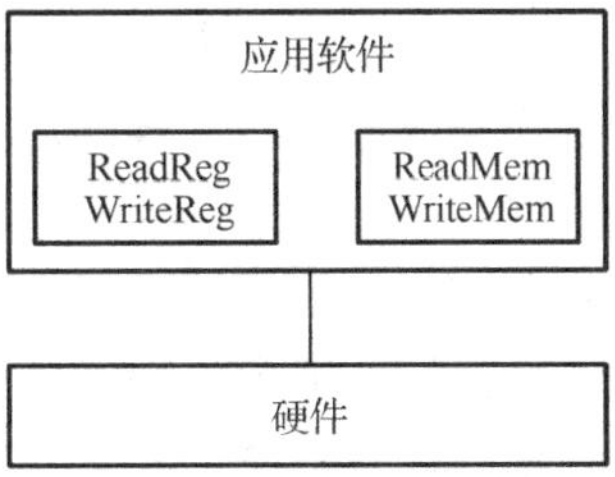

图 1.12 应用软件直接访问硬件的不合理设计

3. 有操作系统时的设备访问方法

在上面的内容中可以看到一个清晰的设备访问接口,它直接运行在硬件之上,不与任何操作系统关联。当系统包含操作系统时,设备访问会变成什么样呢?首先,无操作系统时设备访问驱动程序的硬件操作工作仍然是必不可少的,没有这一部分,驱动程序不可能与硬件打交道。其次,我们还需要将驱动程序融入内核。为了实现这种融合,必须在所有设备的驱动程序中设计面向操作系统内核的接口,这样的接口由操作系统规定,对一类设备而言结构一致,独立于具体的设备。

由此可见,当系统中存在操作系统时,驱动程序变成了连接硬件和内核的桥梁。如图 1.13 所示,操作系统的存在势必要求设备驱动程序附加更多的代码和功能,把单一的"驱使硬件设备行动"变成操作系统内与硬件交互

图 1.13 硬件、驱动程序、操作系统和
应用程序的关系

的模块，它对外呈现为操作系统的 API，不再给应用软件工程师直接提供接口。那么我们要问，有了操作系统之后，驱动程序反而变得复杂，还要操作系统干什么呢？首先，一个复杂的软件系统需要处理多个并发的任务，没有操作系统，完成多任务并发是很困难的。其次，操作系统提供内存管理机制。一个典型的例子是，对于多数含 MMU 的 32 位处理器，Windows、Linux 等操作系统让每个进程都可以独立地访问 4GB 的内存空间。上述优点似乎并没有体现在设备驱动程序上，操作系统的存在给设备驱动程序究竟带来了什么实质性的好处呢？

简而言之，操作系统通过给驱动程序制造麻烦来达到给上层应用提供便利的目的。如果驱动按照操作系统给出的独立于设备的接口而设计，那么，应用程序将可使用操作系统提供的统一系统调用接口来访问各种设备，这样，相同的应用程序就可以在不同的硬件设备上执行而不依赖于具体的硬件设备。对于类 UNIX 的 VxWorks、Linux 等操作系统而言，应用程序通过 write()、read() 等函数读写文件就可访问各种字符设备和块设备，而不用考虑设备的具体类型和工作方式。

4. 操作系统为嵌入式系统带来的好处

操作系统提高了嵌入式系统的可靠性。前后台系统软件在遇到强干扰时，程序会产生异常、出错、跑飞，甚至死循环，造成系统的崩溃。在操作系统管理的嵌入式系统中，这种干扰可能只是引起若干进程中的一个被破坏，而且可以通过系统监控进程对其进行修复。通常情况下，这个系统监视各进程的运行状况，采取一些利于系统稳定可靠的措施，如把有问题的任务清除掉。

使用嵌入式操作系统还可以提高应用程序开发效率，缩短开发周期。操作系统通过规范设备驱动程序接口，屏蔽了硬件差异性，为操作系统访问硬件提供统一的驱动 API，使程序开发人员在新的设备程序开发时，将精力集中在应用程序和驱动程序设计，不必关心任务调度和资源管理等问题，从而提高应用程序的开发效率。同时，在嵌入式系统中，在嵌入式操作系统环境下开发一个复杂的应用程序，通常可以按照软件工程中的解耦原则，将整个程序分解为多个任务模块。每个任务模块的调试、修改几乎不影响其他模块。

5. 嵌入式操作系统的特点

嵌入式操作系统主要运行在嵌入式智能芯片的环境中，对整个智能芯片以及它所操作控制的各种部件等资源进行统一协调、指挥和控制。在嵌入式系统中，出于安全方面的考虑，要求系统不能崩溃，而且要有自愈能力。不仅要求在硬件设计方面提高系统的可靠性和抗干扰性，而且要求在软件设计方面提高系统的抗干扰性，尽可能地减少安全漏洞和隐患。

嵌入式操作系统通常包括设备驱动、系统内核、通信协议、图形用户接口、标准化浏览器等。嵌入式操作系统具有通用操作系统的基本特点，同时在系统实时高效性、硬件的相关依赖性、软件固态化以及应用的专用性等方面具有较为突出的特点。要完全准确地概括嵌入式操作系统的特点并不是一件容易的事情。

（1）实时性。

嵌入式系统执行的正确性不仅依赖于逻辑结果的正确性，还依赖于产生结果的时间。实时性是指系统能够在限定的时间内完成任务并对外部的异步事件做出及时响应，描述实时性的基本指标为响应时间。

按照对实时性能的要求，实时性又分为硬实时和软实时两类。硬实时系统是指系统中所有的截止期限必须被严格保证，否则将导致灾难性的后果，如控制系统。而软实时系统虽然对系统响应时间有要求，但是在截止期限被错过的情况下，只造成系统性能下降而不会带来严重后果，如消费电子产品。

（2）小内核。

嵌入式系统是面向应用的专用计算机，因此硬件资源有限。与通用操作系统的内核相比，嵌入式操作系统的内核较小，嵌入式实时操作系统通常只有几千字节到几十千字节。而软实时操作系统从几十兆字节到几百兆字节不等，相对于 PC 的操作系统要小得多。

（3）可裁剪、可配置。

嵌入式操作系统除了具有完善的功能，还具有开放性、可伸缩性的体系结构。特定应用不需要的功能模块可以被裁剪，比如文件系统。操作系统的可裁剪性取决于模块间的耦合程度，耦合程度越小，越容易剪裁。对于操作系统中不具有的功能，也能够方便地添加。

在选定操作系统的功能模块后，可以对操作系统的规模进行配置，比如，配置最大任务数、最大定时器数、最大信号量数、任务堆栈大小、调度算法等。

（4）易移植。

随着硬件技术的发展，市场上出现了大量的嵌入式芯片。更好的硬件适应性，也就是良好的可移植性，是嵌入式操作系统的一个重要特点。可移植性好的操作系统可以缩短系统开发周期、提高代码可重用度、减小维护量。

不同类型 CPU 的移植需要对任务切换、中断控制和时间设备的驱动进行修改；同类处理器（如 ARMv7 系列）间的移植，主要集中在对芯片控制器的操作上。

（5）高可靠性。

操作系统的可靠性指的是操作系统能够稳定运行的能力，嵌入式操作系统的可靠性是用户首先考虑的问题。为保证系统的可靠运行，嵌入式操作系统提供了多种机制，如异步信号、定时器、优先级继承、优先级天花板、异常处理、用户扩展和内存保护等。异常处理是嵌入式系统提高可靠性的关键手段之一，它为用户提供了处理应用程序异常的机制。对于内核运行的错误，异常处理判断错误来源，记录错误的性质，并消除错误，或及时终止系统的运行。

（6）低功耗。

嵌入式系统一般采用电池供电，因此必须尽量降低系统的能耗。为降低系统的能耗，要从各个方面采取措施，包括硬件的低功耗设计、软件的低功耗设计、操作系统的低功耗设计等。操作系统的低功耗设计有多种方法，比如利用空闲任务使系统在空闲状态下进入某种低功耗模式，降低系统功耗，利用时钟节拍周期性地唤醒 CPU。

常见的嵌入式系统有多种，具体操作系统的选择要根据系统的应用及设计成本等因素综合考虑。

在嵌入式系统软件开发中，开发者需要了解软件可执行代码生成流程，以及可执行程序的构成及其存储方式，以便更好地组织定义数据结构，编写更高效率、更小存储空间的代码。同时，交叉编译调试工具与环境是软件系统软件开发必备的，因此搭建 Linux 交叉开发环境、安装调试编译工具，是嵌入式系统开发的前提。本章就这些内容进行介绍，让读者了解嵌入式软件开发过程的必备步骤和基本方法。

1.3 嵌入式可执行代码生成流程与代码结构

1.3.1 嵌入式可执行代码生成流程

在嵌入式系统中的软件开发中，目前普遍使用 C 语言为主、汇编语言为辅的手段。C 语言与硬件相关的特性，可以完成各种基本系统硬件的操作。同时 C 语言具有使用广泛和结构化的特点，比汇编语言开发效率更高。

同时，在嵌入式开发中，汇编语言不可缺少。其一，有些硬件相关的操作，尤其是与处理体系相关的操作，C 语言可能无法完成。其二，对于一些与性能密切相关的程序与算法，汇编语言可以提高性能。

C 语言程序的生成分成编译、汇编、链接等步骤。目标文件的主要部分是处理器可执行的机器代码组合。根据系统的不同，除了可执行的二进制代码部分，目标文件还包括一定的头文件和映像文件。

嵌入式软件可执行代码生成流程如图 1.14 所示。

对于传统的 Linux 操作系统，目标执行文件是 ELF（Executable and Linking Format）格式。对于需要在系统直接运行的程序，目标执行文件应该是纯粹的二进制代码，载入系统后，直接转到代码区地址执行。

在可执行代码的生成过程中，不同阶段生成代码的工具有所不同。一般地，编译、汇编、链接分别采用编译器、汇编器和链接器来实现对应代码的生成，如图 1.15 所示。编译器主要负责将高级语言程序转换成指定处理器的汇编代码，汇编器主要负责将汇编代码转换成机器码（对应的二进制代码），链接器将所有需要的机器码链接成一个完整的可执行目标码。不同系列处理器的开发工具采用的编译器也不一样,同一系列的处理器也可以有多种编译器支持。例如，针对 ARM 处理器的编译器有 ADS、ARM-Linux GCC、RealView MDK-ARM 等。

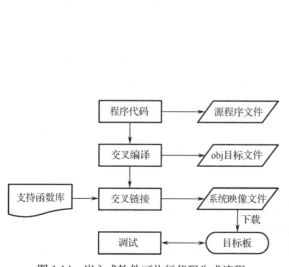

图 1.14 嵌入式软件可执行代码生成流程

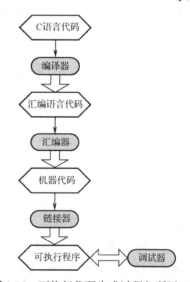

图 1.15 可执行代码生成过程与所用工具

ADS（ARM Developer Suite），主要使用以下工具。

- 编译器：armcc.exe（编译成 ARM 指令汇编）和 tcc.exe（编译成 Thumb 指令汇编）
- 汇编器：armasm.exe
- 链接器：armlink.exe

ARM-Linux GCC 交叉编译系统，则主要使用以下工具。

- 编译器：arm-linux-gcc（可以统一编译-汇编过程）
- 汇编器：arm-linux-as
- 链接器：arm-linux-ld

下面针对 Linux 的编译过程进行说明。

（1）预处理。

在编译和链接之前，需要对源文件进行一些文本方面的操作，比如文本替换、文件包含、删除部分代码等，这个过程称为预处理，由预处理程序完成。读取 C 源程序，对其中的伪指令（以#开头的指令）和特殊符号进行处理，包括宏定义替换、条件编译指令、头文件包含指令、特殊符号。预编译程序所完成的基本上是对源程序的"替代"工作，经过此种替代，生成一个没有宏定义、没有条件编译指令、没有特殊符号的输出文件——预处理后的 C 文件，以及预处理后的 C++文件。预处理过程（头文件的包涵、去掉注释、宏展开）——#include 预处理过程不做语法检查。

命令：gcc -E helloworld.c -o helloworld.i

（2）编译。

编译（Compile）是指从高级语言转换成汇编语言的过程。本质上，编译是一个文本转换的过程（从文本文件到文本文件）。编译包含了 C 语言的语法解析和生成汇编语言代码两个步骤。不同体系结构的处理器会被编译成不同的汇编语言代码，不同编译器生成的汇编语言代码可能具有不同的效率。

命令：gcc -S helloworld.i -o helloworld.s

（3）汇编。

汇编（Assemble）是指从汇编语言程序生成目标系统的二进制代码（机器代码）的过程。相对于编译过程的语法解析，汇编的过程相对简单。这是因为，对于特定的处理器，其汇编语言代码和二进制的机器代码是一一对应的。

在很多情况下，将编译和汇编两个过程统称为编译。严格来讲，编译是指从高级语言到汇编语言代码的过程。

命令：gcc -C helloworld.s -o helloworld.o

（4）链接。

链接（Link）过程将汇编成的多个机器代码（由目标文件组成）组合成一个可执行程序。一般来说，通过编译和汇编过程，每个源文件将生成一个目标文件。链接器的作用就是将这些目标文件进行组合，组合的过程包括代码段、数据段等部分的合并，以及添加相应的文件头。文件头的格式与可执行程序需要在何种系统中运行有关，可执行文件的主体部分是数据（data）和代码（code），数据是程序中使用的信息组合，代码是目标机的机器代码。

注意：在嵌入式系统的交叉开发中，生成的可执行程序一般不能在宿主机上运行。例如，arm-linux-gcc 编译后的文件，不能在 X86 体系的主机上运行，只能在 ARM 处理器上运行。

命令：gcc helloworld.o -o helloworld

（5）加载程序。

嵌入式系统的开发初期，生成的二进制代码需要写入系统的只读存储器，然后跳转到代码所在的地址才能运行。系统构建完成后，还可以使用其他的手段。例如，对于 Linux 系统，最初是将 Bootloader 的代码写入嵌入式系统中，然后使用 Bootloader 将 Linux 内核和文件系统写入。

实质上，Bootloader 和 Linux 内核都是处理器可执行的代码，Bootloader 是首先写入系统的纯二进制代码，Linux 内核需要通过 Bootloader 运行。在系统构建完毕后，Linux 操作系统有了基本的功能，可以将 ELF 格式的目标即可执行程序加入系统的文件系统，通过 Linux 加载运行。

1.3.2　嵌入式软件代码结构

1. C 语言程序的结构

在 C 语言的编译过程中，编译系统将 C 语言源文件经过编译和汇编，生成目标文件（一般以.o 为扩展名）。对于 C 语言目标文件，其主体部分是由 C 语言各种语法生成的段和一些代码生成工具生成的符号信息，如图 1.16 所示。

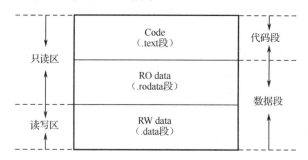

图 1.16　C 语言目标文件中的段

（1）C 语言的编译成目标文件一般包含三个主体段。

- 代码段：由代码部分组成。只读段由程序中的各个函数产生，函数的每一个语句经过编译和汇编后生成二进制机器代码：包括顺序代码、选择代码、循环代码、函数调用和函数出入栈等。
- 只读数据段：由数据部分组成。只读段由程序中使用的数据产生，该部分数据在运行中不需要改变；包含全局常量和字符串常量。
- 读写数据段：由数据部分组成。读写段是目标文件中可读可写的数据区，亦称为初始化数据段；已初始化的全局静态变量、已初始化的局部静态变量。注意：读写数据区的特点是必须在程序中进行初始化，如果只有定义，没有初始化，不会产生读写数据区，定位为未初始化数据区。

一般情况下，一个程序经过编译后由 BSS 段（.bss 段）、数据段（.data 段）、只读数据段（.rodata 段）、代码段（.text 段）4 部分组成。在程序编译时，编译器把未定义的全局变量、已初始化的全局变量、常量、代码分别分配在不同的存储空间，以便于管理。

- .bss 段：BSS 段（Block Started by Symbol segment）通常是指用来存放程序中未初始化的全局变量和静态变量的一块内存区域。未初始化数据段与读写数据段类似，也属于静态数据区，但是没有初始化。因此只会在目标文件中被标识其内存分配的信息，而不会真正成为目标文件的一个段。该段将在运行时产生，它的大小不影响目标文件的大小。
- .data 段：数据段（data segment）通常是指用来存放程序中已初始化的全局变量的一块内存区域。数据段属于静态内存分配，在编译时和代码一起编译成为目标文件的一部分，在系统启动时，将这个写数据段的初始化值复制到编译器指定内存空间。
- .rodata 段：只读数据段存放的是程序里的常量（如 const 修饰的数据）和字符串常量。单独设立 ".rodata" 段有很多好处，不仅在语义上支持 C++ 的 const 关键字，而且操作系统在加载时可以将它的属性映射成只读。这样，对于这个段的任何修改操作都会作为非法操作处理，保证了程序的安全性。另外，在某些嵌入式平台下，有些存储区域是采用只读存储器的，如 ROM。这样，将该段放在该存储区域中就可以保证程序访问存储器的正确性。
- .text/.code 段：代码段（code segment/text segment）通常是指用来存放程序执行代码的一块存储区域。这部分区域的大小在程序运行前就已经确定，并且这个存储区域通常属于只读，某些架构也允许代码段为可写，即允许修改程序。在有的系统中，执行时将程序段复制到内存执行，此时程序段为程序代码在内存中的映射，一个程序可以在内存中有多个副本。

（2）程序运行时占用的数据存储空间。

程序运行时占用的数据存储空间主要分为以下几部分：

- 栈区（stack）。栈又称堆栈，用户用来存放程序临时创建的局部变量，也就是函数括号 "{}" 中定义的变量（但不包括 static 声明的变量，static 意味着在数据段中存放变量）。另外，在函数被调用时，为了保护现场，需要保护的参数被压入发起调用的进程栈中，待调用结束，函数的返回值也会被存放回栈中。栈是一段由编译器静态分配的连续存储空间，存放函数的参数值、局部变量的值等，采用先进后出的操作方式。
- 堆区（heap）。堆是用于存放进程运行中被动态分配的数据内存段，它的大小并不固定，可动态扩张或缩减。一般由程序员分配和释放，若程序员不释放，程序结束时可能由操作系统回收。注意，它与数据结构中的堆是两回事，分配方式类似于链表，存储空间不一定连续。当进程调用 malloc() 等函数分配内存时，新分配的内存就被动态添加到堆上（堆被扩张）；当利用 free() 等函数释放内存时，被释放的内存从堆中被剔除（堆被缩减）。
- 全局区（静态区）（static）。全局变量和静态变量的存储是放在一块的，初始化的全局变量和静态变量在一块区域，未初始化的全局变量和未初始化的静态变量在相邻的另一块区域。全局区在程序执行时从 ROM 中复制到内存指定分配的空间，程序结束后由系统释放。

一般情况下，在 RAM 中存放数据段、BSS 段、堆栈段，而在 ROM（EPROM，EEPROM，Flash 等非易失性存储设备）中存放代码和只读数据段，如代码清单 1.3.2.1 所示。

代码清单 1.3.2.1　变量定义与存储空间分配

```
1    const char ro[]={"this is readonly data"};           /* 只读数据段 */
2    static char rw1[]={"this is global readwrite data"};/* 已初始化读写数据段 */
3    char bss_1[100];                                      /* 未初始化数据段 */
4    const char* ptrconst = "constant data"; /* "constant data"放在只读数据段 */
5    int main()
6    {
7        short b;                  /* b 放置在栈上，占用 2 字节 */
8        char a[100];              /* 需要在栈上开辟 100 字节, a 的值是其首地址 */
9        char s[] = "abcde";       /* s 在栈上，占用 4 字节 */
10                                 /* "abcde "本身放置在只读数据存储区，占用 6 字节 */
11       char *p1;                 /* p1 在栈上，占用 4 字节 */
12       char *p2 = "123456";      /* "123456"放置在只读数据存储区，占用 7 字节 */
13                                 /* p2 在栈上，p2 指向的内容不能更改。*/
14       static char rw2[]={"this is local readwrite data"};
15                                          /* 局部已初始化读写数据段 */
16       static char zero_data_2 [1024];    /* 放置在栈中，占用 1024 字节 */
17       static int c = 0;                  /* 全局（静态）初始化区 */
18       p1= (char *)malloc(10*sizeof(char));  /* 分配的内存区域在堆区*/
19       …
20   }
```

2. 目标文件各段的链接

可执行文件的主体部分是代码段（Code）、只读数据段（RO Data）、读写数据段（RW Data）这三个段，它们由各目标文件（.o 文件）经过"组合"而成。链接器将根据链接顺序将各个文件中的代码段提取出，组成可执行文件的代码段、只读数据段和读写数据段，如图 1.17 所示。

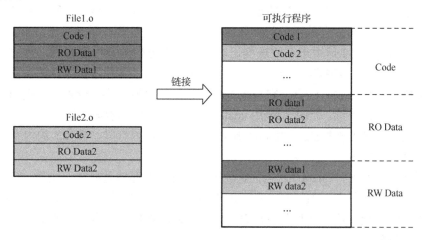

图 1.17　可执行文件的组成结构

（1）运行方式 1：全部加载到内存中。

在这种方式中，将所有需要执行的代码及数据复制到内存中，以便于快速运行程序，如

图 1.18 所示。同时，这会给系统内存提出更高的要求，需要更大的内存。

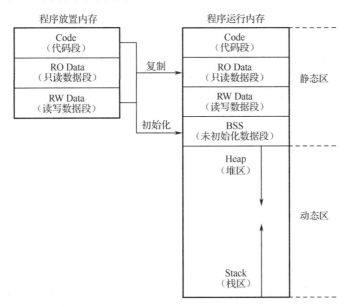

图 1.18　所有程序及数据在内存中运行

（2）运行方式 2：本地运行，一般在 Flash 中。

在这种方式中，只要将需改变的临时数据复制到内存中进行处理，而静态数据和代码直接在其存储空间中进行访问，如图 1.19 所示。这种方式可以减少对内存的需求，但带来另外一个问题——程序的执行速度降低。代码段及只读数据段由于需要掉电保存，在下载时一般存放到非易失型存储器中，如 Flash、SD 卡等存储器，处理器对这些存储器的访问速度要低于对内存的访问速度。

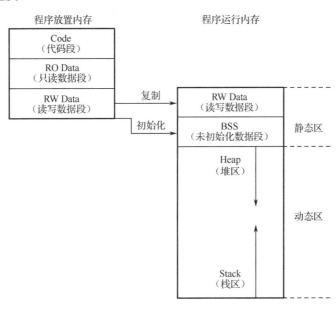

图 1.19　读写数据段在内存中执行

1.4　嵌几式软件交叉开发模式

本节内容包括嵌入式交叉开发环境的概念和配置，以及应用程序交叉开发和调试的方法。交叉开发环境是嵌入式 Linux 开发的基础，后续的开发过程几乎都是基于交叉开发环境的。因此，理解和掌握本节内容会大大方便嵌入式 Linux 开发。

1.4.1　交叉开发模式概述

1. 交叉开发环境

嵌入式系统是专用计算机系统，它对系统的功能、可靠性、成本、体积、功耗等某些方面有严格要求。在嵌入式开发中，第一个环节就是搭建开发环境。这里所说的交叉开发环境，主要是指在开发主机（通常是对应的 PC）上开发出能够在目标机（通常是对应的开发板）上运行的程序。嵌入式比较特殊的一点是不能在目标机上开发程序，因为对于一个原始的开发板，在没有任何程序的情况下，它根本运行不起来，为了让它运行起来，开发者必须借助 PC 进行烧录程序等相关工作，这里的 PC 就是常说的开发主机（又称为宿主机）。

为什么需要交叉开发环境？主要原因有以下两点：
- 目标机的硬件资源有很多限制。比如，CPU 主频相对较低、内存容量较小等，如果让几兆赫主频的目标机去编译一个 Linux 内核，会花费非常长的时间。相对来说，主机的速度更快，硬件资源更加丰富，因此利用主机进行开发会提高开发效率；
- 目标机的处理器体系结构和指令集与主机不同，因此需要安装专用的交叉编译工具进行编译，这样编译的目标程序才能够在相应的平台如 ARM、MIPS、PowerPC 上正常运行。

由于嵌入式系统硬件上的特殊性，一般不能安装计算机发行版的 Linux 系统。例如，Flash 存储空间很小，没有足够的空间安装；或者处理器很特殊，没有对应发行版的 Linux 系统可用。所以需要为特定的目标板定制 Linux 操作系统，这必然需要相应的开发环境。交叉开发模型如图 1.20 所示。

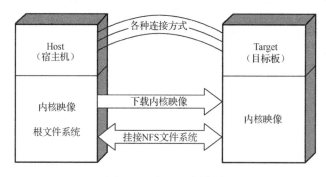

图 1.20　交叉开发模型

在图 1.20 中，Target 就是目标板，Host 是宿主机。在开发用的宿主机上，可以安装开发工具，编辑、编译目标板的 Linux 引导程序、内核和文件系统，然后下载到目标板上运行。

通常这种在宿主机环境下开发、在目标板上运行的开发模式称为交叉开发。

在交叉开发环境下，宿主机也是工作站，可以给开发者提供开发工具；同时也是一台服务器，可以配置启动各种网络服务。

在 PC 上，Linux 已经成为优秀的计算机操作系统。各种 Linux 发行版本可以直接在 PC 上安装，功能十分强大。它不仅支持各种处理器和外围设备接口，而且提供了图形化的用户交互界面和丰富的开发环境，更重要的是 Linux 系统性能稳定。宿主机为开发者提供了以下功能：

- 非常稳定的多任务操作系统。
- 丰富的设备驱动程序支持和网络工具。
- 强大的 Shell 工具。
- 强大的本地编译器。
- 便捷的编辑器。
- 方便的可视化操作界面。

宿主机采用目前主流的计算机配置，无论是 Linux 图形界面响应还是程序编译，速度都很快，操作起来很流畅。这对于嵌入式 Linux 开发者来说，可以大大提高开发效率。

对于交叉开发方式，一方面开发者可以在熟悉的主机环境下进行程序开发；另一方面又可以真实地在目标板系统上运行调试程序，可以避免受到目标板硬件的限制。这种开发方式一般贯穿嵌入式 Linux 系统开发的全过程。

1.4.2　调试通信端口与协议

要建立交叉开发方式，需要宿主机与目标板之间建立连接，实现远程通信、传输文件等功能，这依赖于不同调试通信端口和协议。

1. 调试通信端口

目标板和主机之间通常可以使用串行通信接口、以太网接口、USB 接口以及 JTAG 接口等进行连接。下面分别介绍这些通信接口的特点。

（1）串行通信接口。

开发者常说的串行通信接口（常简称为串口）一般是指 UART（Universal Asynchronous Receiver/Transmitter）串口。串行通信接口常用 9 针（DB9）或 25 针（DB25），通信距离较近（小于 12m）时，可以用电缆线直接连接标准 RS232C 端口；如果距离较远，就采用 RS422 或 RS485 接口，需附加调制解调器（Modem）。其中最常用的是三线制接法，即地、接收数据和发送数据三引脚相连，直接用 RS232C 相连，PC 上一般带有 2 个 9 针串口。UART 串口常用信号引脚的说明如表 1.2 所示。

表 1.2　UART 串口常用信号引脚

引脚功能	缩写	DB9 引脚号	DB25 引脚号
数据载波检测	DCD	1	8
接收数据	RXD	2	3

引脚功能	缩写	DB9 引脚号	DB25 引脚号
发送数据	TXD	3	2
数据终端准备	DTR	4	20
信号地	GND	5	7
数据设备已准备好	DSR	6	6
请求发送信号	RTS	7	4
清除发送信号	CTS	8	5
振铃指示	DELL	9	22

利用串口可以作为控制台向目标板发送命令，显示信息，也可以通过串口传送文件，还可以通过串口调试内核及程序。串口的设备驱动实现比较简单，缺点是通信速率慢，不适合大数据量传输。

（2）以太网接口。

以太网以其高度灵活、相对简单、易于实现的特点，成为当今最重要的一种局域网建网技术。虽然其他网络技术也曾经被认为可以取代以太网的地位，但是绝大多数的网络管理人员仍然把以太网作为首选的网络解决方案。

以太网 IEEE 802.3 通常使用专门的网络接口卡或通过系统主电路板上的电路实现。以太网使用收发器与网络媒体进行连接。收发器可以完成多种物理层功能，其中包括对网络碰撞进行检测。收发器可以作为独立的设备通过电缆与终端站连接，也可以直接集成到终端站的网卡中。

以太网采用 CSMA/CD 媒体访问机制，任何工作站都可以在任何时间访问网络。在发送数据之前，工作站首先侦听网络是否空闲，如果网络上没有任何数据传送，工作站就会把要发送的信息投放到网络中。否则，工作站只能等待网络下一次出现空闲时再进行数据的发送。

网络接口一般采用 RJ-45 标准插头，PC 上一般都配置 100M/1000M（这里的 M 表示 Mbps。以下同）以太网卡，实现局域网连接。通过以太网连接和网络协议，可以实现快速的数据通信和文件传输。缺点是驱动程序实现比较麻烦，好在 Linux 以太网接口的设备驱动也很多，常用的以太网芯片驱动程序都能在相关网络资源中找到，只需要进行少量修改就可以移植应用。

（3）USB 接口。

USB（Universal Serial Bus）接口支持热插拔，具有即插即用的优点，最多可连接 127 台外设，所以 USB 接口已经成为 PC 外设的标准接口。目前 USB 标准已经发展到 USB3.0 以上版本。USB3.0 也被认为是 SuperSpeed USB——为那些与 PC 或音频/高频设备相连接的各种设备提供标准接口。从键盘到高吞吐量磁盘驱动器，各种器件都能够采用这种低成本接口进行平稳运行的即插即用连接，用户基本不用花太多心思在上面。新的 USB3.0 在保持与 USB2.0 兼容的同时，还提供下面几项增强功能：

- 极大提高了带宽——高达 5Gbps 全双工（USB2.0 则为 480Mbps 半双工）。
- 实现了更好的电源管理。
- 能够使主机为器件提供更多的功率，从而实现 USB 充电电池、LED 照明和迷你风扇等应用。
- 能够使主机更快地识别器件。

● 新的协议使得数据处理的效率更高。

USB3.0 可以在存储器件限定的存储速率下传输大容量文件（如 HD 电影）。例如，一个采用 USB3.0 的闪存驱动器可以在 15s 内将 1GB 的数据转移到主机，而 USB2.0 则需要 43s。USB Promoter Group 联盟后续推出的 USB3 规范，由于支持双通道操作，最高数据传输速率可达 2Gbps，使得 USB 通信效率大大提高。

早期 USB2.0 规范的传输速率达到了 480Mbps，足以满足大多数外设的速率要求。USB2.0 中的增强主机控制器接口（EHCI）定义了一个与 USB1.1（传输速率为 12Mbps）兼容的架构。所有支持 USB1.1 的设备都可以直接在 USB2 .0 的接口上使用，而不必担心兼容性问题，而且 USB 线、插头等附件也都可以直接使用。

USB 的设备支持热插拔，通信速率快；缺点是 USB 设备区分主从端，两端分别要有不同的驱动程序支持。

（4）JTAG 接口。

JTAG（Joint Test Action Group，联合测试行动小组）技术是一种嵌入式调试技术，它在芯片内部封装了专门的测试电路测试接口（Test Access Port，TAP），通过 JTAG 测试工具对芯片的核进行测试。它是联合测试行动小组定义的一种国际标准测试协议，主要用于芯片内部的测试及对系统进行仿真、调试。

目前，大多数比较复杂的器件都支持 JTAG 协议，如 ARM、DSP、FPGA 器件等。标准的 JTAG 接口是 4 线：TMS、TCK、TDI、TDO，分别为测试模式选择、测试时钟、测试数据输入和测试数据输出。

JTAG 接口的时钟频率一般在 1～16MHz 之间，所以传输速率可以很快。但是，实际的数据传输速度取决于仿真器与主机端的通信速度和传输软件。

另外，还有 EJTAG（Extended JTAG）和 BDM（Background Debug Mode）接口定义，分别在 MIPS 芯片和 PowerPC5xx/8xx 系列芯片上设计应用。这些接口的电气性能不同，但功能大体上是相似的。

2. 目标板可执行文件传输方式与通信协议

宿主机端编译的嵌入式目标板可执行文件一般称为镜像文件（映射文件或映像文件）。目标板镜像文件必须有至少一种方式下载到目标板上执行。通常是目标板的引导程序负责把宿主机端编译的镜像文件下载到目标板的存储器中。根据不同的连接方式，可以有多种文件传输方式，每一种方式都需要相应的传输软件和协议。

（1）串口传输协议。

使用 Kermit、Minicom 或 Windows 超级终端等工具，主机可以通过串口发送文件。当然，发送之前要配置好数据传输率和传输协议，目标板端也要做好接收准备。通常波特率可以配置成 115200bps，8 位数据位，不带校验位。传输协议可以是 Kermit、Xmodem、Ymodem、Zmodem 等。

（2）网络传输协议。

网络传输方式一般采用 TFTP（Trivial File Transport Protocol）协议。TFTP 协议是一种简单的网络传输协议，是基于 UDP 传输的，没有传输控制，所以对大文件的远距离传输是不可靠的。对于短距离的调试通信，UDP 传输出现传输丢包的概率极低，正好适合目标板的引导程序，因为协议简单，功能容易实现。当然，使用 TFTP 传输之前，需要驱动目标板以太网接口并配置 IP 地址。

（3）USB 接口传输方式。

USB 通信区分主从设备端，宿主机端为主设备端，目标板端为从设备端。宿主机端需要安装从设备的驱动程序，识别从设备后可以传输数据。USB 由于其支持热插拔功能和传输速率高而被大量用于调试的代码下载。

（4）JTAG 接口传输方式。

JTAG 仿真器跟主机之间的连接通常是串口、并口（即并行接口）、以太网接口或 USB 接口。传输速率也受到主机连接方式的限制，这取决于仿真器硬件的接口配置。采用并口连接方式的仿真器最简单，也称为 JTAG 电缆（Cable）。性能好的仿真器一般采用以太网接口或 USB 接口。

（5）移动存储设备或介质。

如果目标板上支持 U 盘、TF 卡、SD 卡等移动存储介质，就可以制作启动盘或复制到目标板上，从而引导启动。移动存储设备在 X86 平台上比较普遍。

作业

1．列举身边的嵌入式设备，查找资料，分析处理器体系类型、外设种类、操作系统等，并绘制系统结构图。

2．为什么现在的嵌入式系统中一般都带有操作系统？操作系统带来哪些好处？会不会带来额外的负担？你了解哪些国产嵌入式操作系统？

3．高级程序语音编写的程序转换成可执行代码需要经过哪几个步骤？为什么？

4．分析 C 语言程序中的常量、全局变量、局部变量在运行时分别存放在哪些存储空间中，对内存有何影响。

5．嵌入式系统软件开发过程中，为什么要采用交叉开发模式？调试的通信端口主要有哪些？分别用在哪种调试模式中？

6．查找资料，了解 Linux 软件开发工具主要有哪些、作用分别是什么。

第 2 章　ARM 处理器体系架构

ARM 处理器在嵌入式系统中占有 70%以上的市场，具有举足轻重的地位。在基于 ARM 处理器的嵌入式系统开发中，特别是系统启动、驱动程序、操作系统移植等部分的开发，涉及处理器汇编指令操作，要求开发人员熟悉处理器的结构、编程模型、指令集与寻址方式、中断处理等知识，因此，本章结合处理器基础知识，对 ARM 处理器的典型架构与指令集等内容进行讲解分析，为后续章节的学习打下基础。

2.1　嵌入式处理器基础

嵌入式系统硬件包括嵌入式处理器、嵌入式存储器、嵌入式输入/输出接口及设备等，在进行硬件设计时，先要了解各种硬件的结构及性能，然后选择相应硬件进行设计。

2.1.1　处理器的结构

典型的微处理器由控制单元、程序计数器（PC）、指令寄存器（IR）、数据通道、存储器等组成，其结构如图 2.1 所示。

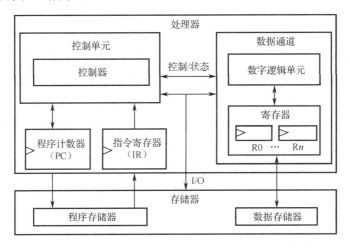

图 2.1　典型的微处理器结构

控制单元主要进行程序控制和指令解析，将指令解析结果传递给数据通道。微处理器的数据通道内有数字逻辑单元和一组寄存器（也称为通用寄存器），数字逻辑单元主要根据控制提供的分析结果，通过通用寄存器从数据存储器中读入需要的数据进行数字计算，如加、减、乘、除等，然后将结果通过通用寄存器保存到相应的数据存储器单元。通用寄存器用于临时存放处理器正在计算的值。比如，在对数据进行诸如算术运算这类操作之前，大多数微处理器必须把数据存放到寄存器中。对于寄存器的数量和每个寄存器的命名，不同的微处理器系列也是不同的，如 ARM 处理器的 R0～R12 等寄存器。

除了通用寄存器，大多数微处理器还有许多专用寄存器。比如，每个微处理器都有程序计数器（PC），如 ARM 处理器中的 R15（PC）用来跟踪微处理器要执行的下一条指令的地址，控制器根据程序计数器中的指令地址，将指令从指令寄存器读入控制器中以进行分析。指令寄存器用于从程序存储器读入需要处理的指令以供控制器访问。绝大多数微处理器还有一个堆栈指针，如 ARM 处理器中的 R13（SP），用来存放微处理器通用堆栈的栈顶地址。

2.1.2 处理器指令执行过程

指令的执行过程一般包括取指、译码、执行、存储等操作。下面针对这几个操作进行说明。

（1）取指：处理器从程序存储器中取出指令。

处理器控制器根据程序计数器（PC）中的值获得下一条执行的指令的地址，从程序存储器读出该指令，送到指令寄存器（IR）。如图 2.2 所示，处理器根据程序计数器中的指令地址 100，从程序存储器中将指令 load R0, M[500]读入指令寄存器中。

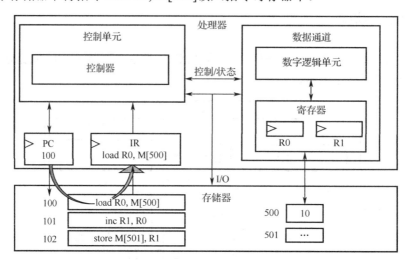

图 2.2 取指过程示意图

（2）译码：解释指令，决定指令的执行意义。

将指令寄存器中的指令操作码取出后进行译码，分析其指令性质。如指令要求操作数，则寻找操作数地址。如图 2.3 所示，控制单元将指令读入控制器进行解析，然后将结果传递给数据通道。

计算机工作时，一般先通过外部设备把程序代码和数据通过输入接口电路和数据总线送入存储器，然后逐条取出指令执行。但单片机中的程序一般事先都已通过写入器固化在片内或片外程序存储器中，因而一开机即可执行指令。

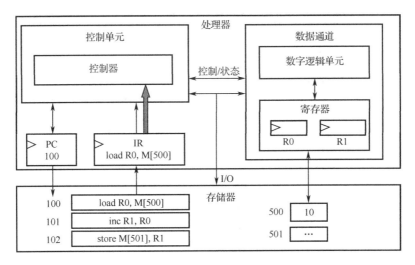

图 2.3　译码过程示意图

（3）执行：把数据从存储器读入数字逻辑单元操作的过程。

如图 2.4 所示，数据通道根据控制单元解析的指令结果，将数据存储器地址为 500 的数据读入通用寄存器 R0，然后通过算术逻辑单元（ALU）进行数据操作。

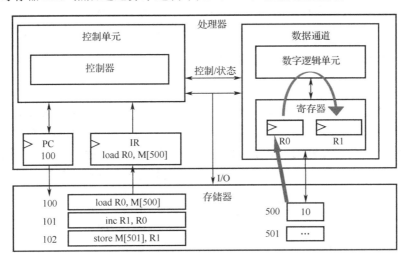

图 2.4　执行过程示意图

（4）存储：把执行的结果从寄存器写入存储器对应单元中。

如图 2.5 所示，数据通道把数字逻辑单元的执行结果从寄存器 R1 写入存储器地址为 501 的存储单元中。

计算机执行程序的过程实际上就是逐条指令地重复上述操作过程，直至遇到停机指令或可循环等待指令。

在一些微处理器上，如 ARM 系列处理器、DSP 等，指令实现流水线作业，指令过程按流水线的数目来进行划分。如 ARM9 系列处理器将指令分为取指、译码、执行、存储、回写 5 个阶段执行。

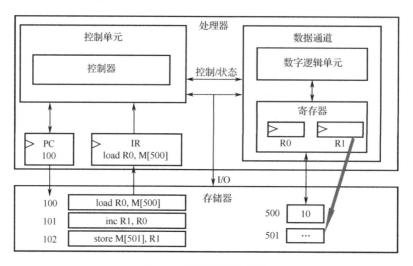

图 2.5　存储过程示意图

2.1.3　微处理器的体系结构

处理器的体系结构按照存储器结构可分为冯·诺依曼体系结构处理器和哈佛体系结构处理器；按指令类型可分为复杂指令集处理器和精简指令集处理器。

1.　冯·诺依曼体系结构和哈佛体系结构

（1）冯·诺依曼体系结构。

冯·诺依曼体系结构也称普林斯顿结构，是一种将程序指令存储器和数据存储器合并在一起的存储器结构。处理器使用同一个存储器，经由同一组总线传输，如图 2.6 所示。程序指令存储地址和数据存储地址指向同一个存储器的不同物理位置，因此程序指令和数据的宽度相同，访问数据和程序只能顺序执行。如 Intel 公司的 8086 处理器的程序指令和数据都是 16 位宽。

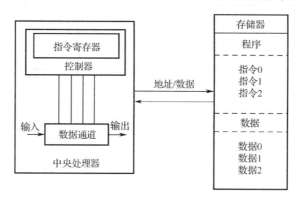

图 2.6　冯·诺依曼体系结构

冯·诺依曼的主要贡献是提出并实现了"存储程序"的概念。由于指令和数据都是二进制码，指令和操作数的地址又密切相关，因此，当初选择这种结构是自然的。但是，这种指令和数据共享同一组总线的结构，在对数据进行读取时，指令和数据必须通过同一通道依次访问，首先从指令存储区读出程序指令内容，然后从数据存储区读出数据，这使得信息流的传输成为限制计算机性能的瓶颈，影响了数据处理速度的提高。

目前，使用冯·诺依曼体系结构的处理器和微控制器有很多。除了上面提到的 Intel 公司的 8086，Intel 公司的其他处理器、ARM7 处理器、MIPS 公司的 MIPS 处理器也采用冯·诺依曼体系结构。

（2）哈佛体系结构。

哈佛体系结构是一种将程序指令存储和数据存储分开的存储器结构，目的是减轻程序运行时的访存瓶颈，如图 2.7 所示。处理器首先到程序指令存储器中读取程序指令内容，解码后得到数据地址，再到相应的数据存储器中读取数据，并进行下一步的操作（通常是执行）。哈佛结构的微处理器通常具有较高的执行效率。其程序和数据分开组织和存储的，执行时可以预先读取下一条指令，可以使程序和数据有不同的数据宽度。如 Microchip 公司的 PIC16 芯片的程序指令是 14 位宽度，而数据是 8 位宽度。

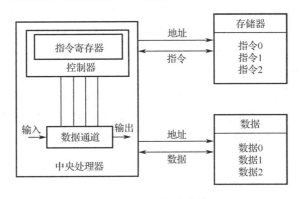

图 2.7　哈佛体系结构

目前使用哈佛体系结构的处理器和微控制器有很多，除了上面提到的 Microchip 公司的 PIC 系列芯片，还有摩托罗拉公司的 MC68 系列、Zilog 公司的 Z8 系列、Atmel 公司的 AVR 系列、ARM9E 及以上型号处理器、TI 公司的 DSP 等。

例如，在最常见的卷积运算中，一条指令同时取两个操作数。在流水线处理时，除取数据操作外，还有一个取指令操作，如果程序和数据通过一条总线访问，取指令和取数据必将产生冲突，而这对大运算量的循环的执行效率是很不利的。哈佛体系结构能基本上解决取指令和取数据的冲突问题。

在典型情况下，完成一条指令至少需要 3 个步骤，即：取指令、指令译码和执行指令。从指令流的定时关系也可看出冯·诺依曼体系结构与哈佛体系结构处理方式的差别。举一个最简单的对存储器进行读写操作指令的例子，指令 1 至指令 3 均为存、取数指令，对于冯·诺依曼体系结构处理器，由于取指令和存取数据要经由同一总线传输，因而它们无法重叠执行，只有在一个完成后再进行下一个。

2. 复杂指令集与精简指令集

（1）CISC。

长期来，计算机性能的提高往往通过增加硬件的复杂性来获得。随着集成电路技术，特别是 VLSI（超大规模集成电路）技术的迅速发展，为了软件编程方便和提高程序的运行速度，硬件工程师采用的办法是不断增加可实现复杂功能的指令和多种灵活的编址方式。这样的结构致使硬件越来越复杂，造价也越来越高。为实现复杂操作，微处理器除向程序员提供类似各种寄存器和机器指令功能，还通过存储于只读存储器（ROM）中的微程序来实现其极强的功能，在分析每一条指令之后执行一系列初级指令运算来完成所需的功能，这种设计的形式被称为复杂指令集计算机（Complex Instruction Set Computer，CISC）结构。一般 CISC 处理器所含的指令数目至少在 300 条以上，有的甚至超过 500 条。

CISC 具有如下显著特点：

● 指令格式不固定，指令长度不一致，操作数可多可少。

● 寻址方式复杂多样，以利于程序的编写。

● 采用微程序结构，执行每条指令均需完成一个微指令序列。

● 每条指令需要若干机器周期才能完成，指令越复杂，花费的机器周期越多。

属于 CISC 结构的单片机有 Intel 8051 系列、原摩托罗拉的 M68HC 系列、Atmel 的 AT89 系列、Winbond 的 W78 系列、飞利浦的 PCF80C51 系列等。

CISC 存在许多缺点。采用 CISC 结构的处理器大多数据线和指令线分时复用，它的指令丰富，功能较强，但取指令和取数据不能同时进行，速度受限，价格高。

在 CISC 处理器编程时，一般的应用中只使用了 20%左右的指令，约有 80%的指令没有用到，这就造成程序中存在大量指令闲置的情况。复杂的指令系统带来结构的复杂性，不但增加了设计的时间与成本，还容易造成设计失误。因而，针对 CISC 的这些弊病，人们开始寻找更简单、执行效率更高的指令，精简指令集就是在这种情况下产生的。

（2）RISC。

采用复杂指令系统的计算机有着较强的处理高级语言的能力，这对提高计算机的性能是有益的。但是，IBM 公司的研究中心于 1975 年组织力量研究指令系统的合理性问题时发现，日趋庞杂的指令系统不但不易实现，而且还可能降低系统性能。1979 年，以帕特逊教授为首的一批科学家开始在美国加州大学伯克利分校开展这一研究。帕特逊等人提出了精简指令的设想，即指令系统应当只包含那些使用频率很高的少量指令，并提供一些必要的指令以支持操作系统和高级语言。按照这个原则发展而成的计算机被称为精简指令集计算机（Reduced Instruction Set Computer，RISC）结构。

这种 CPU 指令集的特点是指令数目少，每条指令都采用标准字长，执行时间短，CPU 的实现细节对于机器级程序是可见的，等等。它的指令系统相对简单，只要求硬件执行有限且常用的那部分指令，大部分复杂的操作则使用成熟的编译技术，由简单指令合成。这种指令结构便于硬件实现哈佛体系结构和流水线作业，从而使得取指令和取数据可同时进行，且由于一般指令线宽于数据线，指令较同类 CISC 单片机指令包含更多的处理信息，执行效率更高，速度更快。同时，这种处理器指令多为单字节和双字节，程序存储器的空间利用率大大提高，有利于实现超小型化，便于优化编译。

目前，在中高档服务器中普遍采用这一指令系统的 CPU，特别是高档服务器，全都采用 RISC 指令系统的 CPU。在中高档服务器中，采用 RISC 指令的 CPU 主要有 Compaq（康柏，即新惠普）公司的 Alpha、惠普公司的 PA-RISC、IBM 公司的 PowerPC、MIPS 公司的 MIPS 和 SUN 公司的 Spare。

（3）CISC 与 RISC 的区别。

从硬件角度来看，CISC 处理的是不等长指令集，它必须对不等长指令进行分割，因此在执行单一指令时需要更多处理单元进行较多的处理工作。而 RISC 执行的是等长精简指令集，CPU 在执行指令时速度较快且性能稳定。因此，在并行处理方面，RISC 明显优于 CISC。RISC 可同时执行多条指令，它可将一条指令分割成若干进程或线程，交由多个处理器同时执行。由于 RISC 执行的是精简指令集，所以它的制造工艺简单且成本低廉。RISC 与 CISC 的对比分析如表 2.1 所示。

表 2.1　RISC 与 CISC 的对比分析

指　　标	RISC	CISC
指令集	指令定长，指令执行周期短，通过指令组合实现复杂操作，指令译码采用硬布线逻辑	指令不定长，指令执行周期长，可以通过单条指令实现复杂操作，采用微程序译码
流水线	易于实现指令流水线	不易于实现指令流水线
寄存器	更多通用寄存器	用于特定目的的专用寄存器
Load/Store 结构	独立的 Load 和 Store 指令完成数据在寄存器和外部存储器之间的传输	处理器能够直接处理存储器的数据
编译器优化	对编译器要求高，需要编译器对代码进行更多优化	对编译器要求低

从软件角度来看，CISC 运行的是我们所熟识的 DOS、Windows 操作系统，主要应用于 PC 与服务器等系统中。而且它拥有大量的应用程序，因为全世界 65%以上的软件厂商都是为基于 CISC 体系结构的 PC 及其兼容机服务的，微软就是其中的一家。虽然 RISC 也可运行 Windows，但是需要一个翻译过程，所以运行速度要慢得多。但是，在嵌入式系统中，受存储空间和功耗的限制，RISC 处理却大行其道，基本上都采用基于 RISC 的处理器进行嵌入式系统设计，支持 RISC 的嵌入式操作系统种类繁多，使得 RISC 指令处理器应用越来越广泛。

目前，CISC 与 RISC 逐步走向融合，Pentium Pro、Nx586、K5 就是最明显的例子，它们的内核都是基于 RISC 体系结构的。它们接收 CISC 指令后将其分解分类成 RISC 指令，以便在同一时间内执行多条指令。由此可见，下一代的 CPU 将融合 CISC 与 RISC 两种技术，从软件与硬件方面看，二者会相互取长补短。

显然，在设计上 RISC 较 CISC 简单，同时因为 CISC 的执行步骤过多，闲置的单元电路等待时间增加，不利于平行处理的设计。所以就效能而言，RISC 较 CISC 还是占了上风，但 RISC 因指令精简化后造成应用程序代码变大，需要较大的程序内存空间，且存在指令种类较多等缺点。

2.2　ARM 体系架构与编程模型

2.2.1　ARM 处理器体系架构概述

ARM（Advanced RISC Machine）是一家微处理器行业的知名企业，设计了大量高性能、廉价、低耗能的 RISC 处理器。公司的特点是只设计芯片而不生产。它将技术授权给世界上许多半导体、软件和 OEM 厂商，并提供服务。ARM 公司是为数不多以嵌入式处理器 IP Core 设计起家、获得巨大成功的 IP Core 设计公司。自 20 世纪 90 年代成立以来，在 32 位 RISC CPU 开发领域不断取得突破，其结构已经从 v1 发展到 v9，从 v8 开始支持 64 位指令，其主频也已经超过 1GHz。ARM 公司将其 IP Core 出售给各大半导体制造商，加上其设计的 IP Core 具有功耗低、成本低等显著优点，因此，获得众多半导体厂家和整机厂商的大力支持。在 32 位嵌入式应用领域获得了巨大的成功，目前已经占有 75%以上的 32 位嵌入式产品市场。现在设计、生产 ARM 芯片的国际大公司已经超过 50 多家，国内的很多知名企业包括中兴通讯、华为、上海华虹、复旦微电子、杰得微电子等公司，购买了 ARM 公司的 IP Core 用于通信专用芯片的设计。

　　ARM 公司除了获得了半导体厂家的支持，也获得了许多操作系统的支持，比较知名的有 WinCE、Linux、Plam OS、Symbian OS、pSOS、VxWorks、Nucleus、EPOC、μC/OS、iOS、HarmonyOS 等。对于开发工程师来说，这些操作系统针对 ARM 处理器提供的 BSP 对于迅速开始 ARM 平台上的开发至关重要。

　　ARM 处理器的特点如下：

- ARM 指令是 32 位定长的（除 AArch64 架构部分增加指令为 64 位外）。
- 寄存器数量丰富（37 个寄存器）。
- 普通的 Load/Store 指令。
- 多寄存器的 Load/Store 指令。
- 指令的条件执行。
- 单时钟周期中的单条指令完成数据移位操作和 ALU 操作。
- 通过变种和协处理器来扩展 ARM 处理器的功能。
- 扩展了 16 位的 Thumb 指令来提高代码密度。

　　到目前为止，ARM 处理器体系架构经历了 v1 到 v9 版本，如表 2.2 所示。ARM 架构在不断演进的同时保持了很好的兼容性。

表 2.2　ARM 处理器体系架构对应处理器型号

架构版本	处理器家族	备　注
ARMv1	ARM1	
ARMv2	ARM2、ARM3	
ARMv3	ARM6、ARM7	
ARMv4	Strong ARM、ARM7TDMI、ARM9TDMI	
ARMv5	ARM7EJ、ARM9E、ARM10E、XScale	
ARMv6	ARM11、Cortex-M0/M0+、Cortex-M1	ARM11 MPcore 支持多核
ARMv7	含有 Cortex-A、Cortex-M、Cortex-R 三个系列，其中 A 系列：Cortex-A5、A7、A8、A9、A12、A15、A17	
ARMv8	Cortex-A32（32 位）、A35、A53、A57、A72、A73、A78	除 A32 外，其他处理器都支持 64/32 位
ARMv9	Cortex-X2、Cortex-A510、Cortex-A710	

　　（1）ARMv4-T 架构。

　　此架构引入了 16 位 Thumb 指令集和 32 位 ARM 指令集，目的是在同一个架构中同时提供高性能的代码密度。16 位 Thumb 指令集相对于 32 位 ARM 指令集可缩减高达 35%的代码大小，同时保持 32 位架构的优点。实例处理器有 ARM7TDMI 等。

（2）ARMv5-TEJ 架构。

此架构引进了 DSP 算法（如饱和运算）的算术支持和 Jazelle Java 字节码引擎来启用 Java 字节码的硬件执行，从而改善用 Java 编写的应用程序的性能。与非 Java 加速内核比较，Jazelle 将 Java 执行速度提高为原来的 8 倍，并且减少了 80%的功耗。许多基于 ARM 处理器的便携式设备中已使用此架构，目的是在游戏和多媒体应用程序的性能方面提供显著改进的用户体验，如处理器 ARM926EJ-S 和 ARM968E-S。

（3）ARMv6 架构。

此架构引进了包括单指令多数据（SIMD）运算在内的一系列新功能。SIMD 扩展已针对多种软件应用程序（包括视频编解码和音频编解码）进行优化，对于这些软件应用程序，SIMD 扩展最多可将性能提升为原来的 4 倍。此外，还引进了作为 ARMv6 体系结构的变体的 Thumb-2 和 TrustZone 技术，如处理器 ARM1176JZ 和处理器 ARM1136EJ。

（4）ARMv6-M 架构。

此架构为低成本、高性能设备而设计，向以前由 8 位设备占主导地位的市场提供 32 位功能强大的解决方案，其 16 位 Thumb 指令集架构允许设计者设计门数最少却十分经济实惠的设备。中断处理结构和编程器模式为所有 Cortex-M 系列处理器提供了完全向上兼容的途径，如处理器 Cortex-M0 和 Cortex-M1。

（5）ARMv7 架构。

所有 ARMv7 架构处理器都实现了 Thumb-2 技术（一个经过优化的 16/32 位混合指令集），在保持与现有 ARM 解决方案的代码完全兼容的同时，既具有 32 位 ARM ISA（Instruction-Set Architecture，指令集架构）的性能优势，又具有 16 位 Thumb ISA 的代码大小优势。ARMv7 架构还包括 NEON（基于 Intel Nervana Python 的深度学习框架）技术扩展，可将 DSP 和媒体处理吞吐量提升至 400%，并提供改进的浮点支持以满足下一代 3D 图形和游戏以及传统嵌入式控制应用的需要。Cortex 架构旨在横跨各种应用领域（从成本小于 1 美元的微控制器，到功能强大、运行速度超过 2GHz 的多核设计）。

此架构分为 3 类处理器。

● Cortex-A：应用处理器，此类处理器在拥有 MMU（内存管理单元）、用于多媒体应用的可选 NEON 处理单元，以及支持半精度、单精度和双精度运算的高级硬件浮点单元的基础上，实现了虚拟内存系统架构。它适用于高端消费类电子产品、网络设备、移动互联网设备和企业市场，如 Cortex-A9、Cortex-A8 和 Cortex-A5。

● Cortex-R：实时处理器，此类处理器针对低功耗、良好的中断行为、卓越性能以及与现有平台的高兼容性这些需求，在 MPU（内存保护单元）的基础上实现了受保护内存系统架构。它适用于高性能实时控制系统（包括汽车和大容量存储设备），如 Cortex-R4(F)。

● Cortex-M：微控制器，主要是针对微控制器领域开发的，此类控制器可进行快速中断处理，适用于需要高度确定的行为和最少门数的成本敏感型设备，如 Cortex-M3、Cortex-M4。

（6）ARMv8 架构。

ARMv8-A 将 64 位体系结构支持引入 ARM 体系结构中，其中包括：

● 64 位通用寄存器、SP（堆栈指针）和 PC（程序计数器）。

● 64 位数据处理和扩展的虚拟寻址。

两种主要执行状态。

● AArch64：64 位执行状态，包括该状态的异常模型、内存模型、程序员模型和指令集支持。

● AArch32：32 位执行状态，包括该状态的异常模型、内存模型、程序员模型和指令集支持。

这些执行状态支持三个主要指令集。

● A32（或 ARM）：32 位固定长度指令集，通过不同体系结构变体增强，部分 32 位体系结构执行环境现在称为 AArch32。

● T32（Thumb）：以 16 位固定长度指令集的形式引入，随后在引入 Thumb-2 技术时增强为 16 位和 32 位混合长度指令集。部分 32 位体系结构执行环境现在称为 AArch32。

● A64：提供与 ARM 和 Thumb 指令集类似功能的 32 位固定长度指令集。随 ARMv8-A 一起引入，它是一种 AArch64 指令集。

ARM ISA 不断改进，以满足前沿应用程序开发人员日益增长的要求，同时保留了必要的向后兼容性，以保护软件开发者的投资。在 ARMv8-A 中，对 A32 和 T32 进行了一些增补，以保持与 A64 指令集一致。

ARMv8 是 ARM 版本升级以来最大的一次改变，ARMv8 的架构继承 ARMv7 与之前处理器技术的基础，除现有的 16/32 位的 Thumb2 指令支持外，也向前兼容现有的 A32（ARM 32位）指令集，扩充了基于 64 位的 AArch64 架构，除了新增 A6（ARM 64 位）指令集外，也扩充了现有的 A32（ARM 32 位）和 T32（Thumb2 32 位）指令集。

（7）ARMv9 架构。

2021 年 5 月，ARM 发布了两款 ARMv9 "小核" 产品——Cortex-X2 和 Cortex-A510，这也是 ARMv9 公开发布以来最新的设计核心；而在"大核"CPU 方面，Cortex-A710 是上一代 Cortex-A78 的后继产品。

其中，Cortex-X2 实现了双位数 IPC 性能提升，同时在 DSU-110 实施了可扩展的集群（cluster），在单个 DSU 集群中最多可支持 8 个 Cortex-X2 核心以及 16MB 的 L3 缓存。

Cortex-A510 则是当前 ARM "小核" 中性能最高的 CPU，与上一代 Cortex-A55 相比性能提高了 35%，且能耗有 20% 的优化；在机器学习方面，这款产品的性能也将提升为原来的 3 倍。

作为"大核"CPU，Cortex-A710 设计中需要平衡性能、功耗和面积这三个指标，其目标是在机器学习工作负载方面实现 30% 以上的能耗优化以及 +10% 以上的性能提升。

2.2.2 ARM 编程模型

1. ARM 数据类型

ARM 体系结构中的数据类型如下：

- 双字（Double-Word）：64 位。
- 字（Word）：在 ARM 体系结构中，字的长度为 32 位。
- 半字（Half-Word）：在 ARM 体系结构中，半字的长度为 16 位。
- 字节（Byte）：在 ARM 体系结构中，字节的长度为 8 位。

2. ARM 处理器存储格式

ARM 体系结构将存储器看作从 0 地址开始的字节的线性组合。作为 32 位的微处理器，ARM 体系结构支持的最大寻址空间为 4GB。

ARM 体系结构可以用两种方法存储字数据，分别为大端模式和小端模式。

大端模式（高地低字）：字的高字节数据存储在低地址字节单元中，字的低字节数据存储在高地址字节单元中。例如，按照大端模式将数据 0x12345678 存放到 0x00020000 开始的地址单元中，如表 2.3 所示。

表 2.3　大端模式存储数据格式

地址	0x00020003	0x00020002	0x00020001	0x00020000
数据	0x78	0x56	0x34	0x12

小端模式（高地高字）：字的高字节数据存储在高地址字节单元中，字的低字节数据存储在低地址字节单元中。例如，按照小端模式将数据 0x12345678 存放到 0x00020000 开始的地址单元中，如表 2.4 所示。

表 2.4　小端模式存储数据格式

地址	0x00020003	0x00020002	0x00020001	0x00020000
数据	0x12	0x34	0x56	0x78

3. ARM 处理器工作状态

从编程的角度来看，ARM 处理器的工作状态一般有 ARM 状态和 Thumb 状态两种，并可在两种状态之间切换。

- ARM 状态：此时处理器执行 32 位的字对齐 ARM 指令。绝大部分工作在此状态。
- Thumb 状态：此时处理器执行 16 位的半字对齐的 Thumb 指令。

4. 典型 ARM 处理器工作模式

典型 ARM 处理器的工作模式主要有 7 种，如表 2.5 所示。

除了用户模式，其余 6 种模式都是特权模式；除了用户模式和系统模式，其余 5 种模式都是异常模式。在特权模式下，程序可以访问所有的系统资源。非特权模式和特权模式的区别在于有些操作只能在特权模式下才被允许，例如，直接改变模式和中断使能等。为了保证数据安全，一般 MMU 会对地址空间进行划分，只有特权模式才能访问所有的地址空间。而在用户模式下，必须切换到特权模式下才允许访问硬件。

表 2.5　典型 ARM 处理器工作模式

处理器模式			说　明	备　注
用户（USR）			正常程序工作模式	不能直接切换到其他模式
特权模式	系统（SYS）		用于支持操作系统的特权任务等	与用户模式类似，但可以直接切换到其他模式
	异常模式	快速中断（FIQ）	支持高速数据传输及通道处理	FIQ 异常响应时进入此模式
		中断（IRQ）	用于通用外部中断处理	IRQ 异常响应时进入此模式
		管理（SVC）	运行具有特权的操作系统任务	系统复位和软件中断（SWI）响应时进入此模式
		中止（ABT）	用于处理存储器故障、实现虚拟存储器和存储器保护	当访问存储器数据或指令预取终止时进入该模式
		未定义（UND）	支持硬件协处理器的软件仿真	遇到未定义指令操作产生异常响应时进入此模式

5. ARM Cortex-A 系列处理器工作模式

Cortex-A 架构除了兼容以前的 ARM 处理器而有 7 种运行模式，还加入了 TrustZone 安全扩展，所以新加了一种运行模式——Monitor（MON）；新的处理器架构还支持虚拟化扩展，因此又加入了另一个运行模式——HYP。所以，Cortex-A 系列处理器有 9 种运行模式，如表 2.6 所示。

表 2.6　Cortex-A 系列处理器 9 种运行模式

模　式	说　明
用户（USR）	正常程序工作模式
系统（SYS）	用于支持操作系统的特权任务等
快速中断（FIQ）	支持高速数据传输及通道处理
中断（IRQ）	用于通用外部中断处理
管理（SVC）	运行具有特权的操作系统任务
监控（MON）	用于安全扩展模式
中止（ABT）	用于处理存储器故障，实现虚拟存储器和存储器保护
超级监视（HYP）	用于虚拟化扩展
未定义（UND）	支持硬件协处理器的软件仿真

在表 2.6 中，除了用户（USR）模式，其他 8 种运行模式都是特权模式。这几个运行模式可以通过软件进行任意切换，也可以通过中断或异常进行切换。大多数程序都运行在用户模式下。用户模式下是不能访问系统所有资源的，有些资源是受限的，要访问这些受限的资源就必须进行模式切换。但是，用户模式不能直接进行切换，用户模式下需要借助异常来完成模式切换。要切换模式时，应用程序可以产生异常，在异常的处理过程中完成处理器模式的切换。

中断或异常发生后，处理器就会进入到相应的异常模式中，每一种模式都有一组寄存器供异常处理程序使用，这样做是为了保证在进入异常模式后，用户模式下的寄存器不被破坏。

6. Cortex-A 架构寄存器组

ARM 架构提供了 16 个 32 位的通用寄存器（R0～R15）供软件使用，前 15 个（R0～R14）

可以用作通用的数据存储，而 R15 是程序计数器（PC），用来保存将要执行的指令。ARM 还提供了一个当前程序状态寄存器（CPSR）和一个备份程序状态寄存器（SPSR），SPSR 寄存器就是 CPSR 寄存器的备份。这 18 个寄存器如图 2.8 所示。

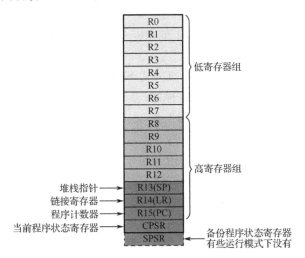

图 2.8　Cortex-A 寄存器

在 Cortex-A 系列的 9 种运行模式中，每种运行模式都有一组与之对应的寄存器组。每一种模式可见的寄存器包括 15 个通用寄存器（R0～R14）、一两个程序状态寄存器和一个程序计数器（PC）。在这些寄存器中，有些是所有模式公用的同一个物理寄存器，有些是各模式所独立拥有的。各模式所拥有的寄存器如图 2.9 所示。

USR	SYS	FIQ	IRQ	ABT	SVC	UND	MON	HYP
R0	R0	R0	R0	R0	R0	R0	R0	R0
R1	R1	R1	R1	R1	R1	R1	R1	R1
R2	R2	R2	R2	R2	R2	R2	R2	R2
R3	R3	R3	R3	R3	R3	R3	R3	R3
R4	R4	R4	R4	R4	R4	R4	R4	R4
R5	R5	R5	R5	R5	R5	R5	R5	R5
R6	R6	R6	R6	R6	R6	R6	R6	R6
R7	R7	R7	R7	R7	R7	R7	R7	R7
R8	R8	R8_fiq	R8	R8	R8	R8	R8	R8
R9	R9	R9_fiq	R9	R9	R9	R9	R9	R9
R10	R10	R10_fiq	R10	R10	R10	R10	R10	R10
R11	R11	R11_fiq	R11	R11	R11	R11	R11	R11
R12	R12	R12_fiq	R12	R12	R12	R12	R12	R12
R13(sp)	R13(sp)	SP_fiq	SP_irq	SP_abt	SP_svc	SP_und	SP_mon	SP_hyp
R14(lr)	R14(lr)	LR_fiq	LR_irq	LR_abt	LR_svc	LR_und	LR_mon	R14(lr)
R15(pc)	R15(pc)	R15(pc)	R15(pc)	R15(pc)	R15(pc)	R15(pc)	R15(pc)	R15(pc)
CPSR	CPSR	CPSR	CPSR	CPSR	CPSR	CPSR	CPSR	CPSR
		SPSR_fiq	SPSR_irq	SPSR_abt	SPS R_svc	SPSR_und	SPSR_mon	SPSR_hyp
								ELR_hyp

图 2.9　Cortex-A 系列的 9 种模式对应的寄存器

在图 2.9 中，浅色背景是与用户模式共有的寄存器，深灰色背景是各模式独有的寄存器。可以看出，在所有的模式下中，低寄存器组（R0～R7）共享同一组物理寄存器，只是一些高寄存器组在不同的模式下有自己独有的寄存器，比如，FIQ 模式下 R8～R14 是独立的物理寄存器。假如某个程序在 FIQ 模式下访问 R13 寄存器，那么它实际访问的是寄存器 R13_fiq，如果程序在 SVC 模式下访问 R13 寄存器，那么它实际访问的是寄存器 R13_svc。总结起来，Cortex-A 系列内核寄存器组成如下：

● 34 个通用寄存器，包括各种模式下的 R0～R14 和公用的 R15 程序计数器（PC），这些寄存器都是 32 位的。

● 8 个状态寄存器，包括 CPSR 和特权模式下的 SPSR。

● HYP 模式下独有一个 ELR_Hyp 寄存器。

通用寄存器包括 R0～R15，可以分为 3 类。

（1）未分组寄存器 R0～R7。

在所有运行模式下，未分组寄存器都指向同一个物理寄存器，它们未被系统用作特殊用途。因此，在中断或异常处理进行异常模式转换时，由于不同处理器运行模式均使用相同的物理寄存器，所以可能造成寄存器中数据的破坏。

（2）分组寄存器 R8～R14。

对于分组寄存器，它们每次访问的物理寄存器都与当前的处理器运行模式相关，具体如图 2.9 所示。

R13 常用来存放堆栈指针，用户也可以使用其他寄存器存放堆栈指针，但在 Thumb 指令集下，某些指令强制要求使用 R13 存放堆栈指针。

R14 称为链接寄存器（Link Register，LR），当执行子程序时，R14 可得到 R15（PC）的备份，执行完子程序后，又将 R14 的值复制回 PC，即使用 R14 保存返回地址。

（3）程序计数器（R15）。

寄存器 R15 用作程序计数器（PC），在 ARM 状态下，位[1:0]为 0，位[31:2]用于保存 PC；在 Thumb 状态下，位[0]为 0，位[31:1]用于保存 PC。

由于 ARM 体系结构采用多级流水线技术，对于 ARM 指令集，PC 总是指向当前指令的下两条指令的地址，即 PC 的值为当前指令的地址值加 8 字节。

就 Cortex-M3 来说，拥有 R0～R15 的寄存器组，其中 R13 作为堆栈指针 SP。SP 有两个，分别为 R13（MSP）和 R13（PSP），即主堆栈指针（MSP）和进程堆栈指针（PSP），但在同一时刻只能有一个可以看到，这也就是所谓的"banked"寄存器。这些寄存器都是 32 位的。

7. 程序状态寄存器 CPSR 和 SPSR

和其他处理器一样，ARM Cortex-A 系列处理器也有程序状态存储器来配置处理器工作模式和显示工作状态。ARM 处理器有两个程序状态寄存器：CPSR（Current Program Status Register，当前程序状态寄存器）和 SPSR（Saved Program Status Register，备份的程序状态寄存器）。

CPSR 可在任何运行模式下被访问，它包括条件标志位、中断禁止位、当前处理器模式标志位以及其他一些相关的控制和状态位，如图 2.10 所示。

31	30	29	28	27	26		25	24	23		20	19		16	15		10	9	8	7	6	5	4		0
N	Z	C	V	Q	IT[1:0]		J	Reserved			GE[3:0]			IT[7:2]			E	A	I	F	T	M[4:0]			

图 2.10　CPSR 组成结构

每一种特权模式下都有一个专用的物理状态寄存器，称为 SPSR，当异常发生时，SPSR 用于保存当前 CPSR 的值，从异常退出时则可由 SPSR 来恢复 CPSR。

由于用户模式和系统模式不属于异常模式，这两种状态下没有 SPSR，因此在这两种状态下访问 SPSR，结果是未知的。

CPSR 保存数据的结构如下。

（1）N（bit31）：当用两个补码表示的带符号数进行运算时，N=1 表示结果为负数，N=0 表示结果为正数或零。

（2）Z（bit30）：Z=1 表示运算结果为零，Z=0 表示运算结果非零。

（3）C（bit29）：有 4 种方法可以设置 C 的值。
- 加法指令（包括比较指令 CMP）。
- 当运算产生进位时（无符号数溢出），C=1，否则 C=0。
- 减法运算（包括比较指令 CMP）。
- 当运算产生了借位时（无符号数溢出），C=0，否则 C=1。

对于包含移位操作的非加/减运算指令，C 为移出值的最后一位。对于其他的非加/减运算指令，C 的值通常不变。

（4）V（bit28）：有两种方法设置 V 的值。
- 对于加/减法运算指令，当操作数和运算结果为二进制的补码表示的带符号数时，V=1 表示符号位溢出。
- 对于其他的非加减法运算指令，V 的值通常不变。

（5）Q（bit27）：仅 ARMv5TE_J 架构支持，表示饱和状态，Q=1 表示累积饱和，Q=0 表示累积不饱和。

（6）IT[1:0]（bit26:25）：和 IT[7:2]（bit15:bit10）一起组成 IT[7:0]，作为 IF-THEN 指令执行状态。

（7）J（bit24）：仅 ARM_v5TE-J 架构支持，J=1 表示处于 Jazelle 状态，此位通常和 T（bit5）位一起表示当前所使用的指令集，如表 2.7 所示。

表 2.7 指令类型

J	T	描　　述
0	0	ARM
0	1	Thumb
1	1	ThumbEE
1	0	Jazelle

（8）GE[3:0]（bit19:16）：SIMD 指令有效，大于或等于。

（9）IT[7:2]（bit15:10）：参考 IT[1:0]。

（10）E（bit9）：大小端控制位，E=1 表示大端模式，E=0 表示小端模式。

（11）A（bit8）：禁止异步中断位，A=1 表示禁止异步中断。

（12）I（bit7）：I=1 禁止 IRQ，I=0 使能 IRQ。

（13）F（bit6）：F=1 禁止 FIQ，F=0 使能 FIQ。

（14）T（bit5）：控制指令执行状态，表明本指令是 ARM 指令还是 Thumb 指令，通常和

J（bit24）一起表明指令类型，参考 J（bit24）位。

（15）M[4:0]：处理器模式控制位，其含义如表 2.8 所示。

表 2.8　PSR 寄存器模式位及其描述

M[4:0]	处理器模式
10000	USR
10001	FIQ
10010	IRQ
10011	SVC
10110	MON
10111	ABT
11010	HYP
11011	UND
11111	SYS

8. 工作模式的切换条件

（1）执行软中断（SWI）或复位命令（Reset）指令。如果在用户模式下执行 SWI 指令，CPU 就进入管理（Supervisor，SVC）模式。当然，在其他模式下执行 SWI 也会进入该模式，不过一般操作系统不会这么做，因为除了用户模式属于非特权模式，其他模式都属于特权模式。执行 SWI 指令一般是为了访问系统资源，而在特权模式下可以访问所有的系统资源。SWI 指令一般用来为操作系统提供 API 接口。

（2）有外部中断发生。如果发生了外部中断，CPU 就会进入 IRQ 模式或 FIQ 模式。

（3）CPU 执行过程中产生异常。典型的异常是由 MMU 保护引起的内存访问异常，此时 CPU 会切换到 ABT 模式。如果是无效指令，则进入 UND 模式。

（4）有一种模式是 CPU 无法自动进入的，这种模式就是 SYS 模式。要进入 SYS 模式，必须由程序员编写指令来实现。要进入 SYS 模式，只需改变 CPSR 的模式位为 SYS 模式对应的模式位即可。进入 SYS 模式一般是为了利用 SYS 模式和用户模式下的寄存器相同的特点，因此，在一般情况下，操作系统在通过 SWI 进入 SVC 模式后，做一些操作就进入 SYS 模式。

（5）在任何特权模式下都可以通过修改 CPSR 的 MODE 域来进入其他模式。不过要注意的是，由于修改的 CPSR 是该模式下的影子 CPSR，即 SPSR，并不是实际的 CPSR，所以一般的做法是修改影子 CPSR，然后执行一个 MOVS 指令来恢复执行某个断点，并切换到新模式。

2.3　ARM 处理器内存管理

2.3.1　内存映射

1. 什么是内存映射

内存映射指的是在 ARM 存储系统中，使用内存管理单元（MMU）实现虚拟地址到实际物理地址的映射，如图 2.11 所示。图中的地址转换器就是内存管理单元（MMU），CPU 操作的地址称为虚拟地址，MMU 操作的是实际的物理地址。

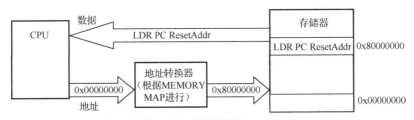

图 2.11　MMU 实现虚拟地址到实际物理地址的映射示意图

2. 为什么要内存映射

A32 架构的 ARM 的地址总线为 32 位，故 CPU 可寻址范围为 0x00000000～0xFFFFFFFF，寻址空间为 4GB，所有内部和外部存储或外设单元都需要通过对应的地址来操作，不同芯片外设的种类数量寻址空间不一样，为让内核更方便地管理不同的芯片设计，ARM 内核会先给出预定义的存储空间分配，如图 2.12 所示。

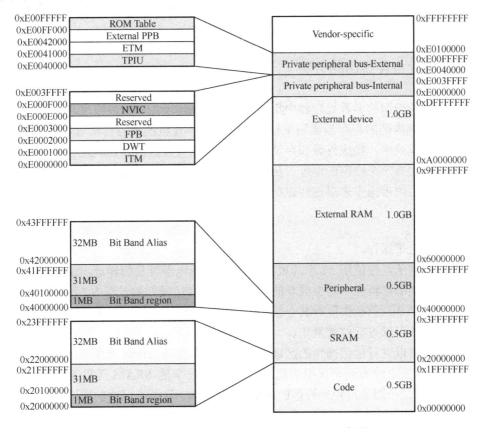

图 2.12　处理器预定义的存储器空间分配示意图

芯片设计公司要根据内核提供的预定义的存储器映射来定义芯片内部外设和外部的保

留接口，这样做的好处是，极大地减少了同一内核不同芯片间地址转换的麻烦（CPU 对统一的虚拟地址进行操作，实际物理地址转换交由 MMU 管理）。

3. ARM MMU 的工作原理

在 ARM 存储系统中，使用内存管理单元（MMU）实现虚拟地址到实际物理地址的映射。利用 MMU，可把 SDRAM 的地址完全映射到 0x00000000 起始的一片连续地址空间，而把原来占据这片空间的 Flash 或 ROM 映射到其他不冲突的存储空间位置。

例如，Flash 的地址范围是 0x00000000～0x00FFFFFF，而 SDRAM 的地址范围是 0x30000000～0x3lFFFFFF，则可把 SDRAM 地址映射为 0x00000000～0x01FFFFFF，而 Flash 的地址可以映射到 0x90000000～0x90FFFFFF（此处地址空间为空闲，未被占用）。映射完成后，如果处理器发生异常，假设依然为 IRQ 中断，PC 指针指向 0x00000018 处的地址，而这时 PC 实际上是从位于物理地址的 0x30000018 处读取指令。

通过 MMU 的映射，可实现程序完全运行在 SDRAM 之中。在实际的应用中，可能会把两片不连续的物理地址空间分配给 SDRAM。而在操作系统中，习惯于把 SDRAM 的空间连续起来，方便内存管理，且应用程序申请大块的内存时，操作系统内核也可方便地分配。通过 MMU 可实现将不连续的物理地址空间映射为连续的虚拟地址空间。操作系统内核或一些比较关键的代码，一般是不希望被用户应用程序访问的。通过 MMU 可以控制地址空间的访问权限，从而保护这些代码不被破坏。

2.3.2　集成外设寄存器访问方法

在嵌入式系统应用的多数处理器中集成许多外设以便于用户扩展应用，处理器对这些外设的控制是通过其内部的寄存器读写来控制的。学过单片机的读者都知道，在采用统一 I/O 地址空间管理的模式中，集成外设和存储器一样，这些外设的寄存器就是一个个存储单元，每个寄存器都分配有一个固定的地址。在访问这些寄存器时，很多时候需要单独对某些位进行操作，需要采用位带操作来对这些寄存器进行读写控制。

1. 位带操作

（1）什么是位带操作。

举个简单的例子，在使用 51 单片机操作 P1.0 为低电平时我们知道，这背后实际上就是往某个寄存器的某个比特位中写 1 或 0 的过程，但在 CPU 操作的过程中，每一个地址对应的都是一个 8 位的字节，怎么实现对其中某一位的直接操作呢？这就需要位带操作的帮助。

（2）哪些地址可以进行位带操作。

不同处理器可以进行位带操作的区域设置不一样，位带操作区就像 51 单片机中的位操作存储区一样。图 2.12 中有两个区中实现了位带。其中一个是 SRAM 区的最低 1MB 范围（Bit Band Region），第二个则是片内外设区的最低 1MB 范围。这两个区中的地址除可以像普通的 RAM 一样使用外，它们还有自己的"位带别名区"，位带别名区把每个比特膨胀成一个 32 位的字。位带操作所使用的膨胀地址原本位于位带别名区（Bit Band Alias），由于现在都指向了位带区的特殊位，这些膨胀地址都不能再指向一个 8 位的空间。

2. 寄存器的地址计算

在 ARM 中，所有的外设地址基本都挂载在 AHB（Advanced High-performance Bus）或 APB（Advance Peripheral Bus）总线上，因此我们往往采用基地址+偏移地址+结构体的方式，快速计算某一外设具体寄存器的地址，如图 2.13 所示。

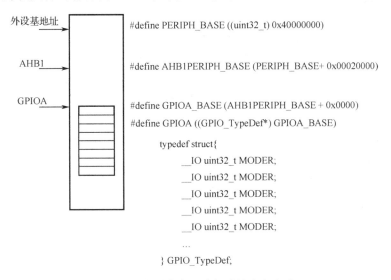

图 2.13　外设寄存器访问地址定义方式

举个例子，当我们要操作 GPIOA 模块中的 ODR 寄存器时，只要直接操作寄存器定义 GPIO->ODR，该寄存器的实际地址已经通过外设基地址 PERIPHA_BASE（内核预定义地址）+AHB1 总线偏移地址（具体芯片设计公司决定）+GPIOA 的偏移地址（具体由芯片设计公司决定）+GPIO 模块的寄存器分布结构体决定。再将模块的寄存器分布结构体指针指向模块基地址（#define GPIOA ((GPIO_TypeDef *)GPIOA_BASE)），这样做的好处是，调用 GPIOA 时直接就定位到该模块的基地址及内部每个寄存器的地址偏移。

注意：当使用位带功能和寄存器宏定义时，对要访问的寄存器变量声明必须用 volatile 来定义。就是通过 volatile，使编译器每次都把新的数值写入寄存器，而不会进行优化操作。

```
//把 "位带地址+位序号" 转换成别名地址的宏
#define BTIBAND(add, bitnum)  ((addr &0xF0000000) + 0x20000000 + ((addr
&0xFFFFF) << 5) + (bitnum<<2))
//把地址换行为一个指针
#define MEM_ADDR(addr)  *((volatile unsigned long*) (addr))
```

在此基础上，我们就可以修改代码如下：

```
MEM_ADDR(DEVICE_REG0) = 0xAB;                      //使用正常地址访问寄存器
MEM_ADDR(DEVICE_REG0) = MEM_ADDR(DEVICE_REG0) | 0x02;  //传统方法
MEM_ADDR(BTIBAND(DEVICE_REG0, 1)) = 0x1;    //使用位带别名地址对位进行访问
```

2.4 ARM **异常处理**

2.4.1 ARM 处理器异常类型

中断对于任何处理器都是至关重要的。典型 ARM 处理器提供 7 种可以使正常指令中止执行的异常情况：数据终止、快速中断请求、外部中断请求、预取指终止、软件中断、复位及未定义的指令。ARM 把中断定义为一类特殊的异常，实际上这些异常都可以看成中断来处理。

在 ARM 中，异常处理用于处理由错误、中断或其他由外部系统触发的事件。在 ARM 的文档中，使用术语 Exception 来描述异常。Exception 主要是从处理器被动接受异常的角度来描述，而 Interrupt 带有向处理器主动申请的含义。在本书中，对"异常"和"中断"不作严格区分，都是指请求处理器打断正常的程序执行流程、进入特定程序循环的一种机制。

ARM 的 7 种类型的异常，按优先级从高到低排列如下。

- Reset：复位。
- Data Abort：数据终止。
- FIQ：快速中断请求。
- IRQ：外部中断请求。
- Prefetch Abort：预取指终止。
- SWI：软件中断。
- Undefined instruction：未定义的指令。

两种类型的中断，一类是由外设引起的，即 IRQ 和 FIQ；另一类是一条引发中断的特殊指令 SWI。两种中断都会挂起正常的程序执行，转而去处理中断。

异常是需要中止指令正常执行的任何情形，包括 ARM 内核产生复位、取指或存储器访问失败，遇到未定义指令，执行了软件中断指令或者出现外部中断等。异常处理就是处理这些异常情况的方法。大多数异常都对应软件的一个异常处理程序——一个在异常发生时执行的软件程序。

每种异常都导致内核进入一种特定的模式，如表 2.9 所示。每个处理器模式都有一组各自的分组寄存器，处理器模式决定了哪些寄存器是活动的以及对 CPSR 的完全读/写访问。同时，通过编程改变 CPSR，可以进入任何 ARM 处理器模式。从其他模式进入用户模式和系统模式，也可以通过修改 CPSR 来完成。

表 2.9 ARM 处理器异常及其模式

异　　常	模　式	目　　　的
快速中断请求	FIQ	处理快速中断请求
外部中断请求	IRQ	处理中断请求
软件中断和复位	SVC	处理操作系统的受保护模式异常
预取指终止和数据终止	ABT	处理虚存或存储器保护异常
未定义的指令	UND	处理软件模拟硬件协处理器异常

中断是由 ARM 外设引起的一种特殊的异常。IRQ 异常用于处理器响应外设中断，如 WDT、定时器、UART、I²C、SPI、RTC、ADC 等。FIQ 异常一般是为单独的中断源保留的。IRQ 可以被 FIQ 中断，但 IRQ 不能中断 FIQ。为了使 FIQ 更快，这种模式有更多的影子寄存器。FIQ 不能调用 SWI（软件中断）。FIQ 还必须禁用中断。

每个外围设备都有一条中断线连接到向量中断控制器，可以通过寄存器设置这些中断的优先级。ARM 处理器的中断处理需要注意以下问题。

（1）知道 ARM 状态下的通用寄存器和程序计数器，如图 2.9 所示，深色背景的就是相应模式下的私有寄存器。就是说，程序一般运行在系统模式和用户模式下，使用的是系统模式和用户模式下的通用寄存器，当有异常发生时，比如 FIQ，那么系统将切换到 FIQ 模式，相应地就会采用 FIQ 模式下的寄存器，其中深色背景的就是只在 FIQ 模式下才会用到的寄存器。

（2）在模式切换的过程中，要保护系统模式和用户模式下的通用寄存器状态，以便异常处理完成后程序能正常返回。因为 FIQ 模式下 R8～R14 为其私有寄存器，所以切换过程中，系统和用户模式下的通用寄存器的 R8～R14 就不用保护了，所以减少了对寄存器存取的需要，从而可以快速地进行 FIQ 处理，故称为 FIQ。

（3）异常处理的动作。如何触发异常并通知处理器是由相应的硬件来自动完成。

2.4.2　ARM 处理器对异常的响应

ARM 处理器对异常的响应过程是从中断向量表开始的。一般来说，ARM 处理器中断向量表的地址是放在从 0 开始的 32 字节内，如表 2.10 所示。

表 2.10　ARM 处理器异常中断向量及优先级

入口地址	异常中断类型	入口时处理器的操作模式	跳转指令实例	优先级
0x00000000	复位	超级用户	B Reset_Handler	0
0x00000004	未定义的指令	未定义	LDR PC, Undefined_Handler	6
0x00000008	软件中断	超级用户	LDR PC, SVC_Handler	5
0x0000000C	终止（预取指）	终止	LDR PC, PrefAbort_Handler	4
0x00000010	终止（数据）	终止	LDR PC, DataAbort_Handler	1
0x00000014	保留	保留	LDR PC, NotUsed_Handler	未分配
0x00000018	IRQ	IRQ	LDR PC, IRQ_Handler	3
0x0000001C	FIQ	FIQ	LDR PC, FIQ_Handler	2

前面是指令存放的地址，也就是对应中断响应时读取的第一条指令存放的位置。一般在该位置存放异常服务程序的跳转指令，在中断向量表中填写跳转指令。

CPU 对一个中断的操作过程包括下面几个方面。

（1）保存断点：保存下一个将要执行的指令的地址，也就是把这个地址送入堆栈；

（2）寻找中断入口：根据不同中断源产生的中断，查找不同的入口地址；

（3）执行中断处理程序；

（4）中断返回：执行完中断指令后，就从中断返回到主程序继续执行。

在 ARM 处理器作中断响应时，CPU 主动完成以下动作：

（1）保存断点处指令地址：将下一条将要执行的指令的地址存入相应连接寄存器 LR，以便程序在处理异常返回时能从正确的位置重新开始执行。若异常是从 ARM 状态进入的，则 LR 寄存器中保存的是下一条指令的地址（当前 PC+4 或当前 PC+8，与异常的类型有关），如表 2.11 所示。

表 2.11 ARM 进入/退出异常 PC、LR 值

异常或入口	返回指令	中断执行之前的状态		备注
		ARM	THUMB	
BL	MOV PC,R14	PC+4	PC+2	
SWI	MOVS PC,R14_svc	PC+4	PC+2	此处 PC 为 BL、SWI、未定义的取指或预取指终止指令的地址
未定义指令	MOVS PC,R14_und	PC+4	PC+2	
预取指终止	SUBS PC,R14_abt,#4	PC+4	PC+4	
FIQ	SUBS PC,R14_fiq,#4	PC+4	PC+4	此处 PC 为被 FIQ、IRQ 抢占下一步执行指令的地址
IRQ	SUBS PC,R14_irq,#4	PC+4	PC+4	
数据终止	SUBS PC,R14_abt,#4	PC+8	PC+8	此处 PC 为产生数据终止装载或保存指令的地址
复位	—	—	—	复位时保存在 R14_svc 中的值不可预知

若异常是从 Thumb 状态进入的，则在 LR 寄存器中保存当前 PC 的偏移量，这样，异常处理程序就不需要确定异常是从何种状态进入的。例如，在软件中断异常 SWI 中，指令 MOV PC,R14_svc 总是返回到下一条指令，不管 SWI 是在 ARM 状态执行还是在 Thumb 状态执行。

（2）将 CPSR 复制到相应的 SPSR 中。

（3）根据异常类型，强制设置 CPSR 的运行模式位。

（4）寻找中断入口：强制 PC 从相关的异常向量地址取下一条指令执行，从而跳转到相应的异常处理程序处。

如果异常发生，处理器处于 Thumb 状态，则当异常向量地址加载入 PC 时，处理器自动切换到 ARM 状态。

如以前介绍异常向量表时提到的，当每一个异常发生时，总是从异常向量表开始起跳转，最简单的一种情况是：向量表里的每一条指令直接跳向对应的异常处理函数。其中，FIQ_Handler()可以直接从地址 0x0000001C 处开始，向下一条跳转指令。但是，当执行跳转时有两个问题需要讨论：跳转范围和异常分支。

例如，当发生 IRQ 中断时：

（1）模式进入 IRQ 模式，CPU 自动完成以下动作：

● 将原来执行程序的下一条指令地址保存到 LR 中，就是将 R14 保存到 R14_irq 中。

● 将 CPSR 复制到 SPSR_irq。

● 改变 CPSR 模式位的值，改为 IRQ 模式。

● 改变 PC 值为 0x0000 0018，将其指向 IRQ 异常的向量地址，准备读取 IRQ 的跳转指令。

（2）CPU 从 PC 指向 0x0000 0018 处读取跳转指令。这是 IRQ 的中断入口，存放 IRQ 跳

转指令。

（3）通过执行 0x0000 0018 处指令 LDR　PC, IRQ_Handler，跳转到相应的中断服务程序。这里就有确定中断源的问题了，也就有优先级的问题了。

在典型的 ARM 处理器中，多个外部中断源共享一个 IRQ 中断入口，而每个外部中断源都有自己的中断服务程序，因此在 IRQ_Handler 中需要对不同的中断源进行识别。得到中断源有硬件实现和软件处理两种方式，比如，LPC21XX 就是利用硬件方式，为了利用向量中断控制器的优点，IRQ 中断向量入口处代码做了修改：

```
0x0000 0018：LDR  PC, [PC, #0xFF0]
```

这条指令从内存映射地址 0xFFFF F030 处获得数据装载到 PC，这样就能够直接从硬件中获得中断源，从而降低中断延迟。三星的 S3C44B0X 需要用软件确定中断源，因此要建立中断向量表。

（4）执行中断源服务程序。调用相应的中断服务程序执行。

异常处理完毕，ARM 微处理器执行以下几步操作，从异常状态返回：

① 通用寄存器的恢复。将异常中断位置保存的状态恢复到异常响应前状态，即从栈空间中恢复被压栈的通用寄存器。出栈顺序和入栈顺序是相反的。

② 状态寄存器 CPSR 的恢复。从栈空间中恢复被压栈的程序状态寄存器，在不同工作模式时将对应模式的 SPSR 恢复到 CPSR 中。比如，IRQ 异常返回时需要将 SPSR_irq 的值复制到 CPSR 寄存器中。

③ PC 指针的恢复。异常返回的最后一步是对 PC 值的恢复，在大多数 ARM 处理器的 ARM 模式中，异常响应时，LR 中备份了下一条将执行指令的位置，因此，在异常返回的最后，将压栈的 LR 值复制到 PC 中，一般是通过中断返回指令完成该操作。

在 IRQ 异常模式返回时，需要将连接寄存器 LR（R14_irq）的值减去相应的偏移量后送到 PC 中。

```
SUBS PC, LR_irq, #4
```

当异常中断发生时，程序计数器（PC）所指的位置对于不同的异常中断是不同的，同样，返回指令对于不同的异常中断也是不同的，见表 2.11。例外的是，复位异常中断处理程序不需要返回，因为整个应用系统是从复位异常中断处理程序开始执行的。

2.4.3　ARM 系统的中断编程机制

ARM 编程，特别是系统初始化代码的编写，通常需要实现中断的响应、解析跳转和返回等操作，以便支持上层应用程序的开发，而这往往是困扰初学者的一个难题。中断处理的编程实现需要深入了解 ARM 内核和处理器本身的中断特征，从而设计一种快速简便的中断处理机制。需要说明的是，具体的上层高级语言编写的中断服务函数不在本节的讨论范围。

如前所述，ARM 系统一般采用 IRQ 异常中断来帮助外部设备向 CPU 请求服务。比如，有一种型号的 ARM 处理器可支持 32 个 IRQ 中断源，而这种型号的外部中断只有一个异常入口，这时就需要编程人员在 IRQ 中断服务程序中编写中断源解析程序，通过该程序识别具体中断源，从而调用对应中断源的服务程序。

自己编写中断向量表的具体步骤如下。

（1）在 ARM 系统初始化程序中设置 IRQ 异常中断解析程序的入口地址。

在前面介绍的 7 种中断中，我们常用的就是复位中断和 IRQ 中断，所以需要编写这两种中断的中断服务函数。首先根据表 2.10 的内容创建中断向量表，中断向量表处于程序最开始的地方，比如前面例程的 start.S 文件的最前面。中断向量表如代码清单 2.4.3.1 所示。

代码清单 2.4.3.1　ARM 系统启动代码示例

```
1 .global _start /* 全局标号 */
2
3 _start:
4   ldr pc, =Reset_Handler /* 复位中断 */
5   ldr pc, =Undefined_Handler /* 未定义的指令中断 */
6   ldr pc, =SVC_Handler /* SVC(Supervisor)中断 */
7   ldr pc, =PrefAbort_Handler /* 预取指终止中断 */
8   ldr pc, =DataAbort_Handler /* 数据终止中断 */
9   ldr pc, =NotUsed_Handler /* 未使用的中断 */
10  ldr pc, =IRQ_Handler /* IRQ 中断 */
11  ldr pc, =FIQ_Handler /* FIQ(快速中断)未定义中断 */
12
13   /* 复位中断 */
14 Reset_Handler:
15   /* 复位中断具体处理过程 */
16
17   /* 未定义中断 */
18 Undefined_Handler:
19   ldr r0, =Undefined_Handler
20   bx r0
21
22 /* SVC 中断 */
23 SVC_Handler:
24   ldr r0, =SVC_Handler
25   bx r0
26
27 /* 预取指终止中断 */
28 PrefAbort_Handler:
29   ldr r0, =PrefAbort_Handler
30   bx r0
31
32 /* 数据终止中断 */
33 DataAbort_Handler:
34   ldr r0, =DataAbort_Handler
35   bx r0
36
37 /* 未使用的中断 */
38 NotUsed_Handler:
39   ldr r0, =NotUsed_Handler
40   bx r0
41
```

```
42/* IRQ 中断！重点！！！！！ */
43 IRQ_Handler:
44  ldr r0, = INT_IRQ/* 复位中断具体处理过程 */
45  bx r0
46
47 /* FIQ 中断 */……
48 FIQ_Handler:
49  ldr r0, =FIQ_Handler
50  bx r0
```

第 4～11 行是中断向量表，指定的中断发生后就会调用对应的中断服务函数。比如，复位中断发生后执行第 4 行代码，也就是调用函数 Reset_Handler，函数 Reset_Handler 就是复位中断的中断服务函数，其他的中断同样处理。

第 14～50 行就是对应的中断服务函数，中断服务函数都是用汇编编写的，我们实际需要编写的只有复位中断服务函数 Reset_Handler 和 IRQ 中断服务函数 IRQ_Handler，其他的中断本书没有用到，所以都是死循环。在编写复位处理函数和 IRQ 中断服务函数之前需要了解一些其他知识，否则没法编写。

中断服务程序的跳转也可以通过以下 ARM 两条指令来实现：

● LDR PC，IRQ_Handler； 该指令放在中断入口处。

● IRQ_Handler DCD INT_IRQ； 该指令可放在系统启动代码其他位置。

该指令用于声明中断服务程序入口地址 IRQ_Handler 指向的是 INT_IRQ 函数，INT_IRQ 是该系统中 IRQ 解析程序的入口地址，可以引用其他文件定义的中断服务程序。

上面代码中只要有一个 IRQ 中断请求入口，系统就会自动跳转到 IRQ 异常中断解析程序，如图 2.14 中的 INT.s 代码。

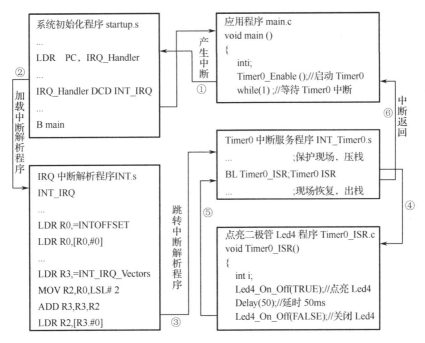

图 2.14　中断处理流程实例

下面介绍如何编写 IRQ 中断解析程序。如前所述，ARM 处理器响应所有 IRQ 中断源的中断请求时，总是从同一个中断入口地址（0x0000 0018）开始的，而要准确地跳转到具体某一个 IRQ 中断源对应的中断服务（可以采用高级程序语言编写），需要编写一段中间的中断解析程序来识别，通常用 ARM 汇编指令编写，如图 2.15 所示的 INT_IRQ 函数。IRQ 中断解析程序要做的工作主要是：将相关工作寄存器中的数据压栈保存；查寄存器 INT OFFSET，找出对应的中断源，根据 IRQ 中断向量表，将该中断源对应的中断服务程序的入口地址装入程序计数器（PC）中执行。每个异常中断对应一个 4 字节的空间，正好放置一条跳转指令或向 PC 寄存器赋值的数据访问指令。

图 2.15 给出一种常用的中断跳转流程。

（2）编写对应中断源的中断服务程序。

中断服务程序流程图如图 2.16 所示。其中，中断现场保存的工作是：在 System 模式下关闭中断，将中断返回地址压栈。在中断返回前的工作是：在 IRQ 模式下开中断，从堆栈中取出返回地址和中断之前相关工作寄存器中的内容，重新执行主程序。中断服务的工作是具体实现外部设备向 CPU 请求的中断服务。

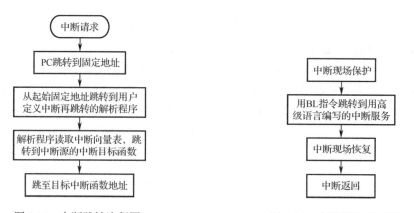

图 2.15　中断跳转流程图　　　　　图 2.16　中断服务程序流程图

基于上述步骤，总结出 ARM 系统中断编程机制图如图 2.17 所示。

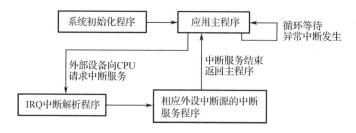

图 2.17　ARM 系统中断编程机制图

作业

1. 处理器程序执行是如何完成的？程序执行过程中需要哪些寄存器和存储器的参与？

2. 复杂指令集与精简指令集的优缺点各有哪些？为什么复杂指令集仍在大量应用？

3. 说明 ARM 处理器中通用寄存器有哪些？各自的作用是什么？特殊功能寄存器有哪些？作用是什么？为什么要设置备份寄存器？

4. 对比分析大端与小端数据存储格式。查询资料，说明在网络通信中数据格式采用的是大端方式还是小端方式？

5. 说明内存映射的主要作用，分析 ARM 处理外设的寄存器定义方式及其作用。如何定义扩展外设的寄存器？

6. 结合异常向量表，试分析 ARM 处理器启动过程程序执行流程。

7. 分析中断响应的基本条件和中断处理的执行流程，并分析不同外部中断请求中断源的识别过程。

第3章 Linux 操作系统基础知识

操作系统有哪些功能？要实现这些功能，操作系统是如何工作的呢？操作系统为什么能提高我们的开发效率？回答这些问题，首先要搞清楚操作系统的一些基础知识。本章从应用的角度简单分析操作系统的工作原理和一些基本概念，并对 Linux 操作系统的结构、内核版本发展历史、文件系统及其模块机制进行分析讲解。

3.1 操作系统基础知识

在嵌入式系统中，除了外设这些硬件资源，还有很多软件资源，操作系统要对这些资源进行管理和分配。因此，从这个层面上来看，操作系统有效组织和管理计算机系统的各种软件、硬件资源，合理组织计算机系统的工作流程，控制程序的执行，并向用户提供友好的工作环境和接口。

- 操作系统是计算机系统的资源管理者。
- 操作系统可以改善人机界面，为用户提供友好的工作环境。

对计算机系统而言，操作系统是对所有系统资源进行管理的程序集合；对用户而言，操作系统提供了对系统资源进行有效利用的简单抽象方法。操作系统的基本作用和功能如图 3.1 所示。

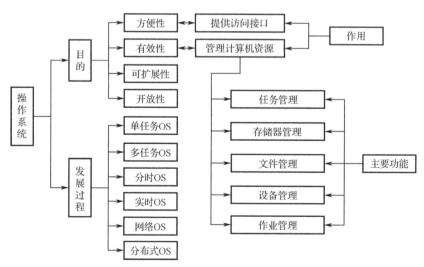

图 3.1　操作系统的基本作用和功能

3.1.1　操作系统主要功能

操作系统主要有五大管理功能：任务管理、存储器管理、文件管理、设备管理和作业管理。

1. 任务管理

在早期的计算机系统中，或者在 8 位、16 位嵌入式系统中，任务简单，可以采用单任务。随着软硬件技术的提高，系统往往要支持多任务环境；操作系统以任务为基本单位对 CPU 资源进行分配和运行。任务通常是进程（process）和线程（thread）的统称。任务由代码、数据、堆栈和任务控制块（包含任务状态、CPU 寄存器、调度信息、内存管理信息和 I/O 状态信息等）共同构成。操作系统对任务的管理包含如下几个方面。

- 任务控制：创建任务、撤销任务以及控制任务在运行过程中的状态转换。
- 任务调度：从任务就绪队列中，按照一定的算法选择一个任务，使其获得 CPU 控制权，开始运行，任务完成后放弃 CPU 控制权。
- 任务同步：设置任务同步机制，协调各任务之间的运行。
- 任务通信：提供任务间通信的各种机制。

2. 存储器管理

存储器管理的主要任务是为多任务的运行提供高效稳定的运行环境，一般包含如下几个方面。

- 地址重定位：在多任务环境下，任务是动态创建的，任务的逻辑地址必须转换为主存的物理地址。
- 内存分配：为每个任务分配内存空间，使用完毕后收回分配的内存。
- 内存保护：保证每个任务都在自己的内存空间内运行，各程序互不侵犯，尤其是保护操作系统占用的内存空间。
- 存储器扩展：通过建立虚拟存储系统对主存容量进行逻辑扩展。虚拟存储器允许程序以逻辑方式寻址，而不用考虑物理内存的大小。当一个程序运行时，只有部分程序和数据保存在内存中，其余存储在外部介质上。

3. 文件管理

计算机系统或嵌入式系统将程序和数据以文件的形式保存在存储介质中供用户使用。文件系统对用户文件和系统文件进行管理，保证文件的安全性，实现信息的组织、管理、存取和保护。

文件管理的主要任务有如下几个方面。

- 目录管理：文件系统为每个文件建立一个目录项，包含文件名、属性、存放位置等信息。所有的目录项构成一个目录文件。目录管理为每个任务创建目录项，并对其进行管理。
- 文件读写管理：文件系统根据用户的需要，按照文件名查找文件目录，确定文件的存储位置，然后利用文件指针进行读写操作。

- 文件存取（访问）控制：为了防止文件被非法窃取或破坏，文件系统中需要建立文件访问控制机制以保证数据的安全，如文件的加解密、共享等控制。
- 存储空间管理：所有数据文件和系统文件都存储在存储介质上，存储空间管理为文件分配存储空间，在文件删除后释放所占用的空间，文件存储管理提高存储空间的利用率，优化文件操作的速度。

4. 设备管理

设备管理的主要任务是管理各类外围设备，完成用户提出的 I/O 请求，加快 I/O 信息的传送速度，发挥 I/O 设备的并行性，提高 I/O 设备的利用率；提供各种设备的设备驱动程序和中断处理程序，向用户屏蔽硬件使用细节。为完成这些任务，设备管理应具有以下功能。

- 缓冲管理：CPU 与 I/O 设备的速度相差很大，设备管理通常需要建立 I/O 缓冲区，并对缓存区进行有效管理。
- 设备分配：用户提出 I/O 设备请求，设备管理程序对设备进行分配和状态标示，使用完成后收回设备。
- 设备驱动：设备驱动程序提供 CPU 与设备控制器间的通信。CPU 向设备发出 I/O 请求，接收设备的中断请求，并能及时响应。

5. 作业管理

操作系统屏蔽了硬件操作的细节，用户通过操作系统提供的接口访问计算机的硬件资源。操作系统提供系统命令接口，供用户用于组织和控制自己的作业运行，如命令行、菜单式联机或 GUI 联机等。操作系统还提供编程级的接口，供用户程序和系统程序调用操作系统功能，如系统调用和高级语言库函数。

- 人机交互接口：人机交互接口主要提供用户与操作系统服务之间的信息交互，包括语音、手势、命令等接口。用户通过人机交互接口与操作系统建立联系，操作系统获取指令后解释命令并执行，系统完成操作后返回控制台。
- 程序服务接口：应用程序获得操作系统服务的唯一途径，由一组系统调用组成。在早期的操作系统中，系统调用由汇编语言编写。在高级语言如 C 语言中，提供与系统调用一一对应的库函数，应用程序通过调用库函数来完成操作。
- 图形与界面接口：图形与界面接口提供对屏幕上的对象进行操作，完成程序控制和操作，方便用户对软硬件资源的使用。为了推进 GUI 的发展，1988 年制定了 GUI 的标准。现在，良好的图形界面已经成为操作系统必备的要素。GUI 的主要构件是窗口、菜单和对话框。

3.1.2 嵌入式操作系统基本概念

嵌入式操作系统（Embedded Operating System，EOS）是一种用途广泛的系统软件，主要应用于工业控制、智能仪表、智能家居、智能网联汽车、国防系统等领域。嵌入式操作系统负责嵌入式系统的全部软件、硬件资源的分配、调度工作，控制协调并发活动；它必须体现其所在系统的特征，能够通过装卸某些模块达到系统要求的功能。随着 Internet 的发展、信息家电的普及及嵌入式操作系统的微型化和专业化发展，嵌入式操作系统开始从单一的弱功能向高度专业化的强功能方向发展。嵌入式操作系统在系统实时高效性、硬件的相关依赖性、软件固态化以及应用的专用性等方面具有较为突出的特点。

国际上用于嵌入式系统的操作系统超过 100 种。在手机和其他移动多媒体设备上比较流行的有 Android、iOS、HarmonyOS、Symbian 等，多媒体类嵌入式操作系统大多是以 Linux 为基础研发而来的。在控制领域应用较多的有 Vxworks、μC/OS、QNX、Nucleus 等，这类操作系统一般实时性要求较高。

1. 代码的临界区

代码的临界区也称为临界段，指的是处理时不可分割的代码。一旦这部分代码开始执行，则不允许任何中断打断。为确保临界区代码的执行，在进入临界区之前要关中断，而临界区代码执行完以后要立即开中断。

2. 资源

任何为任务所占用的实体都可称为资源。资源可以是输入/输出设备，例如，打印机、键盘、显示器等硬件设备，也可以是变量、结构或队列等软件资源。

3. 共享资源

可以被一个以上任务使用的资源称为共享资源。为了防止共享资源的数据被破坏，每个任务在与共享资源打交道时，必须独占该资源，这种机制称为互斥（mutual exclusion）。

4. 任务及任务状态

在嵌入式操作系统中，任务通常是进程和线程的统称，是内核调度的基本单元。一个任务是一个简单的程序，该程序执行时可以认为 CPU 完全只属于该程序自己。基于操作系统的应用程序的设计过程，包括如何把问题分割成多个任务，每个任务都是整个应用的某一部分，每个任务被赋予一定的优先级或时间片，使用共享 CPU 寄存器和自己的栈空间（如图 3.2 所示）进行任务状态管理。

任务一般包含如下几个方面。

- 代码：一段可执行的程序。
- 数据：程序运行的相关数据，如变量、工作空间、缓存区等。
- 堆栈：保存程序运行参数和寄存器内容的一段连续内存空间。
- 上下文环境：内核管理任务及处理器执行任务所需要的信息，如优先级、任务状态、处理器共享寄存器内容等与任务执行相关的信息，一般采用称为任务控制块的数据结构来管理上下文环境。

在实际的嵌入式系统中，通常有多个任务需要运行。多任务的运行实际上是通过 CPU 在多个任务间进行切换，达到及时响应事件、提高 CPU 利用率的目的；另一方面，多任务可以将复杂的应用程序用多个进程或线程实现，便于程序设计和维护。

在多任务环境下，各个任务被内核进行调度切换，在不同的状态间转换，常见的是将任务的运行划分为 4 种状态。

- 休眠：指任务驻留在存储空间内，还没有被操作系统激活。

- 就绪：任务运行的条件已经满足，进入任务等待列表，通过调度进入运行。
- 挂起或等待：任务被阻塞，等待事件的发生，或者本次时间片使用完。
- 运行：任务获得 CPU 使用权，执行相应的代码。

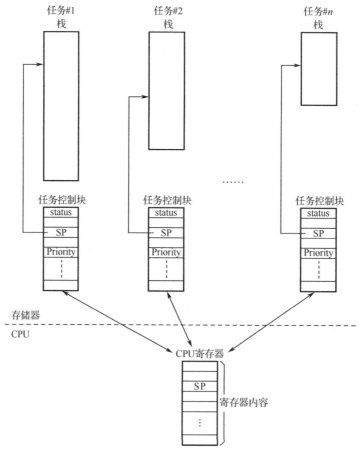

图 3.2　多任务

　　任务被创建之前一般处于休眠状态，只是存储空间里的一段代码。在调用创建任务后，任务所处的状态由创建任务的时机决定。如果任务由事件引起创建，那么新创建的任务直接进入就绪状态，等待内核的调度。如果任务由用户创建，那么任务处于挂起状态或就绪状态，等待事件的发生（基于事件触发调度）或时间片的到来（基于时间片调度）。就绪状态的任务可以通过内核的调度而进入运行状态；而运行中的任务也可能因为抢占式的调度或本次时间片使用完而被切换到就绪状态。正在执行的任务可能被中断转入挂起状态，CPU 转而执行中断处理程序。中断服务程序可能产生多个事件，触发多个非就绪状态任务进入就绪状态。在实时操作系统中，如果就绪任务表中被中断任务的优先级最高，中断服务程序返回后继续执行被中断任务，否则内核对就绪的状态进行调度。一个在运行中的任务可能自行转入等待/挂起状态，比如延迟一段时间或等待某一事件的发生。在等待超时时或事件发生后，被挂起的等待任务进入就绪状态。

5. 优先级

在大多数嵌入式操作系统中，每个任务被赋予一个优先级，两个任务的优先级一般不同。任务的优先级可以分为静态优先级和动态优先级两种。

（1）静态优先级。

应用程序执行过程中任务优先级不变，则称为静态优先级。在静态优先级系统中，任务以及它们的时间约束在程序编译时是已知的。

（2）动态优先级。

应用程序执行过程中，任务的优先级是可变的，则称为动态优先级。在动态优先级调度中，任务的优先级设置具有不同的方法，其中一项称为单调执行率调度法（Rate Monotonic Scheduling，RMS），用于动态分配任务优先级。这种方法基于哪个任务执行的次数最频繁，执行最频繁的任务优先级最高。

在动态优先级中，还有操作系统或用户根据任务时限要求，临时调整任务优先级为就绪任务最高优先级，使得任务能够在限定时间内执行，任务执行完成后需调整到原来的优先级。

另外，许多系统中并非所有任务都至关重要。不重要的任务自然优先级可以低一些。实时系统大多综合了软实时和硬实时这两种需求。软实时系统只是要求任务执行得尽量快，并不要求在某一特定时间内完成。在硬实时系统中，任务不但要执行无误，还要准时完成。

6. 任务切换及调度

任务切换（process switch）有时称为上下文切换（context switch），或 CPU 寄存器内容切换。即，当多任务内核调度器决定运行其他任务时，它保存正在运行中的任务的当前状态，即 CPU 寄存器中的全部内容。这些内容保存在任务的当前任务状况保存区（Process's Context Storage area），也就是任务自己的栈区中，这个过程类似于中断现场保护。入栈工作完成后，把下一个要运行的任务的当前状况从该任务的栈中重新装入 CPU 的寄存器，并开始下一个任务的运行，这个过程类似于中断返回处理。这个过程称为任务切换。任务切换过程增加了应用程序的额外负荷。CPU 的内部寄存器越多，额外负荷越重。调度器进行任务切换所需的时间取决于 CPU 有多少寄存器要入栈。

（1）基于事件触发的优先级调度策略。

调度是指操作系统调度器决定当前处于就绪状态的任务列表中的任务，哪个任务得到 CPU 的使用权。多数实时内核都是基于事件触发的优先级调度算法。所谓基于事件触发调度方式，是指产生调度条件的方式是通过事件实现的，如通信、同步等。实时操作系统的优先级调度策略一般是以事件触发产生调度条件。基于优先级调度的内核有抢占式内核和非抢占式内核两种类型。

1）不可剥夺型内核（Non-Preemptive Kernel）与非抢占式调度

不可剥夺型内核的异步事件由中断服务来处理。中断服务可以使一个高优先级的任务由挂起状态变为就绪状态。但中断服务后，控制权还是回到原来被中断了的那个任务，直到该任务主动放弃 CPU 的使用权，那个高优先级的任务才能获得 CPU 的使用权。不可剥夺型内核采用的调度方法称为非抢占式调度。

不可剥夺型内核的一个优点是中断响应快。使用不可剥夺型内核时，任务级响应时间比前后台系统快得多。此时的任务级响应时间取决于最长的任务执行时间。

不可剥夺型内核的另一个优点是，几乎不需要使用信号量保护共享数据。运行着的任务占有 CPU，而不必担心被别的任务抢占。图 3.3 所示为不可剥夺型内核的运行情况。如果任务运行过程中产生了中断，CPU 进入中断服务子程序，中断服务子程序进行中断处理，使一个有更高级的任务进入就绪态；或者任务运行过程中通过系统调用，如释放信号量、消息等事件，触发了因等待该事件而处于挂起或等待状态的任务就绪，即使该就绪任务优先级高于当前运行任务优先级，中断服务完成以后或系统调用返回后，CPU 还是返回到原来被中断的任务，直到该任务完成。然后内核将 CPU 控制权交给那个优先级更高的就绪任务。

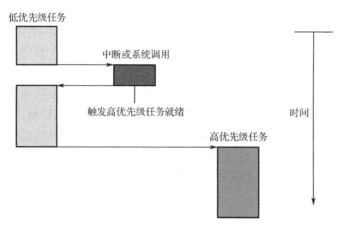

图 3.3　不可剥夺型内核的运行情况

不可剥夺型内核的最大缺点在于其响应时间。高优先级的任务已经进入就绪状态，但还不能运行。与前后台系统一样，不可剥夺型内核的任务级响应时间是不确定的，完全取决于应用程序什么时间释放 CPU。

中断可以打断运行中的任务。中断服务完成后将 CPU 控制权还给被中断的任务。任务级响应时间要大大小于前后台系统，但仍是不可知的，商业软件基本不单独用不可剥夺型内核。为了满足一些特殊应用需求，操作系统可以采用可剥夺和不可剥夺组合方式提供服务支持。

2）可剥夺型内核与抢占式调度

当一个运行中的任务或任务运行过程中产生了中断，CPU 进入中断服务子程序，中断服务子程序进行中断处理，使一个有更高优先级的任务进入就绪状态；或者当前运行任务通过系统调用，如释放信号量、消息等事件，触发了因等待该事件而处于挂起或等待状态的任务就绪，如果该就绪任务优先级高于当前运行任务优先级，中断服务完成后或系统调用返回后，当前任务的 CPU 使用权就被剥夺，高优先级的任务立刻得到 CPU 的控制权，开始运行。可剥夺型内核采用的调度方法称为抢占式调度。图 3.4 所示为可剥夺型内核的运行情况。

可剥夺型内核中，最高优先级的任务一旦就绪，就总能得到 CPU 的控制权。

使用可剥夺型内核，最高优先级的任务何时可以执行、何时可以得到 CPU 的控制权是可知的。使用可剥夺型内核使得任务级响应时间得以最优化。可剥夺型内核总是让就绪状态的高优先级的任务先运行，中断服务程序可以抢占 CPU，到中断服务完成时，内核调度器让此时优先级最高的任务运行。任务及系统响应时间得到了最优化，且是可知的。

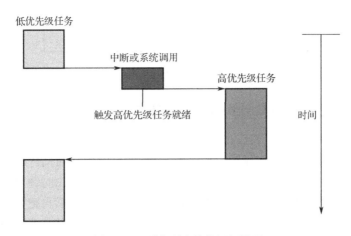

图 3.4　可剥夺型内核的运行情况

另外，在有些实时操作系统中存在两个或两个以上具有同样优先级的任务。对于这种操作系统，调度策略还提供时间片轮转调度算法进行调度。在这种调度算法中，内核允许一个任务运行事先确定的一段时间，称为时间额度（quantum），然后切换给另一个任务，也称为时间片调度。内核在满足以下条件时，把 CPU 控制权交给下一个任务就绪态的任务：

● 当前任务已无事可做。

● 当前任务在时间片还没结束时已经完成。

（2）基于时间片的轮转调度。

非实时操作系统或软实时操作系统内核大多基于时间片轮转的调度算法。时间片轮转调度是一种最古老、最简单、最公平且使用最广的算法。每个任务被分配一个时间段，称为它的时间片，即该任务允许运行的时间。如果在时间片结束时任务仍在运行，则 CPU 将被剥夺并分配给另一个任务。如果任务在时间片结束前阻塞或结束，则 CPU 当即进行切换。调度器要做的就是维护一张就绪任务列表，当任务用完它的时间片时，它被移到队列的末尾。

任务的切换中存在两种现象：当本次时间片够用时，意思就是在该时间片内任务可以运行至结束，任务运行结束后将任务从任务就绪等待队列中删除，然后在任务再次就绪后启动新的时间片；当本次时间片不够用时，意思是在该时间片内任务只能完成它的一部分，在时间片用完之后，将任务的状态改为等待状态，将任务放到任务就绪等待队列的尾部，等待 CPU 的调用。

时间片轮转调度算法主要针对分时系统，对于用户来说，时间片长度确定比较困难，任务切换开销比较大。如果时间片过小，则任务频繁切换，会造成 CPU 资源的浪费；如果时间片过大，则轮转调度算法就退化成了先来先服务算法。时间片轮转调度中从一个任务切换到另一个任务是需要一定时间的——保存和装入寄存器值及内存映射，更新各种表格和队列等。假如任务切换需要 5ms，再假设时间片为 20ms，则在做完 20ms 有用的工作之后，CPU 将花费 5ms 进行任务切换。CPU 时间的 20%被浪费在了管理开销上。

算法举例：有三个进程 P1、P2、P3 先后到达，分别需要 20 个、4 个和 2 个时间片单位才能运行完毕。假如用时间片轮转调度方式，时间片为 2 个时间单位，则进程的周转时间和平局周转时间如图 3.5 所示。

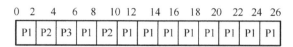

P1、P2、P3的周转时间分别为26、10、6

平均周转时间为（26+10+6）/3=14

图 3.5　时间片轮转调度进程周转时间示意图

在早期的时间片轮转法中，系统将所有的就绪任务按先来先服务的原则，排成一个队列，每次调度时，把 CPU 分配给队首任务，并令其执行一个时间片。时间片的大小从几毫秒到几百毫秒。当执行的时间片用完时，由一个计时器（系统时钟）发出时钟中断请求，调度程序便据此信号停止该任务的执行，并将它送往就绪队列的末尾；然后再把处理机分配给就绪队列中新的队首任务，同时也让它执行一个时间片。这样就可以保证就绪队列中的所有任务，在给定的时间内均能获得一个时间片的处理机执行时间。

为了提高 CPU 效率，用户可以根据处理器的时钟频率设置时间片的大小，时钟频率高，时间片可以设置小些；相反，时钟频率低，时间片则设置大些。时间片设置过大，如 500ms，在一个分时系统中，如果有 10 个交互用户几乎同时按下回车键，将发生什么情况？假设所有其他任务都用足它们的时间片，那么最后一个不幸的任务不得不等待 5s 才获得运行机会。多数用户无法忍受一条简短命令要等待 5s 才能得到响应。

此外，为提高时间片调度的实时性，还有基于优先级的时间片调度算法、基于多级反馈的时间片调度算法等，有兴趣的读者可以查看相关资料进行了解。

7. 可重入性（Reentrancy）

可重入性函数可以被一个以上的任务调用，而不必担心数据被破坏。可重入性函数任何时候都可以被中断，一段时间以后又可以运行，而相应数据不会丢失。可重入性函数，或者只使用局部变量，即变量保存在 CPU 寄存器中或堆栈中；或者，如果使用全局变量，则要对全局变量予以保护。代码清单 3.1.2.1 是一个可重入性函数的例子。

代码清单 3.1.2.1　可重入性函数示例

```
1  void strcpy(char *dest, char *src)
2  {
3      while (*dest++ = *src++) {
4      … ;
5      }
6      *dest = NUL;
7  }
```

函数 strcpy()完成字符串的复制。因为参数是存在堆栈中的，故函数 strcpy()可被多个任务调用，而不必担心各任务调用函数期间会互相破坏对方的指针。

不可重入性函数的例子如代码清单 3.1.2.2 所示。swap()是一个简单函数，它使函数的两个形式变量的值互换。为便于讨论，假定使用的是可剥夺型内核，中断是开着的，Temp 定义为整数全局变量。

代码清单 3.1.2.2　不可重入型函数示例

```
1  int Temp;
2
3  void swap(int *x, int *y)
4  {
5    Temp = *x;
6    *x   = *y;
7    *y   = Temp;
8  }
```

程序员打算让 swap() 函数能够被任何任务调用,如果一个低优先级的任务正在执行 swap() 函数,而此时中断发生了,于是可能发生的事情如图 3.6 所示。图 3.6 中的(1)表示中断发生时 Temp 已被赋值为 1,中断服务子程序使更优先级的任务就绪,当中断完成时[图 3.6 中的(2)],内核(假定使用的是 μC/OS-Ⅱ)使高优先级的那个任务得以运行图 3.6 中的(3),高优先级的任务调用 swap() 函数使 Temp 被赋值为 3。对该任务本身来说,实现两个变量的交换是没有问题的,交换后 Z 的值是 4,X 的值是 3。然后高优先级的任务通过调用内核服务函数中的延迟一个时钟节拍[图 3.6 中的(4)]释放了 CPU 的使用权,低优先级任务得以继续运行图 3.6 中的(5)。注意,此时 Temp 的值仍为 3! 在低优先级任务接着运行时,Y 的值被错误地赋为 3,而不是正确地赋为 1。

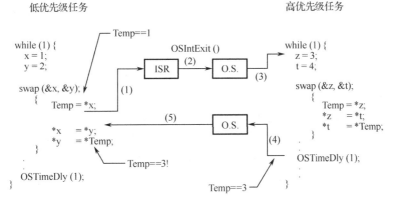

图 3.6　不可重入性函数

请注意,这只是一个简单的例子,如何使代码具有可重入性一看就明白。而在有些情况下,问题并非那么易解。应用程序中的不可重入性函数引起的错误很可能在测试时发现不了,直到产品到了现场问题才出现。

使用以下技术之一即可使 swap() 函数具有可重入性:

● 把 Temp 定义为局部变量。

● 调用 swap() 函数之前关中断,调动后再开中断。

● 用信号量禁止该函数在使用过程中被再次调用。

如果中断发生在 swap() 函数调用之前或调用之后,两个任务中的 X,Y 值都会是正确的。

8. 时钟节拍（Clock Tick）

时钟节拍是特定的周期性中断，这个中断可以看作是系统心脏的脉动。中断周期取决于不同的应用和处理器性能，一般在 1～100ms 之间。时钟的节拍式中断使得内核可以将任务延时若干个整数时钟节拍，以及当任务等待事件发生时，提供等待超时的依据。时钟节拍率越快，系统的额外开销就越大，但随着处理器时钟频率的提高，操作系统的时钟节拍周期也可以适当减小，以提高操作系统的响应速度。

各种实时内核都有将任务延时若干个时钟节拍的功能。然而，这并不意味着延时的精度是 1 个时钟节拍，不同系统的时钟中断间隔不同，因此，并不意味着同一个操作系统的时钟节拍在所有处理器上都一样。

9. 对存储器的需求

如果设计是前后台系统，对程序存储器容量的需求仅仅取决于应用程序代码。而使用多任务内核时的情况则很不一样。内核本身需要额外的代码空间（ROM）。内核的大小取决于多种因素，取决于内核的特性，从几千字节到几百兆字节都是可能的。8 位 CPU 用的最小内核只提供任务调度、任务切换、信号量处理、延时及超时服务约需要 1KB 到 3KB 代码空间。代码空间总需求量由下式给出。

$$总代码量 = 应用程序代码 + 内核代码 \qquad (3-1)$$

另外，程序对数据存储器的需求与操作系统内核和任务中使用的动态数据有关，包括栈空间和全局变量等。全局变量在编译时已经分配了固定大小的存储空间，而局部变量和任务切换时需要的内存空间一般是通过栈空间来分配的。

如果每个任务都是独立运行的，必须给每个任务提供单独的栈空间（RAM）。栈空间的大小不仅要计算任务本身的需求（局部变量、函数调用等），还要计算最多中断嵌套层数（保存寄存器、中断服务程序中的局部变量等）。根据不同的目标微处理器类型和内核类型，任务栈和系统栈可以是分开的。系统栈专门用于处理中断级代码。这样做有许多好处，每个任务需要的栈空间可以大大减少。内核的另一个应具有的性能是，每个任务所需的栈空间大小可以分别定义。相反，有些内核要求每个任务所需的栈空间都相同。所有内核都需要额外的栈空间以保证内部变量、数据结构、队列等。如果内核不支持单独的中断用栈，总的 RAM 需求由表达式（3-2）给出。

$$RAM 总需求 = 应用程序 RAM 需求+（任务栈需求+最大中断嵌套栈需求）* 任务数 \qquad (3-2)$$

如果内核支持中断用栈分离，总 RAM 需求量由表达式（3-3）给出。

$$RAM 总需求 = 应用程序 RAM 需求+内核数据区 RAM 需求+$$

$$各任务栈需求之和+最多中断嵌套之栈需求 \qquad (3-3)$$

除非有特别大的 RAM 空间可以所用，为减少应用程序需要的 RAM 空间，对每个任务栈空间的使用都要非常小心，特别要注意以下几点：

- 定义函数和中断服务子程序中的局部变量，特别是定义大型数组和数据结构。
- 函数（即子程序）的嵌套。
- 中断嵌套。
- 库函数需要的栈空间。

● 多变元的函数调用。

综上所述，多任务操作系统的任务比前后台系统需要更多的代码空间（ROM）和数据空间（RAM）。额外的代码空间取决于内核的大小，而 RAM 的用量取决于系统中的任务数。

3.2　嵌入式 Linux 简介

3.2.1　Linux 内核版本与分类

Linux 内核负责控制硬件、管理文件系统、进程管理、网络通信等，但它本身并没有给用户提供必要的工具和应用软件。

1. Linux 内核版本

Linux 内核通常以 2～3 个月为周期更新一次大的版本号，如 Linux 2.6.34 是在 2010 年 5 月发布的，Linux 2.6.35 的发布时间则是 2010 年 8 月。Linux 2.6 的最后一个版本是 Linux 2.6.39，之后 Linux 内核过渡到 Linux 3.0 版本，同样以 2～3 个月为周期更新小数点后第一位。因此，内核 Linux 3.x 时代，Linux 3 和 Linux 2.6 的地位对等，因此，Linux 2.6 时代的版本变更是 Linux 2.6.N 到 Linux 2.6.N+1 以 2～3 月为周期递进，而 Linux 3.x 时代后，则是 Linux 3.N 到 Linux 3.N+1 以 2～3 个月为周期递进。Linux 3.x 的最后一个版本是 Linux 3.19。

在 Linux 内核版本发布后，还可以进行一个修复 bug 或少量特性的反向移植（Backport，即把新版本中才有的补丁移植到已经发布的老版本中）的工作，这样的版本以小数点后最后一位的形式发布，如 Linux 2.6.35.1、Linux 3.10.1 和 Linux 3.10.2 等。表 3.1 描述了 Linux 操作系统重要版本的历史及各版本的主要特点。

表 3.1　Linux 操作系统版本的历史及各版本的主要特点

版　　本	时　　间	特　　点
Linux 0.1	1991 年 10 月	最初的原型
Linux 1.0	1994 年 3 月	包含了 386 的官方支持，仅支持单 CPU 系统
Linux 1.2	1995 年 3 月	第一个包含多平台（C、MIPS 等）支持的官方版本
Linux 2.0	1996 年 6 月	包含很多新的平台支持，最重要的是，它是第一个支持 SMP（对称多处理器）体系的内核版本
Linux 2.2	1999 年 1 月	极大提升 SMP 系统上 Linux 的性能，并支持更多的硬件
Linux 2.4	2001 年 1 月	进一步提升了 SMP 系统的扩展性，同时集成了很多用于支持桌面系统的特性：USB、PC 卡（PCMCIA）的支持，内置的即插即用等
Linux 2.6.0～2.6.39	2003 年 12 月～2011 年 5 月	无论是对于企业服务器还是对于嵌入式系统，Linux 2.6 都是一个巨大的进步。对于高端机器，新特性针对的是性能改进、可扩展性、吞吐率，以及对 SMP 机器 NUMA 的支持。对于嵌入式领域，添加了新的体系结构和处理器类型。为了满足桌面用户群的需要，添加了一整套新的音频和多媒体驱动程序

续表

版　　本	时　　间	特　　点
Linux 3.0～3.19	2011 年 7 月 ～2015 年 2 月	使用新的版本编号方案。增加 Btrfs 数据清理和自动碎片整理,提供错误处理和恢复工具。进一步对 ext4 文件系统进行支持,速度得到很大提升的同时节省磁盘空间。增加对 ARM 64 位体系结构的支持。对 TCP、USB 等驱动进行较大改进,添加新的设备驱动,系统稳定性得到较大提升
Linux 4.0～4.20	2015 年 4 月 ～2018 年 12 月	增加了对内核代码进行实况补丁的支持,可在不重启的情况下修复安全更新。在内存管理、磁盘管理等方面进行改进。增加了对 ext4 加密的支持,删除 ext3 文件系统。增加了对虚拟 GPU 驱动程序中 3D 的支持,增加对新的软硬件技术支持等
Linux 5.0 至今	2019 年 3 月至今	对图形驱动程序进行改进,包括对 AMD FreeSync、NVIDIA RTX Turing 和 Raspberry Pi Touch Display 的支持。新版本高强度强调安全性及性能优化,内核的自我测试框架在广度与功能方面实现快速演进

从表 3.1 可以看出,Linux 的开发一直朝着支持更多的 CPU、硬件体系结构和外部设备,支持更广泛领域的应用,提供更好的性能这 3 个方向发展。按照现在的状况,Linux 内核本身基本没有大的路线图,完全是根据使用 Linux 内核的企业和个人的需求,被相应企业和个人开发出来并贡献给 Linux 产品线的。简单地说,Linux 内核是一个演变而不是一个设计。

2. Linux 分类

由于 Linux 内核本身是开源的,一些厂商封装了 Linux 内核和大量有用的软件包、中间件、桌面环境和应用程序,如 GNU 工具与类库,制定了针对桌面 PC 和服务器的 Linux 发行版,如 Ubuntu、RedHat、Fedora、Debian、SUSE、Gentoo 等。Linux 系统构成如图 3.7 所示。

完整的 Linux 系统就如同汽车,Linux 内核构成最为关键的引擎,人们根据不同用途制作发行版,不同的发行版就类似使用相同引擎的不同车型。在这些版本中,以 Debian、SUSE 及 Fedora 派系的发行版最为常见。对于基础用户来说,常常困惑于安装某些软件时,软件的安装帮助会针对不同派系的 Linux 给出不同的安装指令,这实际是由不同 Linux 派系之间使用不同的管理软件包(可理解为使用不同的软件商店)造成的。常见的 Linux 发行版关系见图 3.8。

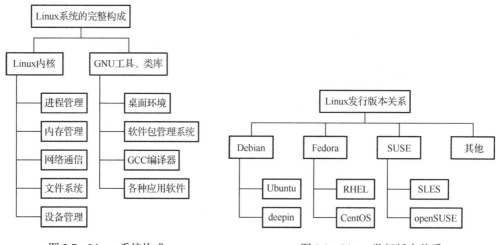

图 3.7　Linux 系统构成　　　　　图 3.8　Linux 发行版本关系

（1）Debian 系列。

Debian 系列中的 Linux 版本主要包含 Debian、Ubuntu 等发行版。Debian 的特色在于其海量的软件支持和 apt-get 软件包管理系统，而且其支持的硬件平台非常全面，包括 X86、AMD、MIPS、ARM、PowerPC 等。

Ubuntu 衍生自 Debian，由于其易用性，可以说是最成功的 Linux 桌面版，且它的成功已经开始漫延至其服务器版本，目前还针对物联网等小型设备领域推出了 Ubuntu Core 版本，非常有发展前景。因此，在嵌入式系统领域常用 Ubuntu 作为开发主机的系统环境。

Debian 和 Ubuntu 官网有非常丰富的使用教程，而且中文支持做得很好，推荐初学者多浏览其中的内容，尤其是 Debian 官网。

（2）Fedora 系列。

Fedora 系列中的 Linux 版本包含 Fedora、RedHat、RedHat Enterprise、CentOS 等发行版。

RedHat Linux 是由 RedHat（红帽）发行的个人版本 Linux，现已停止开发，他们转而开发主要应用于服务器领域的 RedHat Enterprise Linux（RHEL），即红帽企业版 Linux。使用 RHEL 的好处是能够获得安全稳定的技术支持以及企业级的保证，这正是众多服务器应用场景的核心需求，红帽公司也正是依靠提供这些服务成了"最赚钱"的 Linux 公司。红帽公司已被 IBM 收购。

Fedora 发行版是由开发者社区基于 RHEL 构建的，大胆采用和验证最新的技术，部分经验证的技术会被加入至 RHEL。因而 Fedora 与 RHEL 是互惠互利的关系。从另一个角度看，Fedora 也被认为是 RHEL 的小白鼠版本。CentOS 全名为 Community Enterprise Operation System，即社区企业操作系统，由红帽遵循开源协议公开的 RHEL 源代码构建而成，它们的区别在于 CentOS 提供免费的长期升级和更新服务，使用 CentOS 相当于使用 RHEL 而不需寻求红帽的技术支持。CentOS 在我国的小型服务器领域应用非常广泛。

（3）SUSE 系列。

SUSE 系列中的 Linux 版本包含 SUSE、SUSE Linux Enterprise Server（SLES）、OpenSUSE 等发行版，它们的关系类似于 Fedora、RedHat Enterprise Linux（RHEL）和 CentOS 的关系。

SUSE 在诞生之初就瞄准大型机，所以 SUSE 在大型服务器领域占有一席之地。

（4）麒麟系列。

基于部分领域对信息安全的严格要求，我国基于 Linux 内核构建了中标麒麟、优麒麟、银河麒麟等发行版，其特色主要在于自主、风险可控。

3.2.2　Linux 系统结构

Linux 系统可以粗糙地抽象为 3 个层次，如图 3.9 所示。底层是 Linux 操作系统，即系统内核（Kernel）；中间层是 Shell 层，即命令解释层；最外层则是应用层。

1. 内核层

内核层是 UNIX/Linux 系统的核心和基础，它直接附着在硬件平台之上，控制和管理系统内各种资源（硬件资源和软件资源），有效地组织进程的运行，从而扩展硬件的功能，提高

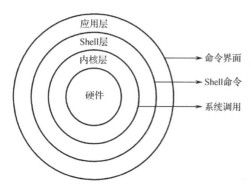

图 3.9 Linux 系统结构层次概要

资源的利用效率，为用户提供方便、高效、安全、可靠的应用环境。

2. Shell 层

Shell 层是与用户直接交互的界面。用户可以在提示符下输入命令行，由 Shell 解释执行并输出相应结果或有关信息，所以我们也把 Shell 称为命令解释器，利用系统提供的丰富命令可以快捷而简便地完成许多工作。

3. 应用层

应用层提供基于 X Window 协议的图形环境。X Window 协议定义了一个系统所必须具备的功能（就如同 TCP/IP 是一个协议，定义软件所应具备的功能）。一个系统能满足此协议、符合 X 协会其他的规范，便可称为 X Window。

3.2.3 嵌入式 Linux 特点

从嵌入式设备的种类就可以知道它们的应用场景是碎片化的，它们内部的电子系统一般针对设备的功能进行专用的控制。部分嵌入式设备使用 FreeRTOS、QNX 等实时操作系统，而另一些高性能的嵌入式设备使用 Linux 系统。

在嵌入式设备中使用 Linux 操作系统，往往是因为看中它的如下特性：

- 嵌入式设备使用的处理器多种多样，而 Linux 系统支持运行在 X86、ARM、MIPS、PowerPC 等不同平台的处理器上。
- Linux 的代码开源、不存在黑箱技术，可获得遍布全球的众多 Linux 爱好者、Linux 开发者的强大技术支持。
- Linux 的内核小、效率高，内核的更新速度很快，Linux 是可裁剪的，非常适合针对特定场景进行定制，其系统内核最小只有约 134KB。
- Linux 对各种编程语言、类库、编程框架的支持良好，如 Python、Java、C++等编程语言，OpenCV、OpenGL、TensorFlow 等类库和框架。使用 FreeRTOS 等实时操作系统往往很难做到直接支持。
- Linux 应用程序丰富，如音乐播放器、数据库等现成的应用可以直接使用。
- Linux 内核的结构在网络方面是非常完整的，Linux 对网络中最常用的 TCP/IP 协议有最完备的支持，使得编写需要联网的应用程序非常方便。

正是嵌入式 Linux 的这些特点和优势，使得 Linux 有巨大的市场前景和商业机会，出现了大量的 Linux 专业公司和产品，得到世界著名计算机公司和 OEM 板级厂商的支持，如 IBM、Intel 等。传统的嵌入式操作系统厂商也采用了 Linux 策略，如 Lynxworks、WindRiver、QNX等，还有 Internet 上大量嵌入式 Linux 爱好者的支持。嵌入式 Linux 支持几乎所有的嵌入式 CPU，能被移植到几乎所有的嵌入式 OEM 板。

3.3　Linux 文件系统

3.3.1　Linux 文件系统基本作用

在 Linux 系统中有一个重要的概念：一切都是文件。其实这是 UNIX 哲学的一个体现，Linux 是重写 UNIX 而来的，所以这个概念也就传承了下来。在 UNIX 系统中，把一切资源都看作文件，包括硬件设备。UNIX 系统把每个硬件都看成是一个文件，通常称为设备文件，这样用户就可以用读写文件的方式实现对硬件的访问。

每个实际文件系统从操作系统和系统服务中分离出来，它们之间通过一个接口层——虚拟文件系统（Virtual File System，VFS）来通信。VFS 使得 Linux 可以支持多个不同的文件系统，每个表示一个 VFS 的通用接口。由于软件将 Linux 文件系统的所有细节进行了转换，所以 Linux 核心的其他部分及系统中运行的程序将看到统一的文件系统。Linux 的虚拟文件系统允许用户能同时透明地安装许多不同的文件系统。

在 Linux 文件系统中，作为一种特殊类型，/proc 文件系统只存在内存中，而不占用外存空间。它以文件系统的方式为访问系统内核数据的操作提供接口。/proc 文件系统是一个伪文件系统，用户和应用程序可以通过/proc 得到系统的信息，并可以改变内核的某些参数。

Linux 文件系统中的文件是数据的集合，文件系统不仅包含文件中的数据，还包含文件系统的结构，所有 Linux 用户和程序看到的文件、目录、软连接及文件保护信息等都存储在其中。文件系统包括用户管理、目录管理、文件管理等模块，如图 3.10 所示。在用户管理模块中，包括新建用户、登录（输入用户名和密码验证其合法性）等功能。在目录管理模块中，包括创建目录、列出目录和删除目录。对文件进行管理，包括创建、打开、读、写、关闭、删除、复制或移动文件等功能。

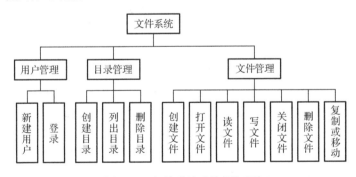

图 3.10　文件系统功能框架图

3.3.2　Linux 常见文件系统简介

文件系统是 Linux 重要的子系统。Linux 采用虚拟文件系统机制，把所有东西都看作文件。文件系统是基于块设备驱动程序建立的。目前，Linux 已经能够支持几十种文件系统。

在嵌入式领域，Flash（闪存）是一种常用的存储介质，由于其特殊的硬件结构，普通的文件系统如 EXT2、EXT3 等都不适合在其上使用，于是就出现了专门针对 Flash 的文件系统，比较常用的有 JFFS2、YAFFS2、CRAMFS、ROMFS 等，也有针对 RAM 上运行的文件系统，如 Ramdisk 等。

1. 基于 Flash 的文件系统

Flash 作为嵌入式系统的主要存储媒介，有其自身的特性。Flash 的写入操作只能把对应位置的 1 修改为 0，而不能把 0 修改为 1（擦除 Flash 就是把对应存储块的内容恢复为 1），因此，一般情况下，向 Flash 写入内容时，需要先擦除对应的存储区间，这种擦除是以块（block）为单位进行的。

Flash 主要有 NOR 和 NAND 两种技术。Flash 存储器的擦写次数是有限的，NAND 闪存还有特殊的硬件接口和读写时序。因此，必须针对 Flash 的硬件特性设计符合应用要求的文件系统；传统的文件系统如 EXT2 等，用作 Flash 的文件系统会有诸多弊端。

在嵌入式 Linux 下，MTD（Memory Technology Device，存储技术设备）为底层硬件（闪存）和上层（文件系统）之间提供一个统一的抽象接口，即 Flash 的文件系统都是基于 MTD 驱动层的（参见上面的 Linux 下的文件系统结构图）。使用 MTD 驱动程序的主要优点在于，它是专门针对各种非易失性存储器（以 Flash 为主）而设计的，因而它对 Flash 有更好的支持、管理接口，以及基于扇区的擦除、读/写操作接口。

在 Flash 存储器上主要运行 JFFS2 等具备擦除和负载均衡能力的文件系统。一块 Flash 芯片可以被划分为多个分区，各分区可以采用不同的文件系统；两块 Flash 芯片也可以合并为一个分区使用，采用一个文件系统。即文件系统是针对存储器分区而言的，而非针对存储芯片。

（1）JFFS。

JFFS 文件系统是由瑞典 Axis Communications 公司基于 Linux 2.0 的内核为嵌入式系统开发的文件系统。JFFS2 是 RedHat 公司基于 JFFS 开发的闪存文件系统，最初是针对 RedHat 公司的嵌入式产品 eCos 开发的嵌入式文件系统，所以 JFFS2 也可以用在 Linux、µCLinux 中。

JFFS2 主要用于 NOR 型 Flash，基于 MTD 驱动层。特点是：可读写的、支持数据压缩的、基于哈希表的日志型文件系统，提供了崩溃/掉电安全保护，提供"写平衡"支持等。缺点主要是当文件系统已满或接近满时，因为垃圾收集的关系而使 JFFS2 的运行速度大大降低。

JFFS3 针对 JFFS2 不适用于大容量 Flash 的缺点，将索引树数据从主存移动到了 Flash，同时将超级块由扫描整个芯片动态生成，转换为由一个读写单元（page）进行保存，引入了经典的 B+树和 Wandering 树来优化磨损平衡机制。

JFFSx 不适合用于 NAND 型 Flash，主要是因为 NAND 型 Flash 的容量一般较大，这导致 JFFS 为维护日志节点所占用的内存空间迅速增大，另外，JFFSx 文件系统在挂载时需要扫描整个 Flash，以找出所有的日志节点、建立文件结构，这对于大容量的 NAND 型 Flash 会耗费大量时间。

（2）YAFFS（Yet Another Flash File System）。

YAFFS/YAFFS2 是专为嵌入式系统使用 NAND 型 Flash 而设计的一种日志型文件系统。与 JFFS2 相比，它减少了一些功能（例如，不支持数据压缩），所以速度更快，挂载时间很短，对内存的占用较小。另外，它还是跨平台的文件系统，除了 Linux 和 eCos，还支持 WinCE，pSOS 和 ThreadX 等。

YAFFS/YAFFS2 自带 NAND 芯片的驱动，并为嵌入式系统提供了直接访问文件系统的 API，用户可以不使用 Linux 中的 MTD 与 VFS，直接对文件系统进行操作。YAFFS 也可与 MTD 驱动程序配合使用。

YAFFS 与 YAFFS2 的主要区别在于，前者仅支持小页（512B）NAND 型 Flash，后者则可支持大页（2KB）NAND 型 Flash。YAFFS2 在内存空间占用、垃圾回收速度、读/写速度等方面均有大幅提升。

（3）CRAMFS（Compressed ROM File System）。

CRAMFS 是 Linux 的创始人 Linus Torvalds 参与开发的一种只读的压缩文件系统。它也基于 MTD 驱动程序。CRAMFS 文件系统是专门针对 Flash 设计的只读压缩的文件系统，其容量上限为 256MB，采用 zlib 压缩，文件系统类型可以是 EXT2 或 EXT3。

在 CRAMFS 文件系统中，每一页（4KB）被单独压缩，可以随机页访问，其压缩比高达 2∶1，为嵌入式系统节省大量的 Flash 存储空间，使系统可通过更低容量的 Flash 存储相同的文件，从而降低系统成本。

CRAMFS 文件系统以压缩方式存储，在运行时解压缩，所以不支持应用程序以 XIP 方式运行，所有的应用程序都要求被复制到 RAM 中运行，但这并不代表比 CRAMFS 需求的 RAM 空间要大，因为 CRAMFS 是采用分页压缩的方式存放文件，在读取文件时，不会一下就耗用过多的内存空间，只针对目前实际读取的部分分配内存，尚未读取的部分不分配内存空间，当读取的文件不在内存中时，CRAMFS 文件系统自动计算压缩后的资料所存的位置，再即时解压缩到 RAM 中。

另外，它的速度快、效率高，其只读的特点有利于保护文件系统免受破坏，提高了系统的可靠性。

由于以上特性，CRAMFS 在嵌入式系统中应用广泛。但是它的只读属性同时又是它的一大缺陷，使得用户无法对其内容进行扩充。CRAMFS 镜像通常放在 Flash 中，但是也能放在别的文件系统中，使用 loopback 设备可以把它安装到文件系统中。

（4）ROMFS。

传统型的 ROMFS 文件系统是一种简单、紧凑、只读的文件系统，不支持动态擦写保存，按顺序存放数据，因而支持应用程序以 XIP（eXecute In Place，片内运行）方式运行，在系统运行时，节省 RAM 空间。μCLinux 系统通常采用 ROMFS 文件系统。

其他文件系统如 FAT/FAT32 也可用于实际嵌入式系统的扩展存储器（例如，PDA、智能手机、数码相机等的 SD 卡），这主要是为了更好地与流行的 Windows 桌面操作系统兼容。

2. 基于 RAM 的文件系统

（1）Ramdisk。

Ramdisk 将一部分固定大小的内存当作分区来使用。它并非一个实际的文件系统，而是一种将实际的文件系统装入内存的机制，并且可以作为根文件系统。将一些经常访问而又不会更改的文件（如只读的根文件系统）通过 Ramdisk 放在内存中，可以明显提高系统的性能。

在 Linux 的启动阶段，initrd 提供了一套机制，可以将内核镜像文件和根文件系统一起载入内存。

（2）Ramfs/Tmpfs。

Ramfs 是 Linus Torvalds 开发的一种基于内存的文件系统，工作于虚拟文件系统（VFS）层，不能格式化，可以创建多个，在创建时可以指定其最大能使用的内存大小。实际上，VFS 本质上可看成一种内存文件系统，它统一了文件在内核中的表示方式，并对磁盘文件系统进行缓冲。

Ramfs/Tmpfs 文件系统把所有的文件都放在 RAM 中，所以读/写操作发生在 RAM 中，可以用 Ramfs/Tmpfs 来存储一些临时性或经常要修改的数据，例如/tmp 和/var 目录，这样既避免了对 Flash 存储器的读写损耗，也提高了数据读写速度。

Ramfs/Tmpfs 相对于传统的 Ramdisk 的不同之处主要在于：不能格式化，文件系统大小可随所含文件内容大小变化。

Tmpfs 的一个缺点是，当系统重新引导时会丢失所有数据。

3. 网络文件系统

NFS（Network File System）是由 Sun 公司开发并发展的一项在不同机器、不同操作系统之间通过网络共享文件的技术。在嵌入式 Linux 系统的开发调试阶段，可以利用该技术在主机上建立基于 NFS 的根文件系统，挂载到嵌入式设备，可以很方便地修改根文件系统的内容。

以上讨论的都是基于存储设备的文件系统（memory-based file system），它们都可作为 Linux 的根文件系统。实际上，Linux 还支持逻辑的或伪文件系统（logical or pseudo file system），例如 procfs（proc 文件系统），用于获取系统信息，以及 devfs（设备文件系统）和 sysfs，用于维护设备文件。

3.3.3　Linux 文件系统框架

1. Linux 下的文件系统结构

Linux 启动时，第一个必须挂载的是根文件系统（详见第 9 章）；若系统不能从指定设备上挂载根文件系统，则系统会出错而退出启动。之后可以自动或手动挂载其他文件系统。因此，一个系统中可以同时存在不同的文件系统，如图 3.11 所示。

（1）存储设备驱动。

常见的硬盘类型有 PATA、SATA 和 AHCI 等，在嵌入式系统中，主要存储设备是 Flash（包括 NAND Flash 和 NOR Flash）和 SDRAM。在 Linux 系统中，不同硬盘提供的驱动模块一般都存放在内核目录树 drivers 中，而对于一般通用的硬盘驱动，也许会直接被编译到内核中，而不会以模块的方式出现，可以通过查看/boot/config-xxx.xxx 文件来确认：

```
CONFIG_SATA_AHCI=y
```

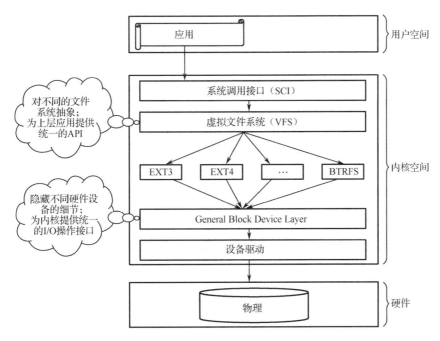

图 3.11　Linux 文件系统结构示意图

（2）General Block Device Layer。

不同的硬盘驱动提供不同的 I/O 接口，内核认为这种杂乱的接口不利于管理，需要把这些 I/O 接口抽象一下，形成一个统一的对外接口，这样，不管是什么硬盘、什么驱动，对外而言，它们所提供的 I/O 接口没什么区别，都一视同仁被看作块设备来处理。

所以，在一层做的任何修改，将会直接影响到所有文件系统，不管是 EXT3、EXT4 还是其他文件系统，只要在这一层次做了某种修改，对它们都会产生影响。

（3）文件系统。

文件系统这一层相信大家都再熟悉不过了，目前大多 Linux 发行版本默认使用的磁盘文件系统是 EXT4，另外，新一代的 BTRFS 也呼之欲出。嵌入式系统一般采用 Flash、SDRAM 等存储设备，常用文件系统如 3.3.2 节所述。不管什么样的文件系统，都是由一系列的 mkfs.xxx 命令来创建的，如：

```
mkfs.ext4 /dev/sda
mkfs.btrfs /dev/sdb
```

内核所支持的文件系统类型，可以通过内核目录树 fs 目录中的内容来查看。

（4）虚拟文件系统。

在虚拟文件系统（VFS）这一层中，用户通过 mkfs.xxx 系列命令创建了很多不同的文件系统，但这些文件系统都有各自的 API，通过虚拟文件系统，用户只需要关心 mount/umount 或 open/close 等操作。

所以，VFS 就把这些不同的文件系统进行抽象，提供统一的 API 访问接口，这样，用户空间就不用关心不同文件系统中的不同 API 了。VFS 提供的这些统一的 API，再经过 System Call 包装一下，用户空间就可以经过 SCI 的系统调用来操作不同的文件系统。

2. 文件存储结构

Linux 文件系统的文件由目录项、inode 和数据块组成。

● 目录项：包括文件名和 inode 节点号。

● inode：又称为文件索引节点，是文件基本信息的存放地和数据块指针的存放地。

● 数据块：文件的具体内容存放地。

Linux 传统的文件系统（如 EXT2、EXT3 等）将硬盘分区时会划分出目录块、inode table 区块和数据区块。inode 包含文件的属性（如读写属性、属主等，以及指向数据块的指针），数据区块则是文件内容。当查看某个文件时，先从 inode table 中查出文件属性及数据存放点，再从数据块中读取数据。

Linux 文件存储结构大概如图 3.12 所示。

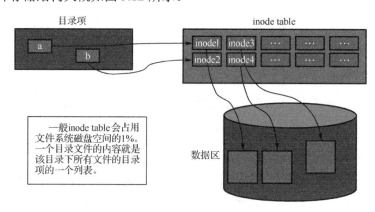

图 3.12　Linux 文件存储结构

目录项包含文件名和 inode 编号，每个文件的目录项存储在该文件所属目录的文件内容中。文件的 inode 结构如图 3.13 所示（inode 包含的文件信息可以通过 stat 命令查看）。

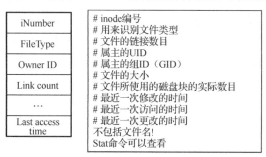

图 3.13　文件的 inode 结构

以上只反映大体的结构，Linux 文件系统本身在不断发展，但上述概念基本是不变的。EXT2、EXT3、EXT4 文件系统也存在很大差别，可以查看专门的文件系统介绍了解更多细节。

3.3.4　Linux 文件操作函数

Linux 通过文件操作函数实现对资源的访问和控制，包括文件的创建、文件的打开、文件的读写和 I/O 控制等操作，主要函数介绍如下。

1. creat()函数

creat()函数用于创建文件，该函数的作用相当于 open(const char* pathname, (O_CREAT | O_WRONLY | O_TRUNC))。

函数原型：int creat(const char *filename, mode_t mode);

filename 指向文件创建的路径和文件名称，参数 mode 指定新建文件的存取权限，它与 umask 一起决定文件的最终权限（mode&umask），其中，umask 代表了文件在创建时需去掉的一些存取权限。umask 可通过系统调用 umask()来改变：

```
int umask(int newmask);
```

该调用将 umask 设置为 newmask，然后返回旧的 umask，它只影响读、写和执行权限。该函数不足之处在于它只能以只写方式打开所创建文件。

2. open()函数

open()函数用于打开或创建文件，在打开或创建文件时可以指定文件的属性及用户的权限等各种参数。

函数原型: int open(const char *filename, int flags);

或

int open(const char *filename, int flags, mode_t mode);

filename 是指被打开的文件名（可包括路径名如"dev/ttyS0"），flags 指文件打开方式，主要打开方式在表 3.2 中给出。

表 3.2 文件打开标志参数描述

标 志	含 义
O_RDONLY	以只读方式打开文件
O_WRONLY	以只写方式打开文件
O_RDWR	以读写方式打开文件
O_APPEDN	以追加方式打开文件
O_CREAT	创建一个新文件
O_EXEC	如果使用了 O_CREAT 且文件已存在，则会发生错误
O_NOBLOCK	以非阻塞方式打开文件
O_TRUNC	如果文件已存在，则删除文件的内容

在 open()函数中，flags 参数可以通过"|"组合构成，但前 3 个标准常量（O_RDONLY、O_WRONLY 和 O_RDWR）不能互相组合。mode 指定被打开文件的存取权限，可以用两种方法表示，可以用一组宏定义: S_I(R/W/X)(USR/GRP/OTH)，其中 R/W/X 表示读写执行权限，USR/GRP/OTH 分别表示文件的所有者、文件所属组以及其他用户，如 S_IRUUR|S_IWUUR| S_IXUUR,（-rex------），也可用八进制数 800 表示同样的权限。

3. close()函数

close()函数用于关闭一个被打开的文件。

函数原型：int close(int fd);

其中，fd 是文件描述符。

4. read()函数

read()函数从文件中读取数据。

函数原型：ssize_t read(int fd, void *buf, size_t count);

其中，fd 是将要读取数据的文件描述符。buf 指缓冲区，即读取的数据会被放到这个缓冲区中。count 表示调用一次 read 操作应读多少数量的字符。

以下几种情况会导致读取到的字节数小于 count：

- 读取普通文件时，读到文件末尾还不够 count 字节。例如，如果文件只有 30 字节，而我们想读取 100 字节，那么实际读到的只有 30 字节，read()函数返回 30。此时再使用 read()函数作用于这个文件就会导致 read 返回 0。
- 从终端设备（terminal device）读取时，一般情况下每次只能读取一行。
- 从网络读取时，网络缓存可能导致读取的字节数小于 count。
- 读取 pipe 或者 FIFO 时，pipe 或 FIFO 里的字节数可能小于 count。
- 从面向记录（record-oriented）的设备读取时，某些面向记录的设备（如磁带）每次最多只能返回一个记录。
- 在读取了部分数据时被信号中断。

读操作始于 cfo（current file offset，当前文件偏移量）。在成功返回之前，cfo 增加，增量为实际读取到的字节数。

5. write()函数

write()函数向文件写入数据。

函数原型：ssize_t write(int fd, void *buf, size_t count);

write()函数向文件中写入 count 字节的数据，数据来源为 buf。返回值一般总是等于 count，否则就是出错了。常见的出错原因是磁盘空间满了或超过文件大小限制。

对于普通文件，写操作始于 cfo。如果打开文件时使用了 O_APPEND，则每次写操作都将数据写入文件末尾。成功写入后，cfo 增加，增量为实际写入的字节数。

6. lseek()函数

lseek()函数用于在指定的文件描述符中将文件指针定位到相应位置。

函数原型：off_t lseek(int fd, off_t offset, int whence);

fd 是文件描述符，offset 是偏移量，表示每个读写操作所需移动的距离，单位是字节，其值可正可负（向前移，向后移）。whence 有三个选项：

- SEEK_SET：当前位置为文件的开头，新位置为偏移量的大小。
- SEEK_CUR：当前位置为指针的位置，新位置为当前位置加上偏移量。
- SEEK_END：当前位置为文件的结尾，新位置为文件大小加上偏移量的大小。

7. ioctl()函数

ioctl()函数向设备发送指令；可以读取一些数据，但这些数据不能被 read()或 write()操作，ioctl()操作的是控制信息，属于带外数据（out-of-band），write()操作的是带内数据（in-band）；ioctl()是设备驱动程序中对设备的 I/O 通道进行管理的函数。所谓对 I/O 通道进行管理，就是对设备的一些特性进行控制，例如，串口的传输波特率、马达的转速，等等。

函数原型：int ioctl(int fd, int cmd, …);

其中，fd 是用户程序打开设备时使用 open 函数返回的文件标识符，cmd 是用户程序对设备的控制命令，至于后面的省略号，则是一些补充参数，一般最多一个，这个参数的有无和 cmd 的意义相关。

ioctl()函数是文件结构中的一个属性分量，就是说，如果你的驱动程序提供对 ioctl()的支持，用户就可以在用户程序中使用 ioctl()函数来控制设备的 I/O 通道。

8. 文件操作函数实例

代码清单 3.3.4.1 给出典型的文件操作函数使用方法。

代码清单 3.3.4.1　文件操作函数实例

```
1   #include <stdio.h>
2   #include <string.h>
3   #include <stdlib.h>
4   #include <unistd.h>
5   #include <fcntl.h>
6   #include <sys/types.h>
7   #include <sys/stat.h>
8   #include <errno.h>
9   #define BUFFER_SIZE 128                      //每次读写缓存大小，影响运行效率
10  #define SRC_FILE_NAME "src_file.txt"         //源文件名
11  #define DEST_FILE_NAME "dest_file.txt"       //目标文件名
12  #define OFFSET 0                             //文件指针偏移量
13
14  int main()
15  {
16      int src_file, dest_file;
17      unsigned char src_buff[BUFFER_SIZE];
18      unsigned char dest_buff[BUFFER_SIZE];
19      int real_read_len = 0;
20      char str[BUFFER_SIZE] = "this is a testabout\nopen()\nclose()\
21  nwrite()\nread()\nlseek()\nend of the file\n";
22      //创建源文件
23      src_file=open(SRC_FILE_NAME,O_RDWR|O_CREAT,S_IRUSR|S_IWUSR|S_
24  IRGRP|S_IROTH);
25      if(src_file<0)
26      {
27          printf("open file error!!!\n");
```

```
28          exit(1);
29      }
30      //向源文件中写数据
31      write(src_file,str,sizeof(str));
32      //创建目的文件
33      dest_file=open(DEST_FILE_NAME,O_RDWR|O_CREAT,S_IRUSR|S_IWUSR|S_
34  IRGRP|S_IROTH);
35      if(dest_file<0)
36      {
37          printf("open file error!!!\n");
38          exit(1);
39      }
40      lseek(src_file,OFFSET,SEEK_SET);//将源文件的读写指针移到起始位置
41      while((real_read_len=read(src_file,src_buff,sizeof(src_buff)))>0)
42      {
43          printf("src_file:%s",src_buff);
44          write(dest_file,src_buff,real_read_len);
45      }
46      lseek(dest_file,OFFSET,SEEK_SET);//将目的文件的读写指针移到起始位置
47      while((real_read_len=read(dest_file,dest_buff,sizeof(dest_
48  buff)))>0);//读取目的文件的内容
49      printf("dest_file:%s",dest_buff);
50      close(src_file);
51      close(dest_file);
52      return 0;
53  }
```

　　Linux 还支持 C 语言自带的文件操作函数，如 fopen()、fwrite()等。需要指出的是，和 C
语言的文件操作函数不同，Linux 中的文件操作函数不仅可以对一般的文件进行操作，还支
持对设备的访问支持。

3.4 Linux 模块机制

3.4.1 Linux 模块概述

　　Linux 内核的模块（module）机制允许开发者动态地向内核添加功能，常见的文件系统、
驱动程序等，都可以通过模块的方式添加到内核而不必对内核重新编译，这在很大程度上降
低了操作的复杂度。模块机制使内核预编译时不必包含很多无关功能，把内核做到最精简，
后期可以根据需要进行添加。而针对驱动程序，因为涉及具体的硬件，很难是通用的，且其
中可能包含各厂商的私密接口，厂商几乎不会允许开发者把源代码公开，这就和 Linux 的许
可相悖。模块机制很好地解决了这个冲突，允许驱动程序后期进行添加而不合并到内核中。
　　经过上述内容的了解，显然 Linux 内核需要进行许多的功能实现工作，需要包含的组件
非常多，其整体结构自然十分庞大。倘若把所有需要的功能都编译到 Linux 内核中，必然会

导致以下两个主要问题：

- 生成的 Linux 内核过大，这对于"寸土寸金"的嵌入式系统内存来说十分不友好。
- 当需要在现有内核中添加或删除功能时，必须对内核进行重新编译，这无疑会增加驱动程序的开发难度。

为了解决以上两个问题，Linux 引入了内核模块机制，它使编译出的内核本身并不需要包含所有的功能，当需要用到一些内核中没有的功能时，只需要将其对应的代码动态地加载到内核中。换句话说，可以在系统运行期间动态扩展系统的功能，而无须重新启动系统，更无须为新增功能重新编译链接生成新的系统内核镜像。

总之，通过使用模块机制，开发者能够预先编译大量功能模块，而不会致使内核镜像在尺寸上发生膨胀。在自动检测硬件或用户提示之后，安装例程选择适当的模块并将其添加到内核中，这使得不熟练的用户也能够为系统设备安装驱动程序，而无须编译新内核。同时，由于不需要重新编译和启动新内核，这会节省开发者大量时间，提高开发效率。

Linux 把不重要的功能编译成内核模块，在需要时再调用，从而保证了内核不会过大。在多数 Linux 中，把硬件的驱动程序编译为模块，这些模块保存在/lib/modules 目录中。常见的 USB、SATA 和 SCSI 等硬盘设备的驱动程序，还有一些特殊的文件系统（如 LVM、RAID 等）的驱动程序，都是以模块的方式保存的。尽管 Linux 系统为内核模块机制提供了非常完善的支持，使得 Linux 内核模块如此强大，然而，如果读者对其幕后的机制不甚了解，在实际开发中仍会遇到各种麻烦。因此，对 Linux 内核模块的学习是有必要的。

3.4.2　Linux 模块代码结构

Linux 内核模块实际上是单独编译的一段内核代码，其功能就是在需要时动态地加载到内核中，增加内核的功能，不需要时可以动态卸载，以减少内核的功能。类似于普通的可执行文件，模块经过编译后得到.ko 文件，其本身也是可重定位目标文件，类似于 gcc-c 得到的.o 目标文件。

当然，无论是加载还是卸载，都不需要重新启动操作系统。根据 Linux 内核模块的功能特性，它的代码结构主要由如下几个部分构成：模块加载函数、模块卸载函数、模块许可证声明、模块参数、模块导出符号以及模块作者等信息声明。其中，模块加载函数、模块卸载函数以及模块许可证声明为必选项，其他部分为根据需求决定的可选项。

- 模块加载函数：通过 insmod 命令加载内核模块时，模块的加载函数自动被内核执行，完成本模块的相关初始化工作。
- 模块卸载函数：通过 rmmod 命令卸载模块时，模块的卸载函数自动被内核执行，完成与模块加载函数相反的功能。
- 模块许可证声明：许可证（LICENSE）声明描述内核模块的许可权限，如果不声明 LICENSE，模块被加载时，将收到内核被污染（Kernel Tainted）的警告。
- 模块参数（可选）：模块参数是模块被加载时可以传递给它的值，它本身对应模块内部的全局变量。
- 模块导出符号（可选）：内核模块可以导出的符号（symbol，对应于函数或变量）。若导出，其他模块则可以使用本模块的变量或函数。

模块加载和卸载的内容将在后续内容中重点阐述，此处强调模块许可证声明部分的作用，该部分借助模块机制解决长期存在的许可证问题。许多硬件生产商对控制其附加设备所需的文档保密，或要求开发者签署保密协议，开发者要遵守协议内容，对使用相关文档信息开发的源代码保守秘密，不向公众公开。这意味着驱动程序无法包含到正式的内核源代码中，而 Linux 内核的源代码总是开放的，这就产生了冲突。Linux 内核的模块机制通过只提供编译后形式、不提供源代码的二进制模块的方式可以解决该问题。

下面以"Hello, World"模块为例，简单认识 Linux 模块代码结构中的必选部分，见代码清单 3.4.2.1。

代码清单 3.4.2.1 "Hello, World"模块

```
1    #include <linux/init.h>
2    #include <linux/module.h>
3    MODULE_LICENSE("Dual BSD/GPL");   //告诉内核，该模块采用自由许可证
4
5    static int __init hello_init(void)//模块被装载到内核时调用
6    {
7        printk(KERN_ALERT "Hello, World\n"); //函数 printk 在 Linux 内核中定义，
8        //功能和标准 C 库中的函数 printf 类似
9        return 0;
10   }
11
12   static void __exit hello_exit(void)//模块被移除出内核时调用
13   {
14       printk(KERN_ALERT "Goodbye, World\n");
15       return 0;
16   }
17
18   module_init(hello_init);//模块加载函数
19   module_exit(hello_exit);         //模块卸载函数
```

这个最简单的内核模块只包含内核模块加载函数、卸载函数和对 Dual BSD/GPL 许可权限的声明。编译它会产生 hello.ko 目标文件，通过"insmod ./hello.ko"命令可以加载它，通过"rmmod hello"命令可以卸载它，加载时输出"Hello, World"，卸载时输出"Goodbye, World"。

3.4.3 模块加载

模块的加载是采用 insmod 与 module_init 宏来实现的。模块源代码中用 module_init 宏声明了一个函数（在这个例子里是 chrdev_init()函数），作用就是指定 chrdev_init()这个函数和 insmod 命令绑定起来。也就是说，当执行 insmod module_test.ko 时，insmod 命令内部实际执行的操作就是调用 chrdev_init()函数。

Linux 内核模块加载函数一般以 __init 标识声明，典型的模块加载函数的形式如代码清单 3.4.3.1 所示。

代码清单 3.4.3.1　内核模块加载函数

```
1  static int __init initialization_function(void)
2  {
3      /* 初始化代码 */
4      return 0; //初始化成功
5  }
module_init(initialization_function);
```

模块加载函数以"module_init（模块函数名）"的形式被指定。它返回整型值，若初始化成功，应返回 0。而在初始化失败时，应该返回错误编码。在 Linux 内核中，错误编码是一个接近于 0 的负值，在<linux/errno.h>中定义，包含-ENODEV、-ENOMEM 之类的符号值。总是返回相应的错误编码是非常好的习惯，因为只有这样，用户程序才可以利用 perror 等方法把它们转换成有意义的错误信息字符串。

在 Linux 内核中，内核编译不包括内核模块，一旦加载某个内核模块，它就和内核中的其他部分完全一样。可以使用 request_module(const char* fmt，…)函数加载内核模块，可以通过调用下列代码灵活地加载其他内核模块。

```
request_module(module_name);
```

在 Linux 中，所有标识为 __init 的函数如果直接编译进入内核，成为内核镜像的一部分，在连接时都会放在.init.text 这个区段内。

```
#define __init    __attribute__ ((__section__ (".init.text")))
```

所有的 __init 函数在区段.initcall.init 中还保存了一份函数指针，在初始化时内核会通过这些函数指针调用这些 __init 函数，在初始化完成后，释放 init 区段（包括.init.text、.initcall.init 等）的内存。

除了函数以外，数据也可以被定义为 __initdata，对于只是初始化阶段需要的数据，内核在初始化完后，也可以释放它们占用的内存。

```
#define __initdata __attribute__ ((__section__ (".init.data")))
```

3.4.4　模块卸载

执行 rmmod 命令时会执行模块的 module_exit 宏声明的函数，同样也会将这个模块信息从内核的模块管理的数据结构中删除。Linux 内核模块卸载函数一般以 __exit 标识声明，典型的模块卸载函数的形式如代码清单 3.4.4.1 所示。

代码清单 3.4.4.1　内核模块卸载函数

```
1  static void __exit cleanup_function(void)
2  {
3      /* 释放代码 */
4  }
5  module_exit(cleanup_function);
```

模块卸载函数在模块卸载时执行而不返回任何值，且必须以"module_exit(函数名)"的形式来指定。通常，模块卸载函数要完成与模块加载函数相反的功能。

Linux 用 __exit 来修饰模块卸载函数，可以告诉内核，如果相关模块被直接编译进内核（即 built-in），则 cleanup_function() 函数会被省略，直接不链接进最后的镜像。既然模块被内置了，就不可能卸载它，卸载函数也就没有存在的必要。除了函数，仅退出阶段采用的数据也可以用 __exit data 来描述。

模块卸载函数要完成与模块加载函数相反的功能，如下所述：

- 若模块加载函数注册了某个项目，则模块卸载函数应该注销该项目。
- 若模块加载函数动态申请了内存，则模块卸载函数应释放该内存。
- 若模块加载函数申请了硬件资源（中断、DMA 通道、I/O 接口和 I/O 内存等）的占用，则模块卸载函数应释放这些硬件资源。
- 若模块加载函数开启了硬件，则卸载函数中一般要关闭硬件。

__exit 可以使对应函数在运行完成后自动回收内存。实际上，__exit 也是宏，定义为

```
#ifdef MODULE
#define __exit __attribute__ ((__section__(".exit.text")))
#else
```

作业

1. 在理解操作系统的主要功能后，分析基于优先级的多任务调度策略和工作原理。

2. 试分析 Linux 文件系统的主要作用和工作原理。应用层调用文件系统如何访问硬件设备？

3. 编写一个内核模块，实现模块的注册、模块运行打印输出、模块的卸载，通过控制台打印输出该模块的操作流程。

第 4 章　ARM 体系结构的 Linux 内核

ARM 处理器运行的 Linux 操作系统内核和大多数处理器上运行的基本相同，主要区别在于内存管理和体系结构部分。本章对 Linux 内核主要结构和功能进行分析，讲解各主要模块的功能及其工作原理，以及它们之间的关系。通过这部分内容的学习，读者可以了解内核的工作机理，各模块的接口，特别是进程管理与进程间通信，以便于更好地进行应用编程。

本章重点和难点：
- 内核的基本组成及其关系；
- 进程的管理与进程调度；
- 虚拟内存管理工作原理；
- 虚拟文件系统结构及接口；
- 进程间通信机制及其主要应用。

4.1　ARM-Linux 内核简介

相对于普通 Linux 内核，我们说的 ARM-Linux 内核指的是基于 ARM 架构处理器的 Linux 内核。从技术角度看，ARM 的指令集采用的是 RISC。通常，采用 ARM 架构处理器的设备多为嵌入式设备。

4.1.1　ARM-Linux 内核和普通 Linux 内核的区别

1. 普通 Linux 内核

Linux 作为当前发展最快、应用最广的开源操作系统，是 Linus Torvalds 为尝试在 Intel X86 架构上提供自由免费的类 UNIX 操作系统而开发的。因此，这里提到的普通 Linux 指的是 X86 架构处理器上运行的 Linux。X86 架构使用的是经典的 CISC，指令集复杂，功能多，指令并行执行效率低，但性价比突出，所以被称为民用终端的主流处理器内置指令集。

2. ARM-Linux 内核

在 RISC 处理器领域，基于 ARM 的架构体系在嵌入式系统中发挥了重要作用，ARM 处理器和嵌入式 Linux 的结合正变得越来越紧密，并在嵌入式领域得到广泛应用。普通 Linux 内核和 ARM-Linux 内核都是 Linux 系统，但是，由于 ARM 和 X86 是不同的 CPU 架构，它们的指令集不同，所以软件编译环境不同，软件代码一般不能互用，需要进行兼容性移植。读者可以下载内核源代码，源代码的 arch 目录中包含了和硬件结构相关的代码，每个平台都占有一个相应的目录。本书采用在 I.MX6 处理器比较成熟的版本——Linux 4.1.15 版本作为主要内容进行说明，与 ARM 相关的代码存放在 arch 目录中的 arm 下，如图 4.1 所示。

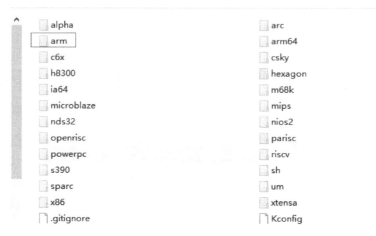

图 4.1　Linux 4.1.15 版本的 arch 目录

3．ARM-Linux 的版本控制

由于 ARM-Linux 仅是将 Linux 系统应用到 ARM 处理器上而出现的一类内核，所以它的版本控制和 Linux 是一样的。Linux 的内核版本编号格式一般为：主版本号.次版本号.修订版本号。主版本号和次版本号标志着相较上一版本有重要的功能修改，次版本号为偶数则代表该内核版本为稳定版本，为奇数则是非稳定版本或测试版本，修订版本号代表该内核版本的修订次数。以 Linux 4.1.15 版本为例，主版本号为 4，次版本号为 1，即测试版本，15 为修订次数。

4.1.2　ARM-Linux 代码结构与内核组成

1．ARM-Linux 代码结构

内核源代码解压后会看到一个较为清晰的源代码目录。此处，仍然以 Linux 4.1.15 版本为例，其源代码包含如下目录。

- arch：包含和处理器体系结构相关的代码，每种平台占一个相应的目录，如 i386、ARM、ARM64、PowerPC、MIPS 等。Linux 内核目前已经支持 30 种左右的体系结构。在 arch 目录下，存放的是各个平台以及各个平台的芯片对 Linux 内核进程调度、内存管理、中断等的支持，以及每个具体的 SoC 和电路板的板级支持包代码。
- block：块设备驱动程序 I/O 调度。
- crypto：常用加密和散列算法（如 AES、SHA 等），还有一些压缩和 CRC 校验算法。
- documentation：内核各部分的通用解释和注释。
- drivers：设备驱动程序，不同的驱动各占用一个子目录，如 char、block、net、mtd、i2c 等。
- fs：所支持的各种文件系统，如 EXT、FAT、NTFS、JFFS2 等。
- include：头文件，与系统相关的头文件放置在 include/linux 子目录下。
- init：内核初始化代码。著名的 start_kernel()就位于 init/main.c 文件中。

- ipc：进程间通信的代码。
- kernel：最核心的部分，包括进程调度、定时器等，而和平台相关的一部分代码放在 arch/*/kernel 目录下。
- lib：库文件代码。
- mm：内存管理代码，和平台相关的一部分代码放在 arch/*/mm 目录下。
- net：网络相关代码，实现各种常见的网络协议。
- scripts：用于配置内核的脚本文件。
- security：主要是一个 SELinux 的模块。
- sound：ALSA、OSS 音频设备的驱动核心代码和常用设备驱动。
- usr：实现用于打包和压缩的 cpio 等。
- tools：编译过程中一些主机必备工具。
- virt：内核虚拟机 KVM。

2. ARM-Linux 内核组成

如图 4.2 所示，Linux 内核主要由进程调度（SCHED）、内存管理（MMU）、虚拟文件系统（VFS）、网络接口（NET）和进程间通信（IPC）5 个子系统组成。

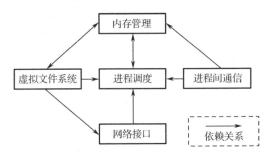

图 4.2　Linux 内核的子系统及其关系

Linux 内核 5 个子系统之间的关系如下。

- 进程调度与内存管理的关系：这两个子系统互相依赖。在多程序环境下，程序要运行，必须为之创建进程，而创建进程的第一件事情，就是给进程申请存储空间，然后将程序和数据装入内存。进程调度过程也包含内存分配与重定位相关问题。
- 进程间通信与内存管理的关系：进程间通信子系统要依赖内存管理支持共享内存通信机制，这种机制允许进程除了拥有自己的私有空间，还可以通过共同的内存区域来进行进程间通信。
- 虚拟文件系统与网络接口的关系：虚拟文件系统利用网络接口支持网络文件系统（NFS），也利用内存管理支持 RAMDISK 设备。
- 内存管理与虚拟文件系统的关系：内存管理利用虚拟文件系统支持交换进程，交换进程定期由调度程序调度，这也是内存管理依赖于进程调度的原因。当一个进程存取的内存映射被换出时，内存管理向虚拟文件系统发出请求，同时，挂起当前正在运行的进程。

除了这些依赖关系外，内核中的所有子系统还要依赖于一些共同的资源。这些资源包括所有子系统都用到的 API，如分配和释放内存空间的函数、输出警告或错误消息的函数，以及系统提供的调试接口等。

3. ARM-Linux 内核模块功能介绍

（1）进程调度。

进程调度控制系统中的多个进程对 CPU 的访问，使得多个进程能在 CPU 中"微观串行，宏观并行"地执行。进程调度处于系统的中心位置，内核中其他子系统都依赖于它，因为每个子系统都需要挂起或恢复进程。

（2）内存管理。

内存管理的主要作用是控制多个进程安全地共享主内存区域。当 CPU 提供内存管理单元（MMU）时，Linux 内存管理对于每个进程完成从虚拟内存到物理内存的转换。Linux 2.6 之后的版本引入了对无 MMU CPU 的支持。

（3）虚拟文件系统。

如图 4.3 所示，Linux 系统的所有设备访问都是以文件形式进行的，还支持多种文件系统。Linux 虚拟文件系统隐藏了各种硬件和文件系统的具体细节，为所有设备提供统一的接口。而且，它独立于各具体的文件系统，是对各种文件系统的一个抽象。它为上层的应用程序提供了统一的 vfs_read()、vfs_write()等接口，并调用具体底层文件系统或设备驱动中实现的 file_operations 结构体的成员函数。

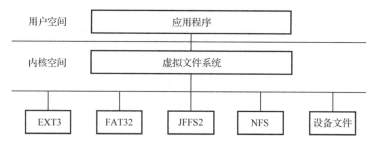

图 4.3　Linux 虚拟文件系统

（4）网络接口。

网络接口提供对网络标准的存取和网络硬件的支持。Linux 网络体系结构如图 4.4 所示。在 Linux 中，网络接口可分为网络协议和网络驱动程序，网络协议负责实现每一种可能的网络传输协议，网络设备驱动程序负责与硬件设备通信，每一种可能的硬件设备都有相应的设备驱动程序。

Linux 内核支持的协议栈种类较多，如 Internet、UNIX、CAN、NFC、蓝牙、WiMAX、IrDA 等，上层的应用程序统一使用套接字接口。

（5）进程间通信。

应用程序在运行起来之后（进程）是相互独立的，有自己的进程地址空间。但是，往往在一些业务上需要进程间进行通信来完成系统的某个完整的功能。Linux 支持进程间的多种通信机制，包含信号量、共享内存、消息队列、管道、套接字等，这些机制可协助多个进程、多个资源的互斥访问、进程间的同步和消息传递。在实际的 Linux 应用中，人们更多地趋向于使用套接字，而不是 SystemV IPC 中的消息队列等机制。

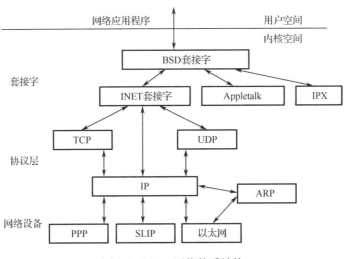

图 4.4　Linux 网络体系结构

4.2　ARM-Linux 进程管理与调度

4.2.1　进程的表示和生命周期

1. 进程的表示

进程是处于执行期的程序及其所包含资源的总称（目标码存放在某种存储介质上），但进程并不仅局限于一段可执行程序代码。通常，进程还包含其他资源，如打开的文件、挂起的信号、内核内部数据、处理器状态等，以及一个或多个具有内存映射的内存地址空间、一个或多个执行线程，当然，还包括用来存放全局变量的数据段等。程序本身并不是进程，进程是一个过程的描述，是处于执行期的程序以及相关资源的总称。实际上，完全可能存在两个或多个不同的进程执行的是同一个程序。并且，两个或两个以上并存的进程还可以共享许多诸如打开的文件、地址空间之类的资源。进程是 Linux 表示资源分配的基本单位，又是调度运行的基本单位。

线程则是某一进程中一路单独运行的程序。也就是说，线程存在于进程之中。一个进程由一个或多个线程构成，各线程共享相同的代码和全局数据，但线程有自己的堆栈和局部变量。一个程序至少有一个进程，一个进程至少有一个线程。线程的划分尺度小于进程，使得多线程程序的并发性高。另外，进程在执行过程中拥有独立的内存单元，而多个线程共享内存，极大地提高了程序的运行效率。

内核进程是在内核空间运行的进程，它可以被调度，也可以被抢占，但没有独立的地址空间，只在内核空间运行，负责完成内核在后台执行的操作任务，只能由其他内核进程创建。

Linux 操作系统采用虚拟内存管理技术，使得进程有各自互不干涉的进程地址空间。该地址空间是大小为 4GB 的线性虚拟空间，用户看到和接触到的都是虚拟地址，无法看到实际的物理内存地址。利用这种虚拟地址，不但能起到保护操作系统的作用（用户不能直接访问物理内存），更重要的是，用户程序可以使用比实际物理内存更大的地址空间。

4GB 的进程地址空间分成两个部分：用户空间与内核空间。用户地址空间占据 0～3GB（0xC0000000），内核地址空间占据 3～4GB。用户进程通常只能访问用户空间的虚拟地址，不能访问内核空间的虚拟地址。只有用户进程使用系统调用（代表用户进程在内核态执行）时可以访问内核空间。进程切换时，用户空间跟着变化；而内核空间由内核负责映射，它并不会跟着进程改变，是固定的。内核空间地址有自己对应的页表，不同用户进程有不同的页表。进程的用户空间是完全独立、互不相干的。进程的虚拟内存地址空间如图 4.5 所示，其中，用户空间包括以下几个功能区域。

● 只读段：包含程序代码（.init 和.text）和只读数据（.rodata）。
● 数据段：存放的是全局变量和静态变量。其中，可读可写数据段（.data）存放已初始化的全局变量和静态变量，BSS 数据段（.bss）存放未初始化的全局变量和静态变量。
● 栈：由系统自动分配释放，存放函数的参数值、局部变量的值、返回地址等。
● 堆：存放动态分配的数据，一般由程序员动态分配和释放。若程序员不释放，程序结束时可能由操作系统回收。
● 共享库的内存映射区域：这是 Linux 动态链接器和其他共享库代码的映射区域。

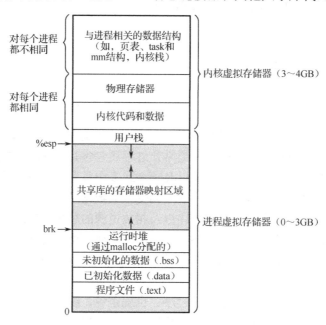

图 4.5　进程的虚拟地址空间分配

在 Linux 中，无论进程还是线程，到了内核中，我们统一称其为任务（Task）。Linux 内核涉及进程和程序的所有算法都围绕一个名为 task_struct 的数据结构建立，该结构体中包含描述该进程内存资源、文件系统资源、文件资源、tty 资源、信号处理等的指针，将进程与各内核子系统联系起来。它在 include/linux/sched.h 中存放着该结构定义，这是系统中主要的一个结构。Linux 的线程采用轻量级进程模型来实现，在用户空间通过 pthread_create()创建线程时，本质上内核只是创建了一个新的 task_struct，并将新的 task_struct 所有资源指针都指向创建它的那个 task_struct 的资源指针。Linux 将所有的 task_struct 用链表串起来进行管理。

task_struct 的内容结构如图 4.6 所示。

图 4.6　task_struct 的内容结构

（1）任务 ID。

任务 ID 用于操作系统进行排期、下发任务等。在内核中，虽然进程和线程都是任务，但应该加以区分，因为任务下发和展示是区分进程级和线程级的，所以 task_struct 中有两个任务号，pid 是 processID，tgid 是 threadgroupID。对于任何一个进程，如果只有主线程，那么 pid 是自己，tgid 也是自己，group_leader 指向的还是自己；如果一个进程创建了其他线程，线程有自己的 pid，tgid 就是进程的主线程的 pid，group_leader 指向的就是进程的主线程。比较 pid 于 tgid 就可以确定 task_struct 是代表一个进程还是一个线程，同时通过指针能够快速定位到数据位置。

（2）Linux 进程状态。

操作系统在对进程进行调度时，进程在不同的状态之间转换以满足进程调度管理的需要。在 Linux 操作系统中，进程存在运行状态、可中断睡眠状态、不可中断睡眠状态、暂停状态、僵死状态和就绪状态等几种状态。

① 运行状态（TASK_RUNNING）

若进程正在被 CPU 执行，或已经准备就绪随时可被调度程序执行，则称该进程处于运行状态（running）。进程可以在内核态运行，也可以在用户态运行。当系统资源已经可用时，进程就被唤醒而进入准备运行状态，该状态称为就绪态。这些状态在内核中表示方法相同，都被称为处于 TASK_RUNNING 状态。

需要指出的是，有的操作系统就绪态和运行态是分开的，任何进程要进入运行态，首先要进入就绪态。

② 可中断睡眠状态（TASK_INTERRUPTIBLE）

处于这个状态的进程因为等待某事件的发生（比如等待 Socket 连接、等待信号量）而被挂起。这些进程的 task_struct 结构（进程控制块）被放入对应事件的等待队列中。进程处于可中断等待状态时，系统不会调度该进程执行。当这些事件发生时（由外部中断触发或由其他事件触发），对应等待队列中的一个或多个进程将被唤醒，转换到就绪状态（运行状态）。

③ 不可中断睡眠状态（TASK_UNINTERRUPTIBLE）

与 TASK_INTERRUPTIBLE 状态类似，进程处于睡眠状态，但是，此刻进程是不可中断的。不可中断，指的并不是 CPU 不响应外部硬件的中断，而是指进程不响应异步信号，即不能通过中断或其他事件来唤醒，只有被使用 wake_up()函数明确唤醒时才能转换到可运行的就绪状态。

绝大多数情况下，进程处在睡眠状态时，应该能够响应异步信号。而不可中断睡眠状态存在的意义就在于，内核的某些处理流程是不能被打断的。如果响应异步信号，程序的执行流程中就会被插入一段用于处理异步信号的流程，于是原有的流程就被中断。

④ 暂停状态（TASK_STOPPED）

当进程收到信号 SIGSTOP、SIGTSTP、SIGTTIN 或 SIGTTOU 时，就会进入暂停状态（除非该进程本身处于 TASK_UNINTERRUPTIBLE 状态而不响应异步信号）。当向 TASK_STOPPED 状态进程发送一个 SIGCONT 信号时，可以让其从 TASK_STOPPED 状态恢复到 TASK_RUNNING 状态。

⑤ 跟踪状态（TASK_TRACED）

当进程正在被跟踪时，它处于 TASK_TRACED 这个特殊的状态。"正在被跟踪"指的是进程暂停下来，等待跟踪它的进程对它进行操作。比如，在 gdb（UNIX 及类 UNIX 下的调试工具）调试中对被跟踪进程的下一个断点，进程在断点处停下来时就处于 TASK_TRACED 状态。而在其他时候，被跟踪的进程还是处于前面提到的那些状态。

对于进程本身来说，TASK_STOPPED 和 TASK_TRACED 状态很类似，都是表示进程暂停下来。而 TASK_TRACED 状态相当于在 TASK_STOPPED 之上多了一层保护，处于 TASK_TRACED 状态的进程不能响应 SIGCONT 信号而被唤醒。只能等到调试进程通过 ptrace

系统调用执行 PTRACE_CONT、PTRACE_DETACH 等操作（通过 ptrace 系统调用的参数指定操作），或调试进程退出时，被调试的进程才能恢复 TASK_RUNNING 状态。

⑥ 僵死状态（TASK_DEAD - EXIT_ZOMBIE）

进程在退出的过程中，处于 TASK_DEAD 状态。在这个退出过程中，进程占有的所有资源将被回收，除了 task_struct 结构（以及少数资源）。于是进程就只剩下 task_struct 这个空壳，故称为僵尸。

⑦ 退出状态（TASK_DEAD - EXIT_DEAD）进程即将被销毁

退出状态是指进程即将被销毁，进程在退出过程中也可能不会保留它的 task_struct。比如，这个进程是多线程程序中被 detach 的进程，或者父进程通过设置 SIGCHLD 信号的 handler 为 SIG_IGN，显式地忽略了 SIGCHLD 信号。此时，进程将被置于 EXIT_DEAD 退出状态，这意味着接下来的代码立即就会将该进程彻底释放。所以，EXIT_DEAD 状态是非常短暂的，几乎不可能通过 ps 命令捕捉到。

从图 4.6 中可以看到，task_struct 的任务状态部分定义了三个变量。其中，state 指定了进程的当前状态，可使用下列值：

```
/* Used in tsk->state: 每一种状态值占该变量的一个数据位 */
#define TASK_RUNNING            0x0000
#define TASK_INTERRUPTIBLE      0x0001
#define TASK_UNINTERRUPTIBLE    0x0002
#define TASK_STOPPED            0x0004
#define TASK_TRACED             0x0008
/* Used in tsk->exit_state: */
#define EXIT_DEAD               0x0010
#define EXIT_ZOMBIE             0x0020
#define EXIT_TRACE              (EXIT_ZOMBIE | EXIT_DEAD)
/* Used in tsk->state again: */
#define TASK_PARKED             0x0040
#define TASK_DEAD               0x0080
#define TASK_WAKEKILL           0x0100
#define TASK_WAKING             0x0200
#define TASK_NOLOAD             0x0400
#define TASK_NEW                0x0800
#define TASK_STATE_MAX          0x1000
```

（3）进程信号处理。

该部分定义进程所用的信号处理程序，用于响应到来的信号。task_struct 中关于信号处理的程序段如下，见代码清单 4.2.1.1。

代码清单 4.2.1.1　Signal handlers

```
1   struct signal_struct        *signal;
2   struct sighand_struct __rcu  *sighand;
3   sigset_t                     blocked;
4   sigset_t                     real_blocked;
5   sigset_t                     saved_sigmask;
```

```
6    struct sigpending                pending;
7    unsigned long                    sas_ss_sp;
8    size_t                           sas_ss_size;
9    unsigned int                     sas_ss_flags;
```

信号分为三种：阻塞暂不处理（blocked）、尚待处理（pending）、信号处理函数进行处理（sighand）。处理的结果可以是忽略，也可以是结束任务。下发信号任务是分进程和线程的，task_struct 中的 struct sigpending pending 和 struct signal_struct *signal 中的 struct sigpending shared_pending，用于区分信号是本任务专属的还是线程组共享的。

（4）进程的内存管理。

每个进程都有自己独立的虚拟内存空间，需要一个数据结构来表示，这就是 mm_struct。

（5）进程权限。

该部分用于控制进程能否访问某些文件、某些进程以及本进程能否被其他进程访问。定义的结构体指针*real_cred 说明谁能操作这个进程，而*cred 说明这个进程能够操作谁。这些权限一般通过设置 uid 和 suid 来改变。

2. 进程的生命周期与状态切换

进程并不总是可以立即运行。有时候它必须等待来自外部的信号或不受其控制的事件，例如，在文本编辑器中等待键盘输入。如果进程运行需要这些信号有效或事件发生，在信号有效或事件发生之前，进程无法运行。当调度器调度进程切换时，必须知道系统中每个进程的状态。例如，如果一个进程在等待来自外设的数据，那么调度器的职责是，一旦数据到达，就将进程的状态由等待改为可运行状态。

在介绍 task_struct 的结构时，提到进程可能有以下几种状态：就绪状态/运行状态、暂停状态、不可中断睡眠状态、可中断睡眠状态、僵死状态。系统将所有进程保存在一个进程表中，无论其状态是就绪/运行或睡眠。但睡眠进程会特别标记出来，调度器知道它们无法立即运行。睡眠进程会分类到若干队列中，因此它们可在适当的时间唤醒，例如，在进程等待的外部事件发生时。图 4.7 描述了进程的几种状态及其转换条件。

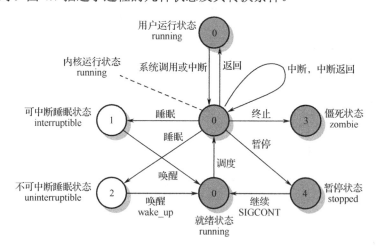

图 4.7　Linux 进程状态关系示意图

在图 4.7 中的 6 种状态中，只有处于运行状态的进程才是在 CPU 上运行的。同一时刻，可能有多个进程处于可执行状态，这些进程的 task_struct 结构（进程控制块）被放入对应 CPU 的可执行队列中（一个进程最多只能出现在一个 CPU 的可执行队列中）。很多操作系统参考书将正在 CPU 上执行的进程定义为 RUNNING 状态，而将可执行但尚未被调度执行的进程定义为 READY 状态，这两种状态在 Linux 下统一为 TASK_RUNNING 状态。

当一个进程的运行时间片用完时，进程由正在运行状态进入就绪状态，进程被插入就绪等待队列末尾，等待下一个时间片调度执行，然后系统使用调度程序强制切换到其他进程。

如果进程在内核态执行时需要等待系统的某个资源（比如等待 Socket 连接、信号量等），该进程就会调用 sleep_on()或 sleep_on_interruptible()，自愿地放弃 CPU 的使用权，而让调度程序去执行其他进程。此时进程也会进入睡眠状态（TASK_UNINTERRUPTIBLE 或 TASK_INTERRUPTIBLE），这些进程的 task_struct 结构被放入对应事件的等待队列中。当这些事件发生时（由外部中断触发，或由其他进程触发），对应等待队列中的一个或多个进程将被唤醒。

当正在运行的进程挂起或终止运行时，进程会进入僵死状态；运行进程调用暂停系统服务就会进入暂停状态，暂停状态的进程可以通过系统调用 SIGCONT 来激活进入就绪状态。

进程在退出的过程中处于 TASK_DEAD 状态。在这个退出过程中，进程占有的所有资源将被回收，除了 task_struct 结构（以及少数资源）。之所以保留 task_struct，是因为 task_struct 里面保存了进程的退出码以及一些统计信息，而其父进程很可能会关心这些信息。父进程可以通过 wait 系列的系统调用（如 wait4、waitid）来等待某个或某些子进程的退出，并获取它的退出信息。然后，wait 系列的系统调用会顺便将子进程的尸体（task_struct）也释放掉。子进程在退出的过程中，内核给其父进程发送一个信号，通知父进程来"收尸"。这个信号默认是 SIGCHLD，但是在通过 clone 系统调用创建子进程时，可以设置这个信号。进程在退出过程中也可能不会保留它的 task_struct。此时，进程将被置于 EXIT_DEAD 退出状态，这意味着接下来的代码立即就会将该进程彻底释放。所以 EXIT_DEAD 状态是非常短暂的。

4.2.2　Linux 进程创建、执行和销毁

1. 进程的创建和执行

在 Linux 系统中，第一个进程是系统固有的、与生俱来的，或者说是由内核的设计者安排好了的，内核在引导并完成基本的初始化后，就有了系统第一进程（实际上是内核线程）。此外，所有其他进程和内核线程都由这个原始进程或其子进程所创建，都是这个原始进程的后代。

Linux 系统通过 fork()或 vfork()系统调用来创建新进程，如图 4.8 所示。fork()、vfork()和__clone()库函数根据各自需要的参数标志去调用函数 do_fork()来实现，只是调用的参数不同。vfork()函数是后来增设的一个系统调用，与 fork()相比，vfork()函数除 task_struct 和系统空间栈以外的资源全都通过数据结构指针复制"遗传"，所以 vfork()创建的是线程而不是进程。

do_fork()完成创建中的大部分工作，它在 kernelfork.c 文件中定义。该函数调用 copy_process()函数，然后让进程开始运行。

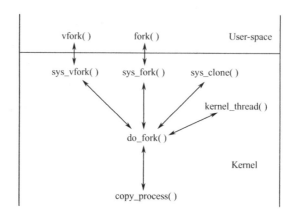

图 4.8　进程创建示意图

（1）fork()系统调用。

要创建一个进程，最基本的系统调用是 fork()。调用 fork()时，系统将创建一个与当前进程相同的新进程。通常将原进程称为父进程，把新创建的进程称为子进程。子进程是父进程的一个副本，子进程获得与父进程相同的数据，但修改一些属性，如数据空间、用户堆栈等。图 4.9 所示的两张图表示的就是父进程和相应子进程的内存映射。

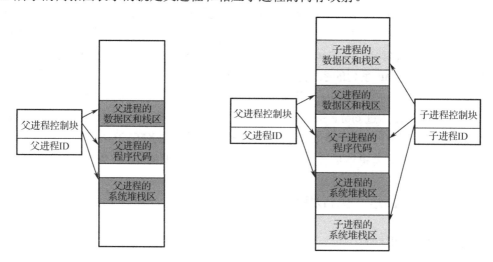

图 4.9　父进程和相应子进程的内存映射

表 4.1 对比了父进程与子进程间的属性差异。

表 4.1　父进程与子进程的属性差异

继 承 属 性	差　　异
uid、gid、euid、egid	进程 ID
进程组 ID	父进程 ID
SESSION ID	子进程运行时间记录
所打开文件及文件的偏移量	父进程对文件的锁定
控制终端	—

续表

继 承 属 性	差　异
设置用户 ID 和设置组 ID 标记位	—
根目录与当前目录	—
文件默认创建的权限掩码	—
可访问的内存区段	—
环境变量及其他资源分配	—

代码清单 4.2.2.1 是一个常见的演示 fork 工作原理的例子。

代码清单 4.2.2.1　fork 工作原理实例

```
1    #include <sys/types.h>
2    #include <unistd.h>
3    #include <stdio.h>
4    #include <stdlib.h>
5    int main(void)
6    {
7        pid_t pid;
8        char *message;
9        int n;
10       pid = fork();
11       if(pid < 0)
12       {
13           perror("fork failed");
14           exit(1);
15       }
16       if(pid == 0)
17       {
18           printf("This is the child process. My PID is: %d. My PPID is: %d.\n",
19       getpid(), getppid());
20       }
21       else
22       {
23           printf("This is the parent process. My PID is %d.\n", getpid());
24       }
25       return 0;
26   }
```

fork()函数的特点是"调用一次，返回两次"：在父进程中调用一次，在父进程和子进程中各返回一次。在父进程中返回时的返回值为子进程的 PID，而在子进程中返回时的返回值为 0，并且返回后都将执行 fork()函数调用之后的语句。如果 fork()函数调用失败，则返回值为-1。

（2）vfork()系统调用。

vfork()系统调用和 fork()系统调用的功能基本相同。vfork()系统调用创建的进程共享其父进程的内存地址空间，但并不完全复制父进程的数据段，而是和父进程共享其数据段。为了防止父进程重写子进程需要的数据，父进程会被 vfork()调用阻塞，直到子进程退出或执行一个新的程序。由于调用 vfork()函数时父进程被挂起，所以，如果我们使用 vfork()函数替换 fork demo 中的 fork()函数，那么执行程序时输出信息的顺序就不会变化了。

使用 vfork()创建的子进程一般通过 exec 族函数执行新的程序。

（3）exec 族函数。

使用 fork()或 vfork()创建子进程后执行的是和父进程相同的程序（但可能执行不同的代码分支），子进程往往需要调用一个 exec 族函数以执行另外一个程序。当进程调用 exec 族函数时，该进程的用户空间代码和数据完全被新程序替换，从新程序的起始处开始执行。调用 exec 族函数并不创建新进程，所以调用 exec 族函数前后该进程的 PID 并不改变。

exec 族函数一共有 6 个，示于如下程序代码中。

```
1    #include <unistd.h>
2    int execl(const char *path, const char *arg, ...);
3    int execlp(const char *file, const char *arg, ...);
4    int execle(const char *path, const char *arg, ..., char *const envp[]);
5    int execv(const char *path, char *const argv[]);
6    int execvp(const char *file, char *const argv[]);
7    int execve(const char *path, char *const argv[], char *const envp[]);
```

函数名字中带字母 l 的，表示其参数个数不确定，带字母 v 的，表示使用字符串数组指针 argv 指向参数列表。

函数名字中含有字母 p 的，表示可以自动在环境变量 PATH 指定的路径中搜索要执行的程序。

函数名字中含有字母 e 的函数比其他函数多一个参数 envp。该参数是字符串数组指针，用于指定环境变量。调用这样的函数时，可以由用户自行设定子进程的环境变量，存放在参数 envp 所指向的字符串数组中。

exec 族函数的特征是，调用 exec 族函数会把新的程序装载到当前进程中。在调用 exec 族函数后，进程中执行的代码就与之前完全不同了，所以，exec 函数调用之后的代码是不会被执行的。

2. 进程的销毁

进程的终结需要做很多烦琐的收尾工作，系统必须保证回收进程占用的资源，并通知父进程。Linux 首先把终止的进程设置为僵死状态，这时，进程无法投入运行，它的存在只为父进程提供信息，申请死亡。父进程得到信息后，开始调用 wait 函数族，最后终止子进程，子进程占用的所有资源被全部释放。一般来说，进程的析构是自身引起的。它发生在进程调用 exit()系统调用时，既可能显式地调用这个系统调用，也可能隐式地从某个程序的主函数返回。当进程接收到它既不能处理也不能忽略的信号或异常时，它还可能被动地终结。不管进程是怎么终结的，该任务大部分都要靠 do_exit()（定义于 kernelexit.c）来完成，如图 4.10 所示，它要做下面这些烦琐的工作。

在 Linux 中，有两个函数 exit()和_exit()是用来终止进程的。当程序执行到 exit()或_exit()函数时，进程无条件地停止剩下的所有操作，清除各种数据结构，并终止本进程的运行。但是，这两个函数还是有区别的，其调用过程如图 4.11 所示。

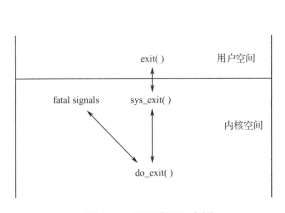

图 4.10　进程销毁示意图

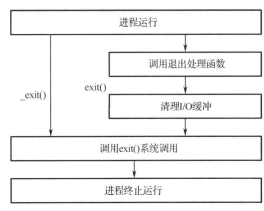

图 4.11　exit()和_exit()函数流程图

从图 4.11 中可以看出，_exit()函数的作用是：直接使进程停止运行，清除其使用的内存空间，并清除其在内核中的各种数据结构；exit()函数则在执行退出之前加了几个处理步骤。exit()函数与_exit()函数最大的区别就在于，exit()函数在终止当前进程之前要检查该进程打开过哪些文件，把文件缓冲区中的内容写回文件，也就是图 4.11 中的"清理 I/O 缓冲"一项。

由于在 Linux 的标准函数库中有一种称为"缓冲 I/O（buffered I/O）"的操作，其特征就是，对应于每一个打开的文件，在内存中都有一片缓冲区。每次读文件时，连续读出若干条记录，这样在下次读文件时就可以直接从内存的缓冲区中读取；同样，每次写文件时，也仅仅是写入内存中的缓冲区，等满足一定的条件（如达到一定数量或遇到特定字符等）时再将缓冲区中的内容一次性写入文件。

这种技术大大增加了文件读写的速度，但也为编程带来一些麻烦。比如，有些数据认为已经被写入文件中，实际上因为没有满足特定的条件，它们还只是被保存在缓冲区内，这时用_exit()函数直接将进程关闭掉，缓冲区中的数据就会丢失。因此，若想保证数据的完整性，最好使用 exit()函数。

函数原型：

```
void _exit(int status);
void exit(int status);
```

这两个函数都会传入一个参数 status，这个参数表示的是进程终止时的状态码，0 表示正常终止，其他非 0 值表示异常终止，一般可以使用-1 或 1 表示，标准 C 语言中有 EXIT_SUCCESS 和 EXIT_FAILURE 两个宏，表示正常终止与异常终止。这些函数的使用都是非常简单的，在需要终止的地方调用一下即可，此处不深入讲解。

4.2.3　Linux 进程调度

1. Linux 进程调度相关概念

进程调度的目的是使用一种策略，使得系统资源能够最大限度地发挥作用。进程调度程序（简称调度程序或调度器）就是用来实现这一功能，它负责决定将哪个进程投入运行、何时运行以及运行多长时间。调度程序可看作在可运行态进程之间分配有限处理器时间资源的内核子系统。调度程序是像 Linux 这样的多任务操作系统的基础。

调度程序最大限度地利用处理器时间的原则是,只要有可以执行的进程,就总会有进程正在执行。但是,只要系统中可运行进程的数目比处理器的个数多,就注定某一给定时刻会有一些进程不能执行,这些进程在等待运行。在一组处于可运行状态的进程中选择一个来执行,是调度程序需完成的基本工作。

一般多任务系统可以划分为两类:非抢占式多任务系统和抢占式多任务系统。Linux 提供的是抢占式的多任务模式,在此模式下,由调度程序决定什么时候停止一个进程的运行,以便其他进程能够得到执行机会,具体原理请参考第 3 章操作系统基本概念部分。进程在被抢占之前,可以运行的时间是预先设定好的时间片。有效管理时间片能使调度程序从系统全局角度做出调度决定,避免个别进程独占系统资源。相反,非抢占式多任务模式下,除非进程自己主动停止运行,它将会一直执行。进程主动挂起自己的操作称为让步(yielding)。

进程可以分为 I/O 消耗型(又称事件触发型)和处理器消耗型两种。I/O 消耗型的进程大部分时间用来提交 I/O 请求或等待 I/O 请求,这样的进程经常处于可运行状态,但通常只运行很短时间,在等待 I/O 时会阻塞。而处理器消耗型的进程大部分时间都在执行代码,主要用于数据处理,除非被抢占,否则一直执行,而无太多 I/O 需求。调度器不应该经常让它们执行,应尽量降低它们的调度频率,而延长其运行时间。

用来实现进程调度的调度策略就是要在这两个矛盾中寻找平衡:进程响应迅速(响应时间短)和最大系统利用率(高吞吐量),Linux 倾向于优先调度 I/O 消耗型进程。

2. Linux 进程调度目标

Linux 进程调度目标包括下面几个方面。

- 高效性:高效意味着在相同的时间中完成更多的任务。调度程序会被频繁地执行,所以调度程序要尽可能高效。
- 交互性:在系统一定负载下,要保证系统的响应时间。
- 公平性:保证公平和避免饥渴。
- 支持 SMP:调度程序必须支持对称多核处理系统。
- 软实时:系统必须有效地调用实时进程,但不保证一定满足其要求。

3. Linux 调度器策略

Linux 调度器是以模块方式提供的,这样做的目的是允许不同类型的进程有针对性地选择调度算法。这种模块化结构被称为调度器类(scheduler class),它允许多种不同的可动态添加的调度算法并存,调度自己范畴内的进程。每个调度器都有一个优先级,基础的调度器代码定义在 kernelsched.c 文件中,它会按照优先级顺序遍历调度类,拥有一个可执行进程的最高优先级的调度器类胜出,选择下面要执行的那个程序。

完全公平调度(CFS)是一个针对普通进程的调度类,在 Linux 中称为 SCHED_NORMAL。CFS 算法实现定义在文件 kernelsched_fair.c 中。CFS 基于一个简单的理念:进程调度的效果应如同系统具备一个理想中的完美多任务处理器。这种调度算法是基于时间片的调度,每个进程将能获得 $1/n$ 的处理器时间,n 是指可运行进程的数量。同时,系统可以调度给它们无限小的时间周期,所以在任何可测量周期内,系统给予 n 个进程中的每个进程同样的运行时间。举例来说，假如系统有两个运行进程，在标准 UNIX 调度模型中，先运行其中一个 5ms，再运行另一个 5ms。但它们任何一个运行时都将占有 100%的处理器。在理想情况下，完美的多任务处理器模型应该是这样的：系统能在 10ms 内同时运行两个进程，它们各自使用处理器一半的能力。

在 Linux 3.14 中，增加了一个新的调度类：SCHED_DEADLINE，它实现了 EDF（Earliest Deadline First，最早截止期限优先）调度算法。在每一个新的就绪状态，调度器都是从那些已就绪但还没有完全处理完毕的任务中选择最早截止时间的任务，将执行该任务所需的资源分配给它。在有新任务到来时，调度器必须立即计算 EDF，排出新的定序，即正在运行的任务被剥夺，并且按照新任务的截止时间决定是否调度该新任务。如果新任务的最后期限早于被中断的当前任务，就立即处理新任务。按照 EDF 算法，被中断任务的处理将在稍后继续进行。该算法的思想是，从两个任务中选择截止时间最早的任务，把它暂时成为当前处理任务，再判断该任务是否在当前周期内，若不在当前周期内，就让另一任务暂时成为当前处理任务，若该任务也不在当前周期内，就让 CPU 空跑到最靠近的下一个截止时间的开始，若有任务在该周期内，判断该任务的剩余时间是否小于当前截止时间与当前时间的差，小于则让该任务运行到结束，否则，让该任务运行到该周期的截止时间就立即抢回处理器，再判断紧接着的最早截止时间，并把处理器给它。如此反复执行。

4. 实时调度策略

Linux 进程提供了两种优先级，一种是普通进程优先级，一种是实时进程优先级。前者适用 SCHED_NORMAL 调度策略，后者可选 SCHED_FIFO 或 SCHED_RR 调度策略。任何时候，实时进程的优先级都高于普通进程，实时进程只会被更高级的实时进程抢占，同级实时进程之间是按照 FIFO（一次机会做完）或 RR（多次轮转）规则调度的。借助调度类的框架，这些实时策略并不被完全公平调度器来管理，而是被一个特殊的实时调度器管理。具体的实现定义在文件 kernelsched_rt.c 中，在接下来的内容中我们将讨论实时调度策略。

SCHED_FIFO 实现了一种简单的、先入先出的调度算法：它不使用时间片。处于可运行状态的 SCHED_FIFO 级的进程比任何 SCHED_NORMAL 级的进程都先得到调度。一旦一个 SCHED_FIFO 级进程处于可执行状态，就会一直执行，直到它自己受阻塞或显式地释放处理器为止；它不基于时间片，可以一直执行下去。只有更高优先级的 SCHED_FIFO 或 SCHED_RR 任务才能抢占 SCHED_FIFO 任务。如果有两个或更多同优先级的 SCHED_FIFO 级进程，它们会轮流执行，但是依然只在它们愿意让出处理器时才会退出。只要有 SCHED_FIFO 级进程在执行，其他级别较低的进程就只能等待它变为不可运行态后才有机会执行。

SCHED_RR 与 SCHED_FIFO 大体相同，只是 SCHED_RR 级的进程在耗尽事先分配给它的时间片后就不能再继续执行了。也就是说，SCHED_RR 是带有时间片的 SCHED_FIFO——这是一种实时轮流调度算法。当 SCHED_RR 任务耗尽它的时间片时，同一优先级的其他实时进程被轮流调度。时间片只用来重新调度同一优先级的进程。对于 SCHED_FIFO 进程，高优先级总是立即抢占低优先级，但低优先级进程决不能抢占 SCHED_RR 任务，即使它的时间片耗尽。

这两种实时算法实现的都是静态优先级，内核不为实时进程计算动态优先级，这能保证给定优先级别的实时进程总能抢占优先级比它低的进程。

Linux 的实时调度算法提供了一种软实时工作方式。软实时的含义是，内核调度进程，尽力使进程在它的截止时间到来前运行，但内核不保证总能满足这些进程的要求。相反，硬实时系统保证在一定条件下可以满足任何调度的要求。Linux 对于实时任务的调度不做任何保证。虽然不能保证硬实时工作方式，但 Linux 的实时调度算法的性能还是很不错的。

实时优先级范围是从 0 到 MAX_RT_PRIO 减 1（即 0～MAX_RT_PRIO-1）。默认情况下，MAX_RT_PRIO 为 100——所以默认的实时优先级范围是从 0～99。SCHED_NORMAL 级进程的 nice 值共享了这个取值空间；它的取值范围是从 MAX_RT_PRIO 到（MAX_RT_PRIO+40）。也就是说，在默认情况下，nice 值-20～+19 直接对应的是 100～139 的实时优先级范围。

5. 进程调度

如图 4.12 所示，Linux 的进程在几个状态间进行切换及其条件。在进程运行过程中，当请求的资源不能得到满足时，调度器一般会调度其他进程执行，并使本进程进入睡眠状态，直到它请求的资源被释放，才将其唤醒而进入就绪状态。睡眠分成可中断的睡眠和不可中断的睡眠，两者的区别在于可中断的睡眠在收到信号时会醒来。

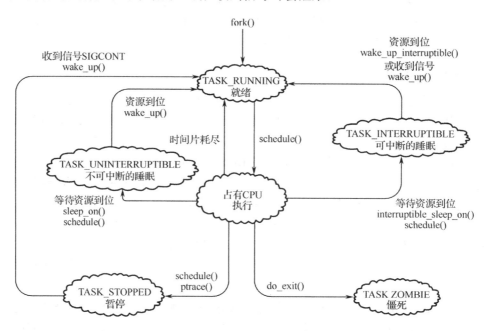

图 4.12　Linux 进程状态转换条件

完全处于 TASK_UNINTERRUPTIBLE 状态的进程甚至无法被"杀死"，所以 Linux 2.6.26 之后的内核也存在一种 TASK_KILLABLE 状态，它等于"TASK_WAKEKILL| TASK_UNINTERRUPTIBLE"，可以响应致命信号。

绝大多数进程（以及进程中的多个线程）是由用户空间的应用创建的，当它们有对底层资源和硬件访问的需求时，会通过系统调用进入内核空间。有时候，在内核编程中，如果需要几个并发执行的任务，可以启动内核线程，这些线程没有用户空间。启动内核线程的函数为

```
pid_t kernel_thread(int (*fn)(void *), void *arg, unsigned long flags);
```

4.3　ARM-Linux **内存管理**

在早期的计算机中，程序直接运行在物理内存上，即程序在运行过程中访问的都是物理地址，如果该系统只运行一个程序，那么只要这个程序所需的内存不超过该机器的物理内存，就不会出现问题，此时也不会考虑内存管理这一问题。然而，现在的系统都是支持多任务、多进程的，这样 CPU 以及其他硬件的利用率更高，此时我们就有必要考虑如何将系统内有限的物理地址及时有效地分配给多个进程。这就是内存管理要解决的问题。

4.3.1　内存管理基本概念

内存管理是 Linux 内核最复杂、最重要的部分，其特点在于非常需要 CPU 和内核之间的协作，这是由所需执行的任务决定的。影响 ARM-Linux 内存管理的因素自然要从 Linux 操作系统和 ARM 架构两方面来分析。内存管理涉及物理内存和虚拟内存两方面，我们先来了解两者的基本含义。

1. 物理内存和虚拟内存的概念

在还没有虚拟内存概念时，程序寻址使用的都是物理地址。程序寻址的范围十分有限，这取决于 CPU 的地址线条数。比如，在 32 位平台下，寻址的范围是 2^{32} 字节（也就是 4GB），如图 4.13 所示。并且这是固定的，如果没有虚拟内存，每次开启一个进程都要申请使用这个 4GB 的物理内存，就可能会出现如下问题。

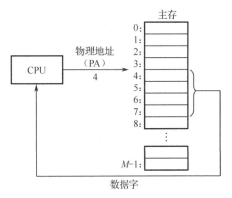

图 4.13　Linux 物理内存数据访问与内存空间分配示意图

- 进程地址空间不隔离，没有权限保护。由于程序直接访问物理内存，所以一个进程可以修改其他进程的内存数据，甚至修改内核地址空间中的数据。
- 内存使用效率低。当内存空间不足而有多个进程要执行时，每个进程都要分配一定的内存空间，有限的物理内存不能满足需求，没有得到分配资源的进程只能等待；只有当一个进程执行完成后，新的程序才能装入内存运行。这种频繁的数据装入内存的操作效率低下，内存使用效率会十分低。
- 程序运行的地址不确定。因为内存空间不足，要执行的进程需载入临时分配的内存，内存地址是随机分配的，所以程序运行的地址不确定。

如前所述，物理内存是有限的、非连续的，不同的 CPU 架构对物理内存的组织不同。这使得直接使用物理内存非常复杂，效率低下。为了降低使用内存的复杂度，引入了虚拟内存机制。

在虚拟内存机制中，上述每一个进程运行时都会得到一定范围的虚拟内存，每个进程都认为自己拥有一段连续的内存空间，进程在需要时才在实际物理内存中进行数据交换。当然，这只是从各进程的角度认为的，实际上，虚拟内存对应的物理内存是通过 CPU 中的 MMU（见 2.3.1 节）来进行分配的，每个进程使用的虚拟内存地址是一个连续的地址空间。实际上，MMU 可能将该连续的虚拟地址空间映射到多个非连续的物理内存空间，甚至可能有一部分存储在外部其他存储器上，在需要时才进行数据交换。虚拟内存数据访问方式如图 4.14 所示。

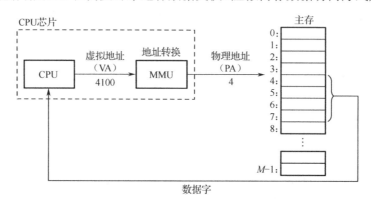

图 4.14　虚拟内存数据访问方式示意图

2. ARM 架构下的 MMU

内存管理需要系统内核和 CPU 架构的协作来完成，CPU 架构下参与到内存管理的单元则是 MMU。MMU 位于处理器内核和连接高速缓存、物理存储器的总线之间。

MMU 是处理器用来实现物理地址到虚拟地址映射的硬件单元。ARM 的体系结构把 MMU 作为协处理器来实现，即通过协处理器 CP15 管理 ARM 的 MMU。ARM 的 MMU 中除了实现虚拟虚拟地址的映射、访问权限，还包括对高速缓存和写缓冲的管理。

当 ARM 要访问存储器时，MMU 先查找 TLB（Translation Lookaside Buffer，旁路转换缓冲）中的虚拟地址表。如果 TLB 中没有虚拟地址的入口，则转换表遍历硬件，从存放在内存的转换表中获得转换和访问器权限。一旦取到，这些信息将被放到 TLB 中，这时访问存储器的 TLB 入口就拿到了。在 TLB 中其实包含以下信息：控制决定是否使用高速缓冲；访问权限信息；在有 cache 的系统中，如果 cache 没有命中，那么物理地址作为线性获取（line fetch）硬件的输入地址。如果命中了 cache，那么数据直接从 cache 中得到，物理地址被忽略。ARM 的工作流程（MMU 功能实现）可用图 4.15 表示。

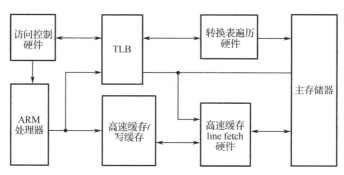

图 4.15　MMU 功能实现

由于地址映射是通过 MMU 实现的，因此不采用地址映射就不需要 MMU。但严格地说，内存的管理总是存在的，只是方式和复杂程度不同而已。例如，ARM 公司还提供 MPU 作为简单代替 MMU 的方法来管理存储器。

4.3.2　ARM-Linux 存储机制

1．ARM 架构下的内核空间和用户空间

对 32 位操作系统而言，它的寻址范围为 2^{32} 字节，也就是说，一个进程的最大虚拟地址空间为 4GB。操作系统的核心是内核，它独立于普通的应用程序外，可以访问受保护的内存空间，也有访问底层硬件设备的所有权限。为了保证内核的安全，现在的操作系统一般都强制用户进程不能直接访问内核。操作系统将虚拟地址空间划分为两部分（见图 4.16），一部分为内核空间，另一部分为用户空间。针对 Linux 操作系统，最高的 1GB（从虚拟地址 0xC0000000 到 0xFFFFFFFF）由内核使用，称为内核空间。而较低的 3GB（从虚拟地址 0x00000000 到 0xBFFFFFFF）由各个进程使用，称为用户空间。每个进程的 4GB 虚拟地址空间中，最高 1GB 的内核空间是被所有进程共享的，剩余的 3GB 空间归进程自己使用。当进程运行在内核空间时就处于内核态，而进程运行在用户空间时则处于用户态。

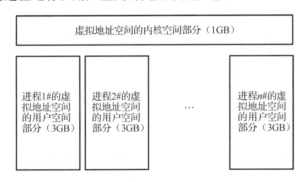

图 4.16　4GB 虚拟地址空间划分

2．ARM 架构下的内存映射

上面我们提到，Linux 操作系统中，CPU 执行进程时访问内存时通过将虚拟地址空间和物理内存地址之间建立映射关系，让 CPU 间接的访问物理内存地址。而页表是用来反映虚拟地址空间和物理内存地址之间的映射关系的。当 CPU 得到一个虚拟地址后，它需要根据这个地址找到对应的页表，然后查表获得页表项，就知道获得的虚拟地址对应哪个物理地址了。其中要注意的是，这种映射关系要满足：物理地址划分块的大小要和虚拟地址划分的存储块一样，即满足一一对应的关系。这里需要说明，虚拟内存到物理内存的映射是以内存块为单位的，不同处理器支持的内存块大小不同。

ARM 处理器的 MMU 进行地址变换的内存单元有以下几种：段单元（Section，大小为 1MB）、大页面单元（Large Page，大小为 64KB）、小页面单元（Small Page，大小为 4KB）以及极小页面单元（Tiny Page，大小为 1KB）。对于 32 位的 ARM 结构，其地址映射的方式有两种，第一种为段模式，即 MMU 按大小为 1MB 的内存块单元为单位进行虚拟地址和物

理地址的转换；第二种为页模式，以 64KB/4KB/1KB 为单位进行转换。

（1）段映射机制（见图 4.17）。

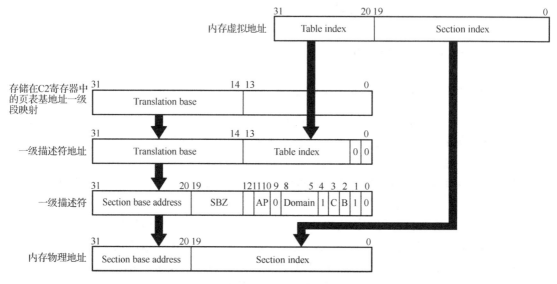

图 4.17　段映射机制

当采用段映射时，即为一级页表地址映射。一般 Linux 在最初的汇编代码中使用段单元的映射机制来实现 MMU 的开启。对于一个进程，其有 4GB 的虚拟地址空间，当 MMU 以 1MB 为单位转换时，内存中的"段映射表"就有 4096 个表项，每个描述项大小为 4KB。查找的过程就是找到页表基地址和当前需要转化的虚拟地址的高 12 位为索引的页目录项，由于每个目录项都是 4 字节对齐的，所以应该等于页表基地址+虚拟地址高 12 位×4。从图 4.17 可以看到，一级描述符的地址总是 4 字节对齐的，即后两位为 0。一级描述符地址中存放的是一级描述符，其中在设计地址映射时，要映射的物理地址要 1MB 对齐，段基址就是这段 1MB 物理地址起始地址的高[31:20]位，每个条目中的描述符的段基址都不一样（以段来说，相差 1MB）；AP 是用来设置权限的，与 C1 的 R/S 位结合使用；不管是段模式还是页面模式，系统都把 4GB 空间分为 16 个域，每个域有相同的权限检查（在 C3 设置），这里的 Domain 是用来标识本段所在的域；C/B 位是控制位，与本条目（描述符）所在域的 Cache 和 Buffer 有关（是否允许本域开启 Cache 和 Buffer）。低两位表示本描述符表示段模式（段描述符标识）。

（2）页面映射机制（见图 4.18）。

页面映射，即二级页表地址映射，此时一级映射表的表项提供的不再是物理段地址，而是相应的"二级映射表"所在的地址，凡是第一级映射表中有映射的表项都对应一个二级映射表。二级页表的映射查找过程其实就是，找到页表基地址，找到一级描述符，然后通过一级描述符找到二级页表的基地址，再找到二级页表的描述符，通过二级页表描述符来找到对应的物理地址基地址。其主要过程如下：

以 32 位虚拟地址的高 12 位(b[31:20])作为访问第一级映射表的下标，从表中找到相应的表项，每个表项指向一个二级映射表。

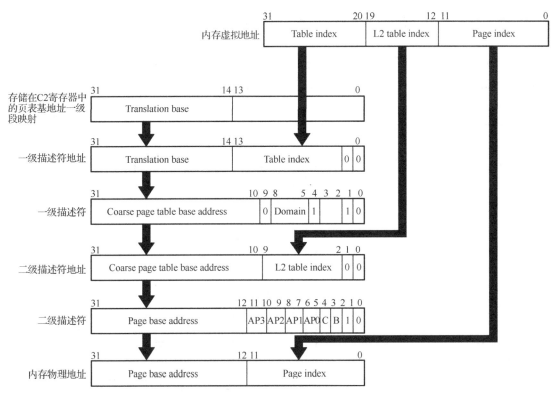

图 4.18　页面映射机制

以虚拟地址中的次 8 位(b[19:12])作为访问所得二级映射表的下标，进一步从相应表项中取得 20 位的物理页面地址。

最后，将 20 位的物理页面地址和虚拟地址中的最低 12 位拼接在一起，就得到了 32 位的物理地址。

4.3.3　虚拟内存管理

1. Linux 的内存管理

操作系统作为系统资源的管理者，内存管理是其必不可少的功能之一。操作系统在管理内存时需要完成很多任务，主要包括：实现内存空间的分配与回收，提供某种技术从逻辑上对内存空间进行扩充，完成程序的虚拟地址与物理地址的转换，内存映射以及提供内存保护功能等。此外，若将 I/O 也放在内存地址空间中（统一编址方式），则还要包括 I/O 地址的映射。

对内核来讲，内存管理机制的实现和具体的 CPU 以及 MMU 的结构关系非常紧密。所以，内存管理特别是地址映射，是操作系统内核中比较复杂的成分。甚至可以说，操作系统内核的复杂性相当程度上来自内存管理，其对整个系统的结构有着深远影响。

如图 4.19 所示，Linux 内核的内存管理总体比较庞杂，包含底层的 Buddy 算法，它用于管理每个页的占用情况、内核空间的 slab 以及用户空间的 C 库的二次管理。另外，内核也提供对页缓存的支持，用内存来缓存磁盘，per-BDI flusher 线程用于回写脏的页，将它缓存到磁盘。

Kswapd（交换进程）则是 Linux 中用于页面回收（包括 file-backed 的页和匿名页）的内核线程，它采用最近最少使用（LRU）算法进行内存回收。

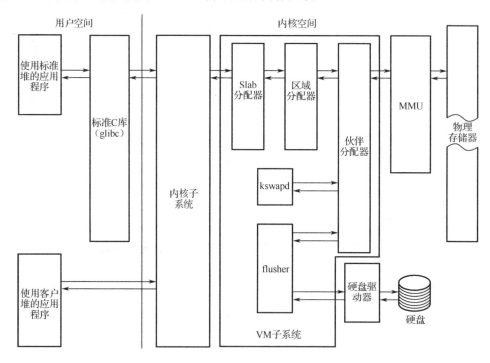

图 4.19   Linux 内存管理

2. 虚拟内存管理实现方法

虚拟内存抽象了应用程序物理内存的细节，只允许物理内存保存所需的信息（按需分页），并提供了一种保护和控制进程间数据共享数据的机制。有了虚拟内存机制之后，每次访问可以使用更易理解的虚拟地址，让 CPU 转换成实际的物理地址访问内存，降低了直接使用、管理物理内存的门槛。

物理内存按大小分成页框、页，每块物理内存可以映射为一个或多个虚拟内存页。映射关系由操作系统的页表来保存，页表是有层级的。层级最低的页表保存实际页面的物理地址，较高层级的页表包含指向低层级页表的物理地址，指向顶级的页表的地址驻留在寄存器中。当执行地址转换时，先从寄存器获取顶级页表地址，然后依索引找到具体页面的物理地址。

当每个进程被创建时，内核为进程分配 4GB 的虚拟内存，当进程还没有开始运行时，这只是一个内存布局。实际上并不立即就把虚拟内存对应位置的程序数据和代码（如.text、.data 段）复制到物理内存中，只是建立好虚拟内存和磁盘文件之间的映射（称为存储器映射）。这时候数据和代码还是在磁盘上的。当运行到对应的程序时，进程去寻找页表，发现页表中地址没有存放在物理内存中，而是存放在磁盘中，于是发生缺页异常，将磁盘上的数据复制到物理内存中。

另外，在进程运行过程中，要通过 malloc 来动态分配内存时，也只是分配了虚拟内存，即对这块虚拟内存对应的页表项做相应设置，当进程真正访问到此数据时，才引发缺页异常。可以认为虚拟空间都被映射到了磁盘空间中（事实上，也是通过 mmap 按需要映射到磁盘空间上，mmap 是用来建立虚拟空间和磁盘空间的映射关系的）。

因此，在虚拟内存中，进程开始要访问一个地址，它可能经历下面的过程。

Step1：每次要访问地址空间上的某一个地址，都需要把地址转换为实际物理内存地址。

Step2：所有进程共享整个物理内存，每个进程只把自己目前需要的虚拟地址空间映射到物理内存中。

Step3：进程需要知道哪些地址空间上的数据在物理内存中，哪些不在物理内存中（可能存储在磁盘上），以及在物理内存上的什么地方。这就需要通过页表来记录。

Step4：页表的每一个表项分为两部分，第一部分记录此页是否在物理内存中，第二部分记录物理内存页的地址（如果在的话）。

Step5：当进程访问某个虚拟地址时，先去查看页表，如果发现对应的数据不在物理内存中，就会发生缺页异常。

Step6：缺页异常的处理过程，操作系统立即阻塞该进程，并将硬盘里对应的页换入内存，然后使该进程就绪，如果内存已满，没有空地方，那么就找一个页覆盖，至于具体覆盖的是哪个页，要看操作系统的页面置换算法是如何设计的。

基于以上所述内容，利用虚拟内存机制的优点主要有：

● 既然每个进程的内存空间都是一致且固定的（32 位平台下都是 4GB），那么链接器在链接可执行文件时，可以设定内存地址，而不用去管这些数据的实际内存地址，这交给内核来完成映射关系。

● 当不同的进程使用同一段代码时，如库文件的代码，在物理内存中可以只存储一份这样的代码，不同进程只要将自己的虚拟内存映射过去，这样可以节省物理内存。

● 在程序需要分配连续空间时，只需要在虚拟内存分配连续空间，而不需要物理内存是连续的。实际上，物理内存往往是断断续续的内存碎片，这样就可以有效地利用物理内存。

4.4　ARM-Linux 虚拟文件系统

4.4.1　虚拟文件系统介绍

我们从第 3 章了解到，Linux 中允许众多不同的文件系统共存，如 EXT2、EXT3、VFAT 等。使用同一套文件 I/O 系统调用，即可对 Linux 中的任意文件进行操作，而无须考虑其所在的具体文件系统格式；更进一步，对文件的操作可以跨文件系统执行。

"一切皆文件"（见图 4.20）是 UNIX/Linux 的基本哲学之一。不仅普通的文件，目录、字符设备、块设备、套接字等在 UNIX/Linux 中都是以文件被对待的；它们虽然类型不同，但是对其提供的却是同一套操作接口。

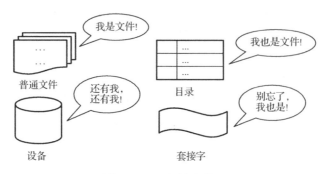

图 4.20 "一切皆文件"

虚拟文件系统正是实现 Linux 上述两点特性的关键所在。虚拟文件系统（Virtual File System，VFS）是 Linux 内核中的一个软件层，用于给用户空间的程序提供文件系统接口；同时，它提供了内核中的一个抽象功能，允许不同的文件系统共存。系统中所有的文件不但依靠 VFS 共存，而且依靠 VFS 协同工作。

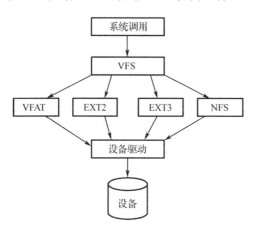

图 4.21 VFS 在内核中与实际文件系统的协同关系

为了支持各种实际文件系统，VFS 定义了所有文件系统都支持的、基本的、概念上的接口和数据结构；同时，实际文件系统也提供 VFS 期望的抽象接口和数据结构，将自身诸如文件、目录等概念在形式上与 VFS 的定义保持一致。换句话说，一个实际的文件系统想要被 Linux 支持，就必须提供一个符合 VFS 标准的接口，如此才能与 VFS 协同工作。实际文件系统在统一的接口和数据结构下隐藏了具体的实现细节，所以在 VFS 层和内核的其他部分看来，所有文件系统都是相同的。图 4.21 显示了 VFS 在内核中与实际文件系统的协同关系。

在内核中引入了 VFS，跨文件系统的文件操作才能实现。下面先简要介绍用以描述 VFS 模型的一些数据结构，总结这些数据结构相互间的关系；然后选择两个具有代表性的文件 I/O 操作——sys_open() 和 sys_read()，详细说明内核如何借助 VFS 与具体文件系统打交道，以实现跨文件系统的文件操作和承诺"一切皆文件"的口号。

4.4.2 虚拟文件系统数据结构

1. 虚拟文件系统的一些基本概念

从本质上讲，文件系统是特殊的数据分层存储结构，它包含文件、目录和相关的控制信息。为了描述这个结构，Linux 引入了一些基本概念：虚拟文件系统中的 4 个主要对象，包括超级块、索引节点、目录项和文件对象。

（1）超级块（super_block）。

超级块是记录文件系统整体信息的数据结构。描述文件系统的状态、文件系统类型、大小、区块数、索引节点数等，存放于存储器（这里指磁盘、Flash 等非易失性存储器）的特定区域中。超级对象块用来存储一个已安装的文件系统的控制信息，代表一个已安装的文件系统；一个实际的文件系统每次被安装时，内核从存储器的特定位置读取一些控制信息来填充内存中的超级块对象。安装实例和超级块对象一一对应。

（2）索引节点（inode）。

索引节点用于存储文件的元数据的一个数据结构。文件的元数据，也就是文件的相关信息，它和文件本身是两个不同的概念。索引节点包含文件的所有信息，如数据在存储器上的地址、大小、文件类型、修改日期、创建日期、数据块、目录块等（但不包含文件名）。inode 是 VFS 中的核心概念，它包含内核在操作文件或目录时需要的全部信息。一个索引节点代表文件系统中的一个文件（这里的文件不仅指我们平时认为的普通的文件，还包括目录、特殊设备文件等）。索引节点和超级块一样是实际存储在存储器上的，被应用程序访问到时才会在内存中创建。

（3）目录项（dentry: directory entry）。

目录项和超级块和索引节点不同，目录项并不是实际存在于存储器上的。使用时在内存中创建目录项对象，其实通过索引节点已经可以定位到指定的文件，但索引节点对象的属性非常多，在查找、比较文件时，直接用索引节点效率不高，所以引入了目录项的概念。在一个文件路径中，路径中的每一部分都被称为目录项；如路径/home/source/helloworld.c 中，目录/、home、source 和文件 helloworld.c 都是一个目录项。

（4）文件对象（file）。

文件对象表示进程已打开的文件，从用户角度来看，在代码中操作的就是一个文件对象。文件对象反过来指向一个目录项对象（目录项反过来指向一个索引节点），其实只有目录项对象才表示一个已打开的实际文件。虽然一个文件对应的文件对象不是唯一的，但其对应的索引节点和目录项对象却是唯一的。在 Linux 中，除了普通文件，其他诸如目录、设备、套接字等也被以文件对待。总之，"一切皆文件"。

目录好比一个文件夹，用来容纳相关文件。因为目录可以包含子目录，所以目录是可以层层嵌套的，形成文件路径。在 Linux 中，目录也是以一种特殊文件被对待的，所以用于文件的操作同样可以用在目录上。

上面几个概念在存储器中的位置关系如图 4.22 所示。

关于文件系统的三个易混淆的概念如下所述。

● 创建：以某种方式格式化存储器的过程就是在其上建立一个文件系统的过程。创建文件系统时，在磁盘的特定位置写入关于该文件系统的控制信息。

● 注册：向内核报到，声明自己能被内核支持。一般在编译内核时注册，也可以加载模块的方式手动注册。注册过程实际上是将表示各实际文件系统的数据结构 struct file_system_type 实例化。

● 安装：也就是我们熟悉的 mount 操作，将文件系统加到 Linux 的根文件系统的目录树结构上，这样文件系统才能被访问。

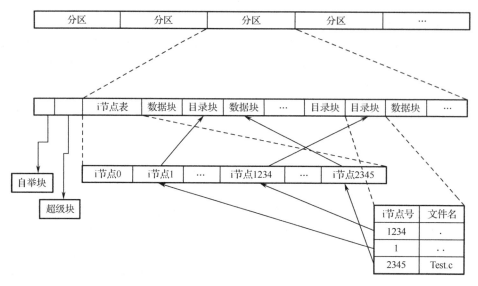

图 4.22　存储器与文件系统

2. VFS 数据结构

VFS 依靠 4 个主要的数据结构 super_block、inode、dentry 和 file，以及一些辅助的数据结构来描述其结构信息，这些数据结构表现得就像是对象；每个主要对象中都包含由操作函数表构成的操作对象，这些操作对象描述了内核针对这几个主要对象可以进行的操作。

（1）超级块对象。

存储一个已安装的文件系统的控制信息，代表一个已安装的文件系统；每次一个实际的文件系统被安装时，内核都会从磁盘的特定位置读取一些控制信息，填充内存中的超级块对象。安装实例和超级块对象一一对应。超级块通过其结构中的一个域 s_type 记录它所属的文件系统类型。

根据追踪源代码的需要，对该超级块结构的部分相关成员域的描述如代码清单 4.4.2.1 所示。

代码清单 4.4.2.1　超级块数据结构

```
1    struct super_block { //超级块数据结构
2         struct list_heads_list;                  /* 指向超级块链表的指针 */
3         ......
4         struct file_system_type *s_type;     /* 文件系统类型 */
5         struct super_operations *s_op;       /* 超级块方法 */
6         ......
7         struct list_heads_instances;         /* 该类型文件系统 */
8         ......
9    };
10
11   struct super_operations { //超级块方法
12         ......
13         //该函数在给定的超级块下创建并初始化一个新的索引节点对象
```

```
14        struct inode *(*alloc_inode)(struct super_block *sb);
15        ......
16        //该函数从磁盘上读取索引节点,
17        //并动态填充内存中对应的索引节点对象的剩余部分
18        void (*read_inode) (struct inode *);
19        ......
20   };
```

（2）索引节点对象。

索引节点对象存储文件的相关信息,代表存储设备上一个实际的物理文件。当一个文件首次被访问时,内核在内存中组装相应的索引节点对象,以便向内核提供对文件进行操作时所必需的全部信息；这些信息一部分存储在磁盘的特定位置,一部分是在加载时动态填充的。索引节点数据结构见代码清单 4.4.2.2。

代码清单 4.4.2.2　索引节点数据结构

```
1    struct inode {//索引节点结构
2        ......
3        struct inode_operations *i_op;      /* 索引节点操作表 */
4        struct file_operations  *i_fop;     /* 该索引节点对应文件的文件操作集 */
5        struct super_block      *i_sb;      /* 相关的超级块 */
6        ......
7    };
8    struct inode_operations {  //索引节点方法
9        ......
10       //该函数为 dentry 对象所对应的文件创建一个新的索引节点,
11       //主要是由 open()系统调用来调用
12       int (*create) (struct inode*,structdentry *,int, struct nameidata *);
13
14       //在特定目录中寻找 dentry 对象所对应的索引节点
15       struct dentry * (*lookup) (struct inode*,structdentry *, struct
   nameidata *);
16       ......
17   };
```

（3）目录项对象。

引入目录项的概念主要是出于方便查找文件的目的。路径的各组成部分,不管是目录还是普通的文件,都是一个目录项对象。例如,在路径/home/source/test.c 中,目录/、home、source 和文件 test.c 都对应一个目录项对象。不同于前面的两个对象,目录项对象没有对应的磁盘数据结构,VFS 在遍历路径名的过程中现场将它们逐个解析成目录项对象。目录项数据结构见代码清单 4.4.2.3。

代码清单 4.4.2.3　目录项数据结构

```
1    struct dentry {//目录项结构
2        ......
3        struct inode *d_inode;              /* 相关的索引节点 */
```

```
4       struct dentry *d_parent;         /* 父目录的目录项对象 */
5       struct qstrd_name;               /* 目录项的名字 */
6       ......
7       struct list_headd_subdirs;       /* 子目录 */
8       ......
9       struct dentry_operations *d_op;  /* 目录项操作表 */
10      struct super_block *d_sb;        /* 文件超级块 */
11      ......
12   };
13
14   struct dentry_operations {
15      //判断目录项是否有效;
16      int (*d_revalidate)(struct dentry *, struct nameidata *);
17      //为目录项生成散列值;
18      int (*d_hash) (struct dentry *, struct qstr *);
19      ......
20   };
```

（4）文件对象。

文件对象是已打开的文件在内存中的表示，主要用于建立进程和磁盘上文件的对应关系。它由 sys_open()现场创建，由 sys_close()销毁。文件对象和物理文件的关系有点像进程和程序的关系。当我们站在用户空间的立场来看待 VFS，我们像是只需与文件对象打交道，而无须关心超级块、索引节点或目录项。因为多个进程可以同时打开和操作同一个文件，所以同一个文件也可能存在多个对应的文件对象。文件对象仅在进程观点上代表已经打开的文件，它反过来指向目录项对象（反过来指向索引节点）。一个文件对应的文件对象可能不是唯一的，但是其对应的索引节点和目录项对象无疑是唯一的，见代码清单 4.4.2.4。

代码清单 4.4.2.4　文件对象数据结构

```
1    struct file {
2       ......
3       struct list_headf_list;          /* 文件对象链表 */
4       struct dentry         *f_dentry;  /* 相关目录项对象 */
5       struct vfsmount       *f_vfsmnt;  /* 相关的安装文件系统 */
6       struct file_operations *f_op;     /* 文件操作表 */
7       ......
8    };
9
10   struct file_operations {
11      ......
12      //文件读操作
13      ssize_t (*read) (struct file *, char __user *, size_t, loff_t *);
14      ......
15      //文件写操作
16      ssize_t (*write) (struct file *, const char __user *, size_t, loff_t *);
17      ......
```

```
18    int (*readdir) (struct file *, void *, filldir_t);
19    ……
20    //文件打开操作
21    int (*open) (struct inode *, struct file *);
22    ……
23  };
```

（5）其他 VFS 对象。

根据文件系统所在的物理介质和数据在物理介质上的组织方式来区分不同的文件系统类型。file_system_type 结构用于描述具体文件系统的类型信息。被 Linux 支持的文件系统都有且仅有一个 file_system_type 结构，而不管它有零个还是多个实例被安装到系统中。

与此对应的是，每当一个文件系统被实际安装，就有一个 vfsmount 结构体被创建，这个结构体对应一个安装点。如上所述的数据结构并不是孤立存在的。正是通过它们的有机联系，VFS 才能正常工作。图 4.23 中的几张图是对它们之间关系的描述。

如图 4.23 所示，被 Linux 支持的文件系统，都有且仅有一个 file_system_type 结构，而不管它有多少个实例被安装到系统中。每安装一个文件系统，就对应有一个超级块和安装点。超级块通过它的一个域 s_type 指向其对应的具体文件系统类型。具体的文件系统通过 file_system_type 中的一个域 fs_supers 链接具有同一种文件类型的超级块。同一种文件系统类型的超级块通过域 s_instances 链接。

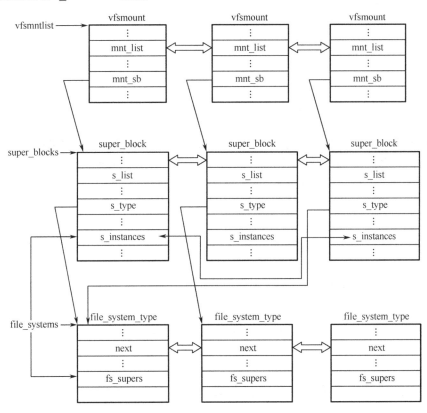

图 4.23　超级块、安装点和具体文件系统的关系

VFS 的四个主要数据结构之间的关系如图 4.24 所示。进程通过 task_struct 中的一个域 files_struct files 来关联它当前所打开的文件对象；而我们通常所说的文件描述符，其实是进程打开的文件对象数组的索引值。文件对象通过域 f_dentry 找到它对应的 dentry 对象，再由 dentry 对象的域 d_inode 找到它对应的索引节点，这样就建立了文件对象与实际物理文件的关联。很重要的一点是，文件对象对应的文件操作函数列表是通过索引节点的域 i_fop 得到的。

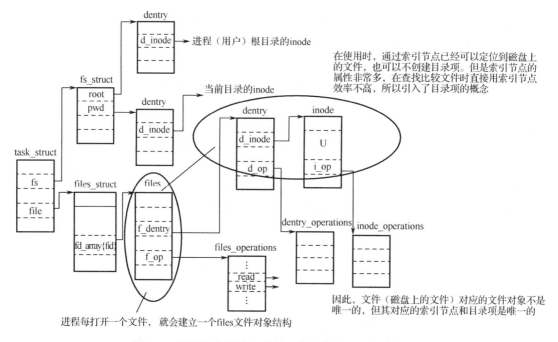

图 4.24　进程与超级块、文件、索引节点、目录项的关系

每个进程通过"打开文件"（open()）与具体的文件建立起连接，或者说建立起读写的"上下文"。这种连接以一个 file 数据结构作为代表，结构中有一个 file_operations 结构指针 f_op。将 file 结构中的指针 f_op 设置成指向具体的 file_operations 结构，就指定了这个文件所述的文件系统，并且与具体文件系统所提供的一组操作函数关联上。

与具体已打开文件有关的信息在 file 结构中，而 files_struct 结构的主题就是一个 file 结构数组。每打开一个文件，进程就通过一个"打开文件号"fid 来访问这个文件，而 fid 实际上就是相应 file 结构在数据中的下标。如前所述，每个 file 结构中有一个指针 f_op，用于指向该文件所属文件系统的 file_operations 数据结构。

总之，具体文件系统与虚拟文件系统 VFS 间的接口是一组数据结构，包括 file_operations、dentry_operations 和 inode_operations 等。原则上，每种文件系统都必须在内核中提供这些数据结构。

4.4.3　基于虚拟文件系统的文件 I/O 操作

到目前为止，我们主要是从原理上来讲述虚拟文件系统（VFS）的运行机制；接下来将深入源代码层，通过阐述两个具有代表性的系统调用——sys_open()和 sys_read()，更好地理解 VFS 向具体文件系统提供的接口机制。由于本节更加关注文件操作的整个流程体制，所以在追踪源代码时，对一些细节性的处理不予关心。

在深入了解 sys_open()和 sys_read()之前，先概览一下调用 sys_read()的上下文。图 4.25 描述了从用户空间的 read()调用到数据被读出的整个流程。当在用户应用程序中调用文件 I/O read()操作时，系统调用 sys_read()被激活，sys_read()找到文件所在的具体文件系统，把控制权转给该文件系统，最后由具体文件系统与物理介质交互，从介质中读出数据。

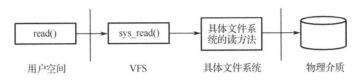

图 4.25　从物理介质读数据的过程

1. sys_open()

sys_open()系统调用打开或创建一个文件，调用成功则返回该文件的文件描述符。图 4.26 是 sys_open()代码中主要的函数调用关系图。

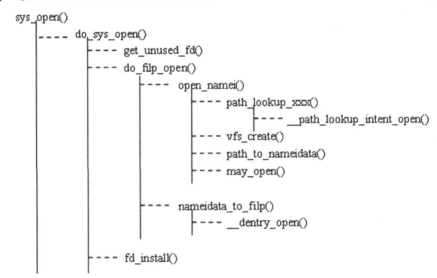

图 4.26　sys_open()函数调用关系图

以下主要对该函数做整体的解析，对其中的一些关键点，则列出其关键代码。

（1）从 sys_open()的函数调用关系图可以看到，sys_open()在做了一些简单的参数检验后，就把接力棒传给 do_sys_open()：

① get_unused_fd()得到一个可用的文件描述符；通过该函数，可知文件描述符实质是进程打开文件列表中对应某个文件对象的索引值。

② do_filp_open()打开文件，返回一个 file 对象，代表由该进程打开的一个文件；进程通过这样的数据结构对物理文件进行读写操作。

③ fd_install()建立文件描述符与 file 对象的联系，以后进程对文件的读写都是通过操纵该文件描述符而进行的。

（2）do_filp_open()用于打开文件，返回一个 file 对象；而打开之前需要先找到该文件：

① open_namei()用于根据文件路径名查找文件，借助一个持有路径信息的数据结构 nameidata 而进行。

② 查找结束后将填充有路径信息的 nameidata 返回给接下来的函数 nameidata_to_filp()从而得到最终的 file 对象；达到目的后，nameidata 这个数据结构将会马上被释放。

（3）open_namei()用于查找一个文件。

① path_lookup_open()实现文件的查找功能；若要打开的文件不存在，还需要有一个新建的过程，则调用 path_lookup_create()，后者和前者封装的是同一个实际的路径查找函数，只是参数不同，它们在处理细节上有所不同。

② 以新建文件的方式打开文件时，即设置了 O_CREAT 标识时，需要创建一个新的索引节点，代表创建一个文件。从 vfs_create()里的一句核心语句 dir->i_op->create(dir,dentry, mode, nd)可知，它调用了具体文件系统提供的创建索引节点的方法。注意，这里的索引节点的概念，还只是位于内存中，它和磁盘上物理的索引节点的关系就像位于内存中和位于磁盘中的文件一样。此时新建的索引节点还不能完全标志一个物理文件的成功创建，只有把索引节点回写到磁盘上时才是一个物理文件的真正创建。想想我们以新建的方式打开一个文件，对其读写但最终没有保存而关闭，则位于内存中的索引节点会经历从新建到消失的过程，而磁盘始终不知道有人曾经创建一个文件，这是因为索引节点没有回写。

③ path_to_nameidata()填充 nameidata 数据结构。

④ may_open()检查是否可以打开该文件；一些文件如链接文件和只有写权限的目录是不能被打开的，先检查 nd->dentry->inode 所指的文件是不是这一类文件，是则错误返回。还有一些文件是不能以 TRUNC 的方式打开的，若 nd->dentry->inode 所指的文件属于这一类，则显式地关闭 TRUNC 标志位。接着，如果有以 TRUNC 方式打开文件的，则更新 nd->dentry->inode 的信息。

2. sys_read()

sys_read()系统调用用于从已打开的文件中读取数据。如果 read 成功，则返回读到的字节数；如果已到达文件的尾端，则返回 0。图 4.27 是 sys_read()代码中的函数调用关系图。

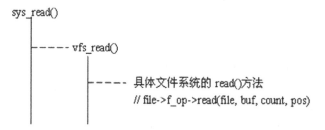

图 4.27　sys_read()代码中的函数调用关系图

对文件进行读操作时，需要先打开文件。从 sys_open()分析可知，打开一个文件时，会在内存组装一个文件对象，希望对该文件执行的操作方法已在文件对象中设置好。所以，对文件进行读操作时，VFS 在做一些简单的转换后（由文件描述符得到其对应的文件对象；其核心思想是返回 current->files->fd[fd]所指向的文件对象），就可以通过语句 file->f_op->read(file, buf, count, pos)轻松调用实际文件系统的相应方法对文件进行读操作。

4.5　ARM-Linux 进程间通信

4.5.1　进程间通信的目的

Linux 进程的用户空间是相互独立的，一般而言不能相互访问。但很多情况下，进程间需要互相通信（这里指的是广义的通信，包括互斥、同步、消息等），以完成系统的某项功能。进程通过与内核及其他进程之间的通信来协调它们的行为。Linux 多个进程间的通信机制称为 IPC（Inter-Process Communication，进程间通信），它是多个进程之间进行通信的一种方法。进程间通信的目的包括下面几个方面。

● 数据传输：一个进程需要将它的数据发送给另一个进程，发送的数据量在 1 字节到几兆字节。

● 数据共享：多个进程想要操作共享数据时，一个进程对共享数据的修改，别的进程应该能立刻看到。

● 事件通知：一个进程需要向另一个或另一组进程发送消息，通知它（它们）发生了某种事件（如进程终止时要通知父进程）。

● 资源共享：多个进程之间共享同样的资源。为了做到这一点，需要内核提供锁机制和同步机制。

● 进程控制：有些进程希望完全控制另一个进程的执行（如 Debug 进程），此时控制进程希望能够拦截另一个进程的所有陷阱和异常，并能够及时知道它的状态改变。

4.5.2　进程间通信的方式

在 Linux 下有多种进程间通信的方法，包括半双工管道（pipe）、命名管道（FIFO）、消息队列、信号、信号量、共享内存、内存映射、套接字等，使用这些机制，可以为 Linux 下的网络服务器开发提供灵活坚固的框架。Linux 进程通信的架构组成示于图 4.28 中。

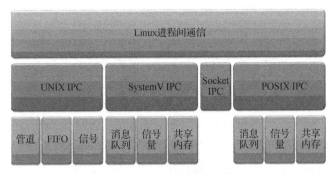

图 4.28　Linux 进程通信的架构组成

● 管道（Pipe）及命名管道（Named Pipe）：管道可用于具有亲缘关系的进程间的通信。命名管道除具有管道具有的功能，还允许无亲缘关系的进程间的通信。

● 信号（Signal）：信号是在软件层面对中断机制的一种模拟，它是比较复杂的通信方式，用于通知进程有某事件发生。进程收到一个信号，与处理器收到一个中断请求，在效果上可以说是一样的。

● 消息队列（Message Queue）：消息队列是消息的链接表，包括 POSIX 消息队列和 System V 消息队列。它克服了前两种通信方式中信息量有限的缺点，具有写权限的进程可以按照一定的规则向消息队列中添加新消息，对消息队列有读权限的进程则可以从消息队列中读取消息。

● 共享内存（Shared Memory）：可以说这是最有效的进程间通信方式。它使得多个进程可以访问同一块内存空间，不同进程可以及时看到对方进程对共享内存中数据的更新。这种通信方式需要依靠某种同步机制，如互斥锁和信号量等。

● 信号量（Semaphore）：主要作为进程之间及同一进程的不同线程之间的同步和互斥手段。

● 套接字（Socket）：这是一种更为一般的进程间通信机制，它可用于网络中不同机器之间的进程间通信，应用非常广泛。

1. 管道

管道是 Linux 中进程间通信的一种方式，它把一个程序的输出直接连接到另一个程序的输入。Linux 的管道主要包括两种：无名管道和命名管道，如图 4.29 所示。

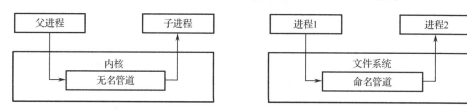

图 4.29　无名管道和命名管道

无名管道的实质是一个内核共享内存缓冲区，管道的作用正如其名，需要通信的两个进程在管道的两端，进程利用管道传递信息。一个进程向管道写入数据后，另一个进程就可以从管道的另一端将其读取出来。命名管道对于管道两端的进程而言就是一个文件，但这个文件比较特殊，它不属于文件系统且只存在于内存中。

（1）无名管道。

无名管道有几个重要的限制：无名管道是半双工的，数据只能在一个方向上流动，A 进程传给 B 进程，不能反向传递。管道只能用于父子进程或兄弟进程之间的通信，即具有亲缘关系的进程。

无名管道具有下面的特点。

● 无名管道是半双工的。数据只能向一个方向流动，需要双向通信时，要建立起两个管道；一个进程向管道中写入的内容被管道另一端的进程读出。写入的内容每次都添加在管道缓冲区的末尾，并且每次都是从缓冲区的头部读出数据。

- 无名管道没有名字。只能用于父子进程或兄弟进程之间（具有亲缘关系的进程）。比如 fork()或 exec()创建的新进程，在使用 exec()创建新进程时，需要将管道的文件描述符作为参数传递给 exec()创建的新进程。当父进程与使用 fork()创建的子进程直接通信时，发送数据的进程关闭读端，接收数据的进程关闭写端。
- 无名管道不是普通的文件。管道对于管道两端的进程而言就是一个文件，但它不是普通的文件，它不属于某种文件系统，而是自立门户，单独构成一种文件系统，并且只存在于内存中。
- 无名管道的缓冲区是有限的：管道是一个固定大小的缓冲区。在 Linux 中，该缓冲区的大小为 4KB。

关于无名管道的实现机制，无名管道是由内核管理的一个缓冲区，相当于我们放入内存中的一个纸条。无名管道的一端连接一个进程的输出，这个进程会向管道中放入信息。无名管道的另一端连接一个进程的输入，这个进程取出被放入管道的信息。一个缓冲区不需要很大，它被设计成为环形的数据结构，以便管道可以被循环利用。当无名管道中没有信息时，从无名管道中读取的进程会等待，直到另一端的进程放入信息。当无名管道被放满信息时，尝试放入信息的进程会等待，直到另一端的进程取出信息。当两个进程都终结时，无名管道自动消失。

无名管道只能在本地计算机中使用，不可用于网络间的通信。

（2）命名管道。

命名管道是一种特殊类型的文件，它在系统中以文件的形式存在。这样克服了无名管道的弊端，允许没有亲缘关系的进程间的通信。命名管道不同于无名管道之处在于它提供了一个路径名与之关联，这样一个进程即使与创建命名管道的进程不存在亲缘关系，只要可以访问该路径，就能通过命名管道互相通信。

命名管道的特点包括：

- 命名管道在文件系统中作为一个特殊的文件而存在。
- 虽然命名管道文件存在于文件系统中，但命名管道中的内容却存放在内存中。在 Linux 中，该缓冲区的大小为 4KB。
- 命名管道有名字，不同的进程可以通过该命名管道进行通信。
- 命名管道所传送的数据是无格式的。
- 从命名管道读数据是一次性操作，数据一旦被读，它就从命名管道中被抛弃，释放空间以便写更多的数据。
- 当共享命名管道的进程执行完所有的 I/O 操作以后，命名管道将继续保存在文件系统中以便以后使用。

2. 信号

信号是软件层面对中断机制的一种模拟，是一种异步通信方式，进程不必通过任何操作来等待信号的到达。信号可以在用户空间进程和内核之间直接交互，内核可以利用信号来通知用户空间的进程发生了哪些系统事件。

信号事件的发生有两个来源：硬件来源，比如我们按下键盘或其他硬件故障；软件来源，最常用发送信号的系统函数是 kill()、raise()、alarm()和 setitimer()以及 sigqueue()函数。软件来源还包括一些非法运算等操作。信号通信示意图见图 4.30。

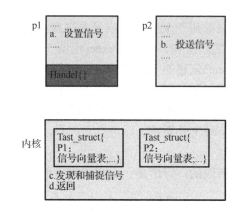

图 4.30　信号通信示意图

进程可以通过三种方式来响应信号：

- 忽略信号，即对信号不做任何处理。但是，有两个信号是不能忽略的：SIGKLL 和 SIGSTOP。
- 捕捉信号。定义信号处理函数，当信号发生时，执行相应的处理函数。
- 执行默认操作。Linux 对每种信号都规定了默认操作。

3. 消息队列

消息队列是内核地址空间中的内部链表，具有特定的格式，存放在内存中，并由消息队列标识符标识，允许一个或多个进程向它写入或读取消息。消息队列通过 Linux 内核在各个进程间直接传递内容，消息顺序地发送到消息队列中，并以几种不同的方式从队列中获得，每个消息队列可以用 IPC 标识符唯一地进行识别。内核中的消息队列通过 IPC 的标识符来区别，不同的消息队列是相互独立的，每个消息队列中的消息又构成一个独立的链表。消息队列通信示意见图 4.31。

图 4.31　消息队列通信示意

消息队列克服了信号承载信息量少的问题，管道只能承载无格式字符流。

（1）消息缓冲区结构。

在结构中有两个成员，mtype 为消息类型，用户可以给某个消息设定一个类型，可以在消息队列中正确地发送和接收自己的消息。mtext 为消息数据，采用柔性数组，用户可以重新定义 msgbuf 结构。例如：

```
struct msgbuf{
    long mtype;
    char mtext[MSGMAX];//柔性数组
}
```

当然，用户不可随意定义 msgbuf 结构，因为在 Linux 中消息的大小是有限制的，在

linux/msg.h 中定义如下：

```
#define MSGMAX 8192
```

消息总的大小不能超过 8192 字节，包括 mtype 成员（4 字节）。

（2）msqid_ds 内核数据结构。

在 Linux 内核中，每个消息队列都维护一个结构体，此结构体保存着消息队列的当前状态信息，该结构体在头文件 linux/msg.h 中定义。

（3）ipc_perm 内核数据结构。

```
struct ipc_perm{
    key_t key;
    uid_tuid;
    gid_t gid;
        .......
};
```

结构体 ipc_perm 保存着消息队列的一些重要信息，比如消息队列关联的键值，消息队列的用户 id 组 id 等。它定义在头文件 linux/ipc.h 中。

（4）消息队列的本质。

Linux 的消息队列实质上是一个链表，它有消息队列标识符（queue ID）。msgget()创建一个新队列或打开一个存在的队列；msgsnd()向队列末端添加一条新消息；msgrcv()从队列中取消息，取消息时不一定遵循先进先出原则，也可以按消息的类型字段取消息。

（5）消息队列与命名管道的比较。

消息队列与命名管道有不少的相同之处。与命名管道一样，消息队列进行通信的进程可以是不相关的进程，同时它们都是通过发送和接收的方式来传递数据的。在命名管道中，发送数据用 write()，接收数据用 read()；在消息队列中，发送数据用 msgsnd()，接收数据用 msgrcv()。而且，它们对每个数据都有一个最大长度的限制。

与命名管道相比，消息队列的优势在于：

● 消息队列也可以独立于发送和接收进程而存在，从而消除了在同步命名管道的打开和关闭时可能产生的困难。

● 通过发送消息还可以避免命名管道的同步和阻塞问题，不需要由进程自己来提供同步方法。

● 接收程序可以通过消息类型有选择地接收数据，而不是像命名管道中那样，只能默认地接收。

4．信号量

信号量实质上就是一个标识可用资源数量的计数器，它的值总是非负整数。只有 0 和 1 两种取值的信号量称为二进制信号量（或二值信号量），用来标识某个资源是否可用。它们常常被用作为锁机制，在某个进程正在对特定的资源进行操作时，信号量可以防止另一个进程去访问它。信号量主要函数示于图 4.32 中。

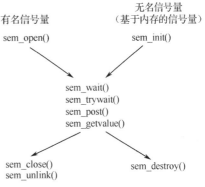

图 4.32　信号量主要函数

在创建信号量时，根据信号量取值的不同，POSIX 信号量还可以分为：

- 二值信号量。信号量的值只有 0 和 1。这和互斥量很类似，若资源被锁住，信号量的值为 0，若资源可用，则信号量的值为 1。
- 计数信号量。信号量的值在 0 到一个大于 1 的限制值之间，该计数表示可用资源的个数。

信号量是一种特殊的变量，它只取正整数值，且只允许对这个值进行两种操作：等待（wait）和信号（signal）。在 P、V 操作中，P 用于申请资源，V 用于释放资源。

- P(sv)：如果 sv 的值大于 0，就给它减 1；如果 SV 的值等于 0，就挂起该进程的执行。
- V(sv)：如果有其他进程因等待 sv 而被挂起，就让该进程恢复运行；如果没有其他进程因等待 sv 而挂起，则给它加 1。

内核为每个信号量集合都维护一个 semid_ds 结构：

```
struct semid_ds{
    struct ipc_permsem_perm;
    unsigned short sem_nsems;
    time_tsem_otime;
    time_tsem_ctime;
    ...
}
```

（1）信号量数据结构。

```
union semun{
    int val;
    struct semid_ds *buf;
    unsigned short *array;
    struct seminfo * buf;
}
```

（2）信号量操作 sembuf 结构。

```
struct sembuf{
    ushortsem_num;//信号量的编号
    short sem_op;
    short sem_flg;//信号的操作标志，一般为 IPC_NOWAIT。
}
```

参数 sem_op 是信号量的操作。如果为正，则从信号量中加上一个值，如果为负，则从信号量中减掉一个值，如果为 0，则将进程设置为睡眠状态，直到信号量的值为 0 为止。

5. 共享内存

共享内存是在多个进程之间共享内存区域的一种进程间通信方式，它使多个进程能够直接读写同一块内存空间，是针对其他通信机制运行效率较低而设计的。共享内存是由 IPC 为进程创建的一个特殊地址范围，为了在多个进程间交换信息，内核专门留出了一块内存区，可以由需要访问的进程将其映射到自己的私有地址空间。进程可以直接读写这一块内存而不需要进行数据的复制，从而大大提高效率。进程间共享内存通信示意见图 4.33。

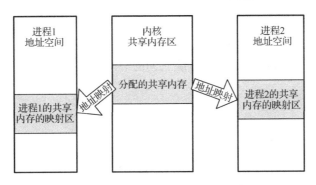

图 4.33　进程间共享内存通信示意

共享内存是 IPC 最快捷的方式，因为共享内存方式的通信没有中间过程，而管道、消息队列等方式则需将数据通过中间机制进行转换。共享内存方式直接将某段内存段进行映射，多个进程间的共享内存是同一块的物理空间，仅映射到各进程的地址不同，因此不需要进行复制，可以直接使用此段空间。

需要注意的是，共享内存并未提供同步机制，在一个进程结束对共享内存的写操作之前，并无自动机制可以阻止另外的进程开始对它进行读取。所以，通常需要用其他机制来同步对共享内存的访问。

（1）共享内存数据结构。

```
struct shmid_ds {
    struct     ipc_perm shm_perm;    /* Ownership and permissions */
    size_t    shm_segsz;   /* Size of segment (bytes) */
    time_t    shm_atime;   /* Last attach time */
    time_t    shm_dtime;   /* Last detach time */
    time_t    shm_ctime;   /* Last change time */
    pid_t     shm_cpid;    /* PID of creator */
    pid_t     shm_lpid;    /* PID of last shmat(2)/shmdt(2) */
     shmatt_t  shm_nattch;   /* No. of current attaches */
    ...
};
```

（2）消息队列、信号量和共享内存的相似之处。

它们被统称为 XSIIPC，在内核中有相似的 IPC 结构（消息队列的 msgid_ds，信号量的 semid_ds，共享内存的 shmid_ds），而且都用一个非负整数的标识符加以引用。消息队列的 msg_id、信号量的 sem_id 和共享内存的 shm_id，分别通过 msgget()、semget() 和 shmget() 获得。标识符是 IPC 对象的内部名，每个 IPC 对象都有一个键（key_t key）相关联，将这个键作为该对象的外部名。

（3）XSIIPC 与管道、命名管道的区别。

XSIIPC 的 IPC 结构是在系统范围内起作用的，没有使用引用计数。如果一个进程创建一个消息队列，并在消息队列中放入几个消息，进程终止后，即使现在已经没有程序使用该消息队列，消息队列及其内容依然保留。而在最后一个引用管道的进程终止时，管道就被完全删除了。对于命名管道，最后一个引用命名管道的进程终止时，虽然命名管道还在系统中，但是其中的内容会被删除。

和管道、命名管道不同，XSIIPC 不使用文件描述符，所以不能用 ls 查看 IPC 对象，不能用 rm 命令删除，不能用 chmod 命令删除它们的访问权限。只能使用 ipcs 和 ipcrm 来查看和删除它们。

6. 内存映射

内存映射是将一个文件映射到一块内存的方法。内存映射与虚拟内存有些类似，通过内存映射可以保留一个地址的区域，同时将物理存储器提交给此区域，内存映射文件的物理存储区来自一个已经存在于磁盘中的文件，而且在对该文件进行操作之前，必须对文件进行映射。使用内存映射文件处理存储于磁盘中的文件时，将不必再对文件执行 I/O 操作。每个使用该机制的进程，通过把同一个共享的文件映射到自己的进程地址空间来实现多个进程间的通信（这里类似于共享内存，只要有一个进程对这块映射文件的内存进行操作，其他进程就能够马上看到）。内存映射实现多个进程间的通信示意见图 4.34。

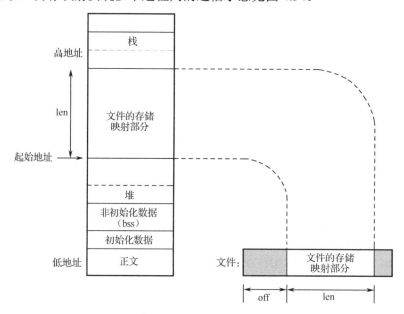

图 4.34　内存映射实现多个进程间的通信示意

使用内存映射文件不仅可以实现多个进程间的通信，还可以用于提高处理大文件时的效率。通常的做法是把磁盘上的文件先复制到内核空间的一个缓冲区再复制到用户空间（内存），用户修改后将这些数据复制到缓冲区再复制到磁盘文件，一共 4 次复制。如果文件数据量很大，复制的开销是非常大的。那么问题来了，系统在进行内存映射时文件就不需要数据复制吗？mmap()确实没有进行数据复制，真正的复制是在缺页中断处理时进行的。由于 mmap() 将文件直接映射到用户空间，所以，中断处理函数根据这个映射关系，直接将文件从硬盘复制到用户空间。所以只进行一次数据复制，效率高于 read()和 write()。

（1）共享内存和内存映射文件的区别。

内存映射是利用虚拟内存把文件映射到进程的地址空间中，此后，进程操作文件就像操作进程空间里的地址一样。比如，使用 C 语言的 memcpy()等内存操作的函数。这种方法能够很好地应用在需要频繁处理一个文件或一个大文件的场合，这种方式处理 I/O 的效率比普通 I/O 的效率要高。

共享内存是内存映射文件的一种特殊情况，内存映射的是一块内存，而非磁盘上的文件。共享内存的主语是进程（Process），操作系统默认给每个进程分配一个内存空间，每个进程只允许访问操作系统分配给它的那一段内存，而不能访问其他进程的内存。有时候需要在不同进程之间访问同一段内存，怎么办呢？操作系统给出了创建访问共享内存的 API，需要共享内存的进程可以通过这组定义好的 API 来访问多个进程之间共享的内存，各进程访问这一段内存就像访问硬盘上的文件一样。

（2）内存映射与虚拟内存的区别和联系。

内存映射和虚拟内存都是操作系统内存管理的重要部分，两者有区别也有联系。

● 联系：虚拟内存和内存映射都是将一部分内容加载到内存中、另一部放在磁盘中的一种机制，对于用户而言都是透明的。

● 区别：虚拟内存是硬盘的一部分，是内存和硬盘的数据交换区，许多程序运行过程中把暂时不用的程序数据放入这块虚拟内存，节约内存资源。内存映射是一个文件到一块内存的映射，这样程序通过内存指针就可以对文件进行访问。

虚拟内存的硬件基础是分页机制。另外一个基础就是局部性原理（时间局部性和空间局部性），这样就可以将程序的一部分装入内存，其余部分留在外存，访问信息不存在时再将所需数据调入内存。内存映射文件并不是局部的，而是使虚拟地址空间的某个区域映射磁盘的全部或部分内容，通过该区域对被映射的磁盘文件进行访问，不必进行文件 I/O 操作，也不需要对文件内容进行缓冲处理。

7. 套接字

套接字是更为基础的进程间通信机制。与其他方式不同的是，套接字可用于不同机器之间的进程间通信。在 Linux 中，套接字是基于网络的，它也有自己的家族名字——AF_INET。

（1）套接字连接方式。

套接字有面向连接的和无连接的两种连接方式。

● 面向连接的套接字（SOCK_STREAM）：进行通信前必须建立一个连接，面向连接的通信提供序列化的、可靠的、不重复的数据交付，而没有记录边界。这意味着一条信息可以拆分成多个片段，并且每个片段都能确保到达目的地，然后在目的地将信息拼接起来。实现这种连接类型的主要协议是传输控制协议（TCP）。

● 无连接的套接字（SOCK_DGRAM）：在通信开始之前并不需要建立连接，在数据传输过程中无法保证它的顺序性、可靠性或可重复性。然而，数据报确实保存了记录边界，这就意味着消息是整体发送的，而非首先分成多个片段。

由于面向连接的套接字所提供的保证，它们的设置以及对虚拟电路连接的维护需要大量的开销。然而，数据报不需要这些开销，即数据报的成本更加"低廉"。

实现这种连接类型的主要协议是用户数据报协议（UDP）。

（2）套接字通信连接过程。

套接字的创建和使用与管道是有区别的，套接字明确地将客户端与服务器区分开，可以实现多个客户端连到同一服务器。套接字通信连接过程示于图 4.36 中。

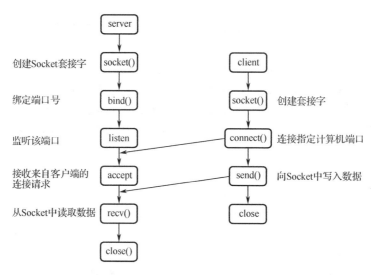

图 4.36　套接字通信连接过程

①　服务器套接字连接过程描述。首先，服务器应用程序用 socket()创建一个套接字，它是系统分配服务器进程的类似文件描述符的资源。接着，服务器调用 bind()给套接字命名。这个名字是一个标识符，它允许 Linux 将进入的针对特定端口的连接转到正确的服务器进程。然后，系统调用 listen()函数开始接听，等待客户端连接。listen()创建一个队列并将其用于存放来自客户端的进入连接。当客户端调用 connect()请求连接时，服务器调用 accept()接受客户端连接，accept()此时会创建一个新套接字，用于与这个客户端进行通信。

②　客户端套接字连接过程描述。客户端首先调用 socket()创建一个未命名套接字，让后将服务器的命名套接字作为地址来调用 connect()与服务器建立连接。只要双方连接建立成功，我们就可以像操作底层文件一样来操作 Socket 套接字，实现通信。

作业

1．分析 Linux 进程的特点。Linux 进程管理是以哪个数据结构为基础的？进程间的状态转换条件有哪些？实时调度与非实时调度策略主要区别在哪些地方？

2．ARM-Linux 的内存管理是如何实现的？主要目的是什么？如何在具有内存管理功能的操作系统中访问外设寄存器？

3．在 Linux 中，哪些设备的访问是通过虚拟文件系统的？哪些不是通过虚拟文件系统的？

4．在进程通信中，进程间短信息与事件传输主要采用哪些通信方式？数据量大的信息交换有哪些通信方式？

第 5 章　Linux 设备驱动程序结构

驱动程序，很多场合常简称为驱动，是操作系统和应用程序实际操作硬件的接口。没有驱动程序，应用程序和操作系统就无法正常操作嵌入式系统的外设，无法实现真正的嵌入式应用。对于嵌入式系统开发，驱动程序开发具有重要地位，有些驱动需要自己开发或移植修改才能用于外设的控制访问。

对于 Linux 操作系统，驱动程序按照分层结构进行设计，大多通用的部分已经抽象出来作为内核的一部分，驱动程序开发者无须过多涉及，只需要关注底层函数部分。但是，要想编写较为完善的 Linux 驱动程序，就要对驱动程序基本架构和数据结构进行了解学习。本章就 Linux 驱动程序结构中的共性关键部分进行讲解，让读者对 Linux 驱动程序的基本架构有所了解，以便于后续更好地学习字符设备、块设备、网络设备等的驱动程序开发。

Linux 设备驱动程序的学习包含如下重点、难点：

- 编写 Linux 设备驱动程序要求工程师有非常扎实的硬件基础，熟悉 SDRAM、Flash、磁盘的读写方式，熟悉 UART、I^2C、USB、SPI 等总线接口以及轮询、中断、DMA 的原理，熟悉 PCI 总线的工作方式以及 CPU 的内存管理单元（MMU）等。
- 编写 Linux 设备驱动程序要求工程师有非常好的 C 语言基础，能灵活运用 C 语言的结构体、指针、函数指针，以及内存动态申请和释放等。
- 编写 Linux 设备驱动程序要求工程师有一定的 Linux 内核基础，虽然并不要求工程师对内核各部分有深入的研究，但至少要搞清楚驱动程序的层次结构、数据结构、驱动程序与内核的接口、与驱动程序相关的设备树、platform 总线相关的知识。尤其是对于块设备、网络设备等复杂设备，内核定义的驱动程序体系结构本身就非常复杂。
- 编写 Linux 设备驱动程序要求工程师有非常好的多任务并发控制和同步的基础，因为在驱动程序中会大量使用自旋锁、互斥、信号量、等待队列等并发机制与同步机制。

5.1　Linux 设备驱动程序简介

5.1.1　Linux 设备分类

计算机系统的硬件主要由 CPU、存储器和外设组成。随着 IC 制造工艺的发展，芯片的集成度越来越高，往往在 CPU 内部集成了存储器和外设适配器。ARM、PowerPC、MIPS 等处理器都集成了 UART、I^2C 控制器、USB 控制器、SDRAM 控制器等，有的处理器还集成了片内 RAM 和 Flash。驱动程序针对的对象是存储器和外设（包括 CPU 内部集成的存储器和外设），而不是针对 CPU 核。Linux 将存储器和外设分为 3 个基础大类：字符设备、块设备和网络设备。Linux 设备驱动程序与整个软硬件系统的关系如图 5.1 所示。

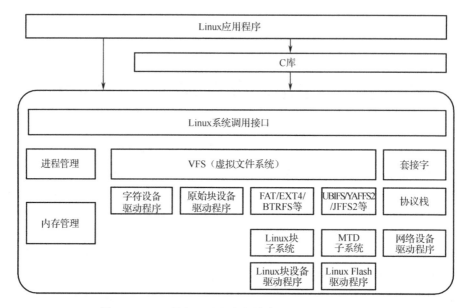

图 5.1　Linux 设备驱动程序与整个软硬件系统的关系

1. 字符设备

字符设备指那些必须以串行顺序依次访问的设备，是面向流的设备，常见的字符设备有鼠标、键盘、串口、控制台和 LED 设备等。控制台（/dev/console）和串口（/dev/ttyS0）是典型的字符设备，它们很好地展现了流的抽象。字符设备通过文件系统节点来存取，例如/dev/tty1 和/dev/lp0。

字符设备和普通文件之间的不同是，可以在普通文件中指定位置读写数据，但大部分字符设备仅是数据通道，只能顺序存取。也有部分看起来像数据区的字符设备，可以像普通文件一样访问。

2. 块设备

块设备可以以任意顺序进行访问，以存储块为单位进行操作，如硬盘、Flash 等。字符设备不经过系统的快速缓冲，而块设备经过系统的快速缓冲。如同字符设备，块设备通过位于/dev目录的文件系统节点来存取。Linux 允许应用程序读写块设备像读取字符设备一样，它允许一次传送任意数目的字节。块设备和字符设备的区别仅在于内核以及内部管理数据的方式，并且在内核与驱动的软件接口上不同。如同一个字符设备，每个块设备都通过一个文件系统节点被存取，它们之间的区别对用户是透明的。和字符驱动相比，块驱动与内核的接口完全不同。

虽然字符设备和块设备的驱动程序设计有很大的差异，但对用户而言，它们都使用文件系统的操作接口 open()、close()、read()、write()等函数进行访问。

3. 网络设备

在 Linux 系统中，内核与网络设备的通信不同于内核与字符设备、块设备的通信方式。网络设备按照面向数据包的接收和发送而设计，它并不对应于文件系统的节点。Linux 的任何网络事务都通过一个网络接口来进行,即这个接口是一个能够与其他主机交换数据的设备。

网络接口负责发送和接收数据报文，在内核网络子系统的驱动下，不必知道单个事务是如何映射到实际被发送的报文上的。很多网络连接（特别那些使用 TCP 的连接）是面向流的，但网络设备常被设计成处理报文的发送和接收。

既然网络设备并非按照面向流方式进行收发数据，网络设备就不像/dev/tty1 那么容易映射到文件系统的节点上。内核与网络设备驱动间的通信与字符和块设备驱动所用的完全不同，不使用 read()和 write()，而是由内核调用和报文传递相关的套接字函数。

此外，I²C、USB、PCI 等设备驱动本身大体可归纳入这 3 个基础大类，但对于这些复杂设备，Linux 系统还定义了独特的驱动体系，即 platform 驱动架构。

5.1.2　设备文件与设备号

设备管理是 Linux 中的基础内容。但是，由于 Linux 的复杂程度越来越高，udev（udev 是 Linux 2.6 后的设备管理器）的使用越来越广泛，越来越多的 Linux 新用户对/dev 目录下的东西变得不再熟悉。

1. 设备文件

从用户的角度出发，如果在使用不同设备时需要使用不同的操作方法，就是非常麻烦的事。用户希望能够用同样的应用程序接口和命令来访问设备和普通文件。Linux 抽象了对硬件的处理，除了网络设备，所有硬件设备都可以作为普通文件看待：它们可以使用和操作文件相同的、标准的系统调用接口来完成打开、关闭、读写和 I/O 控制操作，而驱动程序的主要任务就是实现这些系统调用函数。Linux 系统中的所有硬件设备都使用一个特殊的设备文件来标识，例如，系统中的第一个 IDE 硬盘用/dev/hda 表示。

由于引入了设备文件的概念，Linux 为文件和设备提供了一致的用户接口。对用户来说，设备文件和普通文件并无区别。用户可以打开和关闭设备文件，也可以通过设备文件对设备进行数据读写操作。例如，用同一 write()的系统调用既可以向普通文件写入数据，也可以通过向/dev/lp0 设备文件写入数据，从而把数据发给打印机。

2. 设备号

每个设备文件都对应两个设备号：主设备号、次设备号。主设备号标识该设备的种类，也表示该设备使用的驱动程序；次设备号标识使用同一设备驱动程序的不同硬件设备。设备文件的主设备号必须与设备驱动程序在登录该设备时申请的主设备号一致，否则用户进程无法访问到该设备的驱动程序。所有注册硬件设备的主设备号从/proc/devices 文件中得到，可以通过 cat /proc/devices 命令查看当前已加载的设备驱动程序的主设备号。使用 mknod 命令可创建指定类型的设备文件，同时为设备分配相应的主设备号和次设备号。

当应用程序对某个设备文件进行系统调用时，Linux 内核根据该设备文件的设备类型和主设备号调用相应的驱动程序，并从用户态进入内核态，再由驱动程序判断该设备的次设备号，最终完成对相应硬件的操作。

内核能够识别的所有设备都记录在 Documentation/devices.txt 文件中。在/dev 目录下，除了字符设备和块设备节点，通常还会存在 FIFO 管道、Socket、软/硬连接、目录。表 5.1 以字符设备为例说明了设备文件及其含义。

表 5.1　常见的字符设备文件及其含义

主 设 备 号	设 备 类 型	次设备号=文件名	简 要 说 明
0	未命名设备	0= ?	为空设备号保留（例如，挂载的非设备）
1	char	1 = /dev/mem	直接存取物理内存
		2 = /dev/kmem	存取经过内核虚拟之后的内存
		3 = /dev/null	空设备。任何写入都将被直接丢弃,任何读取都将得到 EOF
		4 = /dev/port	存取 I/O 接口
		5 = /dev/zero	零字节源，只能读取到无限多的零字节
		7 = /dev/full	满设备。任何写入都将失败，并把 errno 设为 ENOSPC 以表示没有剩余空间

5.1.3　Linux 设备驱动程序代码分布与特点

1．Linux 设备驱动程序代码分布

Linux 内核源码的大多数都是设备驱动程序。所有 Linux 的设备驱动程序源码都放在 drivers 目录中，分成以下几类：

- block。块设备驱动程序包括 IDE（在 ide. c 中）驱动程序。块设备包括 IDE 与 SCSI 设备。
- char。此目录包含字符设备的驱动程序，如 ttys、串行接口以及鼠标。
- cdrom。包含所有 Linux CDROM 代码。在这里可以找到某些特殊的 CDROM 设备（如 Soundblaster CDROM）。IDE 接口的 CD 驱动程序位于 drivers/block/ ide-cd. c 中，而 SCSI CD 驱动程序位于 drivers/ scsi/ scsi. c 中。
- pci。包含 PCI 伪设备驱动程序源码。在这里可以找到关于 PCI 子系统映射与初始化的代码。
- scsi。这里可以找到所有 SCSI 代码，以及 Linux 支持的 SCSI 设备的设备驱动程序。
- net。包含网络驱动程序源码，如 tulip. c 中的 DEC Chip 21040 PCI 以太网驱动程序。
- sound。包含所有的声卡驱动程序源码。

2．Linux 设备驱动程序的特点

Linux 设备驱动程序具有如下特点：

- 内核代码。设备驱动程序是内核的一部分，一个缺乏优良设计和高质量编码的设备驱动程序，甚至能使系统崩溃并导致文件系统的破坏和数据丢失。
- 内核接口。设备驱动程序必须为 Linux 内核或其从属子系统提供一个标准接口。比如，终端驱动程序为内核提供文件 I/O 接口，而 SCSI 设备驱动程序为 SCSI 子系统提供 SCSI 设备接口，同时，SCSI 子系统也必须为内核提供文件 I/O 接口和 buffer、cache 接口。
- 内核机制与服务。设备驱动程序可以使用标准的内核服务，如内存分配、中断和等待队列等。

- 可加载。大多数 Linux 设备驱动程序可在需要时加载到内核，同时在不再使用时被卸载。这样内核就能更有效地利用系统资源。
- 可配置。Linux 设备驱动程序可以集成为内核的一部分。在编译内核时，可以选择把哪些驱动程序直接集成到内核中。
- 动态性。系统启动及设备驱动程序初始化后，驱动程序将维护其控制的设备。如果一个特有的设备驱动程序所控制的物理设备不存在，则不会影响整个系统的运行。此时该设备驱动程序只占用少量系统内存，不会对系统造成危害。

5.2　Linux 内核设备模型

内核设备模型是 Linux 2.6 之后引进的，是为了适应系统拓扑结构越来越复杂，对电源管理、热插拔支持要求越来越高等形势开发的全新设备模型。它采用 sysfs 文件系统，一个类似于/proc 文件系统的特殊文件系统，作用是将系统中的设备组织成层次结构，然后向用户程序提供内核数据结构信息。

5.2.1　设备模型建立的目的

建立 Linux 设备模型的目的是为内核建立一个统一的设备模型，从而有一个对系统结构的一般性抽象描述。设备模型设计的初衷是节能，有助于电源管理。通过建立表示系统设备拓扑关系的树结构，能够在内核中实现智能的电源管理。基本原理是，当系统想关闭某个设备节点的电源时，内核必须首先关闭该设备节点以下的设备电源。举例来说，内核要在关闭 USB 鼠标之后才能关闭 USB 控制器，再之后才能关闭 PCI 总线。

现在，内核使用设备模型支持多种任务。

- 电源管理和系统关机：这些需要对系统结构的理解，设备模型使操作系统能以正确顺序遍历系统硬件。
- 与用户空间的通信：sysfs 虚拟文件系统的实现与设备模型紧密相关，并向外界展示它所表述的结构。向用户空间提供系统信息、改变操作参数的接口正越来越多地通过 sysfs，也就是设备模型来完成。
- 热插拔设备：越来越多的设备可动态热插拔，也就是说，外围设备可根据用户需求安装和卸载。
- 设备分类：设备模型包括将设备分类的机制，在一个更高的功能层上描述这些设备，并使设备对用户空间可见。
- 对象生命周期管理：设备模型的实现需要创建一系列机制来处理对象的生命周期、对象间的关系和对象在用户空间的表示。

5.2.2　设备拓扑结构

设备模型是为了方便电源管理而设计的一种设备拓扑结构，其开发者为了方便调试，将设备结构树导出为一个文件系统，即 sysfs 文件系统。Linux 2.6 内核引入 sysfs 文件系统，sysfs

被看成是与 proc、devfs 和 devpty 同类别的文件系统，该文件系统是一个虚拟的文件系统，它可以产生一个包括所有系统硬件的层级视图，与提供进程和状态信息的 proc 文件系统十分类似。

sysfs 是一个内存文件系统，该文件系统主要在用户态展示系统硬件相关的设备、驱动程序、总线等层级关系。该文件系统将系统上的总线、设备、驱动程序等，按照不同的分类方式进行展示，应用层可对相应的文件属性值进行读写操作。目前，sysfs 按照 device、bus、class、kernel、power 等进行分类（具体分类如图 5.2 所示）。

```
root@ubuntu:~# ls /sys/
block  class  devices   fs          kernel  power
bus    dev    firmware  hypervisor  module
```

图 5.2　sysfs 文件系统组成

如图 5.2 所示，sysfs 的顶层目录包括的主要目录如下。

● block 目录：包含所有块设备。

● devices 目录：包含系统的所有设备，并根据设备挂接的总线类型组织成层次结构。

● bus 目录：包含系统中的所有总线类型。

● class 目录：系统中的设备类型（如网卡设备，声卡设备等）。

● firmware 目录：包含一些如 ACPI、EDD、EFI 等底层子系统的特殊树。

● fs 目录：存放已挂载点，但目前只有 fuse、gfs2 等少数文件系统支持 sysfs 接口，传统的虚拟文件系统（VFS）层次控制参数仍然在 sysctl（/proc/ sys/fs）接口中。

● kernel 目录：新式的 slab 分配器等几项较新的设计在使用它，其他内核可调整参数仍然位于 sysctl（/ proc/ sys/kernel）接口中。

● module 目录：系统中所有模块的信息，不管这些模块是以内联（inlined）方式编译到内核镜像文件（vmlinuz），还是编译到外部模块（ko 文件），都可能会出现在/sys/module 中：编译为外部模块（ko 文件）在加载后会出现对应的/sys/module/<module_name>/，并且在这个目录下会出现一些属性文件和属性目录来标识此外部模块的一些信息，如版本号、加载状态、所提供的驱动程序等；编译为内联方式的模块，只有当它有非 0 属性的模块参数时出现对应的 / sys/module/<module_name>/，这些模块的可用参数出现在/sys/modules/<mod name>/parameters/<param_name>中。

● power 目录：包含系统范围的电源管理数据。

在/sys/bus 的 pci 等子目录下，又会分出 drivers 和 devices 目录，而 devices 目录中的文件是对/sys/devices 目录中文件的符号链接。同样地，/sys/class 目录下包含许多对/sys/devices 下文件的链接。

5.2.3　设备模型

图 5.3 是嵌入式系统常见硬件拓扑的一个示例，CPU 内部包含处理器内核、系统总线、专用总线控制、设备。处理器内核通过系统总线与各个设备连接，如 UART、LCD 等；同时，内核通过连接到系统总线上的专用总线控制器扩展其他总线，如 I^{2}C 等。

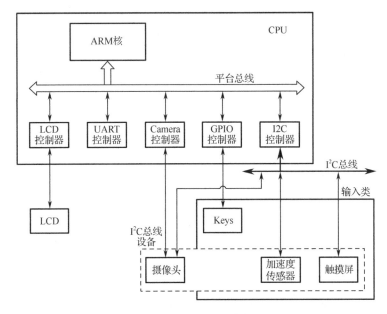

图 5.3　Linux 硬件拓扑描述

　　硬件拓扑描述 Linux 设备模型中 4 个重要概念是 bus、class、device、device driver，这与总线、类、设备和（设备）驱动程序的现实状况是直接对应的，它们之间的关系如图 5.4 所示。

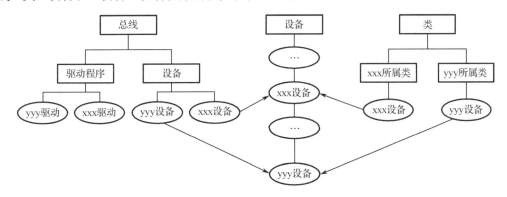

图 5.4　Linux 设备模型

- bus（总线）：Linux 认为（可以参考 include/linux/device.h 中 struct bus_type 的注释），总线是 CPU 和一个或多个设备之间信息交互的通道。为了方便设备模型的抽象，所有的设备都应连接到总线上，无论是 CPU 内部总线、虚拟的总线还是平台总线。
- class（类）：在 Linux 设备模型中，class 的概念与面向对象程序设计中的 class（类）非常类似，主要是集合具有相似功能或属性的设备，这样就可以抽象出一套可以在多个设备之间共用的数据结构和接口函数。因而，从属于相同 class 的设备的驱动程序，就不再需要重复定义这些公共资源，直接从 class 中继承即可。
- device（设备）：抽象系统中所有的硬件设备，描述它的名字、属性、从属的 bus、从属的 class 等信息。

● device driver（设备驱动程序）：Linux 设备模型用 driver 抽象硬件设备的驱动程序，它包含设备初始化、电源管理相关的接口实现。而 Linux 内核中的驱动程序开发，基本都围绕该抽象进行（实现所规定的接口函数）。

随着技术的不断进步，系统的拓扑结构越来越复杂，对智能电源管理、热插拔以及即插即用的支持要求越来越高。为适应这种形势要求，Linux 2.6 内核开发了上述全新的设备、总线、类和驱动环环相扣的设备模型。

大多数情况下，内核中设备驱动程序核心层代码会管理总线和其他内核子系统，完成与设备模型的交互，使得驱动程序开发只需要按照每个框架要求编写底层驱动程序，而不必关心设备模型，"填鸭式"地填充 xxx_driver 中的各种回调函数，xxx 是总线的名字。Linux 内核引入了总线（bus）、驱动程序（driver）和设备（device）模型，如图 5.5 所示，分别使用 bus_type、device_driver 和 device 来描述总线、驱动程序和设备，这 3 个结构体定义于 include/linux/device.h 头文件中。device_driver 和 device 必须依附于一种总线，因此都包含有 struct bus_type 指针。

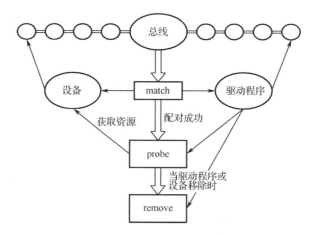

图 5.5　Linux 总线、驱动程序和设备模型

在总线上管理着两个链表，分别管理设备和驱动程序。当向系统注册一个驱动程序时，便会向驱动程序的管理链表插入新的驱动，总线就会在右侧的设备中查找，检索是否存在与之匹配的设备，如果有，就将两者联系起来。同样，向系统中注册一个设备时，便向设备的管理链表中插入新设备，总线就会在左侧的驱动程序中查找与之匹配的驱动程序，找到则联系起来。Linux 内核中大量的驱动程序都采用总线、驱动程序和设备模式，platform 驱动程序就是这一思想的产物。

在设备注册插入的同时，总线会执行 bus_type 结构体中的 match()函数，对新插入的设备/驱动程序进行匹配，匹配成功时调用驱动程序 device_driver 结构体中的 probe()函数（通常在 probe 中获取设备资源，具体的功能可由驱动程序编写人员自定义），并在移除设备或驱动程序时调用 device_driver 结构体中的 remove()函数。通过这种设备驱动模型机制，我们使用 match()、probe()、remove()等函数来实现需要的功能。该部分内容将在 6.3 节进行学习。

5.3　Linux 设备驱动程序结构

5.3.1　Linux 设备驱动程序分层思想

为了实现 Linux 一个内核镜像适用于多个硬件的目标，Linux 按照分层思想把总线、设备和驱动程序模型抽象出来，驱动程序只负责驱动程序，设备只负责设备，总线则负责匹配设备和驱动程序，而驱动程序则以标准接口读取设备信息，如图 5.6 所示。在 Linux 内核中，设备和驱动程序是分开注册的，注册一个设备时不需要驱动程序存在，而一个驱动程序被注册时，也不需要对应设备已经注册。这两者是通过 bus_type 的 match()操作来进行关联匹配的。

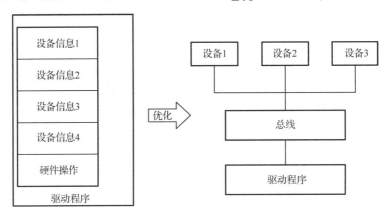

图 5.6　Linux 设备和驱动程序的分离

Linux 的设备驱动程序需要编写 file_operations 成员函数，并负责处理阻塞、非阻塞、多路复用、SIGIO 等复杂事务。Linux 提炼出来一个 input 的核心层，把与 Linux 接口以及整个一套 input 事件相关的汇报机制都放在 file_operations 与 I/O 接口层中，如图 5.7 所示。

Linux 的设备驱动程序与外界的接口可以分成三部分：

- 驱动程序与操作系统内核的接口。这是通过 include/linux/fs.h 中的 file_operations 数据结构来完成的，后面将介绍这个结构。
- 驱动程序与系统引导的接口。这部分利用驱动程序对设备进行初始化。
- 驱动程序与设备的接口。这部分描述了驱动程序如何与设备进行交互，这与具体设备密切相关。

根据功能划分，Linux 设备驱动程序的代码结构大致可以分为如下几个部分：

- 驱动程序的注册与注销。
- 设备的打开与释放。
- 设备的读写与控制操作。
- 设备的中断和轮询处理。

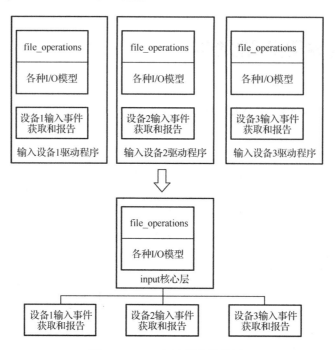

图 5.7 Linux 驱动程序的分层

5.3.2 Linux 总线设备驱动程序注册与注销

在 Linux 中，所有的设备驱动程序都会有以下两行代码：

```
module_init(xxx_init_module);
module_exit(xxx_exit_module);
```

module_init()/module_exit()是两个宏。module_init()是该驱动程序的入口，加载驱动模块时，驱动程序就从 xxx_init_module()函数开始执行。而当该驱动程序对应的设备被删除了时，执行 xxx_exit_module()这个函数。

在 Linux 中引入总线来对外设进行管理，设备与驱动程序采用分层结构，Linux 内核中分别用 bus_type、device 和 device_driver 数据结构来描述总线、设备和驱动程序。总线、设备和驱动程序都有自己的注册管理和删除管理。

1. 总线

总线是处理器和设备之间的通道。在设备模型中，所有设备都通过总线相连，以总线来管理设备和驱动程序函数（也常称为驱动函数）。

```
struct bus_type {
    const char      *name;
    struct bus_attribute    *bus_attrs;
    struct device_attribute *dev_attrs;
    struct driver_attribute *drv_attrs;
    int (*match)(struct device *dev, struct device_driver *drv);
```

```
    int (*uevent)(struct device *dev, struct kobj_uevent_env *env);
    int (*probe)(struct device *dev);
    int (*remove)(struct device *dev);
    void (*shutdown)(struct device *dev);
    ……
};
```

在总线数据结构中，比较重要的三个成员是 match()函数、probe()函数和 remove()函数。

（1）match()函数。

配对函数(match)是总线结构体 bus_type 的其中一个成员：

```
int (*match)(struct device *dev, struct device_driver *drv);
```

当总线上添加了新设备或新驱动函数时，内核会一次或多次调用这个函数。

例如，如果添加了一个新的驱动函数，内核就会调用所属总线的 match()函数，配对总线上的所有设备，如果驱动程序能够处理其中一个设备，则函数返回 0，告诉内核配对成功。

match()函数判断设备结构体成员 device->bus_id 和驱动函数中成员 device_driver->name 是否一致，如果一致，那么就表明配对成功。

（2）probe()函数。

第二个是探测函数 probe()，它是驱动函数结构体中的一个成员：

```
int (*probe) (struct device *dev);
```

match 配对成功后，内核调用指定驱动程序中的 probe()函数来查询设备能否被该驱动程序操作，如果可以，驱动程序对该设备进行相应的操作，如初始化。所以，真正的驱动函数入口在 probe()函数中。

（3）remove()函数。

卸载函数 remove()是驱动函数结构体中的一个成员：

```
int (*remove) (struct device *dev);
```

当该驱动函数或驱动函数正在操作的设备被移除时，内核会调用驱动函数中的 remove() 函数，进行设备卸载等相应的操作。

总线的注册有两个步骤：

step1：定义一个 bus_type 结构体，并设置好需要设置的结构体成员。

step2：调用函数 bus_register()注册总线。

函数原型如下：

```
int bus_register(struct bus_type *bus)
```

该调用有可能失败，所以必须检查它的返回值，如果注册成功，会在/sys/bus 下看到指定名字的总线。

总线删除时调用 void bus_unregister(struct bus_type *bus)。

2．设备

在最底层，Linux 系统中的每个设备都用一个 device 结构表示。

```
struct device {
    struct device      *parent; //指定该设备的父设备，如果不指定（NULL），注册后的设
备目录在 sys/device 下
    struct device_private *p;
    struct kobject     kobj;
    const char         *init_name;  //设置设备名称
    struct device_type *type;
    struct mutex       mutex;
    char bus_id[BUS_ID_SIZE];  //在总线中识别设备的字符串，同时也是设备注册后的目录
名字。
    struct bus_type *bus;    //指定该设备连接的总线
    struct device_driver *driver;   //管理该设备的驱动函数
    …
        void (*release)(struct device *dev); //当给设备的最后一个引用被删除时，调
用该函数
};
```

在注册一个完整的 device 结构前，至少要定义 parent、bus_id、bus 和 release 成员。

设备的注册与总线一样：

（1）定义结构体 device。

（2）调用注册函数 int device_register(struct device *dev)，函数失败返回非零，需要根据返回值来检查注册是否成功。

（3）设备注销函数为 void device_unregister(struct device *dev)。

3. 驱动程序

设备模型跟踪系统知道的所有设备，跟踪的主要原因是让驱动程序协调与设备之间的关系。

```
struct device_driver {
    const char      *name; //驱动函数的名字，在对应总线的 driver 目录下显示
    struct bus_type  *bus; //指定该驱动程序所操作的总线类型，必须设置，不然会注册失败
    struct module    *owner;
    const char       *mod_name;  /* used for built-in modules */
    bool             suppress_bind_attrs; /* disables bind/unbind via sysfs */
#if defined(CONFIG_OF)
    const         struct of_device_id   *of_match_table;
#endif
    int       (*probe) (struct device *dev); //探测函数
    int       (*remove) (struct device *dev); //卸载函数，当设备从系统中删除时调用
    void      (*shutdown) (struct device *dev); //当系统关机时调用
    …
};
```

驱动程序和设备不同的是，在注册驱动函数时必须指定该驱动函数对应的总线，因为驱动函数注册成功后，会存放在对应总线的 driver 目录下，如果没有总线，注册当然会失败。

驱动程序的注册与总线一样：

（1）定义结构体 device_driver。

（2）调用注册函数 int driver_register(struct device_driver *drv)，函数失败则返回非零，需要根据返回值来检查注册是否成功。

（3）设备注销函数为 void driver_unregister(struct device_driver *drv)。

对比上面的三个结构体，我们会发现：总线中既定义了设备，也定义了驱动程序；设备中既有总线，也有驱动程序；驱动程序中既有总线也有设备相关的信息。那么，这三个的关系究竟是什么呢？读者可以参考图 5.4 和图 5.5。

内核要求每次出现一个设备就要向总线汇报，或者说注册；每次出现一个驱动程序，也要向总线汇报，或者叫注册。好比系统初始化时会扫描连接了哪些设备，为每个设备创建一个 struct device 变量，并为每个驱动程序准备一个 struct device_driver 结构的变量。把这些量变量加入相应的链表，形成一条设备链表和一条驱动程序链表。这样，总线就能经过总线找到每个设备和每个驱动程序。

在设备与驱动程序结构体中，都有一个总线的指针，用于关联设备的总线类型。bus_type 结构体中的 match() 函数，它的两个参数一个是驱动程序，一个是设备。这个函数就是用来判断总线上的驱动程序能不能处理设备的。

当一个 struct device 诞生后，总线就会去 driver 链表中找设备对应的驱动程序。若找到，就执行设备的驱动程序，否则等待。反之亦然。

在 device_driver 中，当驱动程序匹配到对应的设备后，就会调用 probe() 函数指针来关联驱动设备。因此说，这个函数才是驱动程序真正的入口。当驱动程序对应的设备被删除后，使用 remove() 函数来删除驱动程序。

4. 驱动程序模块初始化

当驱动程序开始执行时，首先执行该驱动程序的初始化函数 xxx_init_module()，代码如下：

```
static int __init xxx_init_module(void)
{
/* when a module, this is printed whether or not devices are found in probe */
#ifdef MODULE
    printk(version);
#endif
    return xxx _register_driver (&xxx_driver);
}
```

我们看到，初始化函数很简单，只执行了一个 xxx_register_driver() 函数就返回了。其中，xxx 表示具体外设模块的名称。

其实模块的初始化过程就是这么简单，这也是 Linux 驱动程序的标准流程：

```
module_init()-->xxx_init_module()-->xxx_register_driver()
```

5. 驱动程序模块卸载

当驱动程序模块卸载时，主要是卸载设备模块对应的驱动程序，设备对应的总线不卸载。

```
static void __exit xxx_exit_module (void)
{
    …
```

```
    xxx_unregister_driver (&xxx_driver);
    printk("xxx driver bye!\n");
}
```

驱动模块的卸载过程和初始化类似：

```
module_exit()>xxx_exit_module()-->xxx_unregister_driver()
```

5.3.3 设备打开与关闭

1. 设备打开函数 open()

在设备驱动程序中，open()函数用来打开一个设备。在大部分驱动程序中，open()应进行下面的工作：

- 检查设备特定的错误（例如，设备未准备好，或者类似的硬件错误）。
- 如果它是第一次打开，则初始化设备。
- 如果需要，更新 f_op 指针。
- 必要时更新 filp->private_data。当多个设备共享一套驱动程序时，为后续读写数据交互，可以借助这个"桥梁"，分配并填充要放进 filp->private_data 的任何数据结构。

open()函数的主要工作是将表示字符设备的结构传给 file 结构，而 file 结构刚好就是一个被打开的文件描述符。在 file 结构中，不仅包含*private_data 指针，还包含 file_operations 结构。

但是，事情的第一步常常是确定打开哪个设备。open()函数的原型是：

```
int (*open)(struct inode *inode, struct file *filp);
```

两个参数 inode 和 filp 由内核根据打开的设备节点信息（如主次设备号、字符设备等）来填充，这样可以通过这两个参数找到要操作的目标设备。在第一次打开时，初始化设备等动作的设备数据区，这类似于为了写文件而打开一个常规文件。

2. 设备关闭函数 release()

release()函数是 open()函数的反向动作，释放 open()申请的所有资源。release()对应的调用就是 close()函数，对某些设备，当用户使用 close()函数时，最终会调用 release()函数，实际上 open()和 release()不需要具体实现什么，一般会作为一个计数器，给出有多少人次访问该设备，也可以通过 open()和 release()实现同一时间只能有一个用户访问该设备，等等。有的设备关闭函数的实现使用的是 device_close()而不是 device_release()。不管哪种方式，设备方法应当完成下面的工作：

- 释放由 open()分配的、保存的 filp->private_data 中的所有内容。
- 在最后一次关闭操作时关闭设备。

并不是每个 close()系统调用都引起调用 release()函数。只有真正释放设备数据结构的调用会调用这个函数。内核维持一个文件结构被使用多少次的计数，fork()函数和 dup()函数都不创建新文件（只有 open()函数这样），它们只递增文件结构中的计数。close()系统调用仅在文件结构计数减到 0 时执行 release()函数，销毁这个结构。release()函数和 close()函数的关系保证了对于每次 open()驱动程序只有一次 release()函数调用。

release()函数的原型如下：

```
int (*release) (struct inode *, struct file *);
```

前面的讨论即便是应用程序没有明显地关闭它打开的文件时也适用：内核在进程退出时自动关闭任何文件，方式是在内部使用 close()系统调用。

5.3.4　设备操作函数

和 5.3.3 节讲到的 open()函数和 release()函数一样，Linux 中"一切皆文件"，设备也是如此，并且以操作文件即文件 I/O 的方式访问设备。 应用程序只能通过库函数中的系统调用来操作硬件，对于每个系统调用，驱动程序中都会有一个与之对应的函数。

1．read()和 write()函数

read()和 write()这两个函数的作用分别是从设备中获取数据、发送数据给设备，应用程序中与之对应的是 write()函数及 read()函数。

（1）read()函数。

函数定义：ssize_t (*read) (struct file * filp, char __user * buffer, size_t size , loff_t * p);

filp：进行读取信息的目标文件。

buffer：对应放置信息的缓冲区（即用户空间内存地址）。

size：要读取的信息长度。

p：读的位置相对于文件开头的偏移。在读取信息后，这个指针一般都会移动，移动的值为要读取信息的长度值。

read()的返回值由调用的应用程序解释：

● 如果这个值等于传递给 read()系统调用的 count 参数，表示请求的字节数已经被传送。这是最好的情况。

● 如果值是正数但小于 count，表示只有部分数据被传送。这可能由于几个原因，因设备而异。通常，应用程序重新试着读取。例如，如果使用 fread()函数来读取，则库函数重新发出系统调用直到请求的数据传送完成。

● 如果值为 0，表示到达文件末尾（没有读取数据）。

● 如果值是一个负值，表示有一个错误。这个值指出了是什么错误，根据是<linux/errno.h>。出错的典型返回值包括–EINTR（被打断的系统调用）或–EFAULT（坏地址）。

前面列表中漏掉的是这种情况——"没有数据，但是可能后来到达"。在这种情况下，read()系统调用应当阻塞。

（2）write()函数。

函数定义：ssize_t (*write) (struct file * filp, const char __user * buffer, size_t count, loff_t * ppos);

filp：目标文件结构体指针。

buffer：要写入文件的信息缓冲区。

count：要写入信息的长度。

ppos：当前的偏移位置，这个值通常用来判断写文件是否越界。

write()和 read()类似，可以传送少于要求的数据，根据返回值的下列规则：

● 如果值等于 count，表示要求的字节数已被传送。

● 如果值是正数但小于 count，表示只有部分数据被传送。程序最可能重试写入剩下的数据。

● 如果值为 0，表示什么都没有写。这个结果不是一个错误，没有理由返回一个错误码。再一次地，标准库重试写调用。

● 如果值是负值，表示发生一个错误；与读函数中相同，有效的错误值定义在 <linux/errno.h>中。

注意：应用程序工作在用户空间，而驱动程序工作在内核空间，二者不能直接通信。那么用何种方法进行通信呢？使用的是内核中的 copy_from_user 和 copy_to_user。虽然内核中不能使用 C 库提供的函数，但内核也有 memcpy 这样的函数，用法与 C 库中的一样。

2. 设备 I/O 控制操作

虽然在文件操作结构体"struct file_operations"中有很多对应的设备操作函数，但是有些命令是实在找不到对应的操作函数。如 CD-ROM 的驱动程序，想要一个弹出光驱的操作，这种操作并不是所有的字符设备都需要的，所以文件操作结构体也不会有对应的函数操作。

为了解决这种特殊需求，Linux 提供了一种 I/O 操作函数 ioctl()，把一些没办法归类的函数统一放在 ioctl()函数操作中，通过用户自己设定的命令实现相应操作。所以，ioctl()函数中可以实现多个对硬件的操作，通过应用层传入的命令调用相应操作。ioctl()的用法与具体设备密切相关，因此需要根据设备的实际情况具体分析。

图 5.8 给出应用层与驱动函数的 ioctl()之间的联系。可以看出，fd 通过内核后找到对应设备的 inode 和 file 结构体指针并传给驱动函数，而另外两个参数却没有修改。

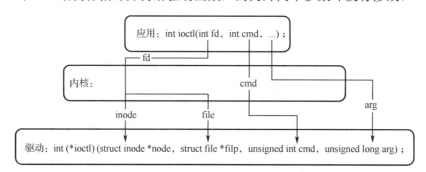

图 5.8　应用层与驱动函数的 ioctl()之间的联系

ioctl()函数原型如下：

```
    int (*ioctl) (struct inode * node, struct file *filp, unsigned int cmd, unsigned
long arg);
```

参数说明如下：

（1）inode 和 file：ioctl()的操作有可能是修改文件的属性，或访问硬件。修改文件属性要用到这两个结构体，所以这里传来它们的指针。

（2）cmd：命令参数，用来传递应用层传来的数值以控制驱动对应的操作，参数内容可由开发者根据需要进行约定设置。

（3）arg：可选参数。如果 arg 是一个整数，可以直接使用；如果 arg 是一个指针，必须确保这个用户地址是有效的。因此，使用前要进行正确检查。

返回值说明如下：

（1）如果传入的是非法命令，则 ioctl()返回错误号-EINVAL。

（2）内核中的驱动函数返回值都有一个默认的方法，只要是正数，内核就会傻乎乎地认为这是正确的返回，并把它传给应用层；如果是负值，内核就会认为它是错误号。

ioctl()中有多个不同的命令，要看函数的实现来决定返回值。打个比方，如果 ioctl()中有一个类似 read()的函数，那么返回值也就可以像 read()一样返回。当然，不返回也是可以的。

5.3.5　设备中断与轮询处理

1. 中断

程序中断通常简称为中断，是指 CPU 在正常运行程序的过程中，由于预先安排或发生了随机的内部或外部事件，CPU 中断正在运行的程序，转而去处理相应的服务子程序，这个过程称为程序中断。

中断的一般过程是，主程序仅在设备 A、B、C 数据准备就绪时才去处理 A、B、C，进行数据交换。在速度较慢的外围设备准备自己的数据时，CPU 照常执行自己的主程序。从这个意义上说，CPU 和外围设备的一些操作是并行地进行的，因而与串行进行的程序查询方式相比，计算机系统的效率大大提高，如图 5.9 所示。

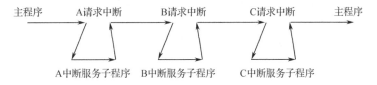

图 5.9　中断响应示意图

2. 轮询

轮询（Polling）I/O 方式或程序控制 I/O 方式，是让 CPU 以一定的周期按次序查询每一个外设，看它是否有数据输入/输出的要求，若有，则进行相应的输入/输出服务；若无，或 I/O 处理完毕后，CPU 接着查询下一个外设。

- 所需硬件：外设接口提供状态接口、数据接口。
- 软件机制：应用程序必须定时查询各接口的状态接口，判断是否需要输入/输出数据，如果需要，则通过数据接口进行数据操作。
- 特点：CPU 通过执行指令主动对外部设备进行查询，外部设备处于被动地位。

3．ARM Linux 中断注册、释放和中断处理函数

在响应一个中断时，内核执行该中断号对应的函数，该函数就称为该中断对应的中断处理函数。一般来说，中断的优先级最高，一旦接收到中断，内核就会调用对应的中断处理函数。

中断处理函数运行在中断上下文中。中断上下文与内核上下文有一点区别：内核上下文是指应用层的系统调用陷入内核执行，内核代表陷入的进程执行操作。函数中可以通过 current 查看当前进程（即应用层的进程）的信息，并且可以睡眠。

在 ARM 处理器中，中断响应后，需要通过内核提供的相关接口调用中断服务程序来进行中断处理。在驱动编程中，我们只要通过接口告诉内核关联驱动处理函数，当指定中断到来时，内核决定该执行哪个中断处理函数。

（1）注册中断处理函数。

```
int request_irq(unsigned int irq, irq_handler_t handler, unsigned long
irqflags, const char *devname, void *dev_id);
```

该函数将中断号 irq 与中断处理函数 handler 对应。其中，参数 irq 用于指定要分配的中断号，中断号定义在"include/mach/irqs.h"中。注意，不管是单独占有中断请求线的中断，还是共享中断请求线的中断，都有一个对应的中断号。所以，调用该函数不需要考虑是哪种中断（是否共享寄存器），用户需要哪种中断响应，就填写对应的中断号。

handler：中断处理函数指针，用于关联具体的中断处理函数，在调用时直接填写对应中断处理函数名。

irqflags：中断处理标记，主要指定中断的触发方式，不同处理器外部中断触发方式不同，有边沿触发（上升沿或下降沿）、电平触发（高电平或低电平）等，这些中断触发方式一般通过宏声明的方式进行提供。常用的中断标志如表 5.2 所示。

devname：该字符串将显示在/proc/irq 和/pro/interrupt 中。

dev_id：设备 ID 号。

返回值：成功则返回 0，失败则返回非 0 值。

注册函数需要注意两件事：

● 该函数会睡眠。

● 必须对返回值进行判断。

表 5.2　常用的中断标志

中 断 标 志	描　　述
IRQF_SHARED	多个设备共享一个中断请求线，共享的所有中断都必须指定此标志。如果使用共享中断，request_irq 函数的 dev 参数就是区分它们的唯一标志
IRQF_ONESHOT	单次中断，中断执行一次就结束
IRQF_TRIGGER_NONE	无触发
IRQF_TRIGGER_RISING	上升沿触发
IRQF_TRIGGER_FALLING	下降沿触发
IRQF_TRIGGER_HIGH	高电平触发
IRQF_TRIGGER_LOW	低电平触发

（2）释放中断处理函数。

使用中断时需要通过 request_irq()函数申请，使用完成后要通过 free_irq()函数释放相应的中断。如果中断不是共享的，那么 free_irq()会删除中断处理函数并禁止中断。free_irq()函数原型如下：

```
void free_irq(unsigned int irq, void *dev_id);
```

free_irq()函数主要用于释放终端资源，其中的参数和注册中断处理函数中的参数含义一样。

（3）中断处理函数。

使用 request_irq()函数申请中断时需设置中断处理函数，中断处理函数格式如下：

```
static irqreturn_t intr_handler(int irq, void *dev_id)
```

第一个参数是中断处理函数要响应的中断号，对于新版本的内核，这个参数已经用处不大，一般只用于打印。第二个参数 dev_id 是一个指向 void 的指针，也就是一个通用指针，需要与 request_irq()函数的 dev 参数保持一致。用于区分共享中断的不同设备时，dev 也可以指向设备数据结构。

irqreturn_t 是中断返回类型。中断处理函数的返回值主要有三个，这些返回值以宏的形式在.../include/linux/interrupt..h 中定义。

```
#define IRQ_NONE (0)    //如果产生的中断并不会执行该中断处理函数时返回该值
#define IRQ_HANDLED (1) //中断处理函数正确调用会返回
#define IRQ_RETVAL(x) ((x) != 0) //指定返回的数值，如果非 0，返回 IRQ_HADLER
```

（4）中断使能与禁止函数。

常用的中断使能和禁止函数如下：

```
void enable_irq(unsigned int irq);
void disable_irq(unsigned int irq);
```

enable_irq()和 disable_irq()用于使能和禁止指定的中断，irq 就是要使能或禁止的中断号。disable_irq()函数要等到当前正在执行的中断处理函数执行完才返回，因此，使用者要保证不会产生新的中断，并且确保所有已经开始执行的中断处理程序全部退出。在这种情况下，可以使用另外一个中断禁止函数：

```
void disable_irq_nosync(unsigned int irq);
```

disable_irq_nosync()函数调用以后立即返回，不会等待当前中断处理程序执行完毕。

（5）设备树节点信息。

如果使用设备树，就需要在设备树中设置好中断属性信息，Linux 内核通过读取设备树中的中断属性信息来配置中断。设备树相关内容请参考 6.5 节。对于中断控制器，设备树绑定信息参考文档 Documentation/devicetree/bindings/arm/gic.txt。打开 imx6ull.dtsi 文件，其中的intc 节点就是 I.MX6ULL 的中断控制器节点，节点内容如下：

```
intc: interrupt-controller@00a01000 {
    compatible = "arm,cortex-a7-gic";
```

```
    #interrupt-cells = <3>;
    interrupt-controller;
    reg = <0x00A01000 0x1000>,
    <0x00A02000 0x100>;
};
```

第 2 行，compatible 属性值为 "arm,cortex-a7-gic"。在 Linux 内核源码中搜索 "arm, cortex-a7-gic" 即可找到 GIC 中断控制器驱动文件。

第 3 行，#interrupt-cells 和#address-cells、#size-cells 一样。表示此中断控制器下设备的 cells 大小，对于设备而言，使用 interrupts 属性描述中断信息，#interrupt-cells 描述了 interrupts 属性的 cell 大小，也就是一条信息有几个 cell。每个 cell 都是 32 位的整型值。对于 ARM 处理的 GIC 来说，一共有 3 个 cell，这 3 个 cell 的含义如下：

第 1 个 cell：中断类型。0 表示 SPI 中断，1 表示 PPI 中断。

第 2 个 cell：中断号。对于 SPI 中断，中断号的范围为 0~987，对于 PPI 中断，中断号的范围为 0~15。

第 3 个 cell：标志。bit[3:0]表示中断触发类型，为 1 时表示上升沿触发，为 2 时表示下降沿触发，为 4 时表示高电平触发，为 8 时表示低电平触发。bit[15:8]为 PPI 中断的 CPU 掩码。

第 4 行，interrupt-controller 节点为空，表示当前节点是中断控制器。

对于 gpio，gpio 节点也可以作为中断控制器。比如，imx6ull.dtsi 文件中的 gpio5 节点内容如下：

```
gpio5: gpio@020ac000 {
    compatible = "fsl,imx6ul-gpio", "fsl,imx35-gpio";
    reg = <0x020AC000 0x4000>;
    interrupts = <GIC_SPI 74 IRQ_TYPE_LEVEL_HIGH>,
    <GIC_SPI 75 IRQ_TYPE_LEVEL_HIGH>;
    gpio-controller;
    #gpio-cells = <2>;
    interrupt-controller;
    #interrupt-cells = <2>;
};
```

第 4 行，interrupts 描述中断源信息。对于 gpio5，共有两条信息，中断类型都是 SPI，触发电平都是 IRQ_TYPE_LEVEL_HIGH。不同之处在于中断源，一个是 74，一个是 75。gpio5 中断表如图 5.10 所示。

IRQ	Interrupt Source	LOGIC	Interrupt Description
74	gpio5	-	Combined interrupt indication for GPIO5 signal 0 throughout 15
75	gpio5	-	Combined interrupt indication for GPIO5 signal 16 throughout 31

图 5.10　gpio5 中断表

从图 5.10 可以看出，gpio5 一共用了 2 个中断号，一个是 74，一个是 75。其中，74 对应 GPIO5_IO00~GPIO5_IO15 这低 16 个 IO，75 对应 GPIO5_IO16~GPIO15_IO31 这高 16 位 IO。

第 8 行，interrupt-controller 表明了 gpio5 节点也是个中断控制器，用于控制 gpio5 所有 I/O 的中断。

第 9 行，将#interrupt-cells 的值修改为 2。

（6）获取中断号。

编写驱动时需要用到中断号。我们用到的中断号，中断信息已经写到设备树中，因此，可以通过 irq_of_parse_and_map()函数从 interupts 属性中提取到对应的设备号，函数原型如下：

```
unsigned int irq_of_parse_and_map(struct device_node *dev, int index);
```

函数参数和返回值含义如下：

dev：设备节点。

index：索引号，interrupts 属性可能包含多条中断信息，通过 index 指定要获取的信息。

返回值：中断号。

5.4　platform 总线与设备管理

5.4.1　platform 总线的定义

在 Linux 2.6 以后的设备驱动程序模型中，需关心总线、设备和驱动程序这 3 个实体，总线将设备和驱动程序绑定。系统在每注册一个设备时，寻找与之匹配的驱动程序；相应地，系统在每注册一个驱动程序时，寻找与之匹配的设备，而匹配由总线完成。

我们知道，Linux 内核中常见的总线有 I^2C、PCI、串口总线、SPI、CAN 总线、单总线等，所以有些设备和驱动程序可以挂在这些总线上，然后通过总线上的 match()进行设备和驱动程序的匹配。但是，有的设备并不属于这些常见总线，所以我们引入了一种虚拟总线，也就是 platform 总线的概念，对应的设备称为 platform 设备，对应的驱动程序称为 platform 驱动。当然，引入 platform 的概念，可以实现与板子相关的代码和驱动程序的代码分离，使驱动程序有更好的可扩展性和跨平台性。

platform 总线相应的设备称为 platform_device，而相应的驱动程序为 platform_driver。Linux 的 platform_driver 机制和传统的 device_driver 机制（即通过 driver_register()函数进行注册）相比，一个十分明显的优势在于 platform 机制将设备本身的资源注册进内核，由内核统一管理，在驱动程序中使用这些资源时，通过 platform device 提供的标准接口进行申请并使用。采用 platform 描述的资源有一个共同点：可以在 CPU 的总线上直接取址，平台设备会分到一个名称（用在驱动绑定中）以及一系列诸如地址和中断请求号（IRQ）之类的资源。platform_bus、platform_device、platform_driver 之间的关系见图 5.11。

所谓的 platform_device，并不是与字符设备、块设备和网络设备并列的概念，而是 Linux 系统提供的一种附加手段，例如，在 I.MX6 处理器中，把内部集成的 I^2C、RTC、SPI、LCD、看门狗等控制器都归纳为 platform_device，而它们本身就是字符设备。

基于 platform 总线的驱动程序开发流程如下：

（1）定义初始化 platform bus。

（2）定义各种 platform 设备。

（3）注册各种 platform 设备。

（4）定义相关 platform 驱动程序。

（5）注册相关 platform 驱动程序。

（6）操作相关设备。

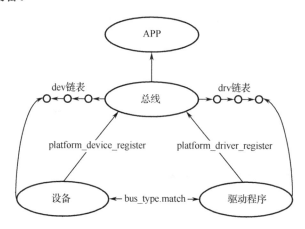

图 5.11　platform_bus、platform_device、platform_driver 之间的关系

platform 总线在内核中用 platform_bus_type 结构表示，总线本身也是一个设备，Linux 内核用 platform_bus 结构表示。Linux 内核源码 driver/base/platform.c 中定义了 platform_bus 和 platform_bus_type 全局内核对象。

```
struct bus_type platform_bus_type = {
    .name = "platform", //定义了名字为platform, 总线注册后新建目录 sys/bus/ platform
    .dev_attrs = platform_dev_attrs,
    .match = platform_match, //指定配对函数
    .uevent = platform_uevent,
    .pm = PLATFORM_PM_OPS_PTR,
};
```

可以看到，总线中定义了成员名字和 match()函数，当有总线或设备注册到 platform 总线时，内核自动调用 match()函数，判断设备和驱动程序的名字（name）是否一致。

```
/* drivers/base/platform.c */
static int platform_match(struct device *dev, struct device_driver *drv)
{
    struct platform_device *pdev;
    pdev = container_of(dev, struct platform_device, dev);
    return (strcmp(pdev->name, drv->name) == 0); //配对函数检验名字是否一致
}
```

platform 总线作为一个设备在系统启动时自动创建，具体函数流程为：start_kernel()→ rest_init()→kernel_init()→do_basic_setup()→driver_init()→platform_bus_init()。start_kernel()、rest_init()、kernel_init()和 do_basic_setup()在 init/main.c 中实现，driver_init()在 drivers/base/init.c 中实现，platform_bus_init()在 drivers/base/platform.c 中实现。流程中最终调用 platform_bus_init()

完成 platform 总线的生成与注册，核心代码如下所示：

```
int __init platform_bus_init(void)
{
    int error;
    error=device_register (&platform_bus);/* 1.注册 platform 设备 */
    error= bus_register (&platform_bus_type);/* 2. 注册 platform 总线 */
}
```

5.4.2　platform 总线设备重要数据结构与函数

类似于传统的总线数据结构，platform 总线对加入该总线的设备和驱动程序分别封装两个结构体：platform_device 和 platform_driver，并且提供对应的注册函数。下面对两个结构体的各元素进行分析。

1. platform_device

platform_device 这个结构体表示 platform 设备。这里要注意，如果内核支持设备树，就不要再使用 platform_device 来描述设备，应改用设备树来描述。当然，如果一定要用 platform_device 来描述设备信息，也是可以的。

```
platform_device 结构体：(include\linux\platform_device.h)
struct platform_device {    //platform 总线设备
    const char * name;      //平台设备的名字
    int id;                 //如果设备名字相同时，就用 ID 来区分不同设备
    struct device dev;      //内嵌设备
    u32 num_resources;      //资源个数
    struct resource * resource;        //指向一个资源结构体数组
    struct platform_device_id *id_entry; //用来进行与设备驱动匹配用的 id_table 表
    struct pdev_archdata archdata;     //私有数据，用于添加自己的代码
};
```

从上面的结构体中可以看到，platform_device 的封装就是指定了一个目录的名字 name，并且内嵌 device。

```
platform_device 结构体中的 struct resource 结构体分析：
    struct resource {      //资源结构体
    resource_size_t start; //资源的起始值，如果是地址，那么是物理地址
    resource_size_t end; //资源的结束值，如果是地址，那么是物理地址
    constchar *name;      //资源名
    unsigned long flags;    //资源的标示，用来识别不同的资源
    struct resource *parent, *sibling, *child;   //资源指针，可以构成链表
};
```

对于这个资源结构体中的 flags 标号，有 IORESOURCE_IO、IORESOURCE_MEM、IORESOURCE_IRQ、IORESOURCE_DMA 四种选择，申请内存（IORESOURCE_MEM）和申请中断号（IORESOURCE_IRQ）用得较多。

platform_device 的注册和注销使用以下函数：

```
/* drivers/base/platform.c */
```

（1）int platform_device_register(struct platform_device *pdev) //同样，需要判断返回值

（2）void platform_device_unregister(struct platform_device *pdev)

注册后，同样在/sys/device/目录下创建一个以 name 命名的目录，并且创建软连接到/sys/bus/platform/device 下。

2. platform_driver 结构体

platform_driver 结构体定义在 include\linux\platform_device.h 中，主要用于定义 platform 平台驱动，里面包含探测、删除、关闭、挂起、重启回调函数。

```
struct platform_driver {
    int (*probe)(struct platform_device *);    // 这个 probe 函数其实和
device_driver 中的是一样的功能，但是一般是使用 device_driver 中的那个
    int (*remove)(structplatform_device *);    //卸载平台设备驱动时会调用这个函
数，但是 device_driver 下面也有，具体调用的是谁这个就得分析了
    void (*shutdown)(structplatform_device *);
    int (*suspend)(structplatform_device *, pm_message_t state);
    int (*resume)(structplatform_device *);
    struct device_driver driver;                //内置的 device_driver 结构体
    const struct platform_device_id *id_table;  //该设备驱动支持的设备的列表是
通过这个指针去指向 platform_device_id 类型的数组
};
```

可以看到，platform_driver 结构体内嵌了 device_driver，并且实现了 probe()、remove() 等操作。其实，当内核需要调用 probe()函数时，会先调用 driver->probe，在 driver->probe 中 再调用 platform_driver->probe。device_driver 结构体定义在 include/linux/device.h 中，device_driver 结构体内容如下：

```
1  struct device_driver {
2  const char *name;
3  struct bus_type *bus;
4
5  struct module *owner;
6  const char *mod_name; /* used for built-in modules */
7
8  bool suppress_bind_attrs; /* disables bind/unbind via sysfs */
9
10 const struct of_device_id *of_match_table;
11 const struct acpi_device_id *acpi_match_table;
12
13 int (*probe) (struct device *dev);
14 int (*remove) (struct device *dev);
15 void (*shutdown) (struct device *dev);
16 int (*suspend) (struct device *dev, pm_message_t state);
```

```
17    int (*resume) (struct device *dev);
18    const struct attribute_group **groups;
19
20    const struct dev_pm_ops *pm;
21
22    struct driver_private *p;
23  };
```

第 10 行，of_match_table 就是采用设备树时驱动程序使用的匹配表，同样是数组，每个匹配项都为 of_device_id 结构体类型，此结构体定义在文件 include/linux/mod_devicetable.h 中，内容如下：

```
1    struct of_device_id {
2        char name[32];
3        char type[32];
4        char compatible[128];
5        const void *data;
6    };
```

第 4 行的 compatible 非常重要，因为对于设备树而言，就是通过设备节点的 compatible 属性值和 of_match_table 中每个项目的 compatible 成员变量进行比较，如果有相等的值，就表示设备和此驱动程序匹配成功。

在编写 platform 驱动程序时，首先定义一个 platform_driver 结构体变量，然后实现结构体中的各成员变量，重点是实现匹配方法和 probe()函数。当驱动程序和设备匹配成功后，probe()函数就会执行，具体的驱动程序在 probe()函数中编写，比如字符设备驱动程序等。

3. platform 驱动程序注册

platform_driver 的注册和注销使用以下函数：

● int platform_driver_register(struct platform_driver *drv)
● void platform_driver_unregister(struct platform_driver *drv)

注册成功后，内核在/sys/bus/platform/driver/目录下创建一个名字为 driver->name 的目录。

注册一个 platform 驱动的步骤：

Step1：注册设备 platform_device_register()

Step2：注册驱动程序 platform_driver_register()

驱动程序注册中，需要实现的结构体是 platform_driver。需要注意的是，注册 platform_driver 和 platform_device 时，其中 name 变量的名称必须相同。在驱动程序的初始化函数中，调用 platform_driver_register()注册 platform_driver。这样，在 platform_driver_register()注册时，将当前注册的 platform_driver 中 name 变量的值和已注册的所有 platform_device 中的 name 变量值进行比较，只有找到具有相同名称的 platform_device 才能注册成功。注册成功时，调用 platform_driver 结构元素 probe()函数指针。

platform_driver_register()的注册过程如下：

① platform_driver_register(&i.mx6dl_driver)

② driver_register(&drv->driver)

③ bus_add_driver(drv)

④ driver_attach(drv)

⑤ bus_for_each_dev(drv->bus, NULL, drv, __driver_attach)

⑥ __driver_attach(struct device * dev, void * data)

⑦ driver_probe_device(drv, dev)

⑧ really_probe(dev, drv)

在 really_probe()中，为设备指派管理该设备的驱动程序使用 dev->driver = drv，调用 probe()函数初始化设备使用 drv->probe(dev)。

platform 驱动程序框架如下：

```
/* 设备结构体 */
1 struct xxx_dev{
2    struct cdev cdev;
3    /* 设备结构体其他具体内容 */
4 };
5
6 struct xxx_dev xxxdev; /* 定义个设备结构体变量 */
7
8 static int xxx_open(struct inode *inode, struct file *filp)
9 {
10   /* 函数具体内容 */
11   return 0;
12 }
13
14 static ssize_t xxx_write(struct file *filp, const char __user *buf, size_t
cnt, loff_t *offt)
15 {
16   /* 函数具体内容 */
17   return 0;
18 }
19
20 /*
21  * 字符设备驱动操作集
22  */
23 static struct file_operations xxx_fops = {
24   .owner = THIS_MODULE,
25   .open = xxx_open,
26   .write = xxx_write,
27 };
28
29 /*
30  * platform驱动的probe()函数
31  * 驱动程序与设备匹配成功以后此函数就会执行
32  */
33 static int xxx_probe(struct platform_device *dev)
```

```
34 {
35  ......
36   cdev_init(&xxxdev.cdev, &xxx_fops); /* 注册字符设备驱动程序 */
37   /* 函数具体内容 */
38   return 0;
39 }
40
41 static int xxx_remove(struct platform_device *dev)
42 {
43  ......
44  cdev_del(&xxxdev.cdev);/* 删除 cdev */
45  /* 函数具体内容 */
46  return 0;
47 }
48
49 /* 匹配列表 */
50 static const struct of_device_id xxx_of_match[] = {
51 { .compatible = "xxx-gpio" },
52 { /* Sentinel */ }
53 };
54
55 /*
56 * platform 平台驱动程序结构体
57 */
58 static struct platform_driver xxx_driver = {
59 .driver = {
60 .name = "xxx",
61 .of_match_table = xxx_of_match,
62 },
63 .probe = xxx_probe,
64 .remove = xxx_remove,
65 };
66
67 /* 驱动程序模块加载 */
68 static int __init xxx_driver_init(void)
69 {
70  return platform_driver_register(&xxx_driver);
71 }
72
73 /* 驱动程序模块卸载 */
74 static void __exit xxx_driver_exit(void)
75 {
76   platform_driver_unregister(&xxx_driver);
77 }
78
79 module_init(xxx_driver_init);
```

```
80 module_exit(xxx_driver_exit);
81 MODULE_LICENSE("GPL");
82 MODULE_AUTHOR("123");
```

第 1~27 行，传统的字符设备驱动程序，所谓的 platform 驱动程序并不是独立于字符设备驱动程序、块设备驱动和网络设备驱动程序的其他种类的驱动程序。platform 只是为了驱动程序的分离与分层而提出的一种框架，其具体实现还是需要借助于字符设备驱动程序、块设备驱动程序或网络设备驱动程序。

第 33~39 行，xxx_probe()函数，当驱动程序和设备匹配成功后此函数就会执行，之前在驱动程序入口 init()函数中编写的字符设备驱动程序全部放到此 probe()函数中。比如，注册字符设备驱动程序、添加 cdev、创建类等。

第 41~47 行，xxx_remove()函数，platform_driver 结构体中的 remove 成员变量，当关闭 platform 驱动程序时此函数就会执行，之前在驱动程序卸载 exit()函数要做的事放到此函数中。比如，使用 iounmap()释放内存、删除 cdev，注销设备号等。

第 50~53 行，xxx_of_match 匹配表，如果使用设备树，将通过此匹配表进行驱动程序和设备的匹配。第 51 行设置了一个匹配项，此匹配项的 compatible 值为 "xxx-gpio"，因此，当设备树中设备节点的 compatible 属性值为 "xxx-gpio" 时，此设备就会与此驱动程序匹配。第 52 行是一个标记，of_device_id 表最后一个匹配项必须是空的。

第 58~65 行，定义一个 platform_driver 结构体变量 xxx_driver，表示 platform 驱动程序，第 59~62 行设置 platform_driver 中的 device_driver 成员变量的 name 和 of_match_table 这两个属性。其中，name 属性用于传统的驱动程序与设备匹配，也就是检查驱动程序和设备的 name 字段是不是相同。of_match_table 属性就是用于设备树下的驱动程序与设备检查。对于一个完整的驱动程序，必须提供有设备树和无设备树两种匹配方法。第 63 和 64 行设置 probe()和 remove()这两成员变量。

第 68~71 行，驱动程序入口函数，调用 platform_driver_register()函数向 Linux 内核注册一个 platform 驱动，也就是上面定义的 xxx_driver 结构体变量。

第 74~77 行，驱动程序出口函数，调用 platform_driver_unregister()函数卸载前面注册的 platform 驱动。

总体来说，platform 驱动程序还是传统的字符设备驱动程序、块设备驱动程序或网络设备驱动程序，只是套上了一张 "platform" 的皮，目的是使用总线、驱动程序和设备这个模型来实现驱动程序的分离与分层。

5.4.3　platform 总线设备驱动程序实例

我们根据设备管理的分层与面向对象思想，将模拟的 USB 鼠标设备和驱动程序添加到 platform 总线上。

1. platform USB 鼠标设备数据结构与装卸函数

（1）鼠标 platform 设备数据结构定义与初始化。

定义一个 USB 鼠标释放函数，用于退出时打印信息。

```
void usb_dev_release(struct device *dev)
{
    printk(" release\n");
}
struct platform_device mouse_dev = {
    .name = "plat_usb_mouse", //将以这个名字创建目录
    .dev = {
        .bus_id = "usb_mouse", //不会用这个名字创建目录了，这里不设置 bus_id 也行的。
        .release = usb_dev_release,
    },
};
```

（2）USB 鼠标设备装载函数。

```
static int __init usb_device_init(void)
{
    int ret;
    ret = platform_device_register(&mouse_dev);
    if(ret){
        printk("device register failed!\n");
        return ret;
    }
    printk("usb device init\n");
    return 0;
}
```

（3）USB 鼠标设备卸载函数。

```
static void __exit usb_device_exit(void)
{
    platform_device_unregister(&mouse_dev);
    printk("usb device bye!\n");
}
```

2. platform USB 鼠标驱动程序数据结构与装卸函数

USB 鼠标驱动同样需要定义初始化设备驱动程序结构体，将之前 USB 结构体和注册函数更改为 platform 类型就可以了。

（1）鼠标 platform 驱动程序数据结构定义与初始化。

```
struct platform_driver mouse_drv = {
    .probe = usb_driver_probe,
    .remove = usb_driver_remove,
    .driver = {
        .name = "plat_usb_mouse", //在/sys/中的驱动程序目录名字
    },
};
```

（2）USB 鼠标设备驱动程序加载函数。

```
static int __init usb_driver_init(void)
{
    int ret;
    /* 驱动程序注册，注册成功后在/sys/platform/usb/driver 目录下创建目录
    * plat_usb_mouse */
    ret = platform_driver_register(&mouse_drv);
    if(ret){
        printk("driver register failed!\n");
        return ret;
    }
    printk("usb driver init\n");
    return 0;
}
```

（3）USB 鼠标设备驱动程序卸载函数。

```
static void __exit usb_driver_exit(void)
{
    platform_driver_unregister(&mouse_drv);
    printk("usb driver bye!\n");
}
```

由上面的程序看到，设备和驱动程序都以"plat_usb_mouse"命名，这样，match()函数就能配对成功。

5.5　设备树

5.5.1　设备树基本概念及作用

驱动程序的开发方法可以分为三种：传统方法、总线方法和设备树方法。Linux 3.0 及之后的版本，都是采用设备树的方法实现驱动程序与设备之间的联系。将设备注册改为设备树实现，解决了总线方法中代码冗余多的问题。

早期不支持设备树的 Linux 版本，描述板级信息的代码被集成在内核中，这就让内核充斥着大量的冗余代码以应对不同开发板和产品的外设需求，如在 arch/arm/mach-xxx 下的板级目录，代码量在数万行水平。为了解决这种情况，采用设备树将硬件信息从 Linux 系统中剥离出来，不用在内核中进行大量的冗余编码。引入设备树后，bus 部分已经被写入 Linux 内核了，device 采用设备树描述，驱动程序开发者只需要对 driver 进行操作即可。设备树结构示意图见图 5.12。

设备树描述的信息包括 CPU 的数量和类型、内存基地址和大小、总线和桥、外设连接（如 I^2C 接口上连接了哪些设备、SPI 接口上连接了哪些设备等）、中断控制器和中断使用情况、GPIO 控制器和 GPIO 使用情况、Clock 控制器和 Clock 使用情况，如图 5.12 所示。另外，设备树对于可热插拔的设备不进行具体描述，它只描述用于控制该热插拔设备的控制器。在

图 5.12 中，树的主干就是系统总线，I²C 控制器、SPI 控制器等都是连接到系统主线上的分支。一种总线控制器可以连接多个设备。DTS 文件的主要功能就是按照图 5.12 所示的结构来描述板子上的设备信息，DTS 文件描述设备信息有相应的语法规则要求。

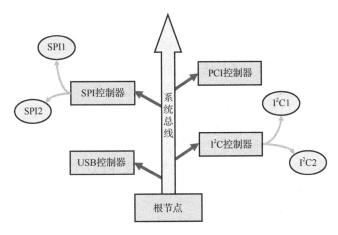

图 5.12　设备树结构示意图

设备树的主要优势在于，对于同一 SoC 的不同主板，只需更换设备树文件.dtb 即可实现不同主板的无差异支持，而无须更换内核文件。要使 Linux 的内核支持使用设备树，除了内核编译时需要打开相对应的选项，Bootloader 也要支持将设备树的数据结构传给内核。

设备树由一系列被命名的节点（Node）和属性（Property）组成，其中，节点本身可包含子节点，而属性就是成对出现的名与值。在设备树中，可描述的信息包含：

- CPU 的数量和类型。
- 内存基地址和大小。
- 总线和桥。
- 外设连接。
- 中断控制器和中断使用情况。
- GPIO 控制器和 GPIO 使用情况。
- Clock 控制器和 Clock 使用情况。

5.5.2　DTS、DTB 和 DTC

设备树包含 DTS（Device Tree Source）、DTC（Device Tree Compiler）和 DTB（Device Tree Blob），它们之间的关系如图 5.13 所示。

图 5.13　DTS、DTC 和 DTB 之间的关系

设备树描述硬件资源的数据结构通过 Bootloader 将硬件资源传给内核，使得内核和硬件资源描述相对独立。也就是说，DTS 源文件经过 DTC 编译后的设备树*.dtb 文件由 Bootloader

读入内存，之后由内核来解析。

1. DTS 和 DTSI

设备树源文件扩展名为.dts，*.dts 文件是对 Device Tree 的描述，放置在内核的 /arch/arm/boot/dts 目录中。一般而言，一个.dts 文件对应 ARM 的一个 machine。

相同内核的 SoC 可能应用于多个不同应用系统，而每个应用系统的板卡拥有一个*.dts: 语句，为了减少代码的冗余，设备树将这些共同部分提炼保存在.dtsi 文件中。语句*.dtsi 的使用方法类似于 C 语言的头文件，在.dts 文件中需要进行包含（include）*.dtsi 文件。当然，dtsi 本身也支持包含（include）另一个.dtsi 文件。

2. DTC

DTC 为编译工具，它可以将.dts 文件编译成.dtb 文件。DTC 的源码位于内核的 scripts/dtc 目录中。内核选中 CONFIG_OF，编译内核时，主机可执行程序 DTC 就会被编译出来。即，在 scripts/dtc/Makefile 中：

```
hostprogs-y := dtc
always := $(hostprogs-y)
```

在内核的 arch/arm/boot/dts/Makefile 中，若选中某种 SoC，则与其对应的相关.dtb 文件都将编译出来。在 Linux 下，make dtbs 可单独编译 dtb。以下截取了 TEGRA 平台的一部分：

```
ifeq ($(CONFIG_OF),y)
dtb-$(CONFIG_ARCH_TEGRA) += tegra20-harmony.dtb \
tegra30-beaver.dtb \
tegra114-dalmore.dtb \
tegra124-ardbeg.dtb
```

3. DTB

DTC 编译*.dts 生成二进制文件（*.dtb），Bootloader 在引导内核时预先将*.dtb 文件读取到内存中，进而由内核解析。

4. 设备树在 Bootloader 中的操作方法

Linux 内核启动以后，先解析并注册 dts 中的设备，然后注册驱动，比较驱动中的 compatible 属性和设备中的 compatible 属性，或者比较两者的 name 属性，如果一致则匹配成功。在 start_kernel()->setup_arch(0->unflatten_device_tree()->_unflatten_device_tree()函数中扫描 dtb，并转换成节点是 device_node 的树状结构。

Bootloader 需要将设备树在内存中的地址传给内核。在 ARM 中通过 bootm 或 bootz 命令进行传递：bootm [kernel_addr] [initrd_address] [dtb_address]，其中 kernel_addr 为内核镜像的地址，initrd 为 initrd 的地址，dtb_address 为 dtb 的地址。若 initrd_address 为空，则用"-"来代替。

5.5.3　DTS 语法

一般地，.dtsi 文件用于描述 SoC 内部的外设信息，如 CPU 架构、主频、外设寄存器地址范围，又如 UART、I²C，等等。例如，imx6ull.dtsi 文件就是描述 I.MX6ULL 内部外设情况信息的，内容如代码清单 5.5.3.1 所示。

代码清单 5.5.3.1　imx6ull.dtsi 文件部分代码段

```
1   #include <dt-bindings/clock/imx6ul-clock.h>
2   #include <dt-bindings/gpio/gpio.h>
3   #include <dt-bindings/interrupt-controller/arm-gic.h>
4   #include "imx6ull-pinfunc.h"
5   #include "imx6ull-pinfunc-snvs.h"
6   #include "skeleton.dtsi"
7
8   / {
9       aliases {
10          can0 = &flexcan1;
11          …
12      };
13
14      cpus {
15          #address-cells = <1>;
16          #size-cells = <0>;
17
18          cpu0: cpu@0 {
19              compatible = "arm, cortex-a7";
20              device_type = "cpu";
21              …
22          };
23      };
24
25      intc: interrupt-controller@00A01000 {
26          compatible = "arm, cortex-a7-gic";
27          #interrupt-cells = <3>;
28          interrupt-controller;
29          reg = <0x00A01000 0x1000>,
30          <0x00A02000 0x100>;
31      };
32
33      clocks {
34          #address-cells = <1>;
35          #size-cells = <0>;
36          ckil: clock@0 {
37              compatible = "fixed-clock";
38              reg = <0>;
39              #clock-cells = <0>;
40              clock-frequency = <32768>;
41              clock-output-names = "ckil";
42          };
```

```
43          …
44      };
45
46      soc {
47          #address-cells = <1>;
48          #size-cells = <1>;
49          compatible = "simple-bus";
50          interrupt-parent = <&gpc>;
51          ranges;
52          busfreq {
53              compatible = "fsl,imx_busfreq";
54              …
55          };
56          …
57      };
58  };
```

第 18~23 行就是 cpu0 这个设备的节点信息，描述了 I.MX6ULL 所使用的 CPU 信息，比如架构是 Cortex-A7。在 imx6ull.dtsi 文件中不仅描述了 cpu0 这一节点信息，I.MX6ULL 所有的外设都描述得清清楚楚，比如 ecspi1~4、uart1~8、usbphy1~2、i2c1~4 等，关于这些设备节点信息的具体内容，请参考对应开发板相关资料。

1. 设备节点

设备树采用树形结构来描述板上设备信息的文件，每个设备都是一个节点，称为设备节点，每个节点都通过一些属性信息来描述节点信息，属性就是键值对。代码清单 5.5.3.2 是从 imx6ull.dtsi 文件中缩减出来的设备树文件内容。

代码清单 5.5.3.2　设备树模板

```
1   /{
2       aliases {
3           can0 = &flexcan1;
4       };
5
6       cpus {
7           #address-cells = <1>;
8           #size-cells = <0>;
9
10          cpu0: cpu@0 {
11              compatible = "arm, cortex-a7";
12              device_type = "cpu";
13              reg = <0>;
14          };
15      };
16
17      intc: interrupt-controller@00A01000 {
```

```
18          compatible = "arm,cortex-a7-gic";
19          #interrupt-cells = <3>;
20          interrupt-controller;
21          reg = <0x00A01000 0x1000>,
22                <0x00A02000 0x100>;
23      };
24 }
```

第 1 行，"/"是根节点，每个设备树文件只有一个根节点。细心的同学应该会发现，imx6ull.dtsi 和 imx6ull-alientek-emmc.dts 这两个文件都有一个"/"根节点，这样不会出错吗？不会的，因为这两个"/"根节点的内容会合并成一个根节点。

第 2、6 和 17 行，aliases、cpus 和 intc 是三个子节点，在设备树中节点命名格式如下：

```
node-name@unit-address
```

其中 "node-name" 是节点名字，为 ASCII 字符串，节点名字应该能清晰地描述出节点的功能，比如 "uart1" 表示这个节点是 UART1 外设。"unit-address" 一般表示设备的地址或寄存器首地址，如果某个节点没有地址或寄存器，"unit-address" 可以不要，比如 "cpu@0"、"interrupt-controller@00A01000"。

但是，我们在示例代码第 10 行中看到的节点命名却如下所示：

```
cpu0:cpu@0
```

上述命令并不是 "node-name@unit-address" 这样的格式，而是用 ":" 隔开成了两部分，":" 前面的是节点标签（label），":" 后面的才是节点名字，格式如下：

```
label: node-name@unit-address
```

引入 label 就是为了方便访问节点，可以直接通过&label 来访问这个节点，比如通过&cpu0 就可以访问 "cpu@0" 这个节点，而不需要输入完整的节点名字。比如，节点 "intc: interrupt-controller@00A01000"，节点的 label 是 intc，而节点名字就很长了，为 "interrupt-controller@00A01000"。很明显，通过&intc 访问 "interrupt-controller@00A01000" 这个节点要方便很多！

第 10 行，cpu0 也是一个节点，只是 cpu0 是 cpus 的子节点。

每个节点都有不同的属性，不同的属性有不同的内容，属性都是键值对，值可以为空或任意的字节流。下面给出设备树源码中常用的几种数据形式。

（1）字符串。

```
compatible = "arm, cortex-a7";
```

上述代码设置 compatible 属性的值为字符串 "arm, cortex-a7"。

（2）32 位无符号整数。

```
reg = <0>;
```

上述代码设置 reg 属性的值为 0，reg 的值也可以设置为一组值，比如：

```
reg = <0 0x123456 100>;
```

（3）字符串列表。

属性值也可以为字符串列表，字符串和字符串之间采用 "," 隔开，如下所示：

```
compatible = "fsl, imx6ull-gpmi-nand", "fsl, imx6ul-gpmi-nand";
```

上述代码设置属性 compatible 的值为 "fsl,imx6ull-gpmi-nand" 和 "fsl, imx6ul-gpmi-nand"。

2. 标准属性

节点是由一堆属性组成的，节点都是具体的设备，不同的设备需要的属性不同，用户可以自定义属性。除了用户自定义属性，很多属性是标准属性，Linux 下的很多外设驱动程序都会使用这些标准属性，本节我们就来学习几个常用的标准属性。

（1）compatible 属性。

compatible 属性也称为 "兼容性" 属性，这是一个非常重要的属性。compatible 属性的值是一个字符串列表，compatible 属性用于将设备和驱动程序绑定起来。字符串列表用于选择设备要使用的驱动程序，compatible 属性的值格式如下：

```
"manufacturer, model"
```

其中，manufacturer 表示厂商，model 一般是模块对应的驱动程序名字。比如，imx6ull-alientek-emmc.dts 中 sound 节点是 I.MX6U-ALPHA 开发板的音频设备节点，I.MX6U-ALPHA 开发板上的音频芯片采用的欧胜（WOLFSON）生产的 WM8960，sound 节点的 compatible 属性值如下：

```
compatible = "fsl, imx6ul-evk-wm8960","fsl, imx-audio-wm8960";
```

属性值有两个，分别为 "fsl,imx6ul-evk-wm8960" 和 "fsl,imx-audio-wm8960"，其中 "fsl" 表示厂商是飞思卡尔，"imx6ul-evk-wm8960" 和 "imx-audio-wm8960" 表示驱动模块名字。sound 这个设备首先使用第一个兼容值在 Linux 内核中查找，看能不能找到与之匹配的驱动程序文件，如果没有找到，就使用第二个兼容值查找。

一般驱动程序文件都有一个 OF 匹配表，匹配表中保存着一些 compatible 值。如果设备节点的 compatible 属性值和 OF 匹配表中的任何一个值相等，就表示设备可以使用这个驱动程序。比如，在文件 imx-wm8960.c 中有代码清单 5.5.3.3 所示的内容。

代码清单 5.5.3.3　imx-wm8960.c 文件代码段示例

```
1    static const struct of_device_id imx_wm8960_dt_ids[] = {
2        { .compatible = "fsl,imx-audio-wm8960", },
3        { /* sentinel */ }
4    };
5    MODULE_DEVICE_TABLE(of, imx_wm8960_dt_ids);
6
7    static struct platform_driver imx_wm8960_driver = {
8        .driver = {
9            .name = "imx-wm8960",
10           .pm = &snd_soc_pm_ops,
11           .of_match_table = imx_wm8960_dt_ids,
```

```
12         },
13         .probe = imx_wm8960_probe,
14         .remove = imx_wm8960_remove,
15    };
```

第 1～4 行的数组 imx_wm8960_dt_ids 就是 imx-wm8960.c 这个驱动程序文件的匹配表，此匹配表只有一个匹配值 "fsl,imx-audio-wm8960"。如果在设备树中有哪个节点的 compatible 属性值与此相等，那么这个节点就会使用此驱动程序文件。

第 11 行，wm8960 采用 platform_driver 驱动模式。此行设置 .of_match_table 为 imx_wm8960 _dt_ids，也就是设置这个 platform_driver 所用的 OF 匹配表。

（2）model 属性。

model 属性值也是一个字符串。model 属性一般描述设备模块信息，如设备名：

```
model = "wm8960-audio";
```

（3）status 属性。

status 属性和设备状态有关，status 属性值也是字符串，描述的是设备的状态信息，其可选状态示于表 5.3 中。

表 5.3　status 属性值表

属性值	状态信息描述
okay	表明设备是可操作的
disable	表明设备当前是不可操作的，但在未来可以变为可操作性的，比如热插拔设备插入以后
fail	表明设备是不可操作的，设备检测到一系列错误，二期设备也不大可能变得可操作
fail-sss	含义和 fail 相同，后面的 sss 部分是检测到的错误代码

（4）#address-cells 和#size-cells 属性。

这两个属性的值都是无符号的 32 位整型，可以用在任何拥有子节点的设备中，用于描述子节点的地址信息。#address-cells 属性值决定子节点 reg 属性中地址信息所占用的字长（32 位），#size-cells 属性值决定子节点 reg 属性中长度信息所占的字长。

#address-cells 和#size-cells 表明子节点应该如何编写 reg 属性值。reg 属性一般和地址有关。和地址相关的信息有两种：起始地址和地址长度。reg 属性的格式为：

```
reg = <address1 length1 address2 length2 address3 length3……>
```

每个 "address length" 组合表示一个地址范围，其中，address 是起始地址，length 是地址长度，#address-cells 表明 address 这个数据占用的字长，#size-cells 表明 length 这个数据占用的字长。代码清单 5.5.3.4 给出一个例子。

代码清单 5.5.3.4　#address-cells 和#size-cells 属性示例

```
1    spi4 {
2        compatible = "spi-gpio";
3        #address-cells = <1>;
4        #size-cells = <0>;
```

```
5
6        gpio_spi: gpio_spi@0 {
7            compatible = "fairchild,74hc595";
8            reg = <0>;
9        };
10   };
11
12   aips3: aips-bus@02200000 {
13       compatible = "fsl,aips-bus", "simple-bus";
14       #address-cells = <1>;
15       #size-cells = <1>;
16
17       dcp: dcp@02280000 {
18           compatible = "fsl,imx6sl-dcp";
19           reg = <0x02280000 0x4000>;
20       };
21   };
```

第 3、4 行，节点 spi4 的#address-cells = <1>，#size-cells = <0>，说明 spi4 的子节点 reg 属性中起始地址占用的字长为 1，地址长度占用的字长为 0。

第 8 行，子节点 gpio_spi: gpio_spi@0 的 reg 属性值为<0>，因为父节点设置了 #address-cells = <1>，#size-cells = <0>，因此 addres = 0；没有 length 的值，相当于设置了起始地址而没有设置地址长度。

第 14、15 行，设置 aips3: aips-bus@02200000 节点#address-cells = <1>，#size-cells = <1>，说明 aips3: aips-bus@02200000 节点起始地址长度占用的字长为 1，地址长度占用的字长也为 1。

第 19 行，子节点 dcp: dcp@02280000 的 reg 属性值为<0x02280000 0x4000>，因为父节点设置了#address-cells = <1>，#size-cells = <1>，address = 0x02280000，length = 0x4000，相当于设置了起始地址为 0x02280000，地址长度为 0x40000。

（5）reg 属性。

reg 属性的值一般是(address，length)对，一般用于描述设备地址空间资源信息，是某个外设的寄存器地址范围信息。比如，在 imx6ull.dtsi 中有代码清单 5.5.3.5 所示的内容。

代码清单 5.5.3.5　uart1 节点信息示例

```
1    uart1: serial@02020000 {
2        compatible = "fsl,imx6ul-uart",
3        "fsl,imx6q-uart", "fsl,imx21-uart";
4        reg = <0x02020000 0x4000>;
5        interrupts = <GIC_SPI 26 IRQ_TYPE_LEVEL_HIGH>;
6        clocks = <&clks IMX6UL_CLK_UART1_IPG>,
7            <&clks IMX6UL_CLK_UART1_SERIAL>;
8        clock-names = "ipg", "per";
9        status = "disabled";
10   };
```

uart1 节点描述了 I.MX6ULL 的 UART1 相关信息，重点是第 4 行的 reg 属性。其中，uart1

的父节点 aips1: aips-bus@02000000 设置了#address-cells = <1>、#size-cells = <1>，因此 reg 属性中 address=0x02020000，length=0x4000。查阅《I.MX6ULL 参考手册》可知，I.MX6ULL 的 UART1 寄存器首地址为 0x02020000，但是 UART1 的地址长度（范围）并没有 0x4000 这么多，这里我们重点是获取 UART1 寄存器的首地址。

（6）ranges 属性。

ranges 属性值可以是空或是按照(child-bus-address, parent-bus-address, length)格式编写的数字矩阵，ranges 是一个地址映射/转换表，ranges 属性每个项目由子地址、父地址和地址空间长度这三部分组成。

- child-bus-address：子总线地址空间的物理地址，由父节点的#address-cells 确定此物理地址占用的字长。
- parent-bus-address：父总线地址空间的物理地址，同样由父节点的#address-cells 确定此物理地址占用的字长。
- length：子地址空间的长度，由父节点的#size-cells 确定此地址长度占用的字长。

如果 ranges 属性值为空值，说明子地址空间和父地址空间完全相同，不需要进行地址转换。对于我们使用的 I.MX6ULL，子地址空间和父地址空间完全相同，因此会在 imx6ull.dtsi 中找到大量值为空的 ranges 属性，如代码清单 5.5.3.6 所示。

代码清单 5.5.3.6　imx6ull.dtsi 文件代码段示例

```
1    soc {
2        #address-cells = <1>;
3        #size-cells = <1>;
4        compatible = "simple-bus";
5        interrupt-parent = <&gpc>;
6        ranges;
7        ......
8    }
```

第 6 行定义了 ranges 属性，但 ranges 属性值为空。ranges 属性不为空的示例代码如代码清单 5.5.3.7 所示。

代码清单 5.5.3.7　ranges 属性不为空示例

```
1    soc {
2        compatible = "simple-bus";
3        #address-cells = <1>;
4        #size-cells = <1>;
5        ranges = <0x0 0xE0000000 0x00100000>;
6
7        serial {
8            device_type = "serial";
9            compatible = "ns16550";
10           reg = <0x4600 0x100>;
11           clock-frequency = <0>;
12           interrupts = <0xA 0x8>;
```

```
13              interrupt-parent = <&ipic>;
14          };
15      };
```

第 5 行，节点 soc 定义的 ranges 属性，其值为<0x0 0xE0000000 0x00100000>，此属性值指定一个 1024KB（0x00100000）的地址范围，子地址空间的物理起始地址为 0x0，父地址空间的物理起始地址为 0xE0000000。

第 10 行，serial 是串口设备节点，reg 属性定义了 serial 设备寄存器的起始地址为 0x4600，寄存器长度为 0x100。经过地址转换，serial 设备可以从 0xE0004600 开始进行读写操作，0xE0004600=0x4600+0xE0000000。

（7）name 属性。

name 属性值为字符串，用于记录节点名字。当前，name 属性已经弃用，不推荐使用，一些老的设备树文件可能会使用此属性。

（8）device_type 属性。

device_type 属性值为字符串，IEEE 1275 会用到此属性，用于描述设备的 FCode，但设备树没有 FCode，所以此属性也被抛弃了。此属性只能用于 cpu 节点或 memory 节点。imx6ull.dtsi 的 cpu0 节点用到了此属性，内容如代码清单 5.5.3.8 所示。

代码清单 5.5.3.8　imx6ull.dtsi 文件代码段示例

```
1   cpu0: cpu@0 {
2       compatible = "arm,cortex-a7";
3       device_type = "cpu";
4       reg = <0>;
5       ......
6   };
```

关于标准属性就讲解这么多，其他诸如中断、I²C、SPI 等使用的标准属性等，可以参考具体的例程。

5.5.4　设备与驱动程序的匹配

Linux 内核启动后，先解析并注册 dts 中的设备，然后在/proc/device-tree 目录下生成相应的设备树节点文件。比较驱动程序中的 compatible 属性和设备中的 compatible 属性，或者比较两者的 name 属性，一致则匹配成功。

1. 解析 dtb

在 start_kernel()→setup_arch(r→unflatten_device_tree()→ __unflatten_device_tree()函数中扫描 dtb，并转换成节点，结果是 device_node 的树状结构，流程如图 5.14 所示。

从图 5.14 中可以看出，在 start_kernel()函数中完成了设备树节点解析的工作，实际工作的函数为 unflatten_dt_node，见代码清单 5.5.4.1。

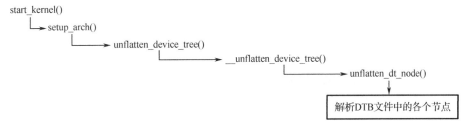

图 5.14 Linux 内核解析 DTB 文件流程

代码清单 5.5.4.1 unflatten_device_tree()函数

```
1   static void __unflatten_device_tree()
2   {
3       ...
4       /* First pass, scan for size */
5       start = 0;
6       size = (unsigned long)unflatten_dt_node(blob, NULL, &start, NULL, NULL,
0, true);
7       size = ALIGN(size, 4);
8       ...
9       /* Second pass, do actual unflattening */
10      start = 0;
11      unflatten_dt_node(blob, mem, &start, NULL, mynodes, 0, false);
12      ...
13  }
```

2. 注册 dts 设备

注册 dts 设备的语句如下：

```
imx6q_init_machine() --> of_platform_populate()。
```

在 of_platform_populate()中循环扫描根节点下的各节点，示例见代码清单 5.5.4.2。

代码清单 5.5.4.2 循环扫描根节点下的各节点示例

```
1   int of_platform_populate()
2   {
3       ...
4       for_each_child_of_node(root, child) {
5           rc = of_platform_bus_create(child, matches, lookup, parent, true);
6       }
7       ...
8   }
9   static int of_platform_bus_create()
10  {
11      ...
12      /* Make sure it has a compatible property */
13      if (strict && (!of_get_property(bus, "compatible", NULL))) {
14          pr_debug("%s() - skipping %s, no compatible prop\n",
```

```
15              __func__, bus->full_name);
16          return 0;
17      }
18
19      auxdata = of_dev_lookup(lookup, bus);
20      if (auxdata) {
21          bus_id = auxdata->name;
22          platform_data = auxdata->platform_data;
23      }
24      ...
25      dev = of_platform_device_create_pdata(bus, bus_id, platform_data, parent);
26      if (!dev || !of_match_node(matches, bus))
27          return 0;
28      //如果节点有子节点，则递归调用 of_platform_bus_create()扫描节点的子节点:
29      for_each_child_of_node(bus, child) {
30          pr_debug("   create child: %s\n", child->full_name);
31          rc = of_platform_bus_create(child, matches, lookup, &dev->dev, strict);
32          if (rc) {
33              of_node_put(child);
34              break;
35          }
36      }
37      of_node_set_flag(bus, OF_POPULATED_BUS);
38      return rc;
39  }
```

最终，调用 of_platform_device_create_pdata() -> of_device_add()注册设备并添加到对应的链表中。

3. 注册驱动程序

Linux 注册驱动程序的函数为 driver_register()，或者其包装函数如 platform_driver_register()，而 driver_register()或其包装函数一般在驱动程序的初始化函数 xxx_init()中调用。

驱动程序初始化函数 xxx_init()被调用的路径为:

start_kernel() → rest_init() → Kernel_init() → kernel_init_freeable() → do_basic_setup() → do_initcalls

简而言之，在 start_kernel()中调用 driver_register()注册驱动程序，如图 5.15 所示。

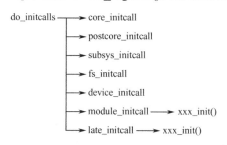

图 5.15 do_initcalls 调用过程

4．匹配设备

追踪 driver_register()函数，通过 driver_register()→bus_add_driver()→driver_attach()→__driver_attach()进行调用，见代码清单 5.5.4.3。

代码清单 5.5.4.3　匹配设备过程示例

```
1   static int __driver_attach(struct device *dev, void *data)
2   {
3       struct device_driver *drv = data;
4       if (!driver_match_device(drv, dev))
5           return 0;
6
7       if (dev->parent)    /* Needed for USB */
8           device_lock(dev->parent);
9       device_lock(dev);
10      if (!dev->driver)
11          driver_probe_device(drv, dev);
12      device_unlock(dev);
13      if (dev->parent)
14          device_unlock(dev->parent);
15      return 0;
16  }
```

driver_match_device()寻找匹配的设备，匹配成功则执行驱动程序的 probe()函数。driver_match_device()函数最终调用平台的匹配函数 platform_match()。

首先，of_driver_match_device 将根据驱动程序 of_match_table 中的 compatible 属性，与设备中的 compatible 属性进行比对。其次，调用 acpi_driver_match_device()函数进行匹配。如果前两种方法都没有匹配成功，那么最后比对设备和驱动程序的 name 字符串是否一致。

作业

1．分析 Linux 总线、设备、驱动程序的关系，分析外设驱动程序的中断处理与驱动程序之间如何进行关联。

2．选择一个典型的外设驱动程序，分析 platform 总线方式管理驱动程序与传统的驱动程序管理方式的异同点。

3．查找资料，分析在系统启动时设备树查找与挂载设备的流程。

第6章　字符设备驱动程序与应用实例

字符设备是 3 大类设备（字符设备、块设备和网络设备）中的一类。字符设备是能够像字节流一样被访问的设备，这些设备文件和普通文件的区别是，对普通文件的访问可以通过前后移动访问位置来实现随机存取，而大多数字符设备只能够顺序访问。字符设备不具备缓冲区，因此对这种设备的读写是实时的。字符设备可以通过文件系统的设备文件来访问，比如/dev/ttyl 和/dev/console 等。其驱动程序完成的主要工作是初始化、添加和删除 cdev 结构、申请和释放设备号，以及填充 file_operations 结构体中的操作函数，实现该结构体中 read()、write()、ioctl()等函数的关联调用。这些工作是驱动程序（或简称为驱动）的主要任务。

本章主要介绍字符设备驱动程序的框架，以及编写简单的字符设备驱动程序需要注意的问题。在此基础上，介绍较常用的字符设备驱动程序：基于 GPIO 的 LED 驱动程序、UART 串行总线驱动程序。

本章学习需要重点关注以下要点：
● 字符设备驱动程序的原理和框架组成；
● 字符设备驱动程序主要数据结构与函数；
● 基于 GPIO 的 LED 驱动程序结构；
● UART 串行总线驱动程序组成。

6.1　字符设备驱动程序结构分析

6.1.1　字符设备驱动程序框架

在实际动手编写字符设备驱动程序（有时也简称为字符设备驱动）之前，要了解字符设备驱动程序的整体框架。字符设备驱动程序的框架如图 6.1 所示。

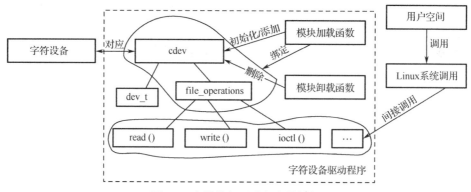

图 6.1　字符设备驱动程序的框架

Linux 的一个重要特点是将所有设备都看成文件来处理，其中就包括设备文件，它们可以使用和操作文件相同的、标准的系统调用接口，完成打开、关闭、读写和 I/O 控制操作，而驱动程序的主要任务就是实现这些系统调用函数。设备驱动程序为应用程序屏蔽了硬件的细节。

字符设备驱动程序是嵌入式 Linux 最基本也是最常用的驱动程序。它的功能非常强大，几乎可以描述不涉及挂载文件系统的所有硬件设备。字符设备驱动程序的实现方式分为两种：一种是直接编译进内核，另一种是以模块形式在需要使用驱动程序时加载。通常情况下，后者更为普遍，因为开发人员不必在调试驱动程序的过程中频繁启动机器就能完成设备驱动程序的开发工作。

字符设备在 Linux 内核中使用 struct cdev 结构表示，这个结构体在整个字符驱动程序设计中起着关键作用。struct cdev 结构中包含字符设备需要的全部信息，其中最主要的是设备号（dev_t）和文件操作（file_operations）。设备号将驱动程序与设备文件关联在一起，而文件操作函数则是实现上层系统调用的接口。除了打开、关闭、读取和写入等最基本的设备操作，还有一些其他的设备操作，并不一定要求全部实现。

当驱动程序以模块的形式加载到内核中时，模块加载函数会初始化 cdev 结构，并将其与文件操作函数绑定在一起，然后向内核中添加这个结构。模块卸载函数则负责从内核中删除 cdev 结构。

6.1.2　字符设备驱动程序组成

1. 字符设备驱动程序关键数据结构及内核函数

在 Linux 内核中使用 cdev 结构体来描述字符设备。在内核调用设备的操作之前，必须注册一个或多个上述结构体。在<linux/cdev.h>头文件中定义了 cdev，以及操作 cdev 结构体的相关函数。它的定义如下：

```
struct cdev {
    struct kobject kobj;                    //内嵌的内核对象
    struct module *owner;                   //该字符设备所在的内核模块的对象指针
    const struct file_operations *ops;      //操作字符设备所能实现的方法
    struct list_head list;                  //用来向内核注册的所有字符设备形成链表
    dev_t dev;                              //字符设备的设备号，由主设备号和次设备号构成
    unsigned int count;                     //隶属于同一主设备号的次设备号的个数
};
```

这个结构的定义很简单，它记录了字符设备需要的全部信息，如设备号、操作函数等。其中，dev_t 成员定义了字符设备的设备号，而另外一个重要成员 file_operations 定义了字符设备驱动程序提供的文件操作函数，这部分将在下一步进行介绍。

此外，内核还提供了操作 cdev 结构体的一组函数，只能通过这些函数操作字符设备，如初始化、注册、添加以及移除字符设备。这些函数也定义在<Linux/cdev.h>头文件中，它们的定义如下：

（1）void cdev_init(struct cdev *, const struct file_operations *)。

其源代码如下：

```
void cdev_init(struct cdev *cdev, const struct file_operations *fops)
{
    memset(cdev, 0, sizeof *cdev);        //将整个结构体清零；
    INIT_LIST_HEAD(&cdev->list);      //初始化 list 成员使其指向自身
    kobject_init(&cdev->kobj, &ktype_cdev_default);  //初始化 kobj 成员
    cdev->ops = fops;  //初始化 ops 成员，建立 cdev 和 file_operations 连接
}
```

该函数主要对 struct cdev 结构体做初始化，最重要的就是建立 cdev 和 file_operations 之间的连接，在字符设备驱动模块加载时调用。

（2）struct cdev *cdev_alloc(void)。

该函数主要分配一个 struct cdev 结构，动态申请一个 cdev 内存，并完成 cdev_init 中所做的前 3 步初始化工作（第 4 步初始化工作需要在调用 cdev_alloc()函数后，显式地做初始化即：.ops=xxx_ops）。

其源代码如下：

```
struct cdev *cdev_alloc(void)
{
    struct cdev *p = kzalloc(sizeof(struct cdev), GFP_KERNEL);
    if (p) {
        INIT_LIST_HEAD(&p->list);
        kobject_init(p->kobj, &ktype_cdev_dynamic);
    }
    return p;
}
```

与设备号的分配一样，字符设备的分配与初始化也有两种不同的方式。cdev_alloc()函数用于动态分配一个新的字符设备 cdev 结构体，并对其进行初始化。一般情况下，如果打算在运行时获取一个独立的 cdev 结构体，可以使用这种方式，随后显式地初始化 cdev 结构体的 owner 和 ops 成员。

可以参考以下的代码实现：

```
struct cdev *my_cdev = cdev_alloc();
my_cdev->owner = THIS_MODULE;
my_cdev->ops = &fops;
```

假如要把 cdev 结构体嵌入到自己的设备特定结构中，可以采用静态分配方式。cdev_init()函数用于初始化一个静态分配的 cdev 结构体，并建立 cdev 和 file_operations 之间的连接。因此，只需要初始化 owner 成员即可。cdev_init()函数和 cdev_alloc()函数的功能基本相同，唯一的区别是 cdev_init()用于初始化已存在的 cdev 结构体。下面是一段参考代码：

```
struct cdev *my_cdev;
cdev_init(my_cdev, &fops);
my_cdev->owner=THIS_MODULE;
```

在上面两个初始化的函数中，我们没有看到关于 owner 成员、dev 成员、count 成员的初始化；其实，owner 成员的存在体现了驱动程序与内核模块间的亲密关系。struct module 是内核对一个模块的抽象，该成员在字符设备中可以体现该设备隶属于哪个模块，在驱动程序的编写中一般由用户显式地初始化 owner = THIS_MODULE，该成员可以防止设备的方法正在被使用时设备所在模块被卸载。而 dev 成员和 count 成员则在 cdev_add()中才会赋上有效的值。

（3）int cdev_add(struct cdev *p, dev_t dev, unsigned count)。

该函数向内核注册一个 struct cdev 结构，即正式通知内核，struct cdev *p 代表的字符设备已可用。

当然，这里还需提供两个参数：

● 设备号 dev。

● 和该设备关联的设备号的数量。

这两个参数直接赋值给 struct cdev 的 dev 成员和 count 成员。

（4）void cdev_del(struct cdev *p)。

该函数向内核注销一个 struct cdev 结构，即正式通知内核，struct cdev *p 代表的字符设备已不可用，归还申请的设备号，删除创建的设备节点。

从上述的接口讨论中我们发现，对 struct cdev 进行初始化和注册的过程中，需要提供几个参数：

● struct file_operations 结构指针。

● dev 设备号。

● count 次设备号个数。

该函数在字符设备驱动模块卸载时调用，调用关系将在后面介绍。

2. 字符设备驱动程序主要组成

创建一个字符设备时，首先要得到设备号，分配设备号的途径有静态分配和动态分配；拿到设备的唯一 ID，将设备的 file_operations 保存到 cdev 中，实现 cdev 的初始化；然后我们需要将所做的工作告诉内核，使用 cdev_add()注册 cdev；最后还需要创建设备节点，以便后面调用 file_operations 接口。

（1）设备号。

对字符设备的访问是通过文件系统内的设备文件进行的，或者称为设备节点，它们通常位于/dev 目录中。表示字符设备的设备文件可以通过 "ls -l" 命令输出的第一列中的 "c" 来识别，而块设备则用 "b" 标识。本章主要关注字符设备，通过执行 "ls -l" 命令，可在设备文件的修改日期前看到以逗号相隔的两个数字，一般情况下，同样的位置显示的是文件长度。可见，对于设备文件，这两个数字有特殊含义，它们表示的是设备文件的主设备号和次设备号。图 6.2 给出系统上的一些典型字符设备文件。

```
crw-rw----  1 root     root     3, 172 Jan  1 08:01 ttyzc
crw-rw----  1 root     root     3, 173 Jan  1 08:01 ttyzd
crw-rw----  1 root     root     3, 174 Jan  1 08:01 ttyze
crw-rw----  1 root     root     3, 175 Jan  1 08:01 ttyzf
crw-rw----  1 root     root   246,   0 Jan  1 08:01 ubi0
crw-rw----  1 root     root   246,   1 Jan  1 08:01 ubi0_0
crw-rw----  1 root     root   246,   2 Jan  1 08:01 ubi0_1
crw-rw----  1 root     root   245,   0 Jan  1 08:01 ubi2
crw-rw----  1 root     root   245,   1 Jan  1 08:01 ubi2_0
crw-rw----  1 root     root   245,   2 Jan  1 08:01 ubi2_1
crw-rw----  1 root     root   244,   0 Jan  1 08:01 ubi3
```

图 6.2 典型字符设备文件列表

这些字符设备文件的主设备号是 1、4，而次设备号是 1、3、5、64。主设备号用来标识该设备的种类，也标识了该设备所用的驱动程序；次设备号由内核使用，标识使用同一设备驱动程序的不同硬件设备。设备文件的主设备号必须与设备驱动程序在登录该设备时申请的主设备号一致，否则用户进程将无法访问设备驱动程序。所有已注册（即已经加载了驱动程序）的硬件设备的主设备号可以从/proc/devices 文件中得到，如图 6.3 所示。

```
Character devices:
    1 mem
    4 tty
    4 ttys
    5 /dev/tty
    5 /dev/console
    …
    252 hidraw
    253 usbmon
    254 rtc

Block devices:
    1 ramdisk
    7 loop
    …
    252 device-mapper
    253 pktcdvd
    254 mdp
```

图 6.3　设备号示例

使用 mknod 命令可以创建指定类型的设备文件，同时为其分配相应的主设备号和次设备号。注意，生成设备文件要以 root 权限的用户访问。例如，下面的命令：

```
#mkmod   /dev/lp0  c  6  0
```

其中的/dev/lp0 是设备名，c 表示是字符设备，如果是 b 则表示是块设备。6 是主设备号，0 是次设备号。

当应用程序对某个设备文件进行系统调用时，Linux 内核根据该设备文件的设备类型和主设备号调用相应的驱动程序，并从用户态进入内核态，再由驱动程序判断该设备的次设备号，最终完成对相应硬件的操作。关于 Linux 系统中对设备号的分配原则，可以参看内核源代码包中的 Documentation/devices.txt 文件。

1）设备号类型

在 Linux 内核中，使用 dev_t 类型来表示设备号，这个类型在<linux/types.h>头文件中定义。

```
typedef _u32  _kernel_dev_t;
typedef _kernel_dev_t  dev_t;
```

dev_t 是一个 32 位的无符号数，其高 12 位用来表示主设备号，低 20 位用来表示次设备号。因此，在 Linux 2.6 内核中，可以容纳大量的设备，而不像先前的内核版本，最多只能使用 255 个主设备号和 255 个次设备号。

需要注意的是，在编写驱动程序时应该使用内核提供的操作 dev_t 的函数，因为随着内核版本的更新，dev_t 的内部结构或许会有变化，为了保持更好的兼容性，这样做是值得的。

在<linux/kdev_t.h>头文件中给出了这些函数的定义，其实，本质上它们是一些简单的宏定义：

```
#define MINORBITS 20
#define MINORMASK  ((1U << MINORBITS) - 1)
#define MAJOR(dev)  ((unsigned int) ((dev) >>MINORBITS))
#define MINOR(dev)  ((unsigned int) ((dev) & MINORMASK))
#define MKDEV(ma, mi)  (((ma) <<MINORBITS) | (mi))
```

可见，次设备号确实是使用 20 位来表示的。内核主要提供了三个操作 dev_t 类型的函数，它们分别是 MAJOR(dev)、MINOR(dev)和 MKDEV(ma, mi)。其中，MAJOR(dev)用于获取主设备号，MINOR(dev)则用于获取次设备号。而相反的过程是通过 MKDEV(ma, mi)来完成的，它根据主设备号 ma 和次设备号 mi 构造 dev_t 设备号。

在编写设备驱动程序过程中，不要依赖 dev_t 这个数据类型，应该尽量使用内核提供的操作设备号的函数。

2）注册和注销设备号

在建立一个字符设备之前，驱动程序要做的是向内核请求分配一个或多个设备号。内核专门提供了字符设备号管理的函数接口，作为一个良好的内核开发习惯，字符设备驱动程序应通过这些函数接口向内核申请分配和释放设备号。

完成分配和释放字符设备号的函数主要有三个，它们都在<linux/fs.h>头文件中声明，如下所示：

```
int register_chrdev_region(dev_t first, unsigned int count, const char *name);
int alloc_chrdev_region(dev_t *dev, unsigned int firstminor, unsigned int
                                    count, const char *name);
void unregister_chrdev_region(dev_t first, unsigned int count);
```

其中，register_chrdev_region()函数和 alloc_chrdev_region()函数用于分配设备号，这两个函数最终都会调用 register_chrdev_region()函数来注册一组设备编号范围。它们的区别是，后者是以动态的方式分配的。unregister_chrdev_region()函数则用于释放设备号。

register_chrdev_region()函数用于向内核申请分配已知可用的设备号（次设备号通常为 0）范围。由于一些历史原因，一些常用设备的设备号是固定的，这些设备号可以在内核源代码中的 documentation/devices. txt 文件中找到。调用 register_chrdev_region()函数需要提供三个参数，其中 first 是指申请分配的设备编号的起始值，通常情况下 first 的次设备号设置成 0；count 是申请分配的连续设备号的个数；而 name 是指和该设备号关联的设备名称，在字符设备建立后，它将作为设备名称出现在/proc/devices 和 sysfs 中。当 register_chrdev_region()函数分配成功时，它的返回值为 0，否则返回一个负的错误码，并且不能使用所申请的设备号区域。

alloc_chrdev_region()函数用于动态申请设备号范围，通过指针参数返回实际分配的起始设备号。由于实际开发过程中往往不知道设备将要使用哪些设备号，在这种情况下，register_chrdev_region()函数就不能正常工作，向内核申请动态分配设备号可以很好地完成任务。作为良好的内核开发习惯，推荐使用动态分配的方式来生成设备号。alloc_chrdev_region()函数的参数与 register_chrdev_region()函数的差不多，需要注意的有两点：dev 参数用于输出实际分配的起始设备号，而 firstminor 通常为 0，指的是分配使用的第一个次设备号。

无论使用哪种方式分配设备号，都应该在使用完成后释放这些设备号，以便其他设备使用。这个工作由 unregister_chrdev_region()函数完成，通常这个函数在驱动程序卸载时被调用。

分配好设备号后，内核需要进一步知道这些设备号将要用来做什么工作。在用户空间的应用程序可以访问上述设备号之前，驱动程序需要将设备号和内部函数关联起来，这些内部函数用来实现设备的操作。

（2）设备操作关键数据结构。

大多数情况下，基本的驱动程序操作都会涉及内核提供的三个关键数据结构，分别是 file_operations、file 和 inode，它们都在<linux/fs.h>头文件中定义。在实际编写驱动程序之前，需要对这些数据结构有一定的了解。因此，这一节将简单介绍下上述数据结构。

1）file_operations

file_operations 结构体描述了一个文件操作所需的所有函数。这组函数是以函数指针的形式给出的，它们是字符设备驱动程序设计的主要内容。每个打开的文件，在内核里都用 file 结构体表示，这个结构体中有一个成员为 f_op，它是指向一个 file_operations 结构体的指针。通过这种形式将一个文件与它自身的操作函数关联起来，这些函数实际上是系统调用的底层实现。在用户空间的应用程序调用内核提供的 open、close、read、write 等系统调用时，实际上最终会调用这些函数。

当用户程序使用系统调用对设备文件进行读写操作时，这些系统调用通过设备的设备号来确定相应的驱动程序，然后获取 file_operations 中相应的函数指针，并把控制权交给函数，从而完成设备驱动程序的工作。

编写驱动程序的主要工作就是实现这些函数中的一部分，具体实现哪些函数，依实际需要而定。对于一个字符设备，驱动程序一般只要实现 open、release、read、write、mmap、ioctl 这几个函数。随着内核版本的不断改进，file_operations 结构体的规模越来越大，它的定义如下所示，鉴于篇幅限制，这里只罗列了一些常用的函数操作。

```
struct file_operations {
    //指向拥有该结构的模块的指针，一般初始化为 THIS_MODULE
    struct module *owner;
    loff_t (*llseek) (struct file *, loff_t, int); //改变文件中的当前读/写位置
    ssize_t (*read) (struct file *, char __user *, size_t, loff_t *); //从
设备中读取数据
    ssize_t (*write) (struct file *, const char __user *, size_t, loff_t *);
//向设备写入数据
    //初始化一个异步读取操作
    ssize_t (*aio_read) (struct kiocb *, const struct iovec *, unsigned long,
loff_t);
    //初始化一个异步写入操作
    ssize_t (*aio_write) (struct kiocb *, const struct iovec *, unsigned long,
loff_t);
    //用来读取目录，对于设备文件，该成员应当为 NULL
    int (*readdir) (struct file *, void *, filldir_t);
    //轮询函数，查询对一个或多个文件描述符的读或写是否会阻塞
    unsigned int (*poll) (struct file *, struct poll_table_struct *);
    //用来执行设备 I/O 操作命令
    int (*ioctl) (struct inode *, struct file *, unsigned int, unsigned long);
```

```
//不使用 BKL 文件系统, 将使用此函数代替 ioctl
long (*unlocked_ioctl) (struct file *, unsigned int, unsigned long);
//在 64 位系统上, 使用 32 位的 ioctl 调用将使用此函数代替
long (*compat_ioctl) (struct file *, unsigned int, unsigned long);
//用来将设备内存映射到进程的地址空间
int (*mmap) (struct file *, struct vm_area_struct *);
int (*open) (struct inode *, struct file *); //用来打开设备
//执行并等待设备的任何未完成的操作
int (*flush) (struct file *, fl_owner_t id);
int (*release) (struct inode *, struct file *); //用来关闭设备
//用来刷新待处理的数据
int (*fsync) (struct file *, struct dentry *, int datasync);
//fsync 的异步版本
int (*aio_fsync) (struct kiocb *, int datasync);
//通知设备 FASYNC 标志的改变
int (*fasync) (int, struct file *, int);
//用来实现文件加锁, 通常设备文件不需要实现此函数
int (*lock) (struct file *, int, struct file_lock *);
}
```

下面介绍 file_operations 结构体中几个主要的函数。

llseek()函数用于改变文件中的读写位置, 并将新位置返回; 如果出错, 则返回一个负值。若此函数指针为 NULL, 将导致 lseek 系统调用以无法预知的方式改变 file 结构中的位置计数器。

open()函数负责打开设备和初始化 I/O。例如, 检查设备特定的错误, 首次打开设备时对其初始化, 更新 f_op 指针等。总之, open()函数必须为将进行的 I/O 操作做好必要的准备。

release()函数负责释放设备占用的内存并关闭设备。

read()函数用来从设备中读取数据, 调用成功则返回实际读取的字节数。若此函数指针为 NULL, 则将导致 read 系统调用失败并返回-EINVAL。该函数与用户空间应用程序中的 ssize_t read(int fd, void *buf, size_t count)和 size_t fread(void *ptr, size_t size, size_t nmemb, FILE *stream)对应。

write()函数用来向设备写入数据, 调用成功则返回实际写入的字节数。同样, 若未实现此函数, 将导致 write 系统调用失败并返回-EINVAL。该函数与用户空间应用程序中的 ssize_t write(int fd, void *buf, size_t count)和 size_t fwrite(const void *ptr, size_t size, size_t nmemb, FILE *stream)对应。

ioctl 函数实现对设备的控制。除了读写操作, 应用程序有时还需要对设备进行控制, 这可以通过设备驱动程序中的 ioctl()函数来完成。ioctl()函数的用法与具体设备密切关联, 因此需要根据设备的实际情况进行具体分析。该函数与用户空间应用程序调用的 int fcntl(int fd, int cmd, .../*arg*/)和 int ioctl(int d, int request, …)对应。

mmap()函数将设备内存映射到进程的地址空间。若此函数未实现, 则 mmap()系统调用失败并返回-ENODEV。该函数与用户空间应用程序中的 void *mmap(void *addr, size_t length, int prot, int flags, int fd, off_t offset)对应。

此外, aio_read()和 aio_write()函数分别实现对设备进程的异步读写操作。实现这两个函数后, 用户空间可以对设备描述符执行 SYS_io_setup、SYS_io_submit、SYS_io_getevents、

SYS_io_destroy 等系统调用，进行读写操作。

2）file

Linux 中的所有设备都是文件，在内核中使用 file 结构体来表示一个打开的文件。尽管在实际开发驱动程序的过程中并不直接使用这个结构体中的大部分成员，但其中的一些数据成员还是非常重要的，在这里有必要做一些介绍。

file 结构体代表一个打开的文件，系统每个打开的文件在内核空间都有一个关联的 file 结构体。此结构体在内核打开文件时创建，并传递给在文件上操作的所有函数。在文件的所有实例都关闭后，内核才会释放这个数据结构。值得注意的是，内核中的 file 结构体同标准 C 库中的 FILE 指针没有任何关系。

file 结构体在<linux/fs.h>中定义，想深入了解的读者可以自行去内核中查找此结构体的定义。在这里，只介绍一些 file 结构体中的重要成员。

① fmode_tf_mode：对文件的读写模式，对应系统调用 open 的 mod_t mode 参数。如果驱动程序需要这个值，可以直接读取这个字段。文件模式将根据 FMODE_READ 和 FMODE_WRITE 位来判断文件是否可读或可写。在 read 和 write 系统调用中，没有必要对此权限进行检查，因为内核已经在用户调用之前做了检查。如果文件没有相应的读或写权限，那么读或写的尝试都将被拒绝，驱动程序甚至不会知道这个情况。

② loff_tf_pos：表示文件当前的读写位置。loff_t 的定义如下：

```
typedef long long _kernel_loff_t;
typedef _kernel_loff_t loff_t;
```

可见，loff_t 实际上是一个 64 位的整型变量。驱动程序如果想知道文件的当前位置，那么可以通过读取此变量得知，但一般情况下不应直接对此进行更改，而应该使用 lseek()系统调用来改变文件位置。

③ unsigned int f_flags：表示文件标志，对应系统调用 open 的 int flags 参数。所有可用的标志在<linux/fcntl. h>头文件中定义，如 O_RDONLY，O_NONBLOCK 和 O_SYNC。值得注意的是，检查文件的读写权限应该通过检查 f_mode 得到，而不是检查 f_flags。

④ const struct file_operations * f_op：指向和文件关联的操作。当打开一个文件时，内核创建一个与该文件关联的 file 结构体，其中的 f_op 就指向对该文件进行操作的具体函数。内核安排这个指针作为它的 open 实现的一部分，然后在需要分派任何操作时读取它。f_op 指向的值不会被内核保存起来以供以后使用，所以可以改变对相关文件的操作，在对文件使用新的操作方法时，内核就会转移到相应调用上。

⑤ void * private_data：open 系统调用重置这个指针为 NULL，在调用驱动程序的 open 函数之前，可以自由使用这个成员或忽略它；可以使用这个成员来指向已分配的数据，但一定要在内核销毁 file 结构体之前，在 release 函数中释放那段内存。private_data 成员可以用于保存系统调用之间的信息。

⑥ struct dentry *f_dentry：关联到文件的目录入口（dentry）结构。设备驱动编写者正常情况下不需要关心 dentry 结构，除非作为 filp->f_dentry->d_inode 存取 inode 结构。

此外，还有一些其他的结构成员，但对设备驱动的开发并无多大用处，因此在这里就不叙述了。

3）inode

在 file_opreations 结构体中的 open 和 release 函数，它们的第一个参数都是 inode 结构体。这是一个内核文件系统索引节点对象，它包含内核在操作文件或目录时所需的全部信息。在内核中，inode 结构体用来表示文件，它与表示打开文件的 file 结构体的区别是，同一个文件可能有多个打开文件，因此，一个 inode 结构体可能对应多个 file 结构体。

对于字符设备驱动程序，需要关心的是如何从 inode 结构体中获取设备号。与此相关的两个成员分别是

- dev_ti_rdev：对于设备文件，此成员包含实际的设备号。
- struct cdev * i_cdev：字符设备在内核中是用 cdev 结构表示的。此成员是指向 cdev 结构的指针。

内核开发者提供两个函数来从 inode 对象中获取设备号，它们的定义如下：

```
static inline unsigned iminor(const struct inode *inode)
{
    return MINOR(inode->i_rdev);
}
static inline unsigned imajor(const struct inode *inode)
{
    return MAJOR(inode->i_rdev);
}
```

尽管可以从 i_rdev 直接获取设备号，但尽量不要这么做，而要使用内核提供的函数来获取设备号。这种方式开发的驱动程序更健壮，可移植性也更好。

（3）字符设备驱动程序的主要成员函数。

1）字符设备驱动模块加载与卸载函数

在字符设备驱动模块加载函数中应该实现设备号的申请和 cdev 的注册，而在卸载函数中应实现设备号的释放和 cdev 的注销。

Linux 内核的编程习惯是为设备定一个设备相关的结构体，该结构体包含设备涉及的 cdev、私有数据及锁等信息。字符设备驱动模块加载和卸载函数模板如代码清单 6.1.2.1 所示。

代码清单 6.1.2.1　字符设备驱动模块加载和卸载函数模板

```
1    /* 设备结构体 */
2    struct xxx_dev_t {
3        struct cdev cdev;
4        …
5    } xxx_dev
6    /* 设备驱动模块加载函数 */
7    static int __init xxx_init(viod)
8    {
9        …
10       cdev_init(&xxx_dev.cdev, &xxx_fops);
11       xxx_dev.cdev.owner= THIS_MODULE;
12       /* 获取字符设备号 */
13       if(xxx_major){
```

```
14          register_chrdev_region(xxx_dev_no, 1, DEV_NAME);
15      }else{
16          alloc_chrdev_region(&xxx_dev_no, 0, 1, DEV_NAME);
17      }
18      ret=cdev_add(&xxx_dev.cede, xxx_dev_no, 1); /* 注册设备 */
19  }
20  /* 设备驱动模块卸载函数 */
21  static void __exit xxx_exit(void)
22  {
23      unregister_chrdev_region(xxx_dev_no, 1);  /* 释放占用的设备号 */
24      cdev_del(&xxx_dev.cdev);   /* 注销设备 */
25      …
26      return 0;
27  }
```

在加载函数中，将调用字符设备内核初始化的 cdev_init()函数对设备进行初始化，同时申请分配设备号，通过 cdev_add()函数向内核注册设备。在字符设备驱动模块卸载函数中，先释放设备号，然后调用 cdev_del()函数删除创建的设备节点。

2）字符设备驱动 file_operations 结构体中的主要成员函数

file_operations 结构体中的主要成员函数是字符设备驱动程序与内核虚拟文件系统的接口，是用户空间对 Linux 进行协同调用最终的落实者。大多数字符设备驱动程序会实现 read()、write()和 ioctl()函数，字符设备驱动程序的这 3 个函数的模板如代码清单 6.1.2.2 所示。

代码清单 6.1.2.2　字符设备驱动程序 read()、write()、ioctl()函数模板

```
1   /* 读设备函数 */
2   static ssize_t xxx_read(struct file *filp, char __user *buf,
3   size_t count, loff_t *f_pos)
4   {
5       …
6       copy_to_user(buf,…,…);
7       …
8       return 0;
9   }
10  /* 写设备函数 */
11  static ssize_t led_write(struct file *filp, const char __user *buf, size_t
12                          count, loff_t *f_pos)
13  {
14      …
15      copy_from_user(…, buf, …);
16      …
17      return 0;
18  }
19  /* I/O 操作函数 */
20  int xxx_ioctl(struct inode *inode, struct file *filp, unsigned int cmd,
21              unsigned long arg)
22  {
```

```
23        …
24        switch (cmd) {
25        case xxx_CMD1:
26            …
27            break;
28        case xxx_CMD2:
29                …
30            break;
31        default:
32        /* 不能支持的命令 */
33            return -ENOTTY;
34        }
35        return 0;
36  }
```

在设备驱动程序的读写函数中，filp 是文件结构体指针，buf 是用户空间内存的地址，该地址在内核空间不宜直接读写，count 是要读的字节数，f_pos 是读写的位置相对于文件开头的偏移量。

由于用户空间不能直接访问内核空间的内存，因此需要借助函数 copy_from_user() 完成用户空间缓存区到内核空间的复制；相反，copy_to_user() 完成的是内核空间到用户空间缓冲区的复制。具体的函数实现请参考对应的内核代码。

I/O 控制函数 ioctl() 中的 cmd 参数为实现定义的 I/O 控制命令，而 arg 为对应该命令的参数。例如，对于 UART 串口，如果 SET_BAUDRATE 是一个设置波特率的命令，那么后面的 arg 就应该是波特率值。

在字符设备驱动程序中，需要定义一个 file_operations 的实例，并将具体设备驱动程序的函数复制给 file_operations 的成员，如代码清单 6.1.2.3 所示。

代码清单 6.1.2.3　字符设备驱动程序 file_operations 结构体赋值操作模板

```
1   static struct file_operations xxx_fops = {
2       .owner = THIS_MODULE,
3       .read = xxx _read,
4       .write = xxx _write,
5       .unlocked_ioctl = xxx_ioctl,
6       .release = xxx_release,
7       …
8   };
```

上述 xxx_fops 在代码清单 6.1.2.1 第 10 行的 cdev_init(&xxx_dev.cdev, &xxx_fops) 的语句中建立与 cdev 的连接。

6.2　GPIO 设备驱动程序实例——LED 驱动程序

Linux 下的任何外设驱动程序最终都要配置相应的硬件寄存器。所以，本章的 LED 驱动程序最终也是对 I.MX6ULL 的 I/O 口进行配置。与裸机实验不同的是，在 Linux 下编写驱动要符合Linux的驱动框架。I.MX6U-ALPHA开发板上的LED连接到I.MX6ULL的GPIO1_IO03这个引脚上，因此，本节的重点就是编写 Linux 下 I.MX6UL 的 GPIO 引脚控制驱动程序。关于 I.MX6ULL 的 GPIO，详细讲解请参考 I.MX6ULL 数据手册。

6.2.1 寄存器地址映射

在嵌入式系统的设计中，LED 一般直接由 CPU 的 GPIO（通用可编程 I/O）口控制。嵌入式微处理器 GPIO 一般有三组寄存器——控制寄存器、状态寄存器和数据寄存器。控制寄存器主要用于设置 GPIO 口的工作方式，如数据方向、时钟频率等。数据寄存器主要用于 GPIO 口的数据输入或输出。当引脚被设置为输出时，向数据寄存器的对应位写入 1 和 0，分别在引脚上产生高电平和低电平；当引脚设置为输入时，读取数据寄存器的对应位可获得引脚上的电平为高或低。

地址映射需要 MMU 的支持，在老版本的 Linux 中，要求处理器必须有 MMU，但是现在，Linux 内核已经支持无 MMU 的处理器了。Linux 内核启动时初始化 MMU，设置好内存映射后，CPU 访问的都是虚拟地址。比如，I.MX6ULL 的 GPIO1_IO03 引脚的复用寄存器 IOMUXC_SW_MUX_CTL_PAD_GPIO1_IO03，其地址为 0x020E 0068。如果没有开启 MMU，直接向 0x020E 0068 这个寄存器地址写入数据，就可以配置 GPIO1_IO03 的复用功能。开启 MMU 并设置了内存映射，就不能直接向 0x020E 0068 这个地址写入数据了。我们必须得到 0x020E 0068 这个物理地址在 Linux 系统中对应的虚拟地址，这里就涉及物理内存和虚拟内存之间的转换，需要用到两个函数：ioremap()和 iounmap()。

1. ioremap()函数

ioremap()函数用于获取指定物理地址空间对应的虚拟地址空间，其定义在 arch/arm/include/asm/io.h 文件中。定义如下：

```
#define ioremap(cookie,size) __arm_ioremap((cookie), (size), MT_DEVICE)
void __iomem * __arm_ioremap(phys_addr_t phys_addr, size_t size, unsigned int mtype)
{
    return        arch_ioremap_caller(phys_addr,       size,       mtype,
builtin_return_address(0));
}
```

ioremap()是一个宏，有两个参数：cookie 和 size。真正起作用的是函数__arm_ioremap()，此函数有三个参数和一个返回值，这些参数和返回值的含义如下：

● phys_addr：要映射的物理起始地址。

● size：要映射的内存空间大小。

● mtype：ioremap()的类型，可以选择 MT_DEVICE、MT_DEVICE_NONSHARED、MT_DEVICE_CACHED 和 MT_DEVICE_WC；ioremap()函数选择 MT_DEVICE。

返回值：__iomem 类型的指针，指向映射后的虚拟空间首地址。

要获取 I.MX6ULL 的 IOMUXC_SW_MUX_CTL_PAD_GPIO1_IO03 寄存器对应的虚拟地址，使用如下代码即可：

```
#define SW_MUX_GPIO1_IO03_BASE (0x020E0068)
static void __iomem* SW_MUX_GPIO1_IO03;
SW_MUX_GPIO1_IO03 = ioremap(SW_MUX_GPIO1_IO03_BASE, 4);
```

宏 SW_MUX_GPIO1_IO03_BASE 是寄存器物理地址，SW_MUX_GPIO1_IO03 是映射后的虚拟地址。对于 I.MX6ULL，一个寄存器是 4 字节（32 位）的，因此映射的内存长度为 4。映射完成以后直接对 SW_MUX_GPIO1_IO03 进行读写操作即可。

2. iounmap()函数

卸载驱动时，需要使用 iounmap()函数释放 ioremap()函数所做的映射。iounmap()函数原型如下：

```
void iounmap (volatile void __iomem *addr)
```

iounmap()只有一个参数 addr，此参数就是要取消映射的虚拟地址空间首地址。假如现在要取消掉 IOMUXC_SW_MUX_CTL_PAD_GPIO1_IO03 寄存器的地址映射，使用如下代码即可：

```
iounmap(SW_MUX_GPIO1_IO03);
```

3. I/O 内存访问函数

这里的 I/O 是输入/输出的意思，并不是我们学习单片机时讲的 GPIO 引脚。这里涉及两个概念：I/O 接口和 I/O 内存。当外部寄存器或内存映射到 I/O 空间时，称为 I/O 接口。当外部寄存器或内存映射到内存空间时，称为 I/O 内存。但是，ARM 没有 I/O 空间这个概念，因此 ARM 体系下只有 I/O 内存（可以直接理解为内存）。使用 ioremap()函数将寄存器的物理地址映射到虚拟地址后，就可以直接通过指针访问这些地址，但 Linux 内核不建议这么做，而是推荐使用一组操作函数对映射后的内存进行读写操作。

（1）读操作函数。读操作函数有如下几个：

```
u8  readb(const volatile void __iomem *addr)
u16 readw(const volatile void __iomem *addr)
u32 readl(const volatile void __iomem *addr)
```

readb()、readw()和 readl()这三个函数分别对应 8bit、16bit 和 32bit 读操作，参数 addr 就是要读取写的内存地址，返回值就是读取到的数据。

（2）写操作函数。写操作函数有如下几个：

```
void writeb(u8 value, volatile void __iomem *addr)
void writew(u16 value, volatile void __iomem *addr)
void writel(u32 value, volatile void __iomem *addr)
```

writeb()、writew()和 writel()这三个函数分别对应 8bit、16bit 和 32bit 写操作，参数 value 是要写入的数值，addr 是要写入的地址。

6.2.2　修改设备树文件

在根节点 "/" 下创建一个名为 "alphaled" 的子节点，打开 imx6ull-alientek-emmc.dts 文

件，在根节点"/"最后面输入如代码清单 6.2.2.1 所示的内容。

代码清单 6.2.2.1　alphaled 的子节点示例

```
1   alphaled {
2       #address-cells = <1>;
3       #size-cells = <1>;
4       compatible = "atkalpha-led";
5       status = "okay";
6       reg = < 0x020C406C 0x04 /* CCM_CCGR1_BASE */
7              0x020E0068 0x04 /* SW_MUX_GPIO1_IO03_BASE */
8              0x020E02F4 0x04 /* SW_PAD_GPIO1_IO03_BASE */
9              0x0209C000 0x04 /* GPIO1_DR_BASE */
10             0x0209C004 0x04 >; /* GPIO1_GDIR_BASE */
11   };
```

属性#address-cells 和#size-cells 值都为 1，表示 reg 属性中起始地址占用一个字长（cell），地址长度也占用一个字长（cell）。属性 compatbile 设置 alphaled 节点兼容性为"atkalpha-led"。属性 status 设置状态为"okay"。reg 属性非常重要！reg 属性设置了驱动程序中所要使用的寄存器物理地址。比如，"0x020C406C 0X04"表示 I.MX6ULL 的 CCM_CCGR1 寄存器，其中寄存器首地址为 0x020C406C，长度为 4 字节。

设备树修改完成后输入如下命令，重新编译 imx6ull-alientek-emmc.dts：

```
make dtbs
```

编译完成后得到 imx6ull-alientek-emmc.dtb，使用新的 imx6ull-alientek-emmc.dtb 启动 Linux 内核。Linux 启动成功后进入/proc/device-tree/目录，查看是否有"alphaled"这个节点，结果如图 6.4 所示。

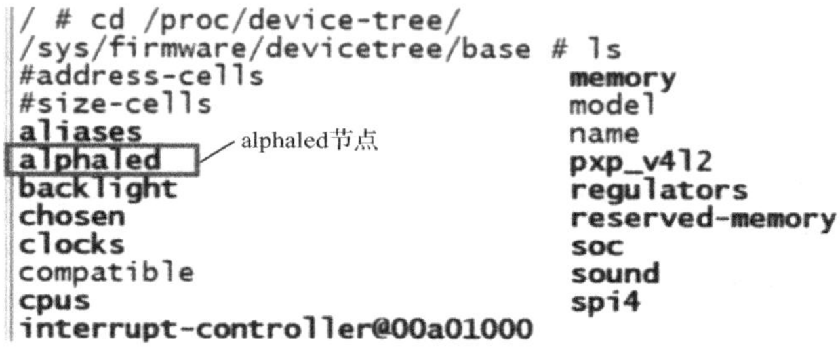

```
/ # cd /proc/device-tree/
/sys/firmware/devicetree/base # ls
#address-cells                  memory
#size-cells                     model
aliases                         name
alphaled        ──alphaled节点   pxp_v4l2
backlight                       regulators
chosen                          reserved-memory
clocks                          soc
compatible                      sound
cpus                            spi4
interrupt-controller@00a01000
```

图 6.4　alphaled 节点

6.2.3　LED 驱动程序实例分析

准备好设备树就可以编写驱动程序了。工程创建后新建 dtsled.c 文件，在 dtsled.c 中输入下面介绍的内容。

（1）参数声明。在编写驱动程序时，为了更易于维护程序，需要将一些参数进行声明和定义，如代码清单 6.2.3.1 所示。

代码清单 6.2.3.1　参数的声明和定义

```
1    #define DTSLED_CNT 1 /* 设备号个数 */
2    #define DTSLED_NAME "dtsled" /* 名字 */
3    #define LEDOFF 0 /* 关灯 */
4    #define LEDON 1 /* 开灯 */
5    /* 映射后的寄存器虚拟地址指针 */
6    static void __iomem *IMX6U_CCM_CCGR1;
7    static void __iomem *SW_MUX_GPIO1_IO03;
8    static void __iomem *SW_PAD_GPIO1_IO03;
9    static void __iomem *GPIO1_DR;
10   static void __iomem *GPIO1_GDIR;
11   /* dtsled 设备结构体 */
12   struct dtsled_dev{
13       dev_t devid; /* 设备号 */
14       struct cdev cdev; /* cdev */
15       struct class *class; /* 类 */
16       struct device *device; /* 设备 */
17       int major; /* 主设备号 */
18       int minor; /* 次设备号 */
19       struct device_node *nd; /* 设备节点 */
20   };
21   struct dtsled_dev dtsled; /* 定义 led 设备 */
```

每个硬件设备都有一些属性，如主设备号（dev_t）、类（class）、设备（device）、开关状态（state）等，在编写驱动程序时可以将这些属性全部写成变量的形式。在设备结构体 dtsled_dev 中添加成员变量 nd，nd 是 device_node 结构体类型指针，表示设备节点。要读取设备树某个节点的属性值，首先要得到这个节点，一般在设备结构体中添加 device_node 指针变量来存放这个节点。

（2）LED 开关函数 led_switch()。该函数是 LED 驱动的底层代码，直接操作寄存器。为了方便对 LED 进行开关操作，将 LED 控制代码放到一起。为避免对其他位的影响，需要进行位处理。见代码清单 6.2.3.2。

代码清单 6.2.3.2　led_switch()函数

```
1    void led_switch(u8 sta)
2    {
3        u32 val = 0;
4        if(sta == LEDON) {
5            val = readl(GPIO1_DR);         /* 读取该寄存器值 */
6            val &= ~(1 << 3);              /* 对 LED 对应引脚值设置为 0 */
7            writel(val, GPIO1_DR);         /* 打开 LED */
8        }else if(sta == LEDOFF) {
9            val = readl(GPIO1_DR);
10           val|= (1 << 3);               /* 对 LED 对应引脚值设置为 1 */
11           writel(val, GPIO1_DR);         /* 关闭 LED */
```

```
12        }
13   }
```

（3）打开设备函数 led_open()。此函数的具体内容在代码清单 6.2.3.3 中给出。

代码清单 6.2.3.3   led_open()函数

```
1   static int led_open(struct inode *inode, struct file *filp)
2   {
3       filp->private_data = &dtsled; /* 设置私有数据 */
4       return 0;
5   }
```

参数 inode：传递给驱动的 inode

filp：设备文件，file 结构体有个称为 private_data 的成员变量，一般在 open 时将 private_data 指向设备结构体。

（4）从设备读取数据函数 led_read()。此函数的具体内容在代码清单 6.2.3.4 中给出。

代码清单 6.2.3.4   led_read()函数

```
1   static ssize_t led_read(struct file *filp, char __user *buf, size_t cnt,
2                       loff_t *offt)
3   {
4       return 0;
5   }
```

（5）向设备写数据函数 led_write()。此函数的具体内容在代码清单 6.2.3.5 中给出。

代码清单 6.2.3.5   led_write()函数

```
1   static ssize_t led_write(struct file *filp, const char __user *buf,
2                       size_t cnt, loff_t *offt)
3   {
4       int retvalue;
5       unsigned char databuf[1];
6       unsigned char ledstat;
7       retvalue = copy_from_user(databuf, buf, cnt);
8       if(retvalue < 0) {
9           printk("kernel write failed!\r\n");
10          return -EFAULT;
11      }
12      ledstat = databuf[0]; /* 获取状态值 */
13      if(ledstat == LEDON) {
14          led_switch(LEDON); /* 打开 LED 灯 */
15      } else if(ledstat == LEDOFF) {
16          led_switch(LEDOFF); /* 关闭 LED 灯 */
17      }
18      return 0;
19   }
```

（6）I/O 控制函数 led_ioctl()。除了 led_write()函数，应用可以用 ioctl()函数对 LED 进行操作。如果采用 write 操作进行控制，可以不需要该函数，函数的内容见代码清单 6.2.3.6。

代码清单 6.2.3.6　led_ioctl()函数

```
1   int led_ioctl(struct inode *inode, struct file *filp, unsigned int cmd,
2                 unsigned long arg)
3   {
4       struct light_dev *dev = filp->private_data;
5       switch (cmd) {
6       case LEDON:
7           led_switch(LEDON); /* 打开 LED 灯 */
8           break;
9       case LEDOFF:
10          led_switch(LEDOFF); /* 打开 LED 灯 */
11          break;
12      default:
13      /* 不能支持的命令 */
14          return -ENOTTY;
15      }
16      return 0;
17  }
```

（7）关闭/释放设备函数 led_release()。该函数在设备关闭时调用，见代码清单 6.2.3.7。

代码清单 6.2.3.7　led_release()函数

```
1   static int led_release(struct inode *inode, struct file *filp)
2   {
3       return 0;
4   }
```

（8）设备操作函数内核接口初始化。在写好驱动程序接口函数后，需要将这些函数关联到内核的接口上去使用调用。驱动程序接口函数与内核的关联主要是通过 file_operations 数据结构实现的，因此，需要定义一个 file_operations 变量并进行初始化。该结构体变量地址是通过 cdev_init()函数注册 LED 设备时传递给内核的 fops 指针。见代码清单 6.2.3.8。

代码清单 6.2.3.8　file_operations 对象实例化 dtsled_fops

```
1   static struct file_operations dtsled_fops = {
2       .owner = THIS_MODULE,
3       .open = led_open,
4       .read = led_read,
5       .write = led_write,
6       .ioctl = light_ioctl,
7       .release = led_release,
8   };
```

（9）驱动程序初始化函数 led_init()。该函数在设备注册时通过 module_init()函数调用，它对 LED 进行初始化，主要包括 LED 设备树属性获取、LED 接口初始化、LED 设备创建与添加等操作。见代码清单 6.2.3.9。

代码清单 6.2.3.9　led_init()函数

```
1    static int __init led_init(void)
2    {
3        u32 val = 0;
4        int ret;
5        u32 regdata[14];
6        const char *str;
7        struct property *proper;
8        /* 1. 获取设备树中的属性数据 */
9        /* (1) 获取设备节点: alphaled */
10       dtsled.nd = of_find_node_by_path("/alphaled");
11       if(dtsled.nd == NULL) {
12           printk("alphaled node can not found!\r\n");
13           return -EINVAL;
14       } else {
15           printk("alphaled node has been found!\r\n");
16       }
17       /* (2) 获取 compatible 属性内容 */
18       proper = of_find_property(dtsled.nd, "compatible", NULL);
19       if(proper == NULL) {
20           printk("compatible property find failed\r\n");
21       } else {
22           printk("compatible = %s\r\n", (char*)proper->value);
23       }
24       /* (3) 获取 status 属性内容 */
25       ret = of_property_read_string(dtsled.nd, "status", &str);
26       if(ret < 0){
27           printk("status read failed!\r\n");
28       } else {
29           printk("status = %s\r\n",str);
30       }
31
32       /* (4) 获取 reg 属性内容 */
33       ret = of_property_read_u32_array(dtsled.nd, "reg", regdata, 10);
34       if(ret < 0) {
35           printk("reg property read failed!\r\n");
36       } else {
37           u8 i = 0;
38           printk("reg data:\r\n");
39           for(i = 0; i < 10; i++)
40           printk("%#X ", regdata[i]);
41           printk("\r\n");
```

```
42      }
43      /* 2．初始化 LED */
44      #if 0
45      /* (1) 寄存器地址映射 */
46      IMX6U_CCM_CCGR1 = ioremap(regdata[0], regdata[1]);
47      SW_MUX_GPIO1_IO03 = ioremap(regdata[2], regdata[3]);
48      SW_PAD_GPIO1_IO03 = ioremap(regdata[4], regdata[5]);
49      GPIO1_DR = ioremap(regdata[6], regdata[7]);
50      GPIO1_GDIR = ioremap(regdata[8], regdata[9]);
51      #else
52      IMX6U_CCM_CCGR1 = of_iomap(dtsled.nd, 0);
53      SW_MUX_GPIO1_IO03 = of_iomap(dtsled.nd, 1);
54      SW_PAD_GPIO1_IO03 = of_iomap(dtsled.nd, 2);
55      GPIO1_DR = of_iomap(dtsled.nd, 3);
56      GPIO1_GDIR = of_iomap(dtsled.nd, 4);
57      #endif
58
59      /* (2) 使能 GPIO1 时钟 */
60      val = readl(IMX6U_CCM_CCGR1);
61      val &= ~(3 << 26); /* 清除以前的设置 */
62      val |= (3 << 26); /* 设置新值 */
63      writel(val, IMX6U_CCM_CCGR1);
64
65      /* (3) 设置 GPIO1_IO03 的复用功能 GPIO 功能，最后设置 I/O 属性。*/
66      writel(5, SW_MUX_GPIO1_IO03);
67      /* 寄存器 SW_PAD_GPIO1_IO03 设置 IO 属性 */
68      writel(0x10B0, SW_PAD_GPIO1_IO03);
69
70      /* (4) 设置 GPIO1_IO03 为输出功能 */
71      val = readl(GPIO1_GDIR);
72      val &= ~(1 << 3); /* 清除以前的设置 */
73      val |= (1 << 3); /* 设置为输出 */
74      writel(val, GPIO1_GDIR);
75
76      /* (5) 默认关闭 LED */
77      val = readl(GPIO1_DR);
78      val |= (1 << 3);
79      writel(val, GPIO1_DR);
80
81      /*3.注册字符设备驱动程序 */
82      /* (1) 创建设备号 */
83      if (dtsled.major) { /* 静态设置设备号 */
84          dtsled.devid = MKDEV(dtsled.major, 0);
85          register_chrdev_region(dtsled.devid, DTSLED_CNT, DTSLED_NAME);
86      } else { /* 没有定义设备号，动态申请设置设备号 */
87          alloc_chrdev_region(&dtsled.devid, 0, DTSLED_CNT, DTSLED_NAME);
```

```
88      /* 申请设备号 */
89          dtsled.major = MAJOR(dtsled.devid); /* 获取分配好的主设备号 */
90          dtsled.minor = MINOR(dtsled.devid); /* 获取分配好的次设备号 */
91      }
92      printk("dtsled major=%d,minor=%d\r\n",dtsled.major, dtsled.minor);
93
94      /* （2）初始化 cdev */
95      dtsled.cdev.owner = THIS_MODULE;
96      cdev_init(&dtsled.cdev, &dtsled_fops);
97
98      /* （3）添加一个 cdev */
99      cdev_add(&dtsled.cdev, dtsled.devid, DTSLED_CNT);
100
101     /* （4）创建类 */
102     dtsled.class = class_create(THIS_MODULE, DTSLED_NAME);
103     if (IS_ERR(dtsled.class)) {
104         return PTR_ERR(dtsled.class);
105     }
106
107     /* （5）创建类设备*/
108     dtsled.device = device_create(dtsled.class, NULL, dtsled.devid, NULL,
109 DTSLED_NAME);
110     if (IS_ERR(dtsled.device)) {
111         return PTR_ERR(dtsled.device);
112     }
113     return 0;
114 }
```

（10）驱动程序卸载函数 led_exit()。该函数在驱动程序卸载时通过 module_exit()函数调用。通过该函数完成取消寄存器的虚拟地址映射、注销删除 LED 字符设备、释放设备号、销毁分配的类等操作。见代码清单 6.2.3.10。

代码清单 6.2.3.10 LED 驱动程序卸载代码

```
1   static void __exit led_exit(void)
2   {
3       /* 取消映射 */
4       iounmap(IMX6U_CCM_CCGR1);
5       iounmap(SW_MUX_GPIO1_IO03);
6       iounmap(SW_PAD_GPIO1_IO03);
7       iounmap(GPIO1_DR);
8       iounmap(GPIO1_GDIR);
9       /* 注销字符设备驱动程序 */
10      cdev_del(&dtsled.cdev);/* 删除 cdev */
11      unregister_chrdev_region(dtsled.devid, DTSLED_CNT);/* 注销设备号*/
12      device_destroy(dtsled.class, dtsled.devid);
13      class_destroy(dtsled.class);
14  }
```

```
15  module_init(led_init);
16  module_exit(led_exit);
```

在设备属性获取中，通过 of_find_node_by_path()函数得到 alphaled 设备树节点，后续其他 OF 函数要使用 device_node 时，通过 of_find_property()函数获取 alphaled 节点的 compatible 属性，返回值为 property 结构体类型指针变量，property 的成员变量 value 表示属性值；通过 of_property_read_string() 函 数 获 取 alphaled 节 点 的 status 属 性 值 ； 通 过 of_property_read_u32_array()函数获取 alphaled 节点的 reg 属性所有值，并将获取到的值都存放到 regdata 数组中。然后将获取到的 reg 属性值依次输出到终端上。

在初始化 LED 时，需要将物理地址映射为虚拟地址进行访问，使用 ioremap()函数完成内存映射，将获取到的 regdata 数组中的寄存器物理地址转换为虚拟地址。然后，使用 of_iomap()函数一次性完成读取 reg 属性以及内存映射操作，of_iomap()函数是设备树推荐使用的 OF 函数。

要使编写的驱动程序能够正确地访问控制 LED，还要对驱动程序进行注册。和其他模块一样，驱动程序模块的注册与卸载都是通过 module_init()和 module_exit()实现的。在注册之前，要对字符设备的结构体进行初始化赋值，主要包括设备号申请、设备操作传递、设备的内存分配等。这主要通过 register_chrdev_region()、cdev_init()、cdev_add()等函数实现。

6.3　基于 platform 总线的 UART 驱动程序实例

6.3.1　UART 工作原理

1．UART 简介

串口（即串行接口）通常也称为 COM 接口。串行接口中的数据一个接一个地顺序传输，通信线路简单；使用两条线即可实现双向通信，一条用于发送，一条用于接收。串口通信的距离远，但速度相对低，是一种常用的工业接口。UART（Universal Asynchronous Receiver/Transmitter）也就是异步串行收发器。有异步串行收发器，也有同步串行收发器（Universal Synchronous/Asynchronous Receiver/Transmitter，USART），也就是同步/异步串行收发器。USART 比 UART 多了同步的功能，在硬件上体现出来的就是多了一条时钟线。一般 USART 是可以作为 UART 使用的，也就是不使用其同步功能。

作为串口的一种，UART 的工作原理也是将数据逐个地进行传输，发送和接收各用一条线。因此，通过 UART 接口与外界相连最少只需要三条线：TXD（发送）、RXD（接收）和 GND（接地）。图 6.5 是 UART 的通信格式。

图 6.5 中各个位的含义如下所述。

● 空闲位：数据线在空闲状态时为逻辑 1 状态，也就是高电平，表示没有数据线空闲，没有数据传输。

● 起始位：传输数据时，先传输一个逻辑 0，也就是将数据线拉低，表示开始数据传输。

● 数据位：数据位就是实际要传输的数据。数据位数可选择 5～8 位，一般都是按照字节传输数据的，一字节 8 位，因此数据位通常是 8 位的。低位在前，先传输，高位最后传输。

● 奇偶校验位：对数据中 1 的位数进行奇偶校验。可以不使用奇偶校验功能。

● 停止位：数据传输完成标志位，停止位的位数可以选择 1 位、1.5 位或 2 位高电平，一般选择 1 位停止位。

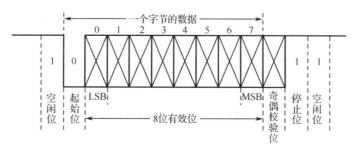

图 6.5　UART 通信格式

波特率就是 UART 数据传输的速率，也就是每秒传输的数据位数，其数值一般选择 9600、19200、115200 等。

6.3.2　Linux UART 驱动程序结构分析

在 Linux 系统中，终端是一种字符型设备，它有多种类型，通常使用 tty（Teletype）来简称各种类型的终端设备。对于嵌入式系统，普遍采用的是 UART 串行接口，日常工作中简称为接口或端口。

1. tty 基本概念

（1）串口终端（/dev/ttyS*）。

串口终端是使用计算机串口连接的终端设备。Linux 把每个串行接口都看成一个字符设备。这些串行接口对应的设备名称是/dev/ttySAC*。

（2）控制台终端（/dev/console）。

在 Linux 系统中，计算机的输出设备通常称为控制台终端，这里特指 printk 信息输出到设备。/dev/console 是一个虚拟的设备，它需要映射到真正的 tty 上，比如通过内核启动参数"console=ttySCA0"把 console 映射到串口 0。

（3）虚拟终端（/dev/tty*）。

当用户登录时，使用的是虚拟终端。使用 Ctrl+Alt+[F1～F6]组合键时，我们就可以切换到 tty1、tty2、tty3 等上面去。tty*就称为虚拟终端，而 tty0 则是当前所用虚拟终端的别名。

（4）tty 驱动架构分析。

Linux 内核中 tty 驱动架构大概如图 6.6 中所示。tty 驱动程序分为三层，这三层都放在内核中。第一层是 tty 核心层（tty_core），主要代码由内核代码实现在 tty_io.c 中，tty 核心是对整个 tty 设备的抽象，并为用户提供统一的接口。第二层为 tty 线路规程层（line_discipline），开发者可以自己注册并实现一个线路规程驱动程序，tty 线路规程是对数据的传输的格式化，比如需要实现某种协议,就要将协议的实现代码放在该位置。第三层为tty驱动程序层(tty_driver),这一层主要由内核实现在 serial_core.c 中,是面向 tty 设备的硬件驱动程序,需要填充一个 struct uart_ops 的结构体。用户需要实现的是串口的硬件抽象层 UART 驱动程序层, 如 xxx_serial.c,该层的操作函数通过 uart_ops 与内核进行关联,需要根据具体硬件来实现。

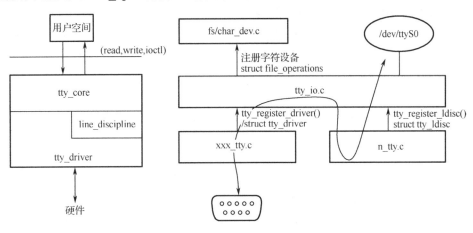

图 6.6　Linux 内核中 tty 驱动程序架构

2. tty 驱动程序数据收发流程

如图 6.7 所示,tty 设备发送数据的流程为:tty 核心从用户获取要发送给 tty 设备的数据,tty 核心将数据传递给 tty 线路规程驱动程序,接着数据被传递到 tty 驱动程序,tty 驱动程序将数据转换为可发送给硬件的格式。

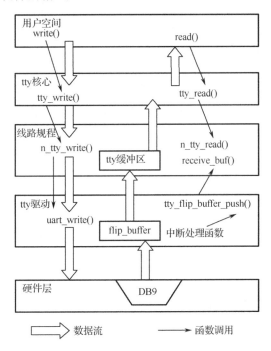

图 6.7　tty 设备收发数据流程

接收数据的流程为：从 tty 硬件接收到的数据向上交给 tty 驱动程序，进入 tty 线路规程驱动，再进入 tty 核心，在这里它被一个用户获取。尽管大多数时候 tty 核心和 tty 之间的数据传输会经历 tty 线路规程的转换，但 tty 驱动程序与 tty 核心之间也可以直接传输数据。

（1）串口驱动程序之打开驱动程序。

用户使用 open()函数打开设备文件步骤：

step1：内核调用 cdev 结构中 file_operations 指针所指向结构中的 tty_open()函数；

step2：tty_open()函数调用 tty_struct 结构中的 tty_operations 指针所指向结构中的 uart_open()函数；

step3：uart_open()函数调用 uart_startup()函数；

step4：uart_startup()函数调用 uart_port 结构中 ops 指针所指向操作函数集合中的文件操作函数。

注意：

● 打开设备文件肯定有对应的设备驱动文件打开函数：file_operations；

● 在使用 uart_register_driver() 注册串口驱动时，该函数里面会调用函数 tty_register_driver()，该函数会调用 cdev_init()函数和 cdev_add()函数；

● 从这里可以看出 tty 设备属于字符设备。

（2）串口驱动程序之数据接收。

应用程序要接收数据肯定要使用 read() 函数，用户程序调用函数 read()，该函数调用结构 file_operations 中 read 指针所指向的 tty_read()函数，然后 tty_read()函数调用结构 tty_ldisc_ops 结构中 read 指针所指向的 n_tty_read()函数。

n_tty_read()函数如下分析：

① 将应用程序执行进程状态设置成（TASK_INTERRUPTIBLE）；注意，设置成该状态但程序并不会直接进入阻塞态，需要在进程调度中才会进入相应的状态；

② 如果没有数据可读，则通过调度程序实现将进程进入阻塞态；

③ 如果 read_buf 中有数据，则从中读取数据。

因为串口驱动程序的读函数是被动触发的，当串口接收到数据而触发接收中断时，串口的中断服务程序通过 tty_flip_buffer_push()将接收缓冲区中的数据推到线路规程，线路规程调用 receive_buf()函数，该函数实现的功能之一便是将串口接收到的数据存储在本地，然后将这些数据转发给需要的地方。线路规程层的 receive_buf()函数由程序开发者自己实现。

（3）串口驱动程序之发送数据。

用户使用 write()函数实现发送数据。首先，write()函数调用 cdev 结构中 file_operations 指针所指向结构中的 tty_write()函数，该函数调用 tty_ldisc_ops 结构中 write 指针所指向的 n_tty_write()函数，然后在 n_tty_write()函数调用 uart_tty 结构中的 write 指针所指向的 uart_write()函数，uart_write()函数调用 uart_start()函数，该函数调用 uart_port 结构中 ops 指针所指操作函数集合中的文件发送函数 start_tx()。

3. tty 驱动程序数据结构分析

在 tty_core 层，tty_io.c 本身是一个标准的字符设备驱动程序，它对上负有字符设备的职责，实现 file_operations 成员函数。但 tty_core 层对下接口又定义了 tty_driver 的架构，这样 tty

设备驱动程序的主体工作就变成了填充 tty_driver 结构体中的成员，实现其中的 tty_operations 的成员函数，而不再是去实现 file_operations 这一级的工作，如图 6.8 所示。

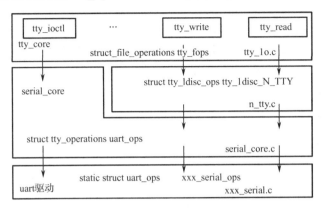

图 6.8　tty 架构函数操作传递关系

在 tty 架构中，tty_io.c 定义了 tty 设备通用的 file_operations 结构体，并实现了接口函数 tty_register_driver()用于注册 tty 设备，它会利用 fs/char_dev.c 提供的接口函数注册字符设备，与具体设备对应的 tty 驱动程序将实现 tty_driver 结构体中的成员函数。同时，tty_io.c 提供了 tty_register_ldisc()接口函数用于注册线路规程，n_tty.c 文件则实现了 tty_disc 结构体中的成员。特定 tty 设备驱动程序的主体工作是填充 tty_driver 结构体中的成员，实现其中的成员函数。

很明显地看到，由 tty 设备驱动程序到串口驱动程序，中间经过了一层 serial_core，在 serial_core 层定义了 uart_driver 的架构，填充 uart_driver 结构体中的成员，实现其中的 uart_ops 的成员函数关联。最后，在 UART 驱动程序层，经过串口核心层后就转变成了实现 xxx_serial.c，需要实现 uart_ops 的具体对象 xxx_serial_ops 中的成员函数。至此，在 Linux 系统已经封装了终端设备（tty）的驱动程序，而我们只需要实现串口驱动就能实现整个串口终端驱动程序。

由于 drivers/tty/serial/serial_core.c 是一个 tty_driver，还不是具体设备的底层驱动程序，因此在 serial_core.c 中存在一个 tty_operations 的实例，这个实例的成员函数进一步调用 struct uart_ops 的成员函数，把 file_operations 中的成员函数、tty_operations 中的成员函数和 uart_ops 中的成员函数串起来，实现对具体设备的操作。

serial_core.c 实现了 UART 设备的通用 tty 驱动程序层（称为串口核心层），这样，UART 驱动程序的主要任务演变成了实现 serial_core.c 中定义的一组 uart_xxx 接口而非 tty_xxx 接口，见表 6.1 中给出的对应关系。

表 6.1　tty 驱动程序层与 UART 驱动程序的对应数据结构

设 备 方 法	设 备 注 册	设 备 信 息	注　　　释
tty_operations	tty_driver	tty_struct	tty 核心层定义，在 serial_core.c 实现
uart_ops	uart_driver	uart_port	serial_core 定义，在 xxx_serial.c 实现

4. 串口核心层数据结构

在 Linux 中，串口驱动程序需要给用户提供读数据的功能，写数据、打开串口和关闭串口的功能。打开之前肯定需要对串口进行初始化的工作。在串口驱动程序层中，需要实现几个重要的数据结构：uart_driver、uart_port、uart_state 和 uart_ops。

（1）struct uart_driver。

uart_driver 是一个串口，对应一个串口驱动程序，用于描述串口结构，包含串口设备名、串口驱动程序名、主次设备号、串口控制台（可选）、接口或端口、操作函数、状态等信息，还封装了 tty_driver（底层串口驱动程序无须关心 tty_driver）。

串口驱动程序不需要使用者编写，但需要使用者了解串口驱动程序框架。uart_driver 结构体表示 UART 驱动程序，定义在 include/linux/serial_core.h 文件中，内容如下：

```
struct uart_driver
{
    struct module  *owner; //拥有该 uart_driver 的模块,一般为 THIS_MODULE
    constchar *driver_name; //串口驱动程序名,串口设备文件名以驱动程序名为基础
    constchar *dev_name; //串口设备名
    int major; //主设备号
    int minor; //次设备号
    int nr; //该 uart_driver 支持的串口个数(最大)
    struct console  *cons;// 其对应的 console.若该 uart_driver 支持 serial
console, 否则为 NULL
    ...
    structuart_state *state;
    structtty_driver *tty_driver; //uart_driver 封装了 tty_driver,使底层 UART
驱动程序不用关心 tty_driver。
};
```

每个串口驱动程序都需要定义一个 uart_driver，加载驱动程序时通过 uart_register_driver() 函数向系统注册这个 uart_driver，此函数原型如下：

```
int uart_register_driver(struct uart_driver *drv)
```

函数参数和返回值含义如下。

drv：要注册的 uart_driver。

返回值：0 表示成功；负值表示失败。

注销驱动程序时也要注销掉前面注册的 uart_driver，使用 uart_unregister_driver()函数完成注销，函数原型如下：

```
void uart_unregister_driver(struct uart_driver *drv)
```

函数参数和返回值含义如下。

drv：要注销的 uart_driver。

返回值：无。

（2）struct uart_port。

uart_port 结构体表示一个具体的接口或端口，uart_port 用于描述一个 UART 接口（直接对应于一个串口）的 I/O 接口或 I/O 内存地址、FIFO 大小、接口类型等信息。uart_port 定义在 include/linux/serial_core.h 文件中，内容如下：

```
struct uart_port {
    spinlock_t lock;
    unsigned long iobase;
    unsigned char __iomem *membase;
    ......
    const struct uart_ops *ops;
    unsigned int custom_divisor;
    unsigned int line;
    unsigned int minor;
    resource_size_tmapbase;
    resource_size_tmapsize;
    struct device *dev;
    ......
};
```

uart_add_one_port()函数将每个 UART 的 uart_port 和 uart_driver 结合起来，uart_add_one_port()函数原型如下：

```
int uart_add_one_port(struct uart_driver *drv,    struct uart_port *uport)
```

函数参数和返回值含义如下。

drv：port 对应的 uart_driver。

uport：要添加到 uart_driver 中的 port。

返回值：0 表示成功；负值表示失败。

卸载 UART 驱动程序时要将 uart_port 从相应的 uart_driver 中移除，需要使用 uart_remove_one_port()函数，函数原型如下：

```
int uart_remove_one_port(struct uart_driver *drv, struct uart_port *uport)
```

函数参数和返回值含义如下。

drv：要卸载的 port 所对应的 uart_driver。

uport：要卸载的 uart_port。

返回值：0 表示成功；负值表示失败。

（3）struct uart_state。

一个 UART 接口对应一个 uart_state，该结构体将 uart_port 与对应的 circ_buf 联系起来。uart_state 有两个成员在底层串口驱动程序中会用到：xmit 和 port。用户空间程序通过串口发送数据时，上层驱动程序将用户数据保存在 xmit 中；而串口发送中断处理函数，就是通过 xmit 获取用户数据并将它们发送出去。串口接收中断处理函数通过 port 将接收到的数据传递给线路规程层。

```
struct uart_state {
    struct tty_port    port;
    enum uart_pm_state   pm_state;
    struct circ_buf     xmit;
    struct uart_port    *uart_port; /* 对应于一个串口设备 */
};
```

（4）struct uart_ops。

uart_port 中的 ops 成员变量很重要，因为 ops 包含了针对 UART 具体的驱动函数，Linux 系统收发数据最终调用的都是 ops 中的函数。ops 是 uart_ops 类型的结构体指针变量，uart_ops 定义在 include/linux/serial_core.h 文件中。uart_ops 结构体部分内容如下：

```
struct uart_ops {
    unsigned int(*tx_empty)(struct uart_port *); /* 串口的 Tx FIFO 缓存是否为空 */
    void(*set_mctrl)(struct uart_port *,unsignedint mctrl);/* 设置串口 modem
控制 */
    unsignedint(*get_mctrl)(struct uart_port *);/* 获取串口 modem 控制 */
    void(*stop_tx)(struct uart_port *);/* 禁止串口发送数据 */
    void(*start_tx)(struct uart_port *);/* 使能串口发送数据 */
    void(*send_xchar)(struct uart_port *,char ch);/* 发送 xChar */
    void(*stop_rx)(struct uart_port *);/* 禁止串口接收数据 */
    void(*enable_ms)(struct uart_port *);/* 使能 modem 的状态信号 */
    void(*break_ctl)(struct uart_port *,int ctl);/* 设置 break 信号 */
    int(*startup)(struct uart_port *);/* 启动串口,应用程序打开串口设备文件时，该
函数会被调用 */
    void(*shutdown)(struct uart_port *);/* 关闭串口,应用程序关闭串口设备文件时,
该函数会被调用 */
    …
    void(*config_port)(struct uart_port *,int);/* 执行串口所需的自动配置 */
    int(*verify_port)(struct uart_port *,struct serial_struct *);/* 核实新串
口的信息 */
    int(*ioctl)(struct uart_port *,unsignedint,unsignedlong);/* I/O 控制 */
};
```

程序开发人员在编写 UART 驱动程序时要实现 uart_ops，因为 uart_ops 是最底层的 UART 驱动程序接口，是实实在在的和 UART 寄存器打交道的函数集。

6.3.3 I.MX6U UART 驱动程序分析

1. I. MX6U UART 简介

I.MX6U 共有 8 个 UART，其主要特性如下：
- 兼容 TIA/EIA-232F 标准，速率最高可达 5Mbps。
- 支持串行 IR 接口，兼容 IrDA，速率最高可达 115.2kbps。
- 支持 9 位或多节点模式（RS-485）。
- 1 位或 2 位停止位。
- 可编程的奇偶校验（奇校验和偶校验）。
- 自动波特率检测（最高支持 115.2kbps）。

这里的设计要用到 I. MX6U 的 UART3 接口，RS232 接口连接到 UART3 上。RS232 原理图如图 6.9 所示。

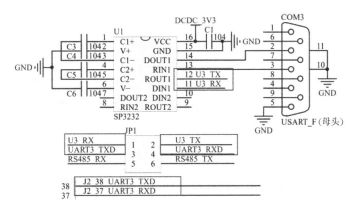

图 6.9 RS232 原理图

从图 6.9 可以看出，RS232 电平通过 SP3232 芯片来实现，RS232 连接到 I.MX6ULL 的 UART3 接口。

2. UART 驱动程序 platform 总线挂载方式分析

在 Linux 后期版本中，调用 UART 串口驱动程序有两种方式，一种方式是通过字符设备驱动程序方式注册挂载，另一种是通过 platform 总线方式进行挂载调用，图 6.10 列举了 open、read、write 三个典型操作分别在 platform 总线架构和 tty 驱动程序架构中的调用关系。不管哪种方式，都是通过调用 UART 驱动程序来完成对 UART 设备访问的。

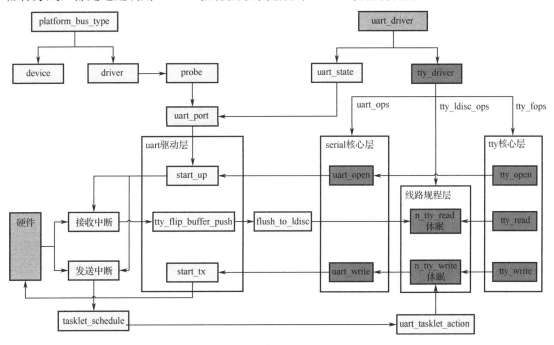

图 6.10 UART 驱动程序在 platform 总线架构与 tty 驱动程序架构中的调用关系

在字符设备调用方式中，在用户空间经过 tty 核心层、线程规程层和串口核心层对 UART 驱动程序进行调用以实现 UART 访问。在这个过程中，需要将 UART 驱动程序注册关联到串口核心层的接口。

在 platform 总线方式中，按照 platform 总线设备将 UART 驱动程序注册挂载到 platform 总线上就可以访问，其操作方式和其他 platform 总线设备一样，比较便捷。在访问时，通过 platform 的 probe 指针关联到 uart_port 对应的 UART 驱动程序函数，然后进行相关操作。

在本实例中，我们结合设备树与 platform 总线的驱动程序结构，说明初学者在 UART 驱动程序的编写与装卸过程要关注的部分。

3. 设备树节点配置

通过第 5 章的学习我们了解到，新版本的 Linux 内核对驱动程序的管理是通过设备树进行的。因此我们先来分析 I.MX6ULL 处理器中的 UART3 设备树节点的配置方法。

UART3 对应的设备树子节点配置如代码清单 6.3.3.1 所示。

代码清单 6.3.3.1　UART3 对应的设备树子节点配置

```
1   uart3: serial@021ec000 {
2   compatible = "fsl,imx6ul-uart", "fsl,imx6q-uart", "fsl,imx21-uart";
3       reg = <0x021EC000 0x4000>;
4       interrupts = <0 28 IRQ_TYPE_LEVEL_HIGH>;
5       clocks = <& IMX6UL_CLK_UART3_SERIAL >,
6           <& IMX6UL_CLK_UART3_SERIAL >;
7       clock-names = "ipg", "per";
8       dmas = <&sdma 29 4 0>, <&sdma 30 4 0>;
9       dma-names = "rx", "tx";
10      status = "disabled";
11  };
```

其中，compatible 定义整个系统（设备级别）的名称，compatible 属性有三个值："fsl,imx6ul-uart"、"fsl,imx6q-uart"和"fsl,imx21-uart"。通过检索 Linux 代码，在 drivers/tty/ serial/ imx.c 中可以找到 imx6ul-uart 的位置，定义在 imx_uart_devtype 中，仔细观察该文件，串口驱动程序本质上是 platform 驱动程序。

4. UART 驱动程序注册与注销

在 platform 总线结构中，要对设备和驱动程序进行注册，注册过程就是初始化过程。
（1）platform_driver 结构体对象初始化。

在 platform 总线方式挂载 UART 串口时，要对 platform_driver 数据结构的 UART 对象进行初始化。在本例中，我们定义了 serial_imx_driver 结构体来管理 UART 的 platform 总线驱动程序信息。主要内容如代码清单 6.3.3.2 所示。

代码清单 6.3.3.2　platform_driver 初始化

```
1   static const struct platform_device_id imx_uart_devtype[] = {
2       {
3           .name = "imx1-uart",
4           .driver_data = (kernel_ulong_t) &imx_uart_devdata[IMX1_UART],
5       }, {
```

```
6              .name = "imx21-uart",
7              .driver_data = (kernel_ulong_t) &imx_uart_devdata[IMX21_UART],
8          }, {
9              .name = "imx53-uart",
10             .driver_data = (kernel_ulong_t) &imx_uart_devdata[IMX53_UART],
11         }, {
12             .name = "imx6q-uart",
13             .driver_data = (kernel_ulong_t) &imx_uart_devdata[IMX6Q_UART],
14         }, {
15         /* sentinel */
16         }
17 };
18 MODULE_DEVICE_TABLE(platform, imx_uart_devtype);
19
20 static const struct of_device_id imx_uart_dt_ids[] = {
21     { .compatible = "fsl,imx6q-uart", .data =
22     &imx_uart_devdata[IMX6Q_UART], },
23     { .compatible = "fsl,imx53-uart", .data =
24     &imx_uart_devdata[IMX53_UART], },
25     { .compatible = "fsl,imx1-uart", .data =
26     &imx_uart_devdata[IMX1_UART], },
27     { .compatible = "fsl,imx21-uart", .data =
28     &imx_uart_devdata[IMX21_UART], },
29     { /* sentinel */ }
30 };
31 MODULE_DEVICE_TABLE(of, imx_uart_dt_ids);
32 ......
33 static struct platform_driver serial_imx_driver = {
34     .probe = serial_imx_probe,
35     .remove = serial_imx_remove,
36     .suspend = serial_imx_suspend,
37     .resume = serial_imx_resume,
38     .id_table = imx_uart_devtype,
39     .driver = {
40         .name = "imx-uart",
41         .of_match_table = imx_uart_dt_ids,
42     },
43 };
```

从上述代码可以看出，UART 驱动程序文件使用的 platform_driver 结构体，本质上是一个 platform 驱动程序，imx_uart_devtype 为传统匹配表，imx_uart_dt_ids 是设备树使用的匹配表，compatible 属性值为"fsl, imx6q-uart"。然后对 platform 驱动程序框架结构体对象 serial_imx_driver 进行初始化设置。

（2）串口驱动程序注册过程分析。

在对 platform 驱动程序框架结构体对象 serial_imx_driver 初始化配置完成后，就可以对串口进行注册了。在 platform 驱动程序框架中，UART 串口设备注册分成两个步骤：串口驱动程序注册和平台驱动程序注册。本例通过 imx_serial_init()函数进行处理，具体过程如代码清单 6.3.3.3 所示。

代码清单 6.3.3.3　imx_serial_init()函数

```
1    static struct uart_driver imx_reg = {
2        .owner          = THIS_MODULE,
3        .driver_name    = DRIVER_NAME,
4        .dev_name       = DEV_NAME,
5        .major          = SERIAL_IMX_MAJOR,
6        .minor          = MINOR_START,
7        .nr             = ARRAY_SIZE(imx_ports),
8        .cons           = IMX_CONSOLE,
9    };
10   static int __init imx_serial_init(void)
11   {
12       int ret = uart_register_driver(&imx_reg);
13       if (ret)
14           return ret;
15       ret = platform_driver_register(&serial_imx_driver);
16       if (ret != 0)
17           uart_unregister_driver(&imx_reg);
18       return ret;
19   }
```

上述代码主要完成两件工作。

● 串口驱动程序注册：uart_register_driver(&imx_reg)

● 平台驱动程序注册：platform_driver_register(&serial_imx_driver)

在 imx_serial_init()函数中调用 uart_register_driver()函数向 Linux 内核注册 uart_driver，imx_reg 就是 uart_driver 类型的结构体变量。当 platform 总线上的 device 与 driver 匹配时，调用 serial_imx_probe()函数。在串口驱动程序注册过程中，通过 imx_serial_init()函数调用 uart_register_driver()向 Linux 内核注册 imx_reg。uart_register_driver()函数实现过程如代码清单 6.3.3.4 所示。

代码清单 6.3.3.4　uart_register_driver()注册过程

```
1    int uart_register_driver(struct uart_driver *drv)
2    {
3        struct tty_driver *normal;
4        int i, retval;
5
6        BUG_ON(drv->state);
7        ...
8        drv->tty_driver = normal;
9        normal->driver_name    = drv->driver_name;
10       normal->name           = drv->dev_name;
11       normal->major          = drv->major;
```

```
12      normal->minor_start     = drv->minor;
13      normal->type            = TTY_DRIVER_TYPE_SERIAL;
14      normal->subtype         = SERIAL_TYPE_NORMAL;
15      normal->init_termios    = tty_std_termios;
16      normal->init_termios.c_cflag = B9600 | CS8 | CREAD | HUPCL | CLOCAL;
17      normal->init_termios.c_ispeed = normal->init_termios.c_ospeed = 9600;
18      normal->flags   = TTY_DRIVER_REAL_RAW | TTY_DRIVER_DYNAMIC_DEV;
19      normal->driver_state = drv;
20      tty_set_operations(normal, &uart_ops);//drivers/tty/tty_io.c/line3436
21
22      /* Initialise the UART state(s). */
23
24      for (i = 0; i < drv->nr; i++) {
25          struct uart_state *state = drv->state + i;
26          struct tty_port *port = &state->port;
27
28          tty_port_init(port);              //drivers/tty/tty_port.c/line20
29          port->ops = &uart_port_ops;
30      }
31
32      retval = tty_register_driver(normal);//drivers/tty/tty_io.c/line3452
33      if (retval >= 0)
34          return retval;
35
36      for (i = 0; i < drv->nr; i++)
37          tty_port_destroy(&drv->state[i].port);
38      put_tty_driver(normal);              //drivers/tty/tty_io.c/line3443
39  out_kfree:
40      kfree(drv->state);
41  out:
42      return -ENOMEM;
43  }
```

上述代码完成 6 件工作：

- 分配 nr 个 uart_state 空间。uart_state 是串口设备的抽象。
- 分配 tty_driver 空间，并将 driver_name/dev_name/major/minor/tty_std_termios 赋给 tty_driver，将串口的操作函数绑定到 tty 的操作函数上。
- 初始化 uart_state(s)，主要是初始化 tty_port。
- 调用 tty_register_driver 对 tty 驱动程序进行注册。
- destory tty_port。
- 增加 tty_driver 的引用计数。

（3）平台驱动程序注册：platform_driver_register(&serial_imx_driver)。

这里暂不分析具体的注册函数。当 platform 总线上的 device 与 driver 匹配时，调用 serial_imx_probe()函数，见代码清单 6.3.3.5。

代码清单 6.3.3.5   platform 平台 UART 驱动程序注册过程

```
1    static int serial_imx_probe(struct platform_device *pdev)
2    {
3        struct imx_port *sport;
4        void __iomem *base;
5        int ret = 0;
6        struct resource *res;
7        int txirq, rxirq, rtsirq;
8        ......
9        res = platform_get_resource(pdev, IORESOURCE_MEM, 0);
10       base = devm_ioremap_resource(&pdev->dev, res);
11       if (IS_ERR(base))
12           return PTR_ERR(base);
13
14       rxirq = platform_get_irq(pdev, 0);
15       txirq = platform_get_irq(pdev, 1);
16       rtsirq = platform_get_irq(pdev, 2);
17
18       sport->port.dev = &pdev->dev;
19       sport->port.mapbase = res->start;
20       sport->port.membase = base;
21       sport->port.type = PORT_IMX,
22       sport->port.iotype = UPIO_MEM;
23       sport->port.irq = rxirq;
24       sport->port.fifosize = 32;
25       sport->port.ops = &imx_pops;
26       sport->port.rs485_config = imx_rs485_config;
27       sport->port.rs485.flags =
28           SER_RS485_RTS_ON_SEND | SER_RS485_RX_DURING_TX;
29       sport->port.flags = UPF_BOOT_AUTOCONF;
30       init_timer(&sport->timer);
31       sport->timer.function = imx_timeout;
32       sport->timer.data    = (unsigned long)sport;
33
34       sport->clk_ipg = devm_clk_get(&pdev->dev, "ipg");
35       if (IS_ERR(sport->clk_ipg)) {
36           ret = PTR_ERR(sport->clk_ipg);
37           dev_err(&pdev->dev, "failed to get ipg clk: %d\n", ret);
38           return ret;
39       }
40       ......
41       imx_ports[sport->port.line] = sport;
42       platform_set_drvdata(pdev, sport);
43       return uart_add_one_port(&imx_reg, &sport->port);
44   }
```

该函数主要完成以下两件工作：

● 将 dts 中有关的硬件信息提取到 sport 结构体中。

● 调用 uart_add_one_prot(&imx_reg, &sport->port)。

当 UART 设备和驱动程序匹配成功后，serial_imx_probe()函数就会被执行，此函数的重点是初始化 uart_port，然后将其添加到对应的 uart_driver 中。了解 serial_imx_probe()函数之前介绍一下 imx_port 结构体。imx_port 是 NXP 为 I.MX 系列 SoC 定义的一个设备结构体，结构体内部包含了 uart_port 成员变量。其中，imx_pops 就是 uart_ops 类型的结构体变量，保存了 I.MX6ULL 串口最底层的操作函数，imx_pops 结构体定义与初始化如代码清单 6.3.3.6 所示。

代码清单 6.3.3.6　imx_pops 结构体定义与初始化

```
1   static struct uart_ops imx_pops = {
2       .tx_empty       = imx_tx_empty,
3       .set_mctrl      = imx_set_mctrl,
4       .get_mctrl      = imx_get_mctrl,
5       .stop_tx        = imx_stop_tx,
6       .start_tx       = imx_start_tx,
7       .stop_rx        = imx_stop_rx,
8       .enable_ms      = imx_enable_ms,
9       .break_ctl      = imx_break_ctl,
10      .startup        = imx_startup,
11      .shutdown       = imx_shutdown,
12      .flush_buffer   = imx_flush_buffer,
13      .set_termios    = imx_set_termios,
14      .type           = imx_type,
15      .config_port    = imx_config_port,
16      .verify_port    = imx_verify_port,
17  #if defined(CONFIG_CONSOLE_POLL)
18      .poll_init      = imx_poll_init,
19      .poll_get_char  = imx_poll_get_char,
20      .poll_put_char  = imx_poll_put_char,
21  #endif
22  };
```

imx_pops 中的函数基本是和 I.MX6 的 UART 寄存器相关的，是 UART 的具体实现代码，这里就不一一分析了。

（4）串口模块加载与卸载。

串口模块卸载函数的代码如代码清单 6.3.3.7 所示。

代码清单 6.3.3.7　串口模块卸载函数 imx_serial_exit()

```
1   static void __exit imx_serial_exit(void)
2   {
3       platform_driver_unregister(&serial_imx_driver);
4       uart_unregister_driver(&imx_reg);
5   }
```

I.MX6DualLite 串口模块加载与卸载通过下面的函数来实现：

```
module_init(imx_serial_init);
module_exit(imx_serial_exit);
```

I.MX6ULL 的 UART 本质上是一个 platform 驱动程序，imx_uart_devtype 为传统匹配表，imx_uart_dt_ids 为设备树使用的匹配表；"fsl, imx6d-uart"为 compatible 属性值，serial_imx_driver 为 platform 驱动程序框架结构体；imx_serial_init()为驱动程序入口函数，使用 uart_register_driver()函数向 Linux 内核注册 uart_driver，在此处就是 imx_reg；__exit imx_serial_exit()为驱动程序出口函数，使用 uart_unregister_driver()函数注销前面注册的 uart_driver，即 imx_reg。

5. RS232 UART 串口驱动程序配置

前面介绍过 I.MX6ULL 的 UART 驱动程序 NXP 已经编写好了，所以不需要使用者编写。使用者要做的就是在设备树中添加 UART3 对应的设备节点。打开 arch/arm/boot/dts/imx6qdl-sabresd.dtsi 文件，在此文件中只有 UART1 对应的 uart1 节点。没有 UART3 对应的节点，就参考 uart1 节点创建 uart3 节点。

（1）UART3 I/O 节点创建。

UART3 用到了 UART3_TXD 和 UART3_RXD 这两个 I/O，因此要先在 iomuxc 中创建 UART3 对应的 pinctrl 子节点。在 iomuxc 中添加如下内容：

```
pinctrl_uart3: uart3grp {
    fsl,pins = <
        MX6DL_PAD_UART3_TX_DATA__UART3_DCE_TX 0x1B0B1
        MX6DL_PAD_UART3_RX_DATA__UART3_DCE_RX 0x1B0B1
    >;
};
```

需要注意的是，要将 UART3_TX 和 UART3_RX 这两个引脚被作为其他功能这一选项屏蔽掉，保证它们只用于 UART3。

（2）添加 uart3 节点。

在这里要添加 GPIO 对应的寄存器的信息，并在总线上添加 UART3 接口。因为默认配置是接口 uart1 和 uart2，所以我们按照原本的格式添加，首先确认是 RS232 接口，不需要 RTS 或 CTS 功能。搜索&uart1，检索到的数据如下：

```
&uart1 {
    pinctrl-names = "default";
    pinctrl-0 = <&pinctrl_uart1>;
    status = "okay";
};

&uart2 {
    pinctrl-names = "default";
    pinctrl-0 = <&pinctrl_uart2>;
    status = "okay";
};
```

uart1 节点对应 UART1，在某些开发板上，UART1 一般作为调试串口，而不作为其他串口使用。参照 uart2 节点添加 uart3 节点：

```
&uart3 {
    pinctrl-names = "default";
    pinctrl-0 = <&pinctrl_uart3>;
    status = "okay";
};
```

完成后重新编译设备树并使用新的设备树启动 Linux。如果设备树修改成功，系统启动后就会生成一个名为"/dev/ttymxc2"的设备文件，ttymxc2 就是 UART3 对应的设备文件，应用程序可以通过访问 ttymxc2 实现对 UART3 的操作。

通过前面的实例分析，我们可以总结字符驱动程序的开发流程如下：

① 实现入口函数 xxx_init()和卸载函数 xxx_exit()；

② 申请设备号 register_chrdev_region()；

③ 初始化字符设备，cdev_init()函数、cdev_add()函数；

④ 硬件初始化，如时钟寄存器配置使能、GPIO 设置为输入/输出模式等；

⑤ 构建 file_operation 结构体内容，实现硬件各相关操作；

⑥ 在终端上使用 mknod 根据设备号创建设备文件（节点）。

作业

1. 查看开发板 GPIO 的数据手册，编写一个基于 GPIO 的字符驱动程序，要求使用设备树、中断操作，并分析说明驱动程序函数的作用。

2. 参考 LED 底层驱动编写简单的 UART 底层驱动程序，并分析 UART 串口驱动程序中，应用程序如何通过 read()、write()、ioctl()等函数操作传递调动底层的驱动程序函数。

第7章 块设备驱动程序与应用实例

块设备是嵌入式 Linux 系统中常见的存储设备。块设备和字符设备有很多相似之处,比如都是通过/dev 下的文件系统节点访问,但它们也有很多不同之处,如基本存储单位、缓冲技术等。块设备驱动程序(也常称为块设备驱动,块驱动)主要针对一些较慢的设备,并且由于其随机访问性,常用作文件系统的载体。

本章将介绍块设备的工作原理、特点,驱动程序编写时涉及的结构体和相关函数,以及对块设备的管理和操作,并以 SDRAM、NAND Flash 驱动程序为例分析块驱动程序开发流程。

7.1 块设备驱动程序框架

7.1.1 块设备数据交换方式

1. 块设备数据交换基本单元

块设备(Block Device)是 Linux 的三大设备之一,其驱动程序模型主要针对磁盘、Flash 等存储类设备。块设备是一种具有一定结构的随机存取设备,对这种设备的读写是按块进行的,它将信息存储在固定大小的块中,每个块都有自己的地址,可以在任意位置读取一定长度的数据。在 Linux 中,块设备以块为单位,在对应的缓冲区中进行随机访问,其最小粒度为块。常见的块设备有 U 盘、机械硬盘、固态硬盘、SD 卡、NAND Flash、NOR Flash、SPI Flash 等。

块设备数据处理的基本单位如下:
- 扇区(Sector)。扇区是块设备的基本访问单位,是块设备硬件处理的最小单位,通常,一个扇区的大小为 512B。
- 块(Block)。块是 Linux 系统制定的对文件系统或内核等进行数据处理的基本单位,一般一个或多个扇区组成一个块。
- 段(Segment)。段由若干个连续的段组成,是 Linux 内存管理机制中内存页的一部分,段的大小与块有关,必须是块的整数倍。
- 页(Page)。页的概念来自 Linux 内核,是内核内存映射的基本单位。

在 Linux 操作系统中,块设备以扇区为单位管理块设备,以块为单位和文件系统进行交互。上述 4 个基本单位的关系如图 7.1 所示。

图 7.2 是 Linux 中的块设备访问层次结构。应用层程序有两种方式访问一个块设备:/dev 和文件系统挂载点,前者和字符设备一样,通常用于配置,后者就是 mount 之后通过文件系统直接访问一个块设备。

页（4KB）							
				段（bio_vec）			
块（1024B）		块（1024B）		块（1024B）		块（1024B）	
扇区 （512B）	扇区 （512B）	扇区 （512B）	扇区 （512B）	扇区 （512B）	扇区 （512B）	扇区 （512B）	扇区 （512B）

图 7.1 块设备管理基本单位的关系示意

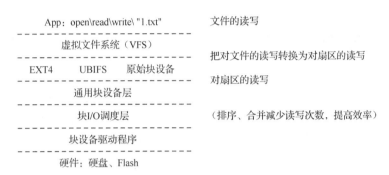

图 7.2 块设备访问层次结构

块设备的访问流程如下：

① read()系统调用最终会调用 VFS 函数(read()->sys_read()->vfs_read())，将文件描述符 fd 和文件内的偏移量 offset 传递给它。

② VFS 判断这个调用的处理方式，如果访问的内容已经被缓存在 RAM 中（磁盘高速缓存机制），就直接访问，否则从磁盘中读取。

③ 为了从物理磁盘中读取，内核依赖映射层（mapping layer），即磁盘文件系统。

➢ 确定该文件所在文件系统的块的大小，并根据文件块的大小计算所请求数据的长度。本质上，文件被拆成很多块，因此内核需要确定请求数据所在的块。

➢ 映射层调用一个具体的文件系统的函数，这个层的函数会访问文件的磁盘节点，然后根据逻辑块号确定所请求数据在磁盘上的位置。

④ 内核利用通用块层（generic block layer）启动 I/O 操作来传达所请求的数据，通常，一个 I/O 操作只针对磁盘上一组连续的块。

⑤ I/O 调度程序根据预先定义的内核策略将待处理的 I/O 进行重排和合并。

⑥ 块设备驱动程序向磁盘控制器硬件接口发送适当的指令，进行实际的数据操作。

2. 块设备数据交换的特点

块设备是相较于字符设备而定义的，块设备的数据交换方式比字符型设备更复杂。块设备的数据交换方式有以下几个特点。

（1）以块为基本数据传输单位。

块是 Linux 虚拟文件系统（VFS）中的基本传输单位，块设备是以块为基本单位输入和输出的，而字符设备是以字节为基本单位进行传输的。

（2）引入缓冲区。

块设备对于读写请求有对应的缓冲区，利用系统的一块内存暂存数据，通过系统缓存进行读取，不是直接向物理存储器读取，而字符设备可以直接读取，不经过系统缓存；块设备属于慢速设备，相比于 CPU，速度慢得多，所以必须引入缓冲区，以免消耗过多的 CPU 时间来等待。此外，引入缓冲区还可以提高设备寿命，存储设备的擦除次数是和设备的使用寿命直接挂钩的，比如新买来的一块 NAND Flash，其上标明它的可擦除次数，比如 100 万次。引入缓冲区后，先将数据写入缓冲区，等满足一定条件后再一次性写入真正的物理存储设备中，这样就减少了对块设备的擦除次数，提高了块设备寿命。

（3）可随机访问。

块设备可以被随机地访问，即块设备在被访问时可以从一个位置跳转到另一个位置。块设备的驱动可能要求读取设备上的任意位置，可以不连续，而字符设备以流的方式被读写，因此只能被有序地访问。由于块设备可以随机地被访问，因此系统可以通过 I/O 调度算法改变文件读写顺序。设备结构不同，其 I/O 算法也会不同，比如对于 EMMC、SD 卡、NAND Flash 这类没有任何机械设备的存储设备，可以任意读写任何扇区（块设备物理存储单元）。

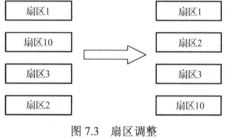

图 7.3　扇区调整

对于机械硬盘这样带有磁头的设备，读取不同的盘面或磁道里的数据，磁头需要移动，因此，对于机械类硬盘，将那些杂乱的访问按照一定的顺序进行排列可以有效提高磁盘性能，如图 7.3 所示，对扇区 1、10、3、2 的请求被调整为对扇区 1、2、3、10 的请求。

7.1.2　块设备读写请求

如 7.1.1 节所述，块设备的读写请求并不是直接到块设备层的，而是先从 VFS 出发，通过文件系统驱动程序和页缓存，穿越多层，最后到达块设备驱动程序，并执行实际的操作。

1. I/O 读写过程

通过图 7.4 可以了解 Linux 块设备的读写过程。存储设备中包含了驻留于相关文件系统（如 EXT4、JFFS2 等）的文件。用户的应用程序唤醒 I/O 系统调用去访问这些文件时，相关文件系统操作在到达各自文件系统驱动程序前，先经过 VFS 层，高速缓冲区通过缓冲存储器块来加速文件系统对块设备的访问。如果所请求的块已在缓冲区，就不需要设备驱动程序做什么工作，只是将在缓冲区被请求数据的一个副本返还，以节省通过访问存储器请求数据的时间；若请求的数据不在缓冲区，内核将调用一个例程来读数据：块设备指定的数据在请求队列中排队，文件系统驱动程序将请求加入指定块设备的请求队列，同时驱动程序从相应的队列取出请求。在此期间，I/O 调度器操控请求队列，使存储器访问延时最小，并使吞吐量最大。

2. I/O 调度算法

对于磁盘块设备，块设备会存在寻道时间，即磁头从当前位置移动到目标磁盘扇区所花费的时间。I/O 调度器的主要功能是减少寻道时间来增加吞吐量，即维持排序过的请求队列，排序就是将请求按相关磁盘扇区连续性进行排列。新来的请求依据排序算法被插到最适合的位置。基于这些属性，产生一种著名的调度算法：电梯算法。

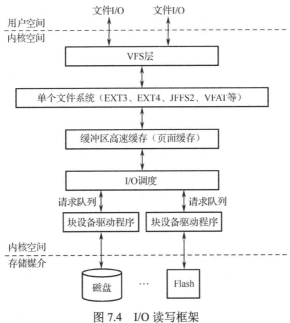

图 7.4　I/O 读写框架

在 Linux 2.4 内核之后就简单地实现了这个算法，但是根据实践，单靠电梯算法还是存在很多不足，于是在后来的版本中出现了一整套的 I/O 算法，如空操作 I/O 调度程序、最后期限 I/O 调度程序和预期 I/O 调度程序等。

（1）空操作 I/O 调度程序。

空操作 I/O 调度程序接收请求并扫描整个队列，判断该请求是否能与已有的请求合并。当新请求与某个已有请求要访问的数据块相近时就可以合并。如果请求的是已有请求之前的数据块，该请求就被合并到这个已有请求之前，反之，被合并到该已有请求之后。在一般的 I/O 操作中，总是从头开始顺序读取文件的内容，因此，大部分请求均可合并到已有请求之后。

如果新请求与已有请求相距较远而不能合并，空操作 I/O 调度程序就会在队列的已有请求之间寻找适当的位置。如果新请求调用已有请求之间的扇区，则该请求将被插到队列中确定的位置。如果找不到适当的位置，该请求就会被插到请求队列的队尾。

（2）最后期限 I/O 调度程序。

空操作 I/O 调度程序存在的主要问题是，有较多相近请求时就永远不会处理新请求。许多与已有请求相近的请求要么被合并，要么被插到已有请求之间，其他新请求就会被堆积在请求队列的队尾。为了解决这个问题，最后期限调度程序给每个请求分配一个到期时间，并且用两个附加队列来管理有效时间，同时用一个与空操作调度算法相似的队列来模拟磁盘效率（disk efficiency）。

应用程序发出读请求后，通常会一直等待，直到该请求被满足才继续执行。但是，如果发出的是写请求，它并不会一直等到请求被满足为止。应用程序在继续处理其他任务时，写操作就可以在后台执行。因此，最后期限 I/O 调度程序先响应读请求后响应写请求。除了根据所请求的扇区远近来排序的队列外，调度程序还保持读请求队列和写请求队列，而读、写请求队列中的请求根据时间先后顺序排队（FIFO）。

和空操作 I/O 调度程序一样，当新请求到来时，最后期限调度程序将它放到一个排好序的队列中，根据 I/O 请求的类别，该请求也会被加到读请求队列或写请求队列。最后期限 I/O 调度程序处理请求时，首先检查读请求队列的队首元素，如果该请求已到期，就会被马上处理。类似地，如果无任何读请求到期，调度程序就去检查写请求队列的队首元素是否到期，如果是，马上处理该请求。仅当无任何读、写请求到期时才去检查标准队列，该队列中请求的处理方式与空操作 I/O 调度程序相似。

（3）预期 I/O 调度程序。

最后期限 I/O 调度程序在执行精确的写操作时存在问题。由于重点放在如何使读操作效率最高，所以写请求可以被读请求抢占，使得磁头必须重新定位，读操作完成后返回到写请求，磁头也返回原来的位置。预期 I/O 调度程序试图预测出下一个操作，以便提高 I/O 吞吐量。

从结构上来说，预期 I/O 调度程序与最后期限 I/O 调度程序类似，同样有根据时间排序（FIFO）的读请求队列和写请求队列，以及根据扇区远近排序的默认队列。两者的主要区别是，处理完一个读请求后，预期 I/O 调度程序并不马上处理其他请求，它在预测另一个读请求的 6ms 内什么都不做。如果该读请求确实发生在相邻区域，它就马上处理该请求。过了预测期后，调度程序又回到正常的操作上，这时和最后期限 I/O 调度程序中执行的操作一样。

预测期使得磁头在块设备的扇区之间来回移动带来的 I/O 延迟最小化。

与最后期限 I/O 调度程序类似，预期 I/O 调度算法中也使用了许多参数。读请求的默认到期时间是 1/8 秒，而写请求是 1/4 秒。这两个参数决定了什么时候在诸多读请求和写请求之间进行检查和切换。一组读请求 1/4 秒后将检查是否有到期的写请求，一组写请求 1/16 秒后将检查是否有到期的读请求。

系统内核在启动时默认设置的调度算法是预期调度程序。只需将内核参数 elevator 设置成下列值就可改变 I/O 调度类型。

- as：预期 I/O 调度程序。
- noop：空操作 I/O 调度程序。
- deadline：最后期限 I/O 调度程序。

7.2　块设备驱动程序数据结构与函数

和字符设备一样，内核需要一组数据结构来对块设备属性与操作进行描述和组织管理。block_device 结构代表了内核中的一个块设备，用作块设备的上层抽象，可以表示整个磁盘或一个特定的分区。当这个结构代表一个分区时，它的 bd_contains 成员指向包含这个分区的设备，bd_part 成员指向设备的分区结构。当这个结构代表一个块设备时，bd_disk 成员指向设备的 gendisk 结构。block_device 数据结构见代码清单 7.2.1。

代码清单 7.2.1　block_device 数据结构

```
1    struct block_device {
2      dev_t    bd_dev;
```

```
3     struct    inode *  bd_inode;    /*分区节点*/
4     int       bd_openers;
5     struct    semaphore   bd_sem;  /*打开/关闭锁*/
6     struct    semaphore   bd_mount_sem;   /* 加载互斥锁*/
7     struct    list_head    bd_inodes;
8     void *    bd_holder;
9     int       bd_holders;
10    struct    block_device *   bd_contains;
11    unsigned  bd_block_size;    //分区块大小
12    struct    hd_struct *  bd_part;
13    unsigned  bd_part_count;    //打开次数
14    int       bd_invalidated;
15    struct    gendisk *    bd_disk;
16    struct    list_head    bd_list;
17    struct    backing_dev_info *bd_inode_backing_dev_info;
18    unsigned long   bd_private;
19    };
```

在结构体中，bd_disk 成员变量为 gendisk 结构体指针类型。内核使用 block_device 来表示一个具体的块设备对象，比如一个硬盘或分区，如果是硬盘，bd_disk 就指向通用磁盘结构gendisk。

驱动程序对块设备的输入/输出（I/O）操作，都会向块设备发出一个请求，在驱动程序中用 request 结构体描述。但对于一些磁盘设备，请求的速度很慢，这时内核就提供一种队列的机制把这些 I/O 请求添加到队列中（即请求队列），在驱动程序中用 request_queue 结构体描述。在向块设备提交这些请求前，内核会先执行请求的合并和排序预操作，以提高访问的效率，然后由内核中的 I/O 调度程序子系统来负责提交 I/O 请求，调度程序将磁盘资源分配给系统中所有挂起的块 I/O 请求，其工作是管理块设备的请求队列，决定队列中请求的排列顺序，以及什么时候派发请求到设备。

由通用块层负责维持 I/O 请求在上层文件系统与底层物理磁盘之间的关系。在通用块层中，通常用一个 bio 结构体来对应一个 I/O 请求。

当多个请求提交给块设备时，执行效率依赖于请求的顺序。如果所有的请求是同一个方向（如写数据），执行效率是最大的。内核在调用块设备驱动程序例程处理请求之前，先收集I/O 请求并将请求排序，然后，将连续扇区操作的多个请求进行合并以提高执行效率。

下面介绍提到的几个结构体并说明它们之间的关系。

7.2.1　gendisk 数据结构与操作

Linux 内核用 include/Linux/genhd.h 中定义的 gendisk（generic disk，通用磁盘）来表示一个独立的磁盘设备或分区，用于对底层物理磁盘进行访问。它存储了块设备的相关信息，包括分区链表、请求队列和块设备操作函数集。块设备驱动程序应分配结构 gendisk 实例，装载分区表，分配请求队列并填充结构的其他域。

1. 源码分析（见代码清单 7.2.1.1）

代码清单 7.2.1.1　gendisk 结构体

```
1    struct gendisk                        //定义于 include/Linux/genhd.h
2    {
3        int major;                        //主设备号
4        int first_minor;                  //该磁盘第 1 个次设备号
5        int minors;                       //最大的次设备数，如果不能分区，则为 1
6        char disk_name[32];               //设备名称，将显示在/proc/partitions
7        struct hd_struct **part;          //磁盘分区描述结构指针数组，每个结构对应一
8                                              个分区
9        struct block_device_operations *fops; //块设备操作结构体
10       struct request_queue *queue;      //请求队列
11       void *private_data;               //私有数据
12       sector_t capacity;                //扇区数，512 字节为 1 个扇区
13
14       int flags;                        //一套标志，描述驱动器的状态
15       char devfs_name[64];              //该磁盘在 devfs 特殊文件系统中设备文件名字
16       int number;                       //已经不再使用这个 number
17       struct device *driverfs_dev;      //该磁盘的硬件设备对象指针
18       struct kobject kobj;              //内嵌的 kobject 结构，用于内核对设备模型
19                                             的分层管理
20       struct timer_rand_state *random; //该指针指向的数据结构记录磁盘中断的定时，
21                                             由内核内置的随机数发生器使用
22       int policy;                       //变量值为 0 表示磁盘可读写，1 表示只读
23       atomic_tsync_io;                  //写入磁盘的扇区计数器。由 RAID 使用
24       unsigned long stamp;              //统计磁盘队列使用情况的时间戳
25       int in_flight;                    //正在进行的 I/O 操作数量
26   #ifdef CONFIG_SMP
27       struct disk_stats *dkstats;       //统计 CPU 对磁盘的使用情况
28   #else
29       struct disk_statsdkstats;         //统计 CPU 对磁盘的使用情况
30   #endif
31   };
```

需要注意的是，在该结构体中，三个成员 major、first_minor 和 minors 共同表征磁盘的主、次设备号。一个驱动器必须使用至少一个次编号，如果驱动器是可分区的，就要分配一个次编号给每个可能的分区，并且每个次设备号不能相同，但共享一个主设备号。part_tbl 为磁盘对应的分区表，为结构体 disk_part_tbl 类型，disk_part_tbl 的核心是一个 hd_struct 结构体指针数组，此数组每一项都对应一个分区信息。fops 为块设备操作集，为 block_device_operations 结构体类型。和字符设备操作集 file_operations 一样，是块设备驱动程序中的重点！queue 为磁盘对应的请求队列指针，所以针对该磁盘设备的请求都放到此队列中，驱动程序需要处理此队列中的所有请求。request_queue 是请求队列结构体，将在后面介绍。capacity 表明设备的容量，以 512 字节为单位，sector_t 类型可以是 64 位宽，驱动程

序不应当直接设置这个成员。private_data 可用于指向磁盘的任何私有数据，用法与字符设备驱动程序 file 结构体的 private_data 类似。

编写块的设备驱动程序时需要分配并初始化一个 gendisk，Linux 内核提供了一组 gendisk 操作函数，下面对这些常用的 API 函数进行简要介绍。

2. gendisk 结构相关 API 函数

gendisk 结构的操作函数包括以下几个：

- struct gendisk *alloc_disk(int minors);　　　　　//分配磁盘
- void add_disk(struct gendisk *disk);　　　　　//增加磁盘信息
- void unlink_gendisk(struct gendisk *disk);　　　　//删除磁盘信息
- void delete_partition(struct gendisk *disk, int part);　　//删除分区
- void add_partition(struct gendisk *disk, int part, sector_t start, sector_t len, int flags);//添加分区

（1）分配 gendisk。

gendisk 结构体是一个动态分配的结构体，它需要特别的内核操作来初始化，驱动程序本身不能分配这个结构体，要使用 alloc_disk()函数来分配 gendisk。

```
struct gendisk *alloc_disk(int minors);
```

minors 参数是这个磁盘使用的次设备号的数量，一般也就是磁盘分区的数量，此后 minors 不能被修改。

（2）增加 gendisk。

gendisk 结构体被分配之后，系统还不能使用这个磁盘，需要调用 add_disk()函数来注册这个磁盘设备。

```
void add_disk(struct gendisk *gd);
```

特别要注意的是，对 add_disk()的调用必须发生在驱动程序的初始化工作完成并能响应磁盘的请求之后。

（3）释放 gendisk。

当不再需要一个磁盘时，应使用 del_gendisk()函数释放 gendisk。

```
void del_gendisk (struct gendisk *gd);
```

（4）gendisk 引用计数。

gendisk 中包含 1 个 kobject 成员，因此，它是一个可被引用计数的结构体。内核会通过 get_disk()和 put_disk()这两个函数来调整 gendisk 的引用计数，根据名字就可知道，get_disk() 是增加 gendisk 的引用计数，put_disk()是减少 gendisk 的引用计数，这两个函数原型如下：

```
truct kobject *get_disk(struct gendisk *disk);
void put_disk(struct gendisk *disk);
```

（5）设置 gendisk 容量。

每一个磁盘都有容量，所以在初始化 gendisk 时也要设置其容量，使用函数：

```
void set_capacity(struct gendisk *disk, sector_t size);
```

块设备中最小的可寻址单元是扇区，扇区大小一般是 2 的整数倍，最常见的大小是 512 字节。扇区的大小是设备的物理属性，扇区是所有块设备的基本单元，块设备无法对比它还小的单元进行寻址和操作，不过，许多块设备能够一次传输多个扇区。虽然大多数块设备的扇区大小都是 512 字节，但其他大小的扇区也很常见，比如，很多 CD-ROM 盘的扇区是 2KB 大小。不管物理设备的真实扇区大小是多少，内核与块设备驱动交互的扇区都以 512 字节为单位。因此，set_capacity()函数也以 512 字节为单位。

7.2.2　request 数据结构与操作

块设备如何从物理块设备中读写数据呢？这里就引出块设备驱动程序中三个非常重要的结构体——request_queue、request 和 bio。

在请求队列结构体 request_queue 中包含了一系列 request，request 是一个结构体，定义在 include/linux/blkdev.h。当内核发出一个块设备读写或其他操作请求时，ll_rw_block( )函数就会根据参数中指明的操作命令和数据缓冲块头中的设备号，利用对应的请求项操作函数 do_xx_request()建立一个块设备请求项，并利用相关算法（如电梯算法）插到请求队列 request_queue 中。

结构体 request 代表挂起的 I/O 请求，每个请求用一个结构体 request 实例描述，存放在请求队列链表中，每个请求包含一个或多个结构体 bio 实例，bio 结构体将在后面介绍。

1. request 结构体源码分析（见代码清单 7.2.2.1）

代码清单 7.2.2.1　request 结构体

```
1    struct request                         //定义在 include/linux/blkdev.h
2    {
3         struct list_headqueuelist;         //通过该字段链接到请求队列结构的
4                                            queue_head 链表中
5         unsigned long flags;               //请求标志
6         sector_t sector;                   //下一个要递交的扇区号
7         unsigned long nr_sectors;          //要递交的扇区总数
8         unsigned int current_nr_sectors;   //当前 I/O 操作未递交的扇区数
9         sector_t hard_sector;              //下一个要完成的扇区号
10        unsigned long hard_nr_sectors;     //要完成的扇区总数
11        unsigned int hard_cur_sectors;     //当前 I/O 操作未完成的扇区数
12        struct bio *bio;                   //请求的 I/O 操作描述结构链表，不
13                                           能直接访问，要通过 rq_for_each_bio
14                                           访问
15        struct bio *biotail;               //请求链表中末尾的 I/O 操作描述结构指针
16        void *elevator_private;            //I/O 调度程序使用的私有数据结构指针
17        unsigned short ioprio;             //
18        int rq_status;                     //请求状态标志，要么是激活状态
19        struct gendisk *rq_disk;           RQ_ACTIVE,要么是未激活状态
20                                           RQ_INACTIVE
21        int errors;                        //统计当前 I/O 传输失败次数
```

```
22      unsigned long start_time;          //请求的起始时间
23      unsigned short nr_phys_segments;   //请求的物理段数
24      unsigned short nr_hw_segments;     //请求的硬件段数
25      int tag;                           //与请求相关的印记,用于支持多次数据传
26                                          输的硬件设备
27      char *buffer;                      //当前数据传送的内存缓冲区指针,如果缓
28                                          冲区是高端内存区,则为 NULL
29      int ref_count;                     //引用计数器
30  };
```

在 request 结构体中主要的三个成员是：

● sector_t hard_sector；

● unsigned long hard_nr_sectors；

● unsigned int hard_cur_sectors；

第一个尚未被传送的扇区被存储到 hard_sector 中，已经传送的扇区总数在 hard_nr_sectors 中，并且在当前 bio 中剩余的扇区数是 hard_cur_sectors。这些成员只用在内核块设备层，驱动程序不应使用它们，而应使用下面三个成员：

● sector_t sector；

● unsigned long nr_sectors；

● unsigned int current_nr_sectors；

驱动程序经常与这 3 个成员打交道，这 3 个成员在内核和驱动交互中发挥着重大作用。它们以 512 字节大小为一个扇区，如果硬件的扇区大小不是 512 字节，则需要进行相应的调整。例如，如果硬件的扇区大小是 2048 字节，则在进行硬件操作之前，起始扇区号就要除以 4。hard_sector、hard_nr_sectors、hard_cur_sectors 与 sector、nr_sectors、current_nr_sectors 之间可认为是"副本"关系。bio 是这个请求中包含的 bio 结构体的链表，驱动程序不宜直接存取这个成员，而应使用后面介绍的 rq_for_each_bio() 函数。

在代码清单 7.2.2.1 中有一个指针 buffer，它是指向缓冲区的指针，数据应当被传送到或来自这个缓冲区，这个指针是一个内核虚拟地址，可被驱动程序直接引用。第 23 行定义的 nr_phys_segments 表示相邻的页被合并后，这个请求在物理内存中占据的段的数目。如果设备支持分散/聚集（SG，scatter/gather）操作，可依据此字段申请 sizeof(scatterlist) *nr_phys_segments 的内存，并使用下列函数进行 DMA 映射：

```
int blk_rq_map_sg(request_queue_t) *q;
struct request *req;
struct scatterlist *sglist;
```

该函数与 dma_map_sg() 类似，它返回 scatterlist 列表入口的数量。

用 struct list_head 定义的结构体 queuelist 用于链接这个请求到请求队列的链表结构，blkdev_dequeue_request() 可用于从队列中移除请求。下面介绍常用的几个 API。

2. 相关 API

（1）获取请求。

我们需要从 request_queue 中依次获取每个请求（request），使用 blk_peek_request() 函数

完成此操作，函数原型如下：

```
request *blk_peek_request(struct request_queue *q);
```

函数参数和返回值含义如下。

q：指定 request_queue。

返回值：request_queue 中下一个要处理的请求（request），如果没有要处理的请求就返回 NULL。

（2）开启请求。

使用 blk_peek_request()函数获取到下一个要处理的请求后就要开始处理这个请求，这里要用到 blk_start_request()函数，函数原型如下：

```
void blk_start_request(struct request *req);
```

函数参数和返回值含义如下。

req：要开始处理的请求。

返回值：无。

（3）一步到位处理请求。

也可以使用 blk_fetch_request()函数来一次性完成请求的获取和开启，blk_fetch_request()函数很简单，内容如代码清单 7.2.2.2 所示。

代码清单 7.2.2.2　blk_fetch_request 函数源码

```
1    struct request *blk_fetch_request(struct request_queue*q)
2    {
3        struct request *rq;
4        rq = blk_peek_request(q);
5        if (rq)
6            blk_start_request(rq);
7        return rq;
8    }
```

（4）其他相关函数。

关于请求的 API 还有很多，常见的一些在表 7.1 中给出。

表 7.1　其他关于请求的 API

API	描　　述
blk_end_request()	请求中指定字节数据被处理完成
blk_end_request_all()	请求中所有数据全部处理完成
blk_end_request_cur()	当前请求中的 chunk
blk_end_request_err()	处理完请求，直到下一个错误产生
__blk_end_request()	和 blk_end_request()函数一样，但需要持有队列锁
__blk_end_request_all()	和 blk_end_request_all()函数一样，但需要持有队列锁
__blk_end_request_cur()	和 blk_end_request_cur()函数一样，但需要持有队列锁
__blk_end_request_err()	和 blk_end_request_err()函数一样，但需要持有队列锁

7.2.3　request_queue 数据结构与操作

系统对块设备进行读写操作时，通过块设备通用的读写操作函数将一个请求保存在该设备的操作请求队列（request queue）中，然后调用这个块设备的底层处理函数，逐一执行请求队列中的操作请求。request_queue 中是大量的 request 结构体，而 request 又包含了 bio，bio 保存了读写相关数据，比如从块设备的哪个地址开始读取、读取的数据长度、读取到哪里，如果是写，还要包括要写入的数据等。

request_queue 定义在文件 include/linux/blkdev.h 中，回过头看 gendisk 结构体就会发现其中有一个 request_queue 结构体指针类型成员变量 queue，也就是说，在编写块设备驱动程序时，每个 gendisk 都要分配一个 request_queue。请求队列是由请求结构实例 request 链接成的双向链表，链表以及整个队列的信息用结构体 request_queue 描述，它存放了关于挂起请求的信息以及管理请求队列（如电梯算法）所需的信息。

1．源码分析

由于 request_queue 结构体比较长，这里列出部分源码，见代码清单 7.2.3.1。

代码清单 7.2.3.1　request_queue 结构体

```
1    struct request_queue                        //定义在 include /linux/blkdev.h
2    {
3        ...
4        //自旋锁，用来保护队列结构体
5        spinlock_t  _ _queue_lock;
6        spinlock_t *queue_lock;
7        struct kobject kobj;                    //队列 kobject
8        //队列设置
9        unsigned long nr_requests;
10       unsigned int nr_congestion_on;
11       unsigned int nr_congestion_off;
12       unsigned int nr_batching;
13
14       unsigned short max_sectors;             //最大扇区数
15       unsigned short max_hw_sectors;
16       unsigned short max_phys_segments;       //最大物理段数
17       unsigned short max_hw_segments;
18       unsigned short hardsect_size;           //硬件扇区尺寸
19       unsigned int max_segment_size;          //最大的段尺寸
20
21       unsigned long seg_boundary_mask;        //段边界掩码
22       unsigned int dma_alignment;             //DMA 传送的内存对齐限制
23       struct blk_queue_tag *queue_tags;       //
24       atomic_t refcnt;                        //引用计数
25       unsigned int in_flight;
```

```
26        unsigned int sg_timeout;
27        unsigned int sg_reserved_size;
28        int node;
29        struct list_headdrain_list;
30        struct request *flush_rq;
31        unsigned char ordered;
32   };
```

以上定义了请求队列中可管理的资源，比如自旋锁*queue_lock 和内核对象 kobj，同时提供了特殊的请求队列设置，比如最大请求数 nr_requests 和块设备的物理约束：变量 max_sectors 到 dma_alignment。如果块设备支持 SCSI，还可以定义 SCSI 属性。refcnt 和 in_flight 用于计算队列的引用数（常用于锁）和进程中的动态请求数。

2. 相关 API

（1）初始化请求队列。

```
request_queue_t *blk_init_queue(request_fn_proc *rfn, spinlock_t *lock);
```

该函数的第一个参数是请求处理函数的指针，第二个参数是控制访问队列权限的自旋锁，这个函数会产生内存分配的行为，它可能会失败，因此一定要检查它的返回值。这个函数一般在块设备驱动程序的模块加载函数中调用。

（2）清除请求队列。

```
void blk_cleanup_queue(request_queue_t * q);
```

这个函数完成将请求队列返回给系统的任务，一般在块设备驱动程序的模块卸载函数中调用。而 blk_put_queue()宏则定义为：

```
#define blk_put_queue(q) blk_cleanup_queue((q))
```

（3）分配"请求队列"。

```
request_queue_t *blk_alloc_queue(int gfp_mask);
```

blk_init_queue()函数完成了请求队列的申请以及请求处理函数的绑定，一般用于诸如机械硬盘这样的存储设备，需要 I/O 调度器来优化数据读写过程。但是，对于 EMMC、SD 卡这样的非机械设备，可以进行完全随机访问，所以不需要复杂的 I/O 调度器。对于非机械设备，可以先申请 request_queue，然后将申请到的 request_queue 与"制造请求"函数绑定在一起，如下所示：

```
void blk_queue_make_request(request_queue_t * q, make_request_fn * mfn);
```

（4）提取请求。

```
struct request *elv_next_request(request_queue_t *queue);
```

该函数用于返回下一个要处理的请求（由 I/O 调度器决定），如果没有请求，则返回 NULL。elv_next_request()不会清除请求，它仍然将这个请求保留在队列上，但是标识它为活动的，这个标识将阻止 I/O 调度器合并其他的请求到已开始执行的请求。因为 elv_next_request()不从队列里清除请求，因此连续调用它两次，两次调用返回同一个请求结构体。

（5）去除请求。

```
void blkdev_dequeue_request(struct request *req);
```

该函数从队列中去除一个请求。如果驱动程序中同时从同一个队列中操作了多个请求，它必须以这样的方式将它们从队列中去除。如果需要将一个已经出列的请求归还到队列中，可以进行以下调用：

```
void elv_requeue_request(request_queue_t *queue, struct request *req);
```

另外，块设备层还提供了一套函数，这些函数可被驱动程序用来控制一个请求队列的操作，主要包括以下操作。

（6）启停请求队列。

```
void blk_stop_queue(request_queue_t *queue);
void blk_start_queue(request_queue_t *queue);
```

如果块设备到达不能处理等候的命令的状态，应调用 blk_stop_queue()来告知块设备层。之后，请求函数将不被调用，除非再次调用 blk_start_queue()将设备恢复到可处理请求的状态。

（7）参数设置。

```
void blk_queue_max_sectors(request_queue_t *queue, unsigned short max);
void blk_queue_max_phys_segments(request_queue_t *queue, unsigned short max);
void blk_queue_max_hw_segments(request_queue_t *queue, unsigned short max);
void blk_queue_max_segment_size(request_queue_t *queue, unsigned int max);
```

这些函数用于设置描述块设备可处理的请求的参数。blk_queue_max_sectors()描述任一请求可包含的最大扇区数，默认值为 255；blk_queue_max_phys_segments() 和 blk_queue_max_hw_segments()控制一个请求中可包含的最大物理段（系统内存中不相邻的区），blk_queue_max_hw_segments()考虑了系统 I/O 内存管理单元的重映射，这两个参数默认都是 128。blk_queue_max_segment_size 告知内核请求段的最大字节数，默认值为 65536。

（8）通知内核。

```
void blk_queue_bounce_limit(request_queue_t *queue, u64 dma_addr);
```

该函数用于告知内核块设备执行 DMA 时可使用的最高物理地址 dma_addr。如果一个请求包含超出这个限制的内存引用，系统将给这个操作分配一个"反弹"缓冲区。这种方式代价昂贵，因此应尽量避免使用。

可以给 dma_addr 参数提供任何可能的值或使用预先定义的宏，如 BLK_BOUNCE_HIGH（对高端内存页使用反弹缓冲区）、BLK_BOUNCE_ISA（驱动程序只可在 16MB 的 ISA 区执行 DMA）或 BLK_BOUCE_ANY（驱动程序可在任何地址执行 DMA），默认值是 BLK_BOUNCE_HIGH。

```
blk_queue_segment_boundary(request_queue_t *queue, unsigned long mask);
```

如果我们正在编写驱动程序的设备无法处理跨越一个特殊大小内存边界的请求，则应使用这个函数来告知内核这个边界。例如，如果设备处理跨 4MB 边界的请求有困难，则应传递一个 0x3FFFFF 掩码，默认的掩码是 0xFFFFFFFF（对应 4GB 边界）。

```
void blk_queue_dma_alignment(request_queue_t *queue, int mask);
```

告知内核块设备施加于 DMA 传送的内存对齐限制，所有请求都匹配这个对齐限制。默认的屏蔽是 0x1FF，它导致所有的请求被对齐到 512 字节边界。

```
void blk_queue_hardsect_size(request_queue_t *queue, unsigned short max);
```

该函数告知内核块设备硬件扇区的大小，所有由内核产生的请求都是这个大小的倍数。但是，内核块设备层和驱动之间的通信还是以 512 字节扇区为单位进行。

7.2.4　bio 数据结构与操作

每个 request 中都有多个 bio，bio 保存着最终要读写的数据、地址等信息。上层应用程序对块设备的读写被构造成一个或多个 bio 结构，bio 结构描述了要读写的起始扇区、要读写的扇区数量、是读取还是写入、页遍历、数据长度等信息。上层会将 bio 提交给 I/O 调度器，I/O 调度器将这些 bio 构造成 request 结构，一个物理存储设备对应一个 request_queue，request_queue 里面顺序存放着一系列的 request。I/O 调度算法可将连续的 bio 合并成一个请求，放到 request_queue 里现有的 request 中，也可能产生新的 request，然后插到 request_queue 中的合适位置，这一切都是由 I/O 调度器来完成的。request_queue、request 和 bio 之间的关系如图 7.5 所示。

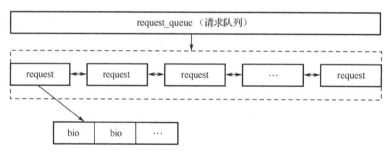

图 7.5　request_queue、request 和 bio 之间的关系

1．源码分析

bio 结构体是块设备 I/O 操作在页级粒度的底层描述，定义在 include/linux/bio.h 中，结构体的内容如代码清单 7.2.4.1 所示。

代码清单 7.2.4.1　bio 结构体

```
1    struct bio {
2        struct bio *bi_next; /* 请求队列的下一个 bio */
3        struct block_device *bi_bdev; /* 指向块设备 */
4        unsigned long bi_flags; /* bio 状态等信息 */
5        unsigned long bi_rw; /* I/O 操作,读或写 */
6        struct bvec_iter bi_iter; /* I/O 操作,读或写 */
```

```
7        unsigned int bi_phys_segments;
8        unsigned int bi_seg_front_size;
9        unsigned int bi_seg_back_size;
10       atomic_t bi_remaining;
11       bio_end_io_t *bi_end_io;
12       void *bi_private;
13   #ifdef CONFIG_BLK_CGROUP
14       /*
15       * Optional ioc and css associated with this bio. Put on bio
16       * release. Read comment on top of bio_associate_current().
17       */
18       struct io_context *bi_ioc;
19       struct cgroup_subsys_state *bi_css;
20   #endif
21       union {
22   #if defined (CONFIG_BLK_DEV_INTEGRITY)
23       struct bio_integrity_payload *bi_integrity;
24   #endif
25       };
26
27       unsigned short bi_vcnt; /* bio_vec 列表中元素数量 */
28       unsigned short bi_max_vecs; /* bio_vec 列表长度 */
29       atomic_t bi_cnt; /* pin count */
30       struct bio_vec *bi_io_vec; /* bio_vec 列表 */
31       struct bio_set *bi_pool;
32       struct bio_vec bi_inline_vecs[0];
33   };
```

在 bio 结构体中，bi_sector 表示 bio 要传输的第一个（512 字节）扇区；bi_size 代表被传送的数据大小，以字节为单位，驱动程序中可以使用 bio_sectors(bio) 宏获得以扇区为单位的大小。bi_flags 是一组描述 bio 的标志，如果这是一个写请求，最低有效位被置位，可以使用 bio_data_dir(bio) 宏来获得读写方向。bio_phys_segments、short bio_hw_segments 分别表示包含在这个 bio 中要处理的不连续物理内存段的数目，以及考虑 DMA 重镜像后的不连续内存段的数目。

bvec_iter 结构体描述了要操作的设备扇区等信息，结构体内容如代码清单 7.2.4.2 所示。

代码清单 7.2.4.2　bvec_iter 结构体

```
1    struct bvec_iter {
2        sector_t bi_sector; /* I/O 请求的设备起始扇区 (512 字节) */
3        unsigned int bi_size; /* 剩余的 I/O 数量 */
4        unsigned int bi_idx; /* blv_vec 中当前索引 */
5        unsigned int bi_bvec_done; /* 当前 bvec 中已经处理完成的字节数 */
6    };
```

bio 的核心是一个称为 bi_io_vec 的数组，它由 bio_vec 结构体组成。bio_vec 是 page、offset 与 len 的组合，page 指定所在的物理页，offset 表示所处页的偏移地址，len 是数据长度。bio_vec 结构体的定义如代码清单 7.2.4.3 所示。

代码清单 7.2.4.3　bio_vec 结构体

```
1    struct bio_vec
2    {
3        struct page *bv_page; //页指针
4        unsigned int bv_len; //传输字节
5        unsigned int bv_offset; //偏移地址
6    };
```

图 7.6 所示为 bio、bio_vec 与 bvec_iter 之间的关系。

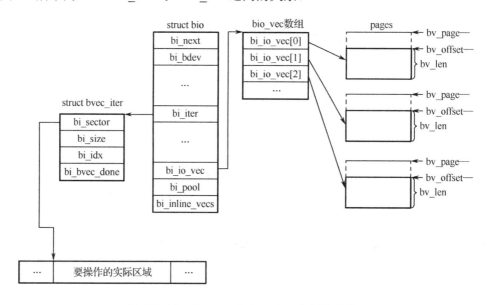

图 7.6　bio、bio_vec 与 bvec_iter 之间的关系

一般不直接访问 bio 的 bio_vec 成员，而用 bio_for_each_segment()宏来进行这项工作。可以用这个宏循环遍历整个 bio 中的每个段，这个宏的定义如代码清单 7.2.4.4 所示。

代码清单 7.2.4.4　bio_for_each_segment 宏

```
1    #define _bio_for_each_segment(bvl, bio, i, start_idx)       \
2        for (bvl = bio_iovec_idx((bio), (start_idx)), i = (start_idx); \
3                                    i< (bio)->bi_vcnt; bvl++, i++)
4    #define bio_for_each_segment(bvl, bio, iter) \
5        __bio_for_each_segment(bvl, bio, iter, (bio)->bi_iter)
```

bio_for_each_segment(bvl, bio, iter)中第一个 bvl 参数就是遍历出来的每个 bio_vec，第二个 bio 参数就是要遍历的 bio，类型为 bio 结构体指针，第三个 iter 参数保存要遍历的 bio 中的 bi_iter 成员变量。

2. 常用 API

（1）遍历请求中的 bio。

请求中包含大量的 bio，因此就涉及遍历请求中的所有 bio 并进行处理。遍历请求中的

bio 使用函数__rq_for_each_bio()，这是一个宏，内容如下：

```
#define __rq_for_each_bio(_bio, rq)            \
    if ((rq->bio))                             \
        for (_bio = (rq)->bio; _bio; _bio = _bio->bi_next)
```

_bio 就是遍历出来的每个 bio，rq 是要进行遍历操作的请求，_bio 参数为 bio 结构体指针类型，rq 参数为 request 结构体指针类型。

（2）遍历 bio 中的所有段。

bio 包含最终要操作的数据，因此还需遍历 bio 中的所有段，这里要用到 bio_for_each_segment ()函数，此函数是一个宏，如代码清单 7.2.4.4 中所示。

（3）通知 bio 处理结束。

如果使用"制造请求"，也就是抛开 I/O 调度器直接处理 bio，需要在 bio 处理完成后通过内核 bio 处理完成，可使用 bio_endio()函数，函数原型如下：

```
void bio_endio(struct bio *bio, int error)
```

其中，bio 表示需要结束的 bio，而 error 表示处理成功与否，成功赋值 0，失败就赋一个负值。

7.3　块设备管理与操作

7.3.1　块设备的注册与注销

1. 块设备的注册

和字符设备一样，块设备管理与操作的第一个任务就是注册，即把块设备注册到内核中。块设备注册很简单，只需调用函数 register_blkdev()，其原型为：

```
int register_blkdev(unsigned int major, const char *name);
```

major 参数是块设备要使用的主设备号，name 为设备名，它被显示在/proc/devices 中。如果 major 为 0，内核自动分配一个新的主设备号，register_blkdev()函数的返回值就是这个主设备号。如果 register_blkdev()返回一个负值，就表明发生了错误。

该函数主要是对主设备号的注册。内核维护着一个文件内变量：major_names，此变量为一个 255 个数组的节点，每个节点代表一个链表，每个链表上节点主设备号为主设备号%255。

该函数主要实现如下三个步骤：

Step1：如果传入的主设备号为 0，则自动查找 255 个主设备号，并把这个设备号当成主设备号使用。

Step2：确定主设备号后，申请 blk_major_name 大小内存，把主设备号放入 blk_major_name->major，并把要注册的主设备号对应的名称复制到 blk_major_name->name 中，最长为 16 字节。

Step3：遍历主设备号%255 散列表对应的链表，如果已经存在主设备号，则返回-EBUSY，如果不存在主设备号，则在链表最后放入主设备号对应的节点。

下面给出一个块设备驱动程序注册的模板，见代码清单 7.3.1.1。

代码清单 7.3.1.1　块设备驱动程序注册模板

```
1    xxx_major = register_blkdev(xxx_major, "xxx");
2    if (xxx_major<= 0) //注册失败
3    {
4        printk(KERN_WARNING "xxx: unable to get major number\n");
5        return -EBUSY;
6    }
```

2. 块设备的注销

与注册函数 register_blkdev()对应的注销函数是 unregister_blkdev()，其原型为

```
void unregister_blkdev(unsigned int major, const char *name);
```

它是一个没有返回值的函数，参数和注册函数 register_blkdev()的参数类似，major 表示要注销的块设备的主设备号，name 表示要注销的块设备的名字。

虽然 register_blkdev()与 unregister_blkdev()比较简单，但目前大多数驱动程序仍在调用它。

7.3.2　块设备初始化与卸载

1. 块设备的初始化

块设备的初始化模块函数要包含以下几个步骤。

Step1：分配、初始化请求队列，绑定请求队列和请求函数。

Step2：分配、初始化 gendisk，给 gendisk 的 major、fops、queue 等成员赋值，最后添加 gendisk。

Step3：注册块设备驱动程序。

以下给出一个块设备初始化的代码，说明块设备驱动程序的初始化过程，其中包含 register_blkdev()、blk_int_queue()和 add_disk()函数，见代码清单 7.3.2.1。

代码清单 7.3.2.1　块设备驱动程序初始化

```
1    static int __init xxx_init(void)
2    {
3        //块设备驱动程序注册
4        if (register_blkdev(XXX_MAJOR, "xxx"))
5        {
6            err = - EIO;
7            goto out;
8        }
9        //请求队列初始化
10       xxx_queue = blk_init_queue(xxx_request, xxx_lock);
```

```
11        if (!xxx_queue)
12        {
13            gotoout_queue;
14        }
15        blk_queue_max_hw_sectors(xxx_queue,255);
16        blk_queue_logical_block_size(xxx_queue,512);
17
18        //gendisk 初始化
19        xxx_disks->major = XXX_MAJOR;
20        xxx_disks->first_minor = 0;
21        xxx_disks->fops = &xxx_op;
22        xxx_disks->queue = xxx_queue;
23        sprintf(xxx_disks->disk_name, "xxx%d", i);
24        set_capacity(xxx_disks, xxx_size *2);
25        add_disk(xxx_disks); //添加 gendisk
26        return 0;
27 out_queue: unregister_blkdev(XXX_MAJOR, "xxx");
28 out: put_disk(xxx_disks);
29        blk_cleanup_queue(xxx_queue);
30        return - ENOMEM;
31 }
```

值得注意的是，blk_queue_max_hw_sectors 用于通知通用块层和 I/O 调度器该请求队列支持的每个请求中能包含的最大扇区数，blk_queue_logical_block_size 则用于告知该请求队列的逻辑块大小。

2. 块设备的卸载

块设备驱动程序的卸载过程其实就是完成与模块初始化过程相反的过程，它包含以下几个步骤。

Step1：清除请求队列。

Step2：删除 gendisk 和对 gendisk 的引用。

Step3：删除对块设备的引用，注销块设备驱动程序。

代码清单 7.3.2.2 给出了块设备驱动程序的模块卸载函数的模板。

代码清单 7.3.2.2　块设备驱动程序的模块卸载函数的模板

```
1  static void __exit xxx_exit(void)
2  {
3      if (bdev)
4      {
5          invalidate_bdev(xxx_bdev, 1);
6          blkdev_put(xxx_bdev);
7      }
8      del_gendisk(xxx_disks); //删除 gendisk
9      put_disk(xxx_disks);
10     blk_cleanup_queue(xxx_queue[i]); //清除请求队列
```

```
11        unregister_blkdev(XXX_MAJOR, "xxx");
12   }
```

7.3.3 块设备操作

在块设备的驱动程序中，block_device_operations 结构体（见代码清单 7.3.3.1）是块设备连接抽象的块设备操作与具体的块设备操作的枢纽。block_device_operations 是与 file_operations 结构体对应的块驱动程序结构体，后者用于字符型驱动程序，前者用于块设备驱动程序。

代码清单 7.3.3.1 block_device_operations 结构体

```
1    struct block_device_operations {  //定义在 include /linux /fs.h
2        int (*open) (struct block_device *, fmode_t);  //打开
3        int (*release) (struct gendisk *, fmode_t);    //释放
4        int (*locked_ioctl) (struct block_device *, fmode_t, unsigned,
5            signed long); //ioctl
6        int (*ioctl) (struct block_device *, fmode_t, unsigned, unsigned
7            long);
8        int (*compat_ioctl) (struct block_device *, fmode_t, unsigned,
9            unsigned long);
10       int (*direct_access) (struct block_device *, sector_t,void **,
11           unsigned long *);
12       int (*media_changed) (struct gendisk *);   //介质被改变?
13       int (*revalidate_disk) (struct gendisk *);    //使介质有效
14       int (*getgeo)(struct block_device *, struct hd_geometry *);
15           //填充驱动器信息
16       struct module *owner;       //模块拥有者
17   };
```

下面对其主要成员函数进行分析。

（1）打开和释放。

```
int (*open)(struct inode *inode ,struct file *filp);
int (*release)(struct inode *inode ,struct file *filp);
```

与字符设备驱动程序类似，当设备被打开和关闭时将调用它们。当打开块设备时，块设备驱动程序可能用旋转磁盘盘片、锁住仓门（光驱）等来响应 open()调用；当要关闭块设备时，设备驱动程序可能用解锁仓门来响应 release()调用。

块设备驱动程序的 open()和 release()函数并非必需，简单的块设备驱动程序可以不提供 open()和 release()函数。

块设备驱动程序的 open()函数和字符设备驱动程序的对等体非常类似，都以相关的 inode 和 file 结构体指针作为参数。当一个节点引用一个块设备时，inode->i_bdev->bd_disk 包含一个指向关联 gendisk 结构体的指针。因此，类似于字符设备驱动程序，我们也可以将 gendisk 的 private_data 赋给 file 的 private_data。private_data 最好是指向描述该设备的设备结构体 xxx_dev 的指针，如代码清单 7.3.3.2 所示。

代码清单 7.3.3.2　在块设备的 open()函数中赋值 private_data

```
1    static int xxx_open(struct inode *inode, struct file *filp)
2    {
3        struct xxx_dev *dev = inode->i_bdev->bd_disk->private_data;
4        filp->private_data = dev;    //赋值 file 的 private_data
5        ...
6        return 0;
7    }
```

在一个处理真实硬件设备的驱动程序中，open()和 release()方法还应设置驱动程序和硬件的状态，这些工作可能包括启停磁盘、加锁一个可移出设备和分配 DMA 缓冲等。

（2）I/O 控制。

```
int (*ioctl)(struct inode *inode, struct file *filp, unsigned int cmd, unsigned
long arg);
```

该函数实现用户程序对块设备发出的 ioctl()系统调用，因为块设备驱动程序之上会截取许多标准控制请求，这些标准请求由 Linux 块设备层处理。因此，大部分块设备驱动程序的 ioctl()函数相当短，并且很简单。

与字符设备驱动程序一样，块设备可以包含一个 ioctl()函数以提供对设备的 I/O 控制能力。实际上，高层的块设备层代码处理了绝大多数 ioctl()，因此，具体的块设备驱动程序中通常不再需要实现很多 ioctl 命令。

代码清单 7.3.3.3 给出的 ioctl()函数只实现一个命令 HDIO_GETGEO，用于获得磁盘的几何信息（geometry，指 CHS，即 Cylinder、Head、Sector/Track）。

代码清单 7.3.3.3　块设备驱动程序的 I/O 控制函数模板

```
1    int xxx_ioctl(struct inode *inode, struct file *filp, unsigned int cmd,
2        unsigned long arg)
3    {
4        long size;
5        struct hd_geometry geo;
6        struct xxx_dev *dev = filp->private_data; //通过 file->private 获
7            得设备结构体
8
9        switch (cmd)
10       {
11       case HDIO_GETGEO:
12           size = dev->size *(hardsect_size / KERNEL_SECTOR_SIZE);
13           geo.cylinders = (size &~0x3f) >> 6;
14           geo.heads = 4;
15           geo.sectors = 16;
16           geo.start = 4;
17           if (copy_to_user((void __user*)arg, &geo, sizeof(geo)))
18           {
19               return - EFAULT;
```

```
20              }
21          return 0;
22      }
23      return - ENOTTY; //不知道的命令
24 }
```

（3）介质改变检查。

```
int (*check_media_change) (kdev_t);
```

该函数被内核调用，检查驱动器中的介质是否已经改变，如果是，则返回一个非 0 值，否则返回 0。这个函数用于支持可移动介质的驱动器，通常需要在驱动程序中增加一个表示介质状态是否改变的标志变量，非可移动设备的驱动程序不需要实现这个方法。

（4）使介质有效。

```
int (*revalidate) (kdev_t);
```

该函数被调用来响应一个介质的改变情况。如果介质改变，就返回 0，它给驱动程序一个机会来进行一些必要的工作，使得新介质准备好。但该方法只适用于支持移动介质的驱动器，比如 DVD、CD、VCD 等。

（5）模块指针。

```
struct module *owner;
```

该指针是一个指向拥有这个结构体的模块的指针，通常初始化成 THIS_MODULE。

7.4 RAM 驱动程序实例

7.4.1 SDRAM 简介

在嵌入式系统中，数据交换大多在 RAM 中进行，比如常用的内存，该类设备属于易失性存储器（Volatile Memory Device）。与 ROM 不同，易失性存储设备在断电时数据就丢失了。SDRAM（Synchronous Dynamic Random Access Memory，同步动态随机访问存储器）是从 DRAM（Dynamic Random Access Memory，动态随机访问存储器）发展而来的，在此基础上又发展出 DDR~DDR5、LPDDR、GDDR 等多种新技术。

（1）DRAM。

DRAM 较 SRAM（Static Random Access Memory，静态随机访问存储器）的一个优势是，它能够以 IC（集成电路）上每个内存单元更少的电路实现。DRAM 的内存单元基于电容器上储存的电荷。典型的 DRAM 单元使用一个电容器、一个或三个 FET（场效应晶体管）。而 SRAM 一个存储单元采用 6 个 FET 器件，降低了相同尺寸时每个 IC 的内存单元数量。

（2）SDRAM。

在接口到同步。处理器时，DRAM 的异步操作带来了许多设计上的挑战。SDRAM 把 DRAM 操作同步到计算机系统其余部分，而不需要根据 CE#（芯片启动活动低）、RAS#、CAS#

和 WE#边沿转换顺序定义所有内存操作模式。

SDRAM 增加了时钟信号和内存命令的概念。内存命令的类型取决于 SDRAM 时钟上升沿上的 CE#、RAS#、CAS#和 WE#信号状态。

（3）DDR SDRAM。

DDR（双倍数据速率）SDRAM 通过提高时钟速率、突发（burst）数据及在每个时钟周期传送两个数据位，提高了内存数据速率性能。DDR SDRAM 在一条读取命令或一条写入命令中突发多个内存位置。读取内存操作必须发送一条 Activate 命令，后面跟着一条 Read 命令。内存在时延后以每个时钟周期两个内存位置的数据速率应答由两个、4 个或 8 个内存位置组成的突发。因此，从两个连续的时钟周期中读取 4 个内存位置，或把 4 个内存位置写入两个连续的时钟周期中。

DDR SDRAM 有多个内存条，提供多个隔行扫描的内存访问，从而提高内存带宽。内存条是一个内存阵列，两个内存条是两个内存阵列，四个内存条是四个内存阵列，依次类推。四个内存条要有两个引用于内存条地址（BA0 和 BA1）。

传统的 SDRAM 只能在信号的上升沿传输数据，而 DDR 只能在信号的上升沿和下降沿传输数据，因此，DDR 存储器在每个时钟周期内的数据传输量是 SDRAM 的两倍，这也是 DDR 双数据率的含义。DDR 使用延迟锁定循环技术，当数据有效时，存储控制器可以使用此数据滤波信号精确定位数据，每 16 次输出一次，并重新同步来自不同内存模块的数据。

7.4.2　基于请求队列的 RAM 驱动程序实例

1. 驱动程序宏定义

首先是传统的请求队列，也就是针对机械硬盘如何编写驱动程序。由于实例程序稍微有点长，因此我们分步骤来讲解一下，本实例参考自 linux 内核 drivers/block /z2ram.c。打开实例源码，我们先来了解相关的宏定义和结构体，见代码清单 7.4.2.1。

代码清单 7.4.2.1　RAM 驱动程序宏定义和结构体

```
1    #include <linux/types.h>
     ......
21   #include <asm/io.h>
     ......

33
34   #define RAMDISK_SIZE (2 * 1024 * 1024) /* 容量大小为 2MB */
35   #define RAMDISK_NAME "ramdisk" /* 名字 */
36   #define RADMISK_MINOR 3 /* 表示三个磁盘分区! 不是次设备号为 3! */
37
38   /* ramdisk 设备结构体 */
39   struct ramdisk_dev{
40       int major; /* 主设备号 */
41       unsigned char *ramdiskbuf; /* ramdisk 内存空间,用于模拟块设备 */
42       spinlock_t lock; /* 自旋锁 */
43       struct gendisk *gendisk; /* gendisk */
```

```
44          struct request_queue *queue;/* 请求队列 */
45  };
46
47  struct ramdisk_dev ramdisk; /* ramdisk 设备 */
```

第 34～36 行，实例相关宏定义，RAMDISK_SIZE 是模拟块设备的大小，这里设置为 2MB，也就是说，本实例中的虚拟块设备大小为 2MB。RAMDISK_NAME 为本实例名字，RADMISK_MINOR 是本实例此设备号数量，注意不是次设备号！此设备号数量决定了本块设备的磁盘分区数量。

第 39～45 行，ramdisk 的设备结构体。

第 47 行，定义一个 ramdisk 实例。

2. RAM 驱动程序模块加载与卸载

接下来看一下 RAM 驱动程序模块的加载与卸载，内容如代码清单 7.4.2.2 所示。

代码清单 7.4.2.2　RAM 驱动程序模块加载与卸载

```
1   /*
2    * @description: 驱动程序出口函数
3    * @param: 无
4    * @return: 无
5    */
6   static int __init ramdisk_init(void)
7   {
8           int ret = 0;
9
10          /* 1、申请用于 ramdisk 内存 */
11          ramdisk.ramdiskbuf = kzalloc(RAMDISK_SIZE, GFP_KERNEL);
12          if(ramdisk.ramdiskbuf == NULL) {
13              ret = -EINVAL;
14              goto ram_fail;
15          }
16
17          /* 2、初始化自旋锁 */
18          spin_lock_init(&ramdisk.lock);
19
20          /* 3、注册块设备 */
21          ramdisk.major = register_blkdev(0, RAMDISK_NAME); /* 自动分配 */
22          if(ramdisk.major < 0) {
23              goto register_blkdev_fail;
24          }
25          printk("ramdisk major = %d\r\n", ramdisk.major);
26
27          /* 4、分配并初始化 gendisk */
28          ramdisk.gendisk = alloc_disk(RADMISK_MINOR);
29          if(!ramdisk.gendisk) {
```

```
30              ret = -EINVAL;
31              goto gendisk_alloc_fail;
32          }
33
34          /* 5、分配并初始化请求队列 */
35          ramdisk.queue = blk_init_queue(ramdisk_request_fn,&ramdisk.lock);
36          if(!ramdisk.queue) {
37              ret = EINVAL;
38              goto blk_init_fail;
39          }
40
41          /* 6、添加(注册)disk */
42          ramdisk.gendisk->major = ramdisk.major; /* 主设备号 */
43          ramdisk.gendisk->first_minor = 0; /* 起始次设备号) */
44          ramdisk.gendisk->fops = &ramdisk_fops; /* 操作函数 */
45          ramdisk.gendisk->private_data = &ramdisk; /* 私有数据 */
46          ramdisk.gendisk->queue = ramdisk.queue; /* 请求队列 */
47          sprintf(ramdisk.gendisk->disk_name, RAMDISK_NAME);/* 名字 */
48          set_capacity(ramdisk.gendisk, RAMDISK_SIZE/512); /* 设备容量*/
49          add_disk(ramdisk.gendisk);
50
51          return 0;
52
53  blk_init_fail:
54          put_disk(ramdisk.gendisk);
55  gendisk_alloc_fail:
56          unregister_blkdev(ramdisk.major, RAMDISK_NAME);
57  register_blkdev_fail:
58          kfree(ramdisk.ramdiskbuf); /* 释放内存 */
59  ram_fail:
60          return ret;
61  }
62
63  /*
64   * @description: 驱动程序出口函数
65   * @param: 无
66   * @return: 无
67   */
68  static void __exit ramdisk_exit(void)
69  {
70          /* 释放 gendisk */
71          put_disk(ramdisk.gendisk);
72          del_gendisk(ramdisk.gendisk);
73
74          /* 清除请求队列 */
75          blk_cleanup_queue(ramdisk.queue);
```

```
76
77            /* 注销块设备 */
78            unregister_blkdev(ramdisk.major, RAMDISK_NAME);
79
80            /* 释放内存 */
81            kfree(ramdisk.ramdiskbuf);
82  }
83  module_init(ramdisk_init);
84  module_exit(ramdisk_exit);
85  MODULE_LICENSE("GPL");
86  MODULE_AUTHOR("zuozhongkai");
```

ramdisk_init()和 ramdisk_exit()这两个函数分别为驱动程序入口函数和驱动程序出口函数。

第 11 行，因为本实例是使用一块内存模拟真实的块设备，因此这里先使用 kzalloc()函数申请用于 ramdisk 实例的内存，大小为 2MB。

第 18 行，初始化一个自旋锁，blk_init_queue()函数在分配并初始化请求队列时需要用到一次自旋锁。

第 21 行，使用 register_blkdev()函数向内核注册一个块设备，返回值就是注册成功的块设备主设备号。这里我们让内核自动分配一个主设备号，因此 register_blkdev()函数的第一个参数为 0。

第 28 行，使用 alloc_disk()函数分配一个 gendisk。

第 35 行，使用 blk_init_queue()函数分配并初始化一个请求队列，请求处理函数为 ramdisk _request_fn()，具体的块设备读写操作就在此函数中完成，这个需要驱动程序开发人员去编写。

第 42~47 行，初始化第 28 行申请到的 gendisk，重点是第 44 行设置 gendisk 的 fops 成员变量，也就是设置块设备的操作集。这里设置为 ramdisk_fops，需要驱动程序开发人员自行编写实现。

第 48 行，使用 set_capacity()函数设置本块设备容量大小，注意这里的大小是扇区数，不是字节数，一个扇区是 512 字节。

第 48 行，gendisk 初始化完成以后就可以使用 add_disk()函数将 gendisk()添加到内核中，也就是向内核添加一个磁盘设备。

ramdisk_exit()函数就比较简单了，在卸载块设备驱动程序时需要将前面申请的内容都释放掉。第 71、72 行使用 put_disk()和 del_gendis()函数释放前面申请的 gendisk，第 75 行使用 blk_cleanup_queue()函数消除前面申请的请求队列，第 78 行使用 unregister_blkdev()函数注销前面注册的块设备，最后调用 kfree()释放申请的内存。

3. RAM 设备的操作集

在 ramdisk_init()函数中设置了 gendisk 的 fops 成员变量，也就是 RAM 块设备的操作集，具体内容如代码清单 7.4.2.3 所示。

代码清单 7.4.2.3　gendisk 的 fops 操作集

```
1   /*
2   * @description : 打开块设备
```

```
 3    * @param - dev: 块设备
 4    * @param - mode: 打开模式
 5    * @return: 0 成功;其他 失败
 6    */
 7   int ramdisk_open(struct block_device *dev, fmode_t mode)
 8   {
 9           printk("ramdisk open\r\n");
10           return 0;
11   }
12
13   /*
14    * @description: 释放块设备
15    * @param - disk: gendisk
16    * @param - mode: 模式
17    * @return: 0 成功;其他 失败
18    */
19   void ramdisk_release(struct gendisk *disk, fmode_t mode)
20   {
21           printk("ramdisk release\r\n");
22   }
23
24   /*
25    * @description : 获取磁盘信息
26    * @param - dev : 块设备
27    * @param - geo : 模式
28    * @return : 0 成功;其他 失败
29    */
30   int ramdisk_getgeo(struct block_device *dev, struct hd_geometry *geo)
31   {
32           /* 这是相对于机械硬盘的概念 */
33           geo->heads = 2; /* 磁头 */
34           geo->cylinders = 32; /* 柱面 */
35           geo->sectors = RAMDISK_SIZE / (2 * 32 *512); /* 磁道上的扇区数量 */
36           return 0;
37   }
38
39   /*
40    * 块设备操作函数
41    */
42   static struct block_device_operations ramdisk_fops =
43   {
44           .owner = THIS_MODULE,
45           .open = ramdisk_open,
46           .release = ramdisk_release,
47           .getgeo = ramdisk_getgeo,
48   };
```

第 42～48 行就是块设备的操作集 block_device_operations，本例程序实现比较简单，仅实现了 open()、release()和 getgeo()，其中 open()和 release()函数是空函数。重点是 getgeo()函数，第 30～37 行是 getgeo()的具体实现，此函数获取磁盘信息，信息保存在参数 geo 中，为结构体 hd_geometry 类型，见代码清单 7.4.2.4。

代码清单 7.4.2.4　hd_geometry 结构体

```
1   struct hd_geometry {
2       unsigned char heads;        /* 磁头 */
3       unsigned char sectors;      /* 一个磁道上的扇区数量 */
4       unsigned short cylinders;   /* 柱面 */
5       unsigned long start;
6   };
```

程序中设置 ramdisk 有 2 个磁头（head）、32 个柱面（cylinder）。知道磁盘总容量、磁头数、柱面数，就可以计算出一个磁道上有多少个扇区，也就是 hd_geometry 中的 sectors 成员变量。

最后是非常重要的请求处理函数，使用 blk_init_queue()函数初始化队列时要指定一个请求处理函数。请求处理函数如代码清单 7.4.2.5 所示。

代码清单 7.4.2.5　请求处理函数

```
1   /*
2    * @description: 处理传输过程
3    * @param-req: 请求
4    * @return: 无
5    */
6   static void ramdisk_transfer(struct request *req)
7   {
8       unsigned long start = blk_rq_pos(req) << 9; /* blk_rq_pos 获取到
9                               的是扇区地址，左移 9 位转换为字节地址 */
10      unsigned long len = blk_rq_cur_bytes(req); /* 大小 */
11      /* bio 中的数据缓冲区
12       * 读：从磁盘读取到的数据存放到 buffer 中
13       * 写：buffer 保存这要写入磁盘的数据
14       */
15      void *buffer = bio_data(req->bio);
16
17      if(rq_data_dir(req) == READ) /* 读数据 */
18          memcpy(buffer, ramdisk.ramdiskbuf + start, len);
19      else if(rq_data_dir(req) == WRITE) /* 写数据 */
20          memcpy(ramdisk.ramdiskbuf + start, buffer, len);
21
22  }
23
24  /*
25   * @description: 请求处理函数
```

```
26   * @param-q: 请求队列
27   * @return: 无
28   */
29  void ramdisk_request_fn(struct request_queue *q)
30  {
31          int err = 0;
32          struct request *req;
33
34          /* 循环处理请求队列中的每个请求 */
35          req = blk_fetch_request(q);
36          while(req != NULL) {
37
38                  /* 针对请求做具体的传输处理 */
39                  ramdisk_transfer(req);
40
41                  /* 判断是否为最后一个请求，如果不是的话就获取下一个请求
42                   * 循环处理完请求队列中的所有请求。
43                   */
44                  if (!__blk_end_request_cur(req, err))
45                          req = blk_fetch_request(q);
46          }
47  }
```

请求处理函数的重要工作就是完成从块设备中读取数据，或者向块设备中写入数据。首先看一下第 29～47 行的 ramdisk_request_fn()函数，这就是请求处理函数。此函数只有一个参数 q，为 request_queue 结构体指针类型，也就是要处理的请求队列。因此，ramdisk_request_fn()函数的主要工作就是依次处理请求队列中的所有请求。第 35 行，首先使用 blk_fetch_request()函数获取请求队列中第一个请求，如果请求不为空，就调用 ramdisk_transfer()函数对请求做进一步处理，然后是 while 循环依次处理完请求队列中的每个请求。第 44 行使用 __blk_end_request_cur()函数检查是否为最后一个请求，如果不是最后一个请求，就继续获取下一个，直至整个请求队列处理完成。

ramdisk_transfer()函数完成请求中的数据处理，第 8 行调用 blk_rq_pos()函数从请求中获取要操作的块设备扇区地址，第 9 行使用 blk_rq_cur_bytes()函数获取请求要操作的数据长度，第 15 行使用 bio_data()函数获取请求中 bio 保存的数据。第 17～20 行调用 rq_data_dir()函数判断当前是读还是写，如果是写，就将 bio 中的数据复制到 ramdisk 指定地址（扇区），如果是读，就从 ramdisk 中的指定地址（扇区）读取数据放到 bio 中。

作业

分析块设备的结构特点，了解嵌入式存储器驱动程序与磁盘存储器驱动程序的主要区别，分析应用程序如何通过 read()、write()、ioctl()等函数操作、传递、调动块设备底层的驱动程序函数。

第8章 网络设备驱动程序与应用实例

当前已经进入万物互联时代,嵌入式系统网络化是必然趋势。在 Linux 中,网络设备与字符设备、块设备不同,不是通过虚拟文件系统进行管理的。因此,嵌入式系统网络设备驱动程序也是独立于其他驱动程序架构,采用套接字方式进行设计的。本章以以太网通信为对象,分析讲解 Linux 网络设备驱动程序结构与关键数据结构,然后结合网络设备驱动程序框架,以 I.MX6ULL 处理器自带的网络驱动器为例,分析说明在具体编写驱动程序或修改移植驱动程序时需要关注的重点,读者通过理解这些内容为后续程序开发打下基础。

Linux 网络设备驱动程序体系结构的层次化设计,实现了对上层协议接口的统一和硬件驱动程序对下层多样化硬件设备的适应。程序员需要完成的工作主要集中在设备驱动功能层,网络设备接口层 net_device 结构体将千变万化的网络设备进行抽象,使得设备功能层中数据包收发以外的主体工作,都由 net_device 的属性和函数指针完成。

在分析 net_device、net_device_ops、sk_buff 等数据结构的基础上,本章给出设备驱动功能层设备初始化、打开和释放、注册与卸载、参数设置、状态获取、链路查看、数据包收发等函数模板,这些模板对实际设备驱动程序的开发具有直接指导意义。我们在设计具体网络设备驱动程序时,将精力集中在硬件操作本身,可以大大提高开发效率。

8.1 Linux 网络设备驱动程序框架

8.1.1 网络设备驱动程序框架

网络接口提供了对网络标准的数据存取和对网络硬件的支持。以太网网络组成架构如图 8.1 所示。在 Linux 中,网络接口可分为网络协议和网络驱动程序,网络协议部分负责实现应用开发需要的不同网络传输协议,网络设备驱动程序负责与硬件设备通信,每种网络硬件设备都有相应的设备驱动程序。

Linux 内核支持的协议栈种类较多,如 Internet、CAN、NFC、蓝牙、WiMAX、IrDA 等,上层的应用程序统一使用套接字接口。

网络设备驱动程序的体系结构如图 8.2 所示。Linux 对网络设备驱动程序定义了 4 个层次,分别是网络协议接口层、网络设备接口层、设备驱动功能层(提供实际功能)和网络设备与媒介层。

网络设备协议接口层向网络层协议提供统一的数据包发送接口,不论上层协议是 ARP 还是 IP,都通过 dev_queue_xmit() 函数发送数据,并通过 netif_rx() 函数接收数据。这一层的存在使得上层协议独立于具体的设备。

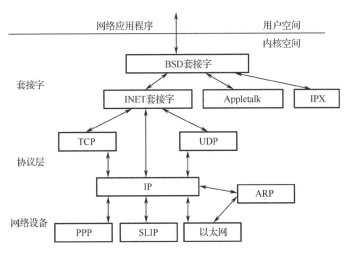

图 8.1　以太网网络组成架构

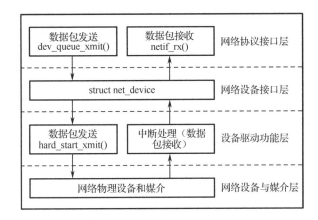

图 8.2　网络设备驱动程序的体系结构

网络设备接口层向协议层提供统一的、用于描述具体网络设备属性和操作的结构体 net_device，该结构体是设备驱动功能层中各函数的容器。实际上，网络设备接口层从宏观上规划了具体操作硬件的设备驱动功能层的结构。

设备驱动功能层的各函数是网络设备接口层 net_device 数据结构的具体成员，是驱动网络设备硬件完成相应动作的具体程序，它通过 hard_start_xmit()函数启动发送操作，并通过网络设备上的中断触发接收操作。

网络设备与媒介层是完成数据包发送和接收的物理实体，包括网络适配器和具体的传输媒介，网络适配器被设备驱动功能层中的函数在物理上驱动。对于 Linux 而言，网络物理设备和媒介可以是虚拟的。

8.1.2　网络设备驱动程序重要数据结构

1. net_device 结构体

网络设备接口层的主要功能是为千变万化的网络设备定义统一、抽象的数据结构

net_device 结构体，以不变应万变，实现多种硬件在软件层次上的统一。在 Linux 内核中，所有网络设备的信息和操作都在 net_device 结构体中，无论是注册网络设备还是设置网络设备参数，都用到该结构。

网络设备驱动程序只需通过初始化填充 net_device 的具体成员并注册 net_device，即可实现硬件操作函数与内核的挂接。net_device 结构体定义在 include/linux/netdevice.h 中，数据结构 net_device 是一个庞大的结构体，包含网络设备的属性描述和操作接口。编写网络设备驱动程序时，只需要了解其中的一部分，部分内容如代码清单 8.1.2.1 所示。

代码清单 8.1.2.1　net_device 结构体

```
1    struct net_device {
2        char name[IFNAMSIZ];
3        struct hlist_node name_hlist;
4        char *ifalias;
5        /*
6         * I/O specific fields
7         * FIXME: Merge these and struct ifmap into one
8         */
9        unsigned long mem_end;
10       unsigned long mem_start;
11       unsigned long base_addr;
12       int irq;
13
14       atomic_t carrier_changes;
15
16       /*
17        * Some hardware also needs these fields (state,dev_list,
18        * napi_list,unreg_list,close_list) but they are not
19        * part of the usual set specified in Space.c.
20        */
21
22       unsigned long state;
23
24       struct list_head dev_list;
25       struct list_head napi_list;
26       struct list_head unreg_list;
27       struct list_head close_list;
         ......
60       const struct net_device_ops *netdev_ops;
61       const struct ethtool_ops *ethtool_ops;
62   #ifdef CONFIG_NET_SWITCHDEV
63       const struct swdev_ops *swdev_ops;
64   #endif
65
66       const struct header_ops *header_ops;
67
```

```
68       unsigned int flags;
         ......
77       unsigned char if_port;
78       unsigned char dma;
79
80       unsigned int mtu;
81       unsigned short type;
82       unsigned short hard_header_len;
83
84       unsigned short needed_headroom;
85       unsigned short needed_tailroom;
86
87       /* Interface address info. */
88       unsigned char perm_addr[MAX_ADDR_LEN];
89       unsigned char addr_assign_type;
90       unsigned char addr_len;
         ......
130      /*
131       * Cache lines mostly used on receive path (including eth_type_trans())
132       */
133      unsigned long last_rx;
134
135      /* Interface address info used in eth_type_trans() */
136      unsigned char *dev_addr;
137
138
139  #ifdef CONFIG_SYSFS
140      struct netdev_rx_queue *_rx;
141
142      unsigned int num_rx_queues;
143      unsigned int real_num_rx_queues;
144
145  #endif
         ......
158      /*
159       * Cache lines mostly used on transmit path
160       */
161      struct netdev_queue *_tx ____cacheline_aligned_in_smp;
162      unsigned int num_tx_queues;
163      unsigned int real_num_tx_queues;
164      struct Qdisc *qdisc;
165      unsigned long tx_queue_len;
166      spinlock_t tx_global_lock;
167      int watchdog_timeo;
         ......
173      /* These may be needed for future network-power-down code. */
```

```
174
175      /*
176       * trans_start here is expensive for high speed devices on SMP,
177       * please use netdev_queue->trans_start instead.
178       */
179      unsigned long trans_start;
         ......
248      struct phy_device *phydev;
249      struct lock_class_key *qdisc_tx_busylock;
250    };
```

（1）全局信息。

```
char name[IFNAMESIZ];
```

name 是网络设备的名称。

```
int (*init)(struct net_device *dev);
```

init 为设备初始化函数指针，如果这个指针被设置了，则注册网络设备时将调用该函数，完成对 net_device 结构体的初始化。但是，设备驱动程序可以不实现这个函数并将其赋值为 NULL。

（2）硬件信息。

```
unsigned long mem_end;
unsigned long mem_start;
```

mem_start 和 mem_end 分别定义了设备所用共享内存的起始地址和结束地址。

```
unsigned long base_addr;
unsigned char irq;
unsigned char if_port;
unsigned char dma;
```

base_addr 为网络设备 I/O 基地址。irq 为设备使用的中断号。if_port 指定多端口设备使用哪一个端口，该字段仅针对多端口设备。例如，如果设备同时支持 IF_PORT_10BASE2（同轴电缆）和 IF_PORT_10BASET（双绞线），则可使用该字段。dma 指定分配给设备的 DMA 通道。

（3）接口信息。

```
unsigned short hard_header_len;
```

hard_header_len 是网络设备的硬件头长度，在以太网设备的初始化函数中，该成员被赋为 ETH_HLEN，即 14。

```
unsigned short type;
```

type 是接口的硬件类型。

```
unsigned mtu;
```

mtu 指的是最大传输单元（MTU）。

```
unsigned char dev_addr[MAX_ADDR_LEN];
unsigned char broadcast[MAX_ADDR_LEN];
```

dev_addr[]、broadcast[]是无符号字符数组，分别用于存放设备的硬件地址和广播地址。对于以太网而言，这两个地址的长度都为 6 字节。以太网设备的广播地址为 6 个 0xFF，而 MAC 地址需由驱动程序从硬件上读出并填充到 dev_addr[]中。

```
unsigned short flags;
```

flags 指网络接口标志，以 IFF_（interface flags）开头，部分标志由内核来管理，其他的标志在接口初始化时被设置以说明设备接口的能力和特性。接口标志包括 IFF_UP（当设备被激活并可以开始发送数据包时，内核设置该标志）、IFF_AUTOMEDIA（设备可在多种媒介间切换）、IFF_BROADCAST（允许广播）、IFF_DEBUG（调试模式，可用于控制 printk 调用的详细程度）、IFF_LOOPBACK（回环）、IFF_MULTICAST（允许组播）、IFF_NOARP（接口不能执行 ARP）、IFF_POINTOPOINT（接口连接到点对点链路）等。

（4）设备操作函数。

```
int (*open)(struct net_device *dev);
int (*stop)(struct net_device *dev);
```

open()函数的作用是打开网络接口设备，获得设备需要的 I/O 地址、IRQ、DMA 通道等。stop()函数的作用是停止网络接口设备，与 open()函数的作用相反。

```
int (*hard_start_xmit) (struct sk_buff *skb,struct net_device *dev);
```

hard_start_xmit()函数会启动数据包的发送，当系统调用驱动程序的 hard_start_xmit()函数时，需要向其传入一个 sk_buff 结构体指针，以使驱动程序能获取从上层传递下来的数据包。

```
void (*tx_timeout)(struct net_device *dev);
```

当数据包的发送超时时，tx_timeout()函数会被调用，该函数需采取重新启动数据包发送过程或重新启动硬件等策略，将网络设备恢复到正常状态。

```
int (*hard_header) (struct sk_buff *skb, struct net_device *dev, unsigned
                    short type, void *daddr, void *saddr, unsigned len);
```

hard_header()函数完成硬件帧头填充，返回填充字节数。传入该函数的参数包括 sk_buff 指针、设备指针、协议类型、目的地址、源地址以及数据长度。对于以太网设备，将内核提供的 eth_header()函数赋值给 hard_header 指针即可。

```
struct net_device_stats* (*get_stats)(struct net_device *dev);
```

get_stats()函数用于获得网络设备的状态信息，它返回一个 net_device_stats 结构体。net_device_stats 结构体保存了网络设备详细的流量统计信息，如发送和接收到的数据包数、字节数等，详见 8.1.4 节。

```
int (*do_ioctl)(struct net_device *dev, struct ifreq *ifr, int cmd);
int (*set_config)(struct net_device *dev, struct ifmap *map);
```

```
int (*set_mac_address)(struct net_device *dev, void *addr);
```

do_ioctl()函数用于进行设备特定的 I/O 控制。

set_config()函数用于配置接口，可用于改变设备的 I/O 地址和中断号。set_mac_address() 函数用于设置设备的 MAC 地址。

```
int (*poll)( struct net_device *dev, int quota);
```

对于 NAPI（网络中断缓和）兼容的设备驱动程序，将以轮询方式操作接口，接收数据包。NAPI 是 Linux 系统上采用的一种提高网络处理效率的技术，它的核心概念就是不采用中断方式读取数据包，而是首先借助中断唤醒数据包接收的服务程序，然后以轮询方式获取数据包。net_device 结构体的上述成员需要在设备初始化时被填充。

（5）辅助成员。

```
unsigned long trans_start;
unsigned long last_rx;
```

trans_start 记录最后的数据包开始发送时的时间戳，last_rx 记录最后一次接收到数据包的时间戳，这两个时间戳记录的都是 jiffies，驱动程序应维护这两个成员。

```
void *priv;
```

priv 为设备的私有信息指针，与 filp->private_data 的地位相当。设备驱动程序中应该以 netdev_priv()函数获得该指针。

```
spinlock_t xmit_lock;
int xmit_lock_owner;
```

xmit_lock 是避免 hard_start_xmit()函数被同时多次调用的自旋锁。xmit_lock_owner 则指当前拥有 xmit_lock 自旋锁的 CPU 的编号。

2. net_device_ops 结构体

net_device 有一个非常重要的成员变量——netdev_ops，为 net_device_ops 结构体指针类型，这就是网络设备的操作集。net_device_ops 结构体定义在 include/linux/netdevice.h 文件中，net_device_ops 结构体中都是一些以 "ndo_" 开头的函数，这些函数需要网络驱动程序编写人员去实现，不需要全部都实现，根据实际驱动程序的情况实现其中一部分即可。结构体部分内容如代码清单 8.1.2.2 所示。

代码清单 8.1.2.2　net_device_ops 结构体

```
1   struct net_device_ops {
2       int (*ndo_init)(struct net_device *dev);
3       void (*ndo_uninit)(struct net_device *dev);
4       int (*ndo_open)(struct net_device *dev);
5       int (*ndo_stop)(struct net_device *dev);
6       netdev_tx_t(*ndo_start_xmit)(struct sk_buff *skb,struct net_device *dev);
7       u16 (*ndo_select_queue)(struct net_device *dev, struct sk_buff *skb,
8                   void *accel_priv, select_queue_fallback_t fallback);
```

```
9        void (*ndo_change_rx_flags)(struct net_device *dev, int flags);
10       void (*ndo_set_rx_mode)(struct net_device *dev);
11       int (*ndo_set_mac_address)(struct net_device *dev, void *addr);
12       int (*ndo_validate_addr)(struct net_device *dev);
13       int (*ndo_do_ioctl)(struct net_device *dev, struct ifreq *ifr, int cmd);
14       int (*ndo_set_config)(struct net_device *dev, struct ifmap *map);
15       int (*ndo_change_mtu)(struct net_device *dev, int new_mtu);
16       int (*ndo_neigh_setup)(struct net_device *dev, struct neigh_parms *);
17       void (*ndo_tx_timeout) (struct net_device *dev);
         ......
36   #ifdef CONFIG_NET_POLL_CONTROLLER
37       void (*ndo_poll_controller)(struct net_device *dev);
38       int(*ndo_netpoll_setup)(struct net_device*dev,struct netpoll_info*
info);
39       void (*ndo_netpoll_cleanup)(struct net_device *dev);
40   #endif
         ......
104      int (*ndo_set_features)(struct net_device *dev, netdev_features_t
features);
         ......
166  };
```

第 2 行：ndo_init()函数，当第一次注册网络设备时执行此函数，设备可以在此函数中做一些需要退后初始化的内容。不过，一般驱动程序中不使用此函数，虚拟网络设备可能使用。

第 3 行：ndo_uninit()函数，卸载网络设备时执行此函数。

第 4 行：ndo_open()函数，打开网络设备时执行此函数，网络驱动程序需要实现此函数，非常重要！以 NXP 的 I.MX 系列 SoC 网络驱动为例，在此函数中做如下工作：

- 使能网络外设时钟。
- 申请网络所用的环形缓冲区。
- 初始化 MAC 外设。
- 绑定接口对应的 PHY。
- 如果使用 NAPI，要使能 NAPI 模块，通过 napi_enable()函数来使能。
- 开启 PHY。
- 调用 netif_tx_start_all_queues()来使能传输队列，也可能调用 netif_start_queue()函数。

第 5 行：ndo_stop()函数，关闭网络设备时会执行此函数，网络驱动程序也需要实现此函数。以 NXP 的 I.MX 系列 SoC 网络驱动为例，在此函数中做如下工作：

- 停止 PHY。
- 停止 NAPI 功能。
- 停止发送功能。
- 关闭 MAC。
- 断开 PHY 连接。
- 关闭网络时钟。
- 释放数据缓冲区。

第 6 行：ndo_start_xmit()函数，需要发送数据时此函数就会执行。此函数有一个参数为 sk_buff 结构体指针，sk_buff 结构体在 Linux 的网络驱动程序中非常重要，sk_buff 保存了上层传递给网络驱动层的数据。也就是说，要发送出去的数据都存在 sk_buff 中。关于 sk_buff，稍后会做详细的讲解。如果发送成功，此函数返回 NETDEV_TX_OK，如果发送失败，返回 NETDEV_TX_BUSY，同时，发送失败需要停止队列。

第 7 行：ndo_select_queue()函数，当设备支持多传输队列时，选择使用哪个队列。

第 10 行：ndo_set_rx_mode()函数，此函数用于改变地址过滤列表，根据 net_device 的 flags 成员变量来设置 SoC 的网络外设寄存器。比如，flags 可能为 IFF_PROMISC、IFF_ALLMULTI 或 IFF_MULTICAST，分别表示混杂模式、单播模式或多播模式。

第 11 行：ndo_set_mac_address()函数，此函数用于修改网卡的 MAC 地址，设置 net_device 的 dev_addr 成员变量，并将 MAC 地址写入网络外设的硬件寄存器。

第 12 行：ndo_validate_addr()函数，验证 MAC 地址是否合法，也就是验证 net_device 的 dev_addr 中的 MAC 地址是否合法，直接调用 is_valid_ether_addr()函数。

第 13 行：ndo_do_ioctl()函数，用户程序调用 ioctl()时此函数就会执行，比如 PHY 芯片相关的命令操作，一般直接调用 phy_mii_ioctl()函数。

第 215 行：ndo_change_mtu()函数，更改 MTU 大小。

第 17 行：ndo_tx_timeout()函数，当发送超时时执行此函数，一般是网络问题导致发送超时。解决方法是重启 MAC 和 PHY，重新开始数据发送。

第 37 行：ndo_poll_controller()函数，使用查询方式处理网卡数据的收发。

第 104 行：ndo_set_features()函数，修改 net_device 的 features 属性，设置相应的硬件属性。

3. sk_buff 结构体

内核对网络数据包的处理都是基于 sk_buff 结构体的，该结构体是内核网络部分最重要的数据结构，用于管理接收或发送数据包，其数据结构如图 8.3 所示。

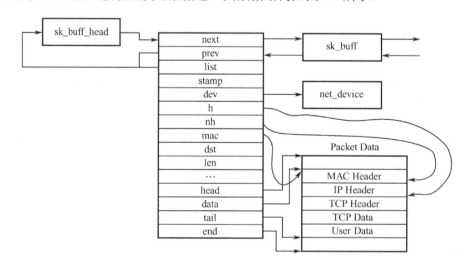

图 8.3　sk_buff 数据结构

网络协议栈中各层协议都可以通过对该结构的操作实现本层协议数据的添加或删除。使用 sk_buff 结构避免了网络协议栈各层来回复制数据导致的效率低下。

sk_buff 结构可以分为两部分，一部分存储数据包缓存，在图中表示为 Packet Data，另一部分由一组用于内核管理的指针组成。

sk_buff 管理的主要是下面 4 个指针。

● head：指向数据缓冲（Packet Data）的内核首地址。

● data：指向当前数据包的首地址。

● tail：指向当前数据包的尾地址。

● end：指向数据缓冲的内核尾地址。

数据包的大小在内核网络协议栈的处理过程中会发生改变，因此，data 和 tail 指针也会不断变化，而 head 和 tail 指针是不会发生改变的。

以一个 TCP 数据包为例，sk_buff 还提供了几个指针直接指向各层协议头。mac 指针指向数据的 mac 头；nh 指针指向网络协议头，一般是 IP 协议头；h 指向传输层协议头，在本例中是 TCP 协议头。对各层设置指针，方便了协议栈对数据包的处理。

sk_buff 结构体定义在 include/linux/skbuff.h 中，结构体中部分重要内容如代码清单 8.1.2.3 所示。

代码清单 8.1.2.3　sk_buff 结构体

```
1   struct sk_buff {
2       union {
3           struct {
4               /* These two members must be first. */
5               struct sk_buff *next;
6               struct sk_buff *prev;
7
8               union {
9                   ktime_t tstamp;
10                  struct skb_mstamp skb_mstamp;
11              };
12          };
13          struct rb_node rbnode; /* used in netem & tcp stack */
14      };
15      struct sock *sk;
16      struct net_device *dev;
17
18      /*
19       * This is the control buffer. It is free to use for every
20       * layer. Please put your private variables there. If you
21       * want to keep them across layers you have to do a skb_clone()
22       * first. This is owned by whoever has the skb queued ATM.
23       */
24      char cb[48] __aligned(8);
25
26      unsigned long _skb_refdst;
27      void (*destructor)(struct sk_buff *skb);
```

```
       ......
37     unsigned int len, data_len;
38     __u16 mac_len, hdr_len;
       ......
145    __be16 protocol;
146    __u16 transport_header;
147    __u16 network_header;
148    __u16 mac_header;
149
150    /* private: */
151    __u32 headers_end[0];
152    /* public: */
153
154    /* These elements must be at the end, see alloc_skb() for details. */
155    sk_buff_data_t tail;
156    sk_buff_data_t end;
157    unsigned char *head, *data;
158    unsigned int truesize;
159    atomic_t users;
160 };
```

第 5～6 行：next 和 prev 分别指向下一个和前一个 sk_buff，构成一个双向链表。

第 9 行：tstamp 表示数据包接收时或准备发送时的时间戳。

第 15 行：sk 表示当前 sk_buff 所属的 Socket。

第 16 行：dev 表示当前 sk_buff 从哪个设备接收到或发出的。

第 24 行：cb 为控制缓冲区，不管哪个层都可以自由使用此缓冲区，用于放置私有数据。

第 27 行：destructor()函数，释放缓冲区时可以在此函数中完成某些动作。

第 37 行：len 为实际的数据长度，包括主缓冲区中的数据长度和分片中的数据长度。data_len 为数据长度，只计算分片中数据的长度。

第 38 行：mac_len 为连接层头部长度，也就是 MAC 头的长度。

图 8.4　sk_buff 数据区结构示意图

第 145 行：protocol 协议。

第 146 行：transport_header 为传输层头部。

第 147 行：network_header 为网络层头部

第 148 行：mac_header 为链接层头部。

第 155 行：tail 指向实际数据的尾部。

第 156 行：end 指向缓冲区的尾部。

第 157 行：head 指向缓冲区的头部，data 指向实际数据的头部。data 和 tail 指向实际数据的头部和尾部，head 和 end 指向缓冲区的头部和尾部，结构如图 8.4 所示。

针对 sk_buff 内核提供了一系列的操作与管理函数，下面我们介绍常见的 API 函数。

（1）分配 sk_buff。

要使用 sk_buff，必须先分配。首先看一下 alloc_skb()函数，此函数定义在 include/linux/

skbuff.h 中。函数原型如下：

```
static inline struct sk_buff *alloc_skb(unsigned int size, gfp_t priority)
```

函数参数和返回值含义如下。

● size：要分配的大小，也就是 skb 数据段大小。

● priority：为 GFP MASK 宏，比如 GFP_KERNEL、GFP_ATOMIC 等。

● 返回值：分配成功，返回申请到的 sk_buff 首地址，失败则返回 NULL。

在网络设备驱动程序中常使用 netdev_alloc_skb 为某个设备申请一个用于接收的 skb_buff，此函数也定义在 include/linux/skbuff.h 中。函数原型如下：

```
static inline struct sk_buff *netdev_alloc_skb(struct net_device *dev,
unsigned int length);
```

函数参数和返回值含义如下。

● dev：要给哪个设备分配 sk_buff。

● length：要分配的大小。

● 返回值：分配成功，返回申请到的 sk_buff 首地址，失败则返回 NULL。

（2）释放 sk_buff。

使用完成后要释放 sk_buff。释放函数可以使用 kfree_skb()，函数定义在 include/linux/skbuff.c 中。函数原型如下：

```
void kfree_skb(struct sk_buff *skb);
```

函数参数和返回值含义如下。

● skb：要释放的 sk_buff。

● 返回值：无。

（3）skb_put、skb_push、skb_pull 和 skb_reserve。

这四个函数用于变更 sk_buff。skb_put()函数用于在尾部扩展 skb_buff 的数据区，也就是将 skb_buff 的 tail 后移 n 字节，从而导致 skb_buff 的 len 增加 n 字节。函数原型如下：

```
unsigned char *skb_put(struct sk_buff *skb, unsigned int len);
```

函数参数和返回值含义如下。

● skb：要操作的 sk_buff。

● len：要增加的字节数。

● 返回值：扩展出来的那一段数据区的首地址。

skb_push()函数用于在头部扩展 skb_buff 的数据区。函数原型如下：

```
unsigned char *skb_push(struct sk_buff *skb, unsigned int len);
```

函数参数和返回值含义如下。

● skb：要操作的 sk_buff。

● len：要增加的字节数。

● 返回值：扩展完成以后新的数据区首地址。

skb_pull()函数用于从 sk_buff 的数据区起始位置删除数据。函数原型如下：

```
unsigned char *skb_pull(struct sk_buff *skb, unsigned int len);
```

函数参数和返回值含义如下。

● skb：要操作的 sk_buff。

● len：要删除的字节数。

● 返回值：删除以后新的数据区首地址。

skb_reserve()函数用于调整缓冲区的头部大小，方法很简单，将 skb_buff 的 data 和 tail 同时后移 *n* 字节即可。函数原型如下：

```
static inline void skb_reserve(struct sk_buff *skb, int len);
```

函数参数和返回值含义如下。

● skb：要操作的 sk_buff。

● len：要增加的缓冲区头部大小。

● 返回值：无。

8.1.3 网络设备管理

net_device 结构体的成员（属性和 net_device_ops 结构体中的函数指针）需要由设备驱动功能层的具体数值和函数赋予传递。对于某个具体的设备 xxx，程序开发人员应该编写相应的设备驱动功能层函数，这些函数形如 xxx_open()、xxx_stop()、xxx_tx()、xxx_hard_header()、xxx_get_stats()、xxx_tx_timeout()、xxx_poll()等。

对于特定的设备，我们还可以定义其相关私有数据和操作，并封装为一个私有信息结构体 xxx_private，让其指针被赋值给 net_device 的 priv 成员。xxx_private 结构体中可包含设备特殊的属性和操作、自旋锁与信号量、定时器以及统计信息等，由程序开发人员自定义。

1. 网络设备初始化

网络设备初始化主要是对 net_device 结构体进行初始化。网络设备的初始化并不像字符设备或块设备那样，在编译时对 file_operations 或 block_device_operations 进行赋值，而是在调用 register_netdev()注册前就必须完成初始化。网络设备初始化的工作由 net_device 的 init 函数指针指向的函数完成。加载网络驱动程序模块时该函数就会被调用，初始化工作包括以下几方面的任务：

● 进行硬件准备工作，检测网络设备的硬件特征，检查物理设备是否存在。

● 检测到设备存在，进行软件接口准备，分配 net_device 结构体并对其数据和函数指针成员赋值。

● 获得设备私有化数据指针并初始化各成员，填充 net_device 结构成员和私有数据。

网络设备驱动程序初始化函数的模板如代码清单 8.1.3.1 所示。具体的设备驱动程序初始化函数并不一定完全和本模板相同，但是其本质过程是一致的。

代码清单 8.1.3.1 网络设备驱动程序的初始化函数模板

```
1    void xxx_init(struct net_device *dev)
2    {
```

```
3        /*设备的私有信息结构体*/
4        struct xxx_priv *priv;
5
6        /* 检查设备是否存在以及设备使用的硬件资源 */
7        xxx_hw_init();
8
9        /* 初始化以太网设备的公用成员 */
10       ether_setup(dev);
11
12       /*设置设备的成员函数指针*/
13       dev->open = xxx_open;
14       dev->stop = xxx_release;
15       dev->set_config = xxx_config;
16       dev->hard_start_xmit = xxx_tx;
17       dev->do_ioctl = xxx_ioctl;
18       dev->get_stats = xxx_stats;
19       dev->change_mtu = xxx_change_mtu;
20       dev->rebuild_header = xxx_rebuild_header;
21       dev->hard_header = xxx_header;
22       dev->tx_timeout = xxx_tx_timeout;
23       dev->watchdog_timeo = timeout;
24
25       /*如果使用 NAPI, 设置 pool 函数*/
26       if (use_napi)
27       {
28           dev->poll = xxx_poll;
29       }
30
31       /* 取得私有信息, 并初始化它*/
32       priv = netdev_priv(dev);
33       ...... /* 初始化设备私有数据区 */
34   }
```

上述代码第 7 行的 xxx_hw_init()函数完成硬件相关的初始化操作, 如下所示。

探测网络设备 xxx 是否存在。探测的方法类似于数学上的"反证法", 即, 先假设存在设备 xxx, 访问该设备, 如果设备的表现与预期一致, 就确定设备存在; 否则, 假设是不成立的, 即设备 xxx 不存在。

对于探测设备的具体硬件配置。一些设备驱动编写得非常通用, 对同类设备使用统一的驱动, 我们需要在初始化时探测设备的具体型号。另外, 即便是同一设备, 在硬件上的配置也可能不一样, 我们也可以探测设备所使用的硬件资源。

申请设备所需要的硬件资源, 如用 request_region()函数进行 I/O 接口 (端口) 的申请等。但是, 这个过程可以放在设备的打开函数 xxx_open()中完成。

在第 10 行, 调用 ether_setup()函数初始化以太网。不同的网络设备其初始化函数不同, 比如 CAN 网络初始化函数就是 can_setup()。

ether_setup()函数会对 net_device 做初步的初始化, 函数内容如代码清单 8.1.3.2 所示。

代码清单 8.1.3.2　ether_setup()函数

```
1    void ether_setup(struct net_device *dev)
2    {
3        dev->header_ops = &eth_header_ops;
4        dev->type = ARPHRD_ETHER;
5        dev->hard_header_len = ETH_HLEN;
6        dev->mtu = ETH_DATA_LEN;
7        dev->addr_len = ETH_ALEN;
8        dev->tx_queue_len = 1000; /* Ethernet wants good queues */
9        dev->flags = IFF_BROADCAST|IFF_MULTICAST;
10       dev->priv_flags |= IFF_TX_SKB_SHARING;
11
12        eth_broadcast_addr(dev->broadcast);
13   }
```

2. 注册与注销 net_device

（1）注册 net_device。

编写网络驱动程序时首先要申请 net_device，使用 alloc_netdev()函数来申请 net_device，这是一个宏，宏定义如代码清单 8.1.3.3 所示。

代码清单 8.1.3.3　alloc_netdev()函数

```
1 #define alloc_netdev(sizeof_priv, name, name_assign_type, setup) \
2   alloc_netdev_mqs(sizeof_priv, name, name_assign_type, setup, 1, 1)
```

可以看出 alloc_netdev()的本质是 alloc_netdev_mqs()函数，此函数原型如下

```
struct net_device * alloc_netdev_mqs ( int sizeof_priv, const char *name,
                                       void (*setup) (struct net_device *)),
                                       unsigned int txqs,
                                       unsigned int rxqs);
```

函数参数和返回值含义如下。

● sizeof_priv：私有数据块大小。

● name：设备名字。

● setup：回调函数，初始化设备后调用此函数。

● txqs：分配的发送队列数量。

● rxqs：分配的接收队列数量。

● 返回值：如果申请成功，返回申请到的 net_device 指针，失败则返回 NULL。

事实上，网络设备除了以太网设备，Linux 内核支持的网络接口有很多，比如光纤分布式数据接口（FDDI）、以太网设备（Ethernet）、红外数据接口（IrDA）、高性能并行接口（HPPI）、CAN 网络等。内核针对不同的网络设备在 alloc_netdev 的基础上提供一层封装，比如以太网，针对以太网封装的 net_device 申请函数是 alloc_etherdev()和 alloc_etherdev_mq()，这也是一个宏，内容如代码清单 8.1.3.4 所示。

代码清单 8.1.3.4　alloc_etherdev()函数

```
1 #define alloc_etherdev(sizeof_priv) alloc_etherdev_mq(sizeof_priv, 1)
2 #define                            alloc_etherdev_mq(sizeof_priv,count)
alloc_etherdev_mqs(sizeof_priv, count, count)
```

可以看出，alloc_etherdev()最终依靠的是 alloc_etherdev_mqs()函数，此函数就是对 alloc_netdev_mqs()的简单封装。函数内容如代码清单 8.1.3.5 所示。

代码清单 8.1.3.5　alloc_etherdev_mqs()函数

```
1 struct net_device *alloc_etherdev_mqs(int sizeof_priv, unsigned int txqs,
unsigned int rxqs)
2 {
3   return alloc_netdev_mqs(sizeof_priv, "eth%d", NET_NAME_UNKNOWN,
4                                   ether_setup, txqs, rxqs);
5 }
```

第 3 行调用 alloc_netdev_mqs()来申请 net_device。注意，设置网卡的名字为"eth%d"，这是格式化字符串。进入开发板的 Linux 系统看到的"eth0"、"eth1"这样的网卡名字就是从这里来的。NXP 官方编写的网络驱动程序就是采用 alloc_etherdev_mqs()来申请 net_device。

net_device 申请并初始化完成后就需要向内核注册，注册要用到函数 register_netdev()，函数原型如下：

```
int register_netdev(struct net_device *dev);
```

函数参数和返回值含义如下。
● dev：要注册的 net_device 指针。
● 返回值：0 表示注册成功，负值表示注册失败。
网络设备驱动程序的模块加载函数模板在代码清单 8.1.3.6 中给出。

代码清单 8.1.3.6　网络设备驱动程序的模块加载函数模板

```
1   int xxx_init_module(void)
2   {
3       ......
4       /* 分配 net_device 结构体并对其成员赋值 */
5       xxx_dev = alloc_netdev(sizeof(struct xxx_priv), "sn%d", xxx_init);
6       if (xxx_dev == NULL)
7           ...... /* 分配 net_device 失败 */
8
9       /* 注册 net_device 结构体 */
10      if ((result = register_netdev(xxx_dev)))
11          ......
12  }
```

（2）删除 net_device。
注销网络驱动程序时要释放掉前面已经申请的 net_device，释放函数为 free_netdev()，完成与 alloc_enetdev()和 alloc_etherdev()函数相反的功能，即释放 net_device 结构体。函数原型
如下：

```
void free_netdev(struct net_device *dev);
```

函数参数和返回值含义如下。

● dev：要释放掉的 net_device 指针。

● 返回值：无。

注销 net_device 使用函数 unregister_netdev()，函数原型如下：

```
void unregister_netdev(struct net_device *dev)
```

函数参数和返回值含义如下。

● dev：要注销的 net_device 指针。

● 返回值：无。

net_device 结构体的释放和网络设备驱动程序的注销则需在模块卸载函数中完成，如代
码清单 8.1.3.7 所示。

代码清单 8.1.3.7 网络设备卸载函数

```
1    void xxx_cleanup(void)
2    {
3        ...
4        /* 注销 net_device 结构体 */
5        unregister_netdev(xxx_dev);
6        /* 释放 net_device 结构体 */
7        free_netdev(xxx_dev);
8    }
```

3. 网络设备的打开与释放

网络设备的打开函数需要完成如下工作：

● 使能设备使用的硬件资源，申请 I/O 区域、中断和 DMA 通道等。

● 调用 Linux 内核提供的 netif_start_queue()函数，激活设备发送队列。

网络设备的关闭函数需要完成如下工作：

● 调用 Linux 内核提供的 netif_stop_queue()函数，停止设备传输包。

● 释放设备所使用的 I/O 区域、中断和 DMA 资源。

Linux 内核提供的 netif_start_queue()和 netif_stop_queue()两个函数的原型如下：

```
void netif_start_queue(struct net_device *dev);
void netif_stop_queue (struct net_device *dev);
```

根据以上分析，可得出如代码清单 8.1.3.8 所示的网络设备打开和释放函数的模板。

代码清单 8.1.3.8 网络设备打开和释放函数模板

```
1    int xxx_open(struct net_device *dev)
2    {
```

```
3       /* 申请端口、IRQ 等，类似于 fops->open */
4       ret = request_irq(dev->irq, &xxx_interrupt, 0, dev->name, dev);
5       ......
6       netif_start_queue(dev);
7       ......
8   }
9
10  int xxx_release(struct net_device *dev)
11  {
12      /* 释放端口、IRQ 等，类似于 fops->close */
13      free_irq(dev->irq, dev);
14      ......
15      netif_stop_queue(dev); /* can't transmit any more */
16      ......
17  }
```

4. 查看链路状态

驱动程序需要掌握当前链路的状态，以太网接口电路能够检测当前链路是否有载波信号。驱动程序可以通过查看设备的寄存器来获得链路状态信息。当链路状态改变时，驱动程序需要通知内核。利用下面两个函数告知内核：

```
void netif_carrier_off(struct net_device *dev);
void netif_carrier_on(struct net_device *dev);
```

如果检测到链路上载波信号不存在了，则调用 netif_carrier_off()通知内核。当载波信号再次出现时，应该调用 netif_carrier_on()。

还有另外一个函数返回链路上是否有载波信号：

```
int netif_carrier_ok(struct net_device * dew);
```

通常驱动程序需要设置一个定时器来周期性地检测链路状态，并通知内核。

网络适配器硬件电路可以检测出链路上是否有载波，载波的有无反映网络的连接是否正常。网络设备驱动可以通过 netif_carrier_on()和 netif_carrier_off()函数改变设备的连接状态，如果驱动检测到连接状态发生变化，也应该以 netif_carrier_on()和 netif_carrier_off()函数显式地通知内核。

除了 netif_carrier_on()和 netif_carrier_off()函数，另一个函数 netif_carrier_ok()可用于向调用者返回链路上的载波信号是否存在。

网络设备驱动程序中往往设置一个定时器来对链路状态进行周期性的检查。当定时器到期之后，在定时器处理函数中读取物理设备的相关寄存器获得载波状态，从而更新设备的连接状态，如代码清单 8.1.3.9 所示。

代码清单 8.1.3.9 网络设备驱动程序用定时器周期检查链路状态

```
1   static void xxx_timer(unsigned long data)
2   {
3       struct net_device *dev = (struct net_device*)data;
```

```
4        u16 link;
5        …
6        if (!(dev->flags &IFF_UP))
7        {
8            goto set_timer;
9        }
10
11       /* 获得物理上的连接状态 */
12       if (link = xxx_chk_link(dev))
13       {
14           if (!(dev->flags &IFF_RUNNING))
15           {
16               netif_carrier_on(dev);
17               dev->flags |= IFF_RUNNING;
18               printk(KERN_DEBUG "%s: link up\n", dev->name);
19           }
20       }
21       else
22       {
23           if (dev->flags &IFF_RUNNING)
24           {
25               netif_carrier_off(dev);
26               dev->flags &= ~IFF_RUNNING;
27               printk(KERN_DEBUG "%s: link down\n", dev->name);
28           }
29       }
30
31  set_timer:
32      priv->timer.expires = jiffies + 1 * HZ;
33      priv->timer.data = (unsigned long)dev;
34      priv->timer.function = &xxx_timer; /* timer handler */
35      add_timer(&priv->timer);
36  }
```

第 12 行调用的 xxx_chk_link()函数用于读取网络适配器硬件的相关寄存器以获得链路连接状态，具体实现由硬件决定。当链路连接上时，第 16 行的 netif_carrier_on()函数显式地通知内核链路正常；反之，第 25 行的 netif_carrier_off()则同样显式地通知内核链路失去连接。

此外，从上述源代码还可以看出，定时器处理函数不停地利用第 31～35 行代码启动新的定时器以实现周期检测的目的。那么，最初启动定时器的地方在哪里呢？很显然，它最适合在设备的打开函数中完成，如代码清单 8.1.3.10 所示。

代码清单 8.1.3.10　在网络设备驱动程序的打开函数中初始化定时器

```
1   static int xxx_open(struct net_device *dev)
2   {
3       struct xxx_priv *priv = (struct xxx_priv*)dev->priv;
4
```

```
5      ......
6      priv->timer.expires = jiffies + 3 * HZ;
7      priv->timer.data = (unsigned long)dev;
8      priv->timer.function = &xxx_timer; /* timer handler */
9      add_timer(&priv->timer);
10     ......
11 }
```

5. 参数设置和统计数据

在网络设备的驱动程序中，还提供一些方法供系统对设备的参数进行设置或读取设备相关的信息。

（1）MAC 地址设置。

当用户调用 ioctl()函数，并指定 SIOCSIFHWADDR 命令时，就会调用 set_mac_address()函数指针指向的函数。该函数检测设备是否忙，不忙则设置新的 MAC 地址，忙则返回错误。一般来说，这个操作没有太大的意义。设置网络设备的 MAC 地址可用如代码清单 8.1.3.11 所示的模板。

代码清单 8.1.3.11　设置网络设备的 MAC 地址

```
1    static int set_mac_address(struct net_device *dev, void *addr)
2    {
3        if (netif_running(dev))
4            return -EBUSY; /* 设备忙 */
5
6        /* 设置以太网的 MAC 地址 */
7        xxx_set_mac(dev, addr);
8
9        return 0;
10   }
```

上述程序首先用 netif_running()宏判断设备是否正在运行，如果是，则意味着设备忙，此时不允许设置 MAC 地址；否则，调用 xxx_set_mac()函数在网络适配器硬件内写入新的 MAC 地址。这要求设备在硬件上支持 MAC 地址的修改，而实际上，许多设备并不提供修改 MAC 地址的接口。

（2）接口参数设置。

当用户调用 ioctl 且参数为 SIOCSIFMAP 时，就会调用 set_config()函数指针指向的函数，内核给该函数传递一个 ifmap 的结构体。该结构体中包含了要设置的 I/O 地址、中断等信息。该函数则根据该结构体提供的信息进行相应的设置。

netif_running()宏的定义为：

```
#define netif_running(dev) (dev->flags & IFF_UP)
```

当用户调用 ioctl()函数时，若命令为 SIOCSIFMAP（如在控制台中运行网络配置命令 ifconfig 就会引发这一调用），系统调用驱动程序的 set_config()函数。

系统向 set_config()函数传递一个 ifmap 结构体，该结构体中主要包含用户准备设置的设备使用的 I/O 地址、中断等信息。注意，并非 ifmap 结构体中给出的所有修改都是可以接受的。实际上，大多数设备并不宜包含 set_config()函数。set_config()函数的例子如代码清单 8.1.3.12 所示。

代码清单 8.1.3.12　网络设备驱动程序的 set_config()函数模板

```
1    int xxx_config(struct net_device *dev, struct ifmap *map)
2    {
3        if (netif_running(dev)) /* 不能设置一个正在运行状态的设备 */
4            return - EBUSY;
5
6        /* 假设不允许改变 I/O 地址 */
7        if (map->base_addr != dev->base_addr)
8        {
9            printk(KERN_WARNING "xxx: Can't change I/O address\n");
10           return - EOPNOTSUPP;
11       }
12
13       /* 假设允许改变 IRQ */
14       if (map->irq != dev->irq)
15       {
16           dev->irq = map->irq;
17       }
18
19       return 0;
20   }
```

上述代码中的 xxx_config()函数接受 IRQ 的修改，拒绝设备 I/O 地址的修改。具体设备是否接收这些信息的修改，要视硬件的设计而定。

如果用户调用 ioctl()时，命令类型在 SIOCDEVPRIVATE 和 SIOCDEVPRIVATE+15 之间，则系统调用驱动程序的 do_ioctl()函数，进行设备专用数据的设置。这个设置大多数情况下也并不需要。

6. 设备状态获取

驱动程序还应提供 get_stats()函数用以向用户反馈设备状态和统计信息，该函数返回的是一个 net_device_stats 结构体，如代码清单 8.1.3.13 所示。

代码清单 8.1.3.13　网络设备驱动程序的 get_stats()函数模板

```
1    struct net_device_stats *xxx_stats(struct net_device *dev)
2    {
3        struct xxx_priv *priv = netdev_priv(dev);
4        return &priv->stats;
5    }
```

驱动程序的 get_stats()函数用于向用户返回设备的状态和统计信息。这些信息保存在一个 net_device_stats 结构体中。net_device_stats 结构体定义在内核的 include/linux/netdevice.h 文件中，它包含了比较完整的统计信息，如代码清单 8.1.3.14 所示。

代码清单 8.1.3.14　net_device_stats 结构体

```
1    struct net_device_stats
2    {
3        unsigned long rx_packets; /* 收到的数据包数 */
4        unsigned long tx_packets; /* 发送的数据包数 */
5        unsigned long rx_bytes; /* 收到的字节数 */
6        unsigned long tx_bytes; /* 发送的字节数 */
7        unsigned long rx_errors; /* 收到的错误数据包数 */
8        unsigned long tx_errors; /* 发生发送错误的数据包数 */
9        ......
10   };
```

上述代码清单只是列出了 net_device_stats 包含的主项目统计信息，实际上，这些项目还可以进一步细分，net_device_stats 中的其他信息给出了更详细的子项目统计，详见 Linux 源代码。该结构体信息的更新修改，由发送函数、接收中断处理以及超时处理函数来完成。每当有改变设备状态或统计信息的操作进行时，驱动程序应及时更新保存状态的成员变量。我们应该在这些函数中添加相应的代码，如代码清单 8.1.3.15 所示。

代码清单 8.1.3.15　net_device_stats 结构体中统计信息的维护

```
1    /* 发送超时函数 */
2    void xxx_tx_timeout(struct net_device *dev)
3    {
4        struct xxx_priv *priv = netdev_priv(dev);
5        ......
6        priv->stats.tx_errors++; /* 发送错误包数加 1 */
7        ......
8    }
9
10   /* 中断处理函数 */
11   static void xxx_interrupt(int irq, void *dev_id, struct pt_regs *regs)
12   {
13       switch (status &ISQ_EVENT_MASK)
14       {
15           ......
16           case ISQ_TRANSMITTER_EVENT: /
17               priv->stats.tx_packets++; /* 数据包发送成功, tx_packets 信息加 1 */
18               netif_wake_queue(dev); /* 通知上层协议 */
19               if((status&(TX_OK|TX_LOST_CRS|TX_SQE_ERROR|
20               TX_LATE_COL|TX_16_COL)) != TX_OK) /*读取硬件上的出错标志*/
21               {
22                   /* 根据错误的不同情况，对 net_device_stats 的不同成员加 1 */
23                   if ((status &TX_OK) == 0)
24                       priv->stats.tx_errors++;
```

```
25              if (status &TX_LOST_CRS)
26                  priv->stats.tx_carrier_errors++;
27              if (status &TX_SQE_ERROR)
28                  priv->stats.tx_heartbeat_errors++;
29              if (status &TX_LATE_COL)
30                  priv->stats.tx_window_errors++;
31              if (status &TX_16_COL)
32                  priv->stats.tx_aborted_errors++;
33          }
34          break;
35      case ISQ_RX_MISS_EVENT:
36          priv->stats.rx_missed_errors += (status >> 6);
37          break;
38      case ISQ_TX_COL_EVENT:
39          priv->stats.collisions += (status >> 6);
40          break;
41      }
42  }
```

上述代码的第 6 行意味着在发送数据包超时时，将发生发送错误的数据包数加 1。而第 13～41 行则意味着当网络设备中断产生时，中断处理程序读取硬件的相关信息以决定修改 net_device_stats 统计信息中的哪些项目和子项目，并将相应的项目加 1。

8.1.4 网络设备数据收发

1. 数据包传输

传输指的是将数据包通过网络连接发送出去的行为。从 8.1.1 节网络设备驱动程序的结构分析可知，Linux 网络子系统无论何时传输一个数据包，都会调用驱动程序提供的 hard_start_xmit()函数，将数据放入外发队列。在设备初始化时，这个函数指针需被初始化指向设备的 xxx_tx()函数，见 8.1.3 节的初始化部分。

内核处理的每个数据包位于一个套接字缓冲区结构 sk_buff 中，见 8.1.2 节。尽管接口不需要处理套接字，但网络数据包属于更高网络层的某个套接字，而且所有套接字的输入/输出缓冲区都是 sk_buff 结构形成的链表。同一个 sk_buff 结构还用于主机网络数据以及所有的 Linux 网络子系统，但是对接口而言，套接字缓冲区只是一个数据包而已。指向 sk_buff 的指针通常称为 skb，因此在代码和正文中将继续这个叫法。

传递给 hard_start_xmit()的套接字缓冲区包含物理数据包（以它在介质上的格式），并拥有完整的传输层数据包头。接口无须修改要传输的数据。skb->data 指向要传输的数据包，而 skb->len 是以 octet 为单位的长度。

网络设备驱动完成数据包发送的流程如下。

Step1：网络设备驱动程序从上层协议传递过来的 sk_buff 参数获得数据包的有效数据和长度，将有效数据放入临时缓冲区。

Step2：对于以太网，如果有效数据的长度小于以太网冲突检测所要求数据帧的最小长度

ETH_ZLEN，则给临时缓冲区的末尾填充 0。

Step3：设置硬件的寄存器，驱使网络设备进行数据发送操作。

完成以上 3 个步骤的网络设备驱动程序的数据包发送函数的模板如代码清单 8.1.4.1 所示。

代码清单 8.1.4.1　网络设备驱动程序的数据包发送函数模板

```
1   int xxx_tx(struct sk_buff *skb, struct net_device *dev)
2   {
3       int len;
4       char *data, shortpkt[ETH_ZLEN];
5       /* 获得有效数据指针和长度 */
6       data = skb->data;
7       len = skb->len;
8       if (len < ETH_ZLEN)
9       {
10          /* 如果帧长小于以太网帧最小长度，补 0 */
11          memset(shortpkt, 0, ETH_ZLEN);
12          memcpy(shortpkt, skb->data, skb->len);
13          len = ETH_ZLEN;
14          data = shortpkt;
15      }
16
17      dev->trans_start = jiffies; /* 记录发送时间戳 */
18
19      /* 设置硬件寄存器让硬件把数据包发送出去 */
20      xxx_hw_tx(data, len, dev);
21      ......
22  }
```

数据传输超时，意味着当前的发送操作失败，此时，将调用数据包发送超时处理函数 xxx_tx_timeout()。这个函数需要调用 Linux 内核提供的 netif_wake_queue() 函数重新启动设备发送队列，如代码清单 8.1.4.2 所示。

代码清单 8.1.4.2　网络设备驱动程序的数据包发送超时函数模板

```
1   void xxx_tx_timeout(struct net_device *dev)
2   {
3       ......
4       netif_wake_queue(dev); /* 重新启动设备发送队列 */
5   }
```

2. 数据接收流程

网络设备接收数据的主要方法是由中断引发设备的中断处理函数，中断处理函数判断中断类型，如果为接收中断，则读取接收到的数据，分配 sk_buffer 数据结构和数据缓冲区，将接收到的数据复制到数据缓冲区，并调用 netif_rx() 函数将 sk_buffer 传递给上层协议。代码清单 8.1.4.3 所示为完成这一过程的函数模板。

代码清单 8.1.4.3   网络设备驱动程序的中断处理函数模板

```
1   static void xxx_interrupt(int irq, void *dev_id, struct pt_regs *regs)
2   {
3       ......
4       switch (status &ISQ_EVENT_MASK)
5       {
6           case ISQ_RECEIVER_EVENT:
7               /* 获取数据包 */
8               xxx_rx(dev);
9               break;
10          /* 其他类型的中断 */
11      }
12  }
13  static void xxx_rx(struct xxx_device *dev)
14  {
15      ......
16      length = get_rev_len (...);
17      /* 分配新的套接字缓冲区 */
18      skb = dev_alloc_skb(length + 2);
19
20      skb_reserve(skb, 2); /* 对齐 */
21      skb->dev = dev;
22
23      /* 读取硬件上接收到的数据 */
24      insw(ioaddr + RX_FRAME_PORT, skb_put(skb, length), length >> 1);
25      if (length &1)
26          skb->data[length - 1] = inw(ioaddr + RX_FRAME_PORT);
27
28      /* 获取上层协议类型 */
29      skb->protocol = eth_type_trans(skb, dev);
30
31      /* 把数据包交给上层 */
32      netif_rx(skb);
33
34      /* 记录接收时间戳 */
35      dev->last_rx = jiffies;
36      ......
37  }
```

从上述代码的第 4～7 行可以看出，当设备的中断处理程序判断中断类型为数据包接收中断时，它调用第 13～37 行定义的 xxx_rx()函数完成更深入的数据包接收工作。xxx_rx()函数代码中的第 16 行从硬件读取到接收数据包有效数据的长度，第 17～20 行分配 sk_buff 和数据缓冲区，第 23～26 行读取硬件上接收到的数据并放入数据缓冲区，第 28～29 行解析接收数据包上层协议的类型，最后，第 31～32 行代码将数据包上交给上层协议。

如果是 NAPI 兼容的设备驱动，则可以通过 poll 方式接收数据包。这种情况下，我们要为该设备的驱动程序提供 xxx_poll()函数，如代码清单 8.1.4.4 所示。

代码清单 8.1.4.4　网络设备驱动程序的 xxx_poll()函数模板

```
1    static int xxx_poll(struct net_device *dev, int *budget)
2    {
3        int npackets = 0, quota = min(dev->quota, *budget);
4        struct sk_buff *skb;
5        struct xxx_priv *priv = netdev_priv(dev);
6        struct xxx_packet *pkt;
7
8        while (npackets < quota && priv->rx_queue)
9        {
10   /*从队列中取出数据包*/
11           pkt = xxx_dequeue_buf(dev);
12
13           /*接下来的处理，和中断触发的数据包接收一致*/
14           skb = dev_alloc_skb(pkt->datalen + 2);
15           if (!skb)
16           {
17               ......
18               continue;
19           }
20           skb_reserve(skb, 2);
21           memcpy(skb_put(skb, pkt->datalen), pkt->data, pkt->datalen);
22           skb->dev = dev;
23           skb->protocol = eth_type_trans(skb, dev);
24           /*调用 netif_receive_skb 而不是 net_rx 将数据包交给上层协议*/
25           netif_receive_skb(skb);
26
27           /*更改统计数据 */
28           priv->stats.rx_packets++;
29           priv->stats.rx_bytes += pkt->datalen;
30           xxx_release_buffer(pkt);
31       }
32   /* 处理完所有数据包*/
33   *budget -= npackets;
34   dev->quota -= npackets;
35
36       if (!priv->rx_queue)
37       {
38           netif_rx_complete(dev);
39           xxx_enable_rx_int (…); /* 再次使能网络设备的接收中断 */
40           return 0;
41       }
42
43       return 1;
```

```
44    }
```

上述代码第 3 行中的 dev->quota 是当前 CPU 能够从所有接口中接收的数据包的最大数目，budget 是在初始化阶段分配给接口的 weight 值，poll()函数必须接收两者之间的最小值，表示轮询函数本次要处理的数据包个数。第 8 行的 while()循环读取设备的接收缓冲区，读取数据包并提交给上层。这个过程和中断触发的数据包接收过程一致，但最后使用 netif_receive_skb()函数而非 netif_rx()函数将数据包提交给上层。这里体现出了中断处理机制和轮询机制的差别。

当网络设备接收缓冲区中的数据包都被读取完后（即 priv->rx_queue 为 NULL），一个轮询过程结束，第 38 行代码调用 netif_rx_complete()把当前指定的设备从 poll 队列中清除，第 39 行代码再次启动网络设备的接收中断。

虽然 NAPI 兼容的设备驱动以 poll 方式接收数据包，但仍然需要首次数据包接收中断来触发 poll 过程。与数据包的中断接收方式不同的是，以轮询方式接收数据包时，当第一次中断发生后，中断处理程序要禁止设备的数据包接收中断，如代码清单 8.1.4.5 所示。

代码清单 8.1.4.5　网络设备驱动程序的 poll 中断处理函数模板

```
1     static void xxx_poll_interrupt(int irq, void *dev_id, struct pt_regs *regs)
2     {
3         switch (status &ISQ_EVENT_MASK)
4         {
5             case ISQ_RECEIVER_EVENT:
6                 … /* 获取数据包 */
7                 xxx_disable_rx_int(...); /* 禁止接收中断 */
8                 netif_rx_schedule(dev);
9                 break;
10            … /* 其他类型的中断 */
11        }
12    }
```

上述代码第 8 行的 netif_rx_schedule()函数被轮询方式驱动的中断程序调用，将设备的 poll 方法添加到网络层的 poll 处理队列中，排队并准备接收数据包，最终触发一个 NET_RX_SOFTIRQ 软中断，通知网络层接收数据包。图 8.5 所示为 NAPI 驱动程序各部分的调用关系。

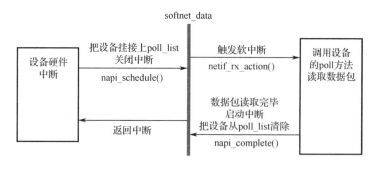

图 8.5　NAPI 驱动程序各部分的调用关系

8.2　I.MX6ULL 以太网驱动程序实例分析

8.2.1　I.MX6ULL 网络外设设备树

8.1 节对 Linux 的网络驱动程序框架进行了分析，本节简单分析一下 I.MX6ULL 的网络驱动程序源码。I.MX6ULL 有两个 10/100M（M 表示 Mbps）的网络 MAC 外设，因此，I.MX6ULL 网络驱动程序主要就是这两个网络 MAC 外设的驱动程序。这两个外设的驱动程序都是一样的，我们分析其中一个就行了，首先肯定是设备树，NXP 的 I.MX 系列 SoC 网络绑定文档为 Documentation/ devicetree/bindings /net/fsl-fec.txt，此绑定文档描述了 I.MX 系列 SoC 网络设备树节点的要求。

（1）必要属性。

compatible：这个是必需的，一般是 "fsl, <soc>-fec"，比如 I.MX6ULL 的 compatible 属性就是 "fsl, imx6ul-fec" 和 "fsl, imx6q-fec"。

reg：SoC 网络外设寄存器地址范围。

interrupts：网络中断。

phy-mode：网络使用的 PHY 接口模式，是 MII 还是 RMII。

（2）可选属性。

phy-reset-gpios：PHY 芯片的复位引脚。

phy-reset-duration：PHY 复位引脚复位持续时间，单位是毫秒（ms）。只有设置了 phy-reset-gpios 属性此属性才有效，如果不设置此属性，PHY 芯片复位引脚的复位持续时间默认为 1ms，数值不能大于 1000ms，大于 1000ms 就会强制设置为 1ms。

phy-supply：PHY 芯片的电源调节。

phy-handle：连接到此网络设备的 PHY 芯片句柄。

fsl, num-tx-queues：此属性指定发送队列的数量，不指定则默认为 1。

fsl, num-rx-queues：此属性指定接收队列的数量，不指定则默认为 2。

fsl, magic-packet：此属性不用设置具体的值，直接将此属性名字写到设备树中即可，表示支持硬件魔术帧唤醒。

fsl, wakeup_irq：此属性设置唤醒中断索引。

stop-mode：如果此属性存在，则表明 SoC 需要设置 GPR 位来请求停止模式。

（3）可选子节点。

mdio：可以设置名为 "mdio" 的子节点，此子节点用于指定网络外设所用的 MDIO 总线，主要作为 PHY 节点的容器，也就是在 mdio 子节点下指定 PHY 相关的属性信息。具体信息可以参考 PHY 的绑定文档 Documentation/devicetree/bindings/net/phy.txt。

PHY 节点相关属性内容如下：

interrupts：中断属性，可以不需要。

interrupt-parent：中断控制器句柄，可以不需要。

reg：PHY 芯片地址，必需！

compatible：兼容性列表，一般为"ethernet-phy-ieee802.3-c22"或"ethernet-phy-ieee802.3-c45"，分别对应 IEEE 802.3 的 22 簇和 45 簇，默认是 22 簇。也可以设置为其他值，如果不知道 PHY 的 ID，可以将 compatible 属性设置为"ethernet-phy-idAAAA.BBBB"，AAAA 和 BBBB 的含义如下。

- AAAA：PHY 的 16 位 ID 寄存器 1 值，也就是 OUI 的 bit3～bit18，16 进制格式。
- BBBB：PHY 的 16 位 ID 寄存器 2 值，也就是 OUI 的 bit19～bit24，16 进制格式。
- max-speed：PHY 支持的最高速度，比如 10、100 或 1000。

打开 imx6ull-alientek-emmc.dts，找到如代码清单 8.2.1.1 所示的内容。

代码清单 8.2.1.1　imx6ull-alientek-emmc.dts 中的网络节点

```
1    &fec1 {
2        pinctrl-names = "default";
3        pinctrl-0 = <&pinctrl_enet1
4        &pinctrl_enet1_reset>;
5        phy-mode = "rmii";
6        phy-handle = <&ethphy0>;
7        phy-reset-gpios = <&gpio5 7 GPIO_ACTIVE_LOW>;
8        phy-reset-duration = <200>;
9        status = "okay";
10   };
11
12   &fec2 {
13       pinctrl-names = "default";
14       pinctrl-0 = <&pinctrl_enet2
15       &pinctrl_enet2_reset>;
16       phy-mode = "rmii";
17       phy-handle = <&ethphy1>;
18       phy-reset-gpios = <&gpio5 8 GPIO_ACTIVE_LOW>;
19       phy-reset-duration = <200>;
20       status = "okay";
21
22       mdio {
23           #address-cells = <1>;
24           #size-cells = <0>;
25
26           ethphy0: ethernet-phy@0 {
27               compatible = "ethernet-phy-ieee802.3-c22";
28               reg = <0>;
29           };
30
31           ethphy1: ethernet-phy@1 {
32               compatible = "ethernet-phy-ieee802.3-c22";
33               reg = <1>;
34           };
35       };
36   };
```

代码清单 8.2.1.1 是在移植 Linux 内核时已经根据 ALPHA 开发板修改了的，并不是 NXP
官方原版节点信息，所以内容会有出入。fec1 和 fec2 分别对应 I.MX6ULL 的 ENET1 和 ENET2，
节点的具体属性这里就不分析了。

第 1～10 行：ENET1 网口的节点属性，第 3、4 行设置 ENET1 所用的引脚 pinctrl 节点信
息，第 5 行设置网络对应的 PHY 芯片接口为 RMII，这要根据实际的硬件来设置。第 6 行设
置 PHY 芯片的句柄为 ethphy0，MDIO 节点设置 PHY 信息。其他属性信息就很好理解了，基
本已经在前面讲解绑定文档时提到过。

第 12～36 行：ENET2 网口的节点属性，和 ENET1 网口基本一致，区别就是多了第 22～
35 行的 mdio 子节点。前面讲解绑定文档时说了，mido 子节点用于描述 MIDO 总线，在此子
节点内会包含 PHY 节点信息。这里有两个 PHY 子节点：ethphy0 和 ethphy1，分别对应 ENET1
和 ENET2 的 PHY 芯片。比如第 26 行的"ethphy0: ethernet-phy@0"就是 ENET1 的 PHY 节
点名字，"@"后面的 0 就是此 PHY 芯片的芯片地址，reg 属性也是描述 PHY 芯片地址的，
这一点和 IIC 设备节点很像。

最后是对设备树中网络相关引脚的描述，打开 imx6ull-alientek-emmc.dts，找到如代码清
单 8.2.1.2 所示的内容。

代码清单 8.2.1.2　网络引脚 pinctrl 信息

```
1   pinctrl_enet1: enet1grp {
2       fsl, pins = <
3       MX6UL_PAD_ENET1_RX_EN__ENET1_RX_EN 0x1B0B0
4       MX6UL_PAD_ENET1_RX_ER__ENET1_RX_ER 0x1B0B0
5       MX6UL_PAD_ENET1_RX_DATA0__ENET1_RDATA00 0x1B0B0
6       MX6UL_PAD_ENET1_RX_DATA1__ENET1_RDATA01 0x1B0B0
7       MX6UL_PAD_ENET1_TX_EN__ENET1_TX_EN 0x1B0B0
8       MX6UL_PAD_ENET1_TX_DATA0__ENET1_TDATA00 0x1B0B0
9       MX6UL_PAD_ENET1_TX_DATA1__ENET1_TDATA01 0x1B0B0
10      MX6UL_PAD_ENET1_TX_CLK__ENET1_REF_CLK1 0x4001B009
11      >;
12  };
13
14  pinctrl_enet2: enet2grp {
15      fsl, pins = <
16      MX6UL_PAD_GPIO1_IO07__ENET2_MDC 0x1B0B0
17      MX6UL_PAD_GPIO1_IO06__ENET2_MDIO 0x1B0B0
18      MX6UL_PAD_ENET2_RX_EN__ENET2_RX_EN 0x1B0B0
19      MX6UL_PAD_ENET2_RX_ER__ENET2_RX_ER 0x1B0B0
20      MX6UL_PAD_ENET2_RX_DATA0__ENET2_RDATA00 0x1B0B0
21      MX6UL_PAD_ENET2_RX_DATA1__ENET2_RDATA01 0x1B0B0
22      MX6UL_PAD_ENET2_TX_EN__ENET2_TX_EN 0x1B0B0
23      MX6UL_PAD_ENET2_TX_DATA0__ENET2_TDATA00 0x1B0B0
24      MX6UL_PAD_ENET2_TX_DATA1__ENET2_TDATA01 0x1B0B0
25      MX6UL_PAD_ENET2_TX_CLK__ENET2_REF_CLK2 0x4001B009
26      >;
```

```
27   };
28
29   /*enet1 reset zuozhongkai*/
30    pinctrl_enet1_reset: enet1resetgrp {
31       fsl, pins = <
32       /* used for enet1 reset */
33       MX6ULL_PAD_SNVS_TAMPER7__GPIO5_IO07 0x10B0
34       >;
35   };
36
37   /*enet2 reset zuozhongkai*/
38   pinctrl_enet2_reset: enet2resetgrp {
39       fsl,pins = <
40       /* used for enet2 reset */
41       MX6ULL_PAD_SNVS_TAMPER8__GPIO5_IO08 0x10B0
42       >;
43   };
```

pinctrl_enet1 和 pinctrl_enet1_reset 是 ENET1 所有 I/O 引脚的 pinctrl 信息。之所以分为两部分，主要是因为 ENET1 的复位引脚为 GPIO5_IO07，而 GPIO5_IO07 对应的引脚是 SNVS_TAMPER7，要放到 iomuxc_snvs 节点下。

8.2.2　I.MX6ULL 网络驱动程序源码简析

对于 I.MX6ULL，网络驱动程序主要分为两部分：I.MX6ULL 网络外设驱动程序和 PHY 芯片驱动程序。网络外设驱动程序是 NXP 编写的，PHY 芯片有通用驱动程序文件，有些 PHY 芯片厂商还会针对自己的芯片编写对应的 PHY 驱动程序。总体来说，对于 SoC 内置网络 MAC+外置 PHY 芯片这种方案，我们不需要编写什么驱动程序，基本可以直接使用。但为了学习，我们还是要简单分析一下具体的网络外设驱动程序编写过程。对于 PHY 芯片驱动程序，请读者自行阅读开发板相关文件。

1. fec_probe()函数分析

首先看一下 I.MX6ULL 的网络控制器部分驱动程序。从设备树代码中可以看出，compatible 属性有两个值："fsl, imx6ul-fec"和"fsl, imx6q-fec"。在 Linux 内核源码中找到对应的驱动程序文件，驱动程序文件为 drivers/net/ethernet/freescale/fec_main.c，打开 fec_main.c，找到如代码清单 8.2.2.1 所示的内容。

代码清单 8.2.2.1　I.MX 系列 SoC 网络平台驱动程序匹配表

```
1   static const struct of_device_id fec_dt_ids[] = {
2       { .compatible = "fsl, imx25-fec", .data = &fec_devtype[IMX25_FEC], },
3       { .compatible = "fsl, imx27-fec", .data = &fec_devtype[IMX27_FEC], },
4       { .compatible = "fsl, imx28-fec", .data = &fec_devtype[IMX28_FEC], },
5       { .compatible = "fsl, imx6q-fec", .data = &fec_devtype[IMX6Q_FEC], },
6       { .compatible = "fsl, mvf600-fec", .data = &fec_devtype[MVF600_FEC], },
```

```
7          { .compatible = "fsl, imx6sx-fec", .data = &fec_devtype[IMX6SX_FEC], },
8          { .compatible = "fsl, imx6ul-fec", .data = &fec_devtype[IMX6UL_FEC], },
9          { /* sentinel */ }
10     };
11
12     static struct platform_driver fec_driver = {
13         .driver = {
14             .name = DRIVER_NAME,
15             .pm = &fec_pm_ops,
16             .of_match_table = fec_dt_ids,
17         },
18         .id_table = fec_devtype,
19         .probe = fec_probe,
20         .remove = fec_drv_remove,
21     };
```

第 8 行，匹配表包含 "fsl, imx6ul-fec"，因此设备树和驱动程序匹配成功。匹配成功后，
第 19 行的 fec_probe()函数就会执行，我们简单分析一下 fec_probe()函数，函数内容如代码清
单 8.2.2.2 所示。

代码清单 8.2.2.2　fec_probe()函数

```
1      static int fec_probe(struct platform_device *pdev)
2      {
3          struct fec_enet_private *fep;
4          struct fec_platform_data *pdata;
5          struct net_device *ndev;
6          int i, irq, ret = 0;
7          struct resource *r;
8          const struct of_device_id *of_id;
9          static int dev_id;
10         struct device_node *np = pdev->dev.of_node, *phy_node;
11         int num_tx_qs;
12         int num_rx_qs;
13
14         fec_enet_get_queue_num(pdev, &num_tx_qs, &num_rx_qs);
15
16         /* Init network device */
17         ndev = alloc_etherdev_mqs(sizeof(struct fec_enet_private),
18         num_tx_qs, num_rx_qs);
19         if (!ndev)
20             return -ENOMEM;
21
22         SET_NETDEV_DEV(ndev, &pdev->dev);
23
24         /* setup board info structure */
25         fep = netdev_priv(ndev);
```

```
26
27      of_id = of_match_device(fec_dt_ids, &pdev->dev);
28      if (of_id)
29          pdev->id_entry = of_id->data;
30      fep->quirks = pdev->id_entry->driver_data;
31
32      fep->netdev = ndev;
33      fep->num_rx_queues = num_rx_qs;
34      fep->num_tx_queues = num_tx_qs;
35
36  #if !defined(CONFIG_M5272)
37      /* default enable pause frame auto negotiation */
38      if (fep->quirks & FEC_QUIRK_HAS_GBIT)
39          fep->pause_flag |= FEC_PAUSE_FLAG_AUTONEG;
40  #endif
41
42  /* Select default pin state */
43      pinctrl_pm_select_default_state(&pdev->dev);
44
45      r = platform_get_resource(pdev, IORESOURCE_MEM, 0);
46      fep->hwp = devm_ioremap_resource(&pdev->dev, r);
47      if (IS_ERR(fep->hwp)) {
48          ret = PTR_ERR(fep->hwp);
49          goto failed_ioremap;
50      }
51
52      fep->pdev = pdev;
53      fep->dev_id = dev_id++;
54
55      platform_set_drvdata(pdev, ndev);
56
57      fec_enet_of_parse_stop_mode(pdev);
58
59      if (of_get_property(np, "fsl, magic-packet", NULL))
60          fep->wol_flag |= FEC_WOL_HAS_MAGIC_PACKET;
61
62      phy_node = of_parse_phandle(np, "phy-handle", 0);
63      if (!phy_node && of_phy_is_fixed_link(np)) {
64          ret = of_phy_register_fixed_link(np);
65          if (ret < 0) {
66              dev_err(&pdev->dev, "broken fixed-link specification\n");
67
68              goto failed_phy;
69          }
70          phy_node = of_node_get(np);
71      }
```

```
72      fep->phy_node = phy_node;
73
74      ret = of_get_phy_mode(pdev->dev.of_node);
75      if (ret < 0) {
76          pdata = dev_get_platdata(&pdev->dev);
77          if (pdata)
78              fep->phy_interface = pdata->phy;
79          else
80              fep->phy_interface = PHY_INTERFACE_MODE_MII;
81      } else {
82          fep->phy_interface = ret;
83      }
84
85      fep->clk_ipg = devm_clk_get(&pdev->dev, "ipg");
86      if (IS_ERR(fep->clk_ipg)) {
87          ret = PTR_ERR(fep->clk_ipg);
88          goto failed_clk;
89      }
90
91      fep->clk_ahb = devm_clk_get(&pdev->dev, "ahb");
92      if (IS_ERR(fep->clk_ahb)) {
93          ret = PTR_ERR(fep->clk_ahb);
94          goto failed_clk;
95      }
96
97      fep->itr_clk_rate = clk_get_rate(fep->clk_ahb);
98
99      /* enet_out is optional, depends on board */
100     fep->clk_enet_out = devm_clk_get(&pdev->dev, "enet_out");
101     if (IS_ERR(fep->clk_enet_out))
102         fep->clk_enet_out = NULL;
103
104     fep->ptp_clk_on = false;
105     mutex_init(&fep->ptp_clk_mutex);
106
107     /* clk_ref is optional, depends on board */
108     fep->clk_ref = devm_clk_get(&pdev->dev, "enet_clk_ref");
109     if (IS_ERR(fep->clk_ref))
110         fep->clk_ref = NULL;
111
112     fep->bufdesc_ex = fep->quirks & FEC_QUIRK_HAS_BUFDESC_EX;
113     fep->clk_ptp = devm_clk_get(&pdev->dev, "ptp");
114     if (IS_ERR(fep->clk_ptp)) {
115         fep->clk_ptp = NULL;
116         fep->bufdesc_ex = false;
117     }
```

```
118
119     pm_runtime_enable(&pdev->dev);
120     ret = fec_enet_clk_enable(ndev, true);
121     if (ret)
122         goto failed_clk;
123
124     fep->reg_phy = devm_regulator_get(&pdev->dev, "phy");
125     if (!IS_ERR(fep->reg_phy)) {
126         ret = regulator_enable(fep->reg_phy);
127         if (ret) {
128             dev_err(&pdev->dev, "Failed to enable phy regulator: %d\n", ret);
129
130             goto failed_regulator;
131         }
132     } else {
133         fep->reg_phy = NULL;
134     }
135
136     fec_reset_phy(pdev);
137
138     if (fep->bufdesc_ex)
139         fec_ptp_init(pdev);
140
141     ret = fec_enet_init(ndev);
142     if (ret)
143         goto failed_init;
144
145     for (i = 0; i < FEC_IRQ_NUM; i++) {
146         irq = platform_get_irq(pdev, i);
147         if (irq < 0) {
148             if (i)
149                 break;
150             ret = irq;
151             goto failed_irq;
152         }
153         ret = devm_request_irq(&pdev->dev, irq, fec_enet_interrupt,
154                                             0, pdev->name, ndev);
155         if (ret)
156             goto failed_irq;
157
158         fep->irq[i] = irq;
159     }
160
161     ret = of_property_read_u32(np, "fsl, wakeup_irq", &irq);
162     if (!ret && irq < FEC_IRQ_NUM)
163         fep->wake_irq = fep->irq[irq];
```

```
164    else
165        fep->wake_irq = fep->irq[0];
166
167    init_completion(&fep->mdio_done);
168    ret = fec_enet_mii_init(pdev);
169    if (ret)
170        goto failed_mii_init;
171
172    /* Carrier starts down, phylib will bring it up */
173    netif_carrier_off(ndev);
174    fec_enet_clk_enable(ndev, false);
175    pinctrl_pm_select_sleep_state(&pdev->dev);
176
177    ret = register_netdev(ndev);
178    if (ret)
179        goto failed_register;
180
181    device_init_wakeup(&ndev->dev, fep->wol_flag &
182                       FEC_WOL_HAS_MAGIC_PACKET);
183
184    if (fep->bufdesc_ex && fep->ptp_clock)
185        netdev_info(ndev, "registered PHC device %d\n", fep->dev_id);
186
187    fep->rx_copybreak = COPYBREAK_DEFAULT;
188    INIT_WORK(&fep->tx_timeout_work, fec_enet_timeout_work);
189    return 0;
......
206    return ret;
207 }
```

第 14 行，使用 fec_enet_get_queue_num()函数来获取设备树中的"fsl, num-tx-queues"和"fsl, num-rx-queues"这两个属性值，也就是发送队列和接收队列的大小。设备树中这两个属性的值都设置为 1。

第 17 行，使用 alloc_etherdev_mqs()函数申请 net_device。

第 25 行，获取 net_device 中的私有数据内存首地址，net_device 中的私有数据用来存放 I.MX6ULL 网络设备结构体，此结构体为 fec_enet_private。

第 30 行，接下来所有以"fep->"开头的代码行初始化网络设备结构体各成员变量，结构体类型为 fec_enet_privatede，这个结构体是 NXP 自己定义的。

第 45 行，获取设备树中 I.MX6ULL 网络外设（ENET）相关寄存器起始地址，ENET1 的寄存器起始地址是 0x02188000，ENET2 的寄存器起始地址是 0x020B4000。

第 46 行，对第 45 行获取到的地址做虚拟地址转换，转换后的 ENET 虚拟寄存器起始地址保存在 fep 的 hwp 成员中。

第 57 行，使用 fec_enet_of_parse_stop_mode()函数解析设备树中关于 ENET 的停止模式属性值，属性名字为"stop-mode"，实例中没有用到。

第 59 行，从设备树查找 "fsl, magic-packet" 属性是否存在，存在就说明有魔术包，有魔术包就将 fep 的 wol_flag 成员与 FEC_WOL_HAS_MAGIC_PACKET 进行或运算，也就是在 wol_flag 中进行登记，登记支持魔术包。

第 62 行，获取 "phy-handle" 属性的值，phy-handle 属性指定 I.MX6ULL 网络外设所对应获取 PHY 的设备节点。在设备树的 fec1 和 fec2 两个节点中，phy-handle 属性值如下：

```
phy-handle = <&ethphy0>;
phy-handle = <&ethphy1>;
```

而 ethphy0 和 ethphy1 都定义在 mdio 子节点下，内容如下：

```
mdio {
    #address-cells = <1>;
    #size-cells = <0>;
    ethphy0: ethernet-phy@0 {
        compatible = "ethernet-phy-ieee802.3-c22";
        reg = <0>;
    };
    ethphy1: ethernet-phy@1 {
        compatible = "ethernet-phy-ieee802.3-c22";
        reg = <1>;
    };
};
```

可以看出，ethphy0 和 ethphy1 都是与 MDIO 相关的，而 MDIO 接口是配置 PHY 芯片的，通过一个 MDIO 接口可以配置多个 PHY 芯片，不同的 PHY 芯片通过不同的地址进行区别。正点原子 ALPHA 开发板中 ENET 的 PHY 地址为 0x00，ENET2 的 PHY 地址为 0x01。这两个 PHY 地址要通过设备树告诉 Linux 系统，下面两行代码@后面的数值就是 PHY 地址：

```
ethphy0: ethernet-phy@2
ethphy1: ethernet-phy@1
```

并且 ethphy0 和 ethphy1 节点中的 reg 属性也是 PHY 地址，如果我们要更换其他的网络 PHY 芯片，第一步就是修改设备树中的 PHY 地址。

第 74 行，获取 PHY 工作模式，函数 of_get_phy_mode() 会读取属性 phy-mode 的值，"phy-mode" 中保存了 PHY 的工作方式，即 PHY 是 RMII 还是 MII，IMX6ULL 中的 PHY 工作在 RMII 模式。

第 85、91、100、108 和 113 行，分别获取时钟 ipg、ahb、enet_out、enet_clk_ref 和 ptp，对应结构体 fec_enet_private 有如下成员函数。
- struct clk *clk_ipg;
- struct clk *clk_ahb;
- struct clk *clk_enet_out;
- struct clk *clk_ref;
- struct clk *clk_ptp;

第 120 行，使能时钟。

第 136 行，调用函数 fec_reset_phy()复位 PHY。

第 141 行，调用函数 fec_enet_init()初始化 enet，此函数会分配队列、申请 dma、设置 MAC 地址，初始化 net_device 的 netdev_ops 和 ethtool_ops 成员，如图 8.6 所示。

```
3298        ndev->netdev_ops = &fec_netdev_ops;
3299        ndev->ethtool_ops = &fec_enet_ethtool_ops;
```

图 8.6　设置 netdev_ops 和 ethtool_ops

从图 8.6 可以看出，net_device 的 netdev_ops 和 ethtool_ops 成员变量分别初始化成了 fec_netdev_ops 和 fec_enet_ethtool_ops。fec_enet_init()函数还会调用 netif_napi_add()来设置 poll()函数，说明 NXP 官方编写的此网络驱动程序是 NAPI 兼容驱动程序，如图 8.7 所示。

```
3301        writel(FEC_RX_DISABLED_IMASK, fep->hwp + FEC_IMASK);
3302        netif_napi_add(ndev, &fep->napi, fec_enet_rx_napi, NAPI_POLL_WEIGHT);
```

图 8.7　netif_napi_add()函数

从图 8.7 可以看出，通过 netif_napi_add()函数向网卡添加了一个 napi 示例，使用 NAPI 驱动程序要提供一个 poll()函数来轮询处理接收数据，此处的 poll()函数为 fec_enet_rx_napi()，后面分析网络数据接收处理流程时详细讲解此函数。

最后，fec_enet_init()函数设置 IMX6ULL 网络外设相关硬件寄存器。

第 146 行，从设备树中获取中断号。

第 153 行，申请中断，中断处理函数为 fec_enet_interrupt()，后面会重点分析此函数。

第 161 行，从设备树中获取属性"fsl, wakeup_irq"的值，也就是唤醒中断。

第 167 行，初始化完成量 completion，用于一个执行单元等待另一个执行单元执行完某事。

第 168 行，函数 fec_enet_mii_init()完成 MII/RMII 接口的初始化，此函数重点是图 8.8 中的两行代码。

```
2100        fep->mii_bus->read = fec_enet_mdio_read;
2101        fep->mii_bus->write = fec_enet_mdio_write;
```

图 8.8　mdio 读写函数

mii_bus 下的 read 和 write 这两个成员变量分别是读/写 PHY 寄存器的操作函数，这里设置为 fec_enet_mdio_read()和 fec_enet_mdio_write()，这两个函数就是 I.MX 系列 SoC 读写 PHY 内部寄存器的函数，读取或配置 PHY 寄存器都会通过这两个 MDIO 总线函数完成（具体请参考 PHY 设置部分）。fec_enet_mii_init()函数最终会向 Linux 内核注册 MIDO 总线，相关代码如代码清单 8.2.2.3 所示。

代码清单 8.2.2.3　fec_enet_mii_init()函数注册 mdio 总线

```
1   node = of_get_child_by_name(pdev->dev.of_node, "mdio");
2   if (node) {
3       err = of_mdiobus_register(fep->mii_bus, node);
4       of_node_put(node);
5   } else {
```

```
6        err = mdiobus_register(fep->mii_bus);
7    }
```

代码清单 8.2.2.3 中第 1 行就是从设备树中获取 mdio 节点，如果节点存在，就会通过 of_mdiobus_register()或 mdiobus_register()向内核注册 MDIO 总线，如果采用设备树，就使用 of_mdiobus_register()来注册 MDIO 总线，否则使用 mdiobus_register()函数。

继续回到代码清单 8.2.2.2，接着分析 fec_probe()函数。

第 173 行，先调用函数 netif_carrier_off()通知内核。先关闭链路，phylib 会打开。

第 174 行，调用函数 fec_enet_clk_enable()使能网络相关时钟。

第 177 行，调用函数 register_netdev()注册 net_device！

8.2.3 fec_netdev_ops 操作集

fec_probe()函数设置网卡驱动程序的 net_dev_ops 操作集为 fec_netdev_ops。fec_netdev_ops 的内容如代码清单 8.2.3.1 所示。

代码清单 8.2.3.1 fec_netdev_ops 操作集

```
1  static const struct net_device_ops fec_netdev_ops = {
2      .ndo_open = fec_enet_open,
3      .ndo_stop = fec_enet_close,
4      .ndo_start_xmit = fec_enet_start_xmit,
5      .ndo_select_queue = fec_enet_select_queue,
6      .ndo_set_rx_mode = set_multicast_list,
7      .ndo_change_mtu = eth_change_mtu,
8      .ndo_validate_addr = eth_validate_addr,
9      .ndo_tx_timeout = fec_timeout,
10     .ndo_set_mac_address = fec_set_mac_address,
11     .ndo_do_ioctl = fec_enet_ioctl,
12 #ifdef CONFIG_NET_POLL_CONTROLLER
13     .ndo_poll_controller = fec_poll_controller,
14 #endif
15     .ndo_set_features = fec_set_features,
16 };
```

1. fec_enet_open()函数简析

打开一个网卡时，fec_enet_open()函数就会执行，函数的部分源码如代码清单 8.2.3.2 所示。

代码清单 8.2.3.2 fec_enet_open()函数

```
1  static int fec_enet_open(struct net_device *ndev)
2  {
3      struct fec_enet_private *fep = netdev_priv(ndev);
4      const struct platform_device_id *id_entry =
5      platform_get_device_id(fep->pdev);
6      int ret;
```

```
7
8        pinctrl_pm_select_default_state(&fep->pdev->dev);
9        ret = fec_enet_clk_enable(ndev, true);
10       if (ret)
11           return ret;
12
13       /* I should reset the ring buffers here, but I don't yet know
14        * a simple way to do that.
15        */
16
17       ret = fec_enet_alloc_buffers(ndev);
18       if (ret)
19           goto err_enet_alloc;
20
21       /* Init MAC prior to mii bus probe */
22       fec_restart(ndev);
23
24       /* Probe and connect to PHY when open the interface */
25       ret = fec_enet_mii_probe(ndev);
26       if (ret)
27           goto err_enet_mii_probe;
28
29       napi_enable(&fep->napi);
30       phy_start(fep->phy_dev);
31       netif_tx_start_all_queues(ndev);
32
         ......
47
48       return 0;
49
50       err_enet_mii_probe:
51       fec_enet_free_buffers(ndev);
52       err_enet_alloc:
53       fep->miibus_up_failed = true;
54       if (!fep->mii_bus_share)
55           pinctrl_pm_select_sleep_state(&fep->pdev->dev);
56       return ret;
57   }
```

第 9 行，调用 fec_enet_clk_enable()函数使能 enet 时钟。

第 17 行，调用 fec_enet_alloc_buffers()函数申请环形缓冲区 buffer，此函数调用 fec_enet_alloc_rxq_buffers()和 fec_enet_alloc_txq_buffers()这两个函数，分别实现发送队列和接收队列缓冲区的申请。

第 22 行，重启网络，一般连接状态改变、传输超时或配置网络时都会调用 fec_restart() 函数。

第 25 行，打开网卡时调用 fec_enet_mii_probe()函数，以探测并连接对应的 PHY 设备。

第 29 行，调用 napi_enable()函数使能 NAPI 调度。

第 30 行，调用 phy_start()函数开启 PHY 设备。

第 31 行，调用 netif_tx_start_all_queues()函数来激活发送队列。

2. fec_enet_close()函数简析

关闭网卡时，fec_enet_close()函数就会执行，函数内容如代码清单 8.2.3.3 所示。

代码清单 8.2.3.3　fec_enet_close()函数

```
1    static int fec_enet_close(struct net_device *ndev)
2    {
3        struct fec_enet_private *fep = netdev_priv(ndev);
4
5        phy_stop(fep->phy_dev); /*停止 PHY 设备*/
6
7        if (netif_device_present(ndev)) {
8            napi_disable(&fep->napi);
9            netif_tx_disable(ndev);
10           fec_stop(ndev);
11       }
12
13       phy_disconnect(fep->phy_dev); /*断开与 PHY 设备的连接*/
14       fep->phy_dev = NULL;
15
16       fec_enet_clk_enable(ndev, false);
17       pm_qos_remove_request(&fep->pm_qos_req);
18       pinctrl_pm_select_sleep_state(&fep->pdev->dev);
19       pm_runtime_put_sync_suspend(ndev->dev.parent);
20       fec_enet_free_buffers(ndev);
21
22       return 0;
23   }
```

第 5 行，调用 phy_stop()函数停止 PHY 设备。

第 8 行，调用 napi_disable()函数关闭 NAPI 调度。

第 9 行，调用 netif_tx_disable()函数关闭 NAPI 的发送队列。

第 10 行，调用 fec_stop()函数关闭 I.MX6ULL 的 ENET 外设。

第 13 行，调用 phy_disconnect()函数断开与 PHY 设备的连接。

第 16 行，调用 fec_enet_clk_enable()函数关闭 ENET 外设时钟。

第 20 行，调用 fec_enet_free_buffers()函数释放发送和接收的环形缓冲区内存。

3. 网络数据发送函数 fec_enet_start_xmit()

对应 net_device_ops 结构体中的 xxx_tx()函数，I.MX6ULL 的网络数据发送是通过 fec_enet_start_xmit()函数来完成的，这个函数将上层传递来的 sk_buff 中的数据通过硬件发送出去。函数源码如代码清单 8.2.3.4 所示。

代码清单 8.2.3.4　fec_enet_start_xmit()函数

```
1    static netdev_tx_t fec_enet_start_xmit(struct sk_buff *skb, struct
net_device *ndev)
2    {
3        struct fec_enet_private *fep = netdev_priv(ndev);
4        int entries_free;
5        unsigned short queue;
6        struct fec_enet_priv_tx_q *txq;
7        struct netdev_queue *nq;
8        int ret;
9
10       queue = skb_get_queue_mapping(skb);
11       txq = fep->tx_queue[queue];
12       nq = netdev_get_tx_queue(ndev, queue);
13
14       if (skb_is_gso(skb))
15           ret = fec_enet_txq_submit_tso(txq, skb, ndev);
16       else
17           ret = fec_enet_txq_submit_skb(txq, skb, ndev);
18       if (ret)
19           return ret;
20
21       entries_free = fec_enet_get_free_txdesc_num(fep, txq);
22       if (entries_free <= txq->tx_stop_threshold)
23           netif_tx_stop_queue(nq);
24
25       return NETDEV_TX_OK;
26   }
```

此函数第一个参数 skb 是上层应用传递来的要发送的网络数据,第二个参数 ndev 就是要发送数据的设备。

第 14 行,判断 skb 是否为 GSO(Generic Segmentation Offload),如果是 GSO,就通过 fec_enet_txq_submit_tso()函数发送,如果不是,就通过 fec_enet_txq_submit_skb()发送。这里简单讲一下 TSO（TCP Segmentation Offload）和 GSO。

➢ TSO:利用网卡对大数据包进行自动分段处理,降低 CPU 负载。

➢ GSO:在发送数据之前先检查网卡是否支持 TSO,如果支持,就让网卡分段,如果不支持,就由协议栈进行分段处理,分段处理完成后再交给网卡去发送。

第 21 行,通过 fec_enet_get_free_txdesc_num()函数获取剩余的发送描述符数量。

第 23 行,如果剩余的发送描述符的数量小于设置的阈值（tx_stop_threshold）,就调用函数 netif_tx_stop_queue()来暂停发送,通过暂停发送来通知应用层停止向网络发送 skb,发送中断会重新开启。

4. fec_enet_interrupt()中断服务函数简析

前面说了 I.MX6ULL 的网络数据接收采用 NAPI 框架,所以肯定要用到中断。fec_probe()

函数初始化网络中断,中断服务函数为 fec_enet_interrupt(),函数内容如代码清单 8.2.3.5 所示。

代码清单 8.2.3.5 fec_enet_interrupt()函数

```
1    static irqreturn_t fec_enet_interrupt(int irq, void *dev_id)
2    {
3        struct net_device *ndev = dev_id;
4        struct fec_enet_private *fep = netdev_priv(ndev);
5        uint int_events;
6        irqreturn_t ret = IRQ_NONE;
7
8        int_events = readl(fep->hwp + FEC_IEVENT);
9        writel(int_events, fep->hwp + FEC_IEVENT);
10       fec_enet_collect_events(fep, int_events);
11
12       if ((fep->work_tx || fep->work_rx) && fep->link) {
13           ret = IRQ_HANDLED;
14
15           if (napi_schedule_prep(&fep->napi)) {
16           /* Disable the NAPI interrupts */
17               writel(FEC_ENET_MII, fep->hwp + FEC_IMASK);
18               __napi_schedule(&fep->napi);
19           }
20       }
21
22       if (int_events & FEC_ENET_MII) {
23           ret = IRQ_HANDLED;
24           complete(&fep->mdio_done);
25       }
26
27       if (fep->ptp_clock)
28           fec_ptp_check_pps_event(fep);
29
30       return ret;
31   }
```

可以看出,中断服务函数非常短,而且也没有见到有关数据接收的处理过程。这是因为 I.MX6ULL 的网络驱动使用了 NAPI,具体的网络数据收发是在 NAPI 的 poll()函数中完成的,中断里只进行 NAPI 调度即可,这就是中断的上半部和下半部处理机制。

第 8 行,读取 NENT 的中断状态寄存器 EIR,获取中断状态。

第 9 行,将第 8 行获取到的中断状态值写入 EIR 寄存器,用于清除中断状态寄存器。

第 10 行,调用 fec_enet_collect_events()函数统计中断信息,也就是统计发生了哪些中断。 fep 中成员变量 work_tx()和 work_rx()的 bit0、bit1 和 bit2 用来做不同的标记,work_rx()的 bit2 表示接收到数据帧,work_tx()的 bit2 表示发送完数据帧。

第 15 行,调用 napi_schedule_prep()函数,检查 NAPI 是否可以进行调度。

第 17 行,如果使能了相关中断,就要先关闭这些中断。向 EIMR 寄存器的 bit23 写 1 即可关闭相关中断。

第 18 行，调用__napi_schedule()函数来启动 NAPI 调度，这时，NAPI 的 poll 函数就会执行，在本网络驱动程序中就是 fec_enet_rx_napi()函数。

5. fec_enet_rx_napi()轮询函数简析

fec_enet_init()函数初始化网络时调用 netif_napi_add()，将 NAPI 的 poll()函数设置为 fec_enet_rx_napi()，函数内容如代码清单 8.2.3.6 所示。

代码清单 8.2.3.6　fec_enet_rx_napi()轮询函数

```
1    static int fec_enet_rx_napi(struct napi_struct *napi, int budget)
2    {
3        struct net_device *ndev = napi->dev;
4        struct fec_enet_private *fep = netdev_priv(ndev);
5        int pkts;
6
7        pkts = fec_enet_rx(ndev, budget);
8
9        fec_enet_tx(ndev);
10
11       if (pkts < budget) {
12           napi_complete(napi);
13           writel(FEC_DEFAULT_IMASK, fep->hwp + FEC_IMASK);
14       }
15       return pkts;
16   }
```

第 7 行，调用 fec_enet_rx()函数进行真正的数据接收。

第 9 行，调用 fec_enet_tx()函数进行数据发送。

第 12 行，调用 napi_complete()函数来宣布一次轮询结束。

第 13 行，设置 ENET 的 EIMR 寄存器，重新使能中断。

作业

1. 查找资料，分析以太网通信的数据包组成结构。

2. 查找网络，利用开发板自带的 WiFi 模组或购置 WiFi 模块，移植 WiFi 驱动程序，设置实现 WiFi 热点功能。

第9章 Linux 移植与系统启动

所谓移植，就是把程序代码从一种运行环境转移到另一种运行环境。至于内核移植，主要是指从一种硬件平台转移到另一种硬件平台上运行。

在一个目标板上，Linux 内核的移植包括 3 个层次，分别为体系结构级别的移植、SoC 级别的移植和主板级别的移植。

- 体系结构级别的移植是指在不同体系结构平台上 Linux 内核的移植，例如，在 ARM、MIPS、PPC 等不同体系架构上，分别对每个体系架构进行特定的移植工作。一个新的体系架构出现就需要进行这个层次上的移植。
- SoC 级别的移植是指在具体的 SoC 处理器平台上 Linux 内核的移植。例如，ARM I.MX6ULL 处理器要进行 SoC 特定的移植工作，主要包括处理器相关的内核修改、集成外设驱动程序。
- 主板级别的移植是指在具体的目标主板上 Linux 内核的移植。例如，在 I.MX6ULL 目标板上，需要进行主板特定的移植工作，主要包括特定目标板系统启动与主板扩展外设相关的外设驱动程序等。

在这里讨论主板级别的移植，主要是添加开发板初始化代码和驱动程序代码。这部分代码大部分是与体系结构相关的，在 arch 目录下按照不同的体系架构管理。

Linux 4.1.15 内核已经支持 I.MX6 处理器的多种硬件板。I.MX6 系列处理器属于片上系统，处理器芯片具备串口、LCD 等外围接口的控制器。这样，参考板上的设备驱动程序多数可以直接使用。但基于同一款处理器的不同嵌入式设备并不是所有的扩展外部设备都相同，不同的开发板可以使用不同的 SDRAM、Flash、以太网接口芯片等。这就需要根据硬件修改或开发驱动程序。

例如，串口驱动程序是典型的设备驱动程序之一，这个驱动程序几乎不需要任何改动。然而，如果用 Linux 4.1.15 内核的配置使用方式，是不能得到串口控制台信息的。在 Linux 4.1.15 的内核中，串口设备在/dev 目录下对应的设备节点为/dev/ttySAC0、/dev/ttySAC1 等。所以，再使用过去的串口设备 ttyS0，就得不到控制台打印信息了。现在可以很简单地解决这个问题，把内核命令行参数的控制台设置修改为 "console = ttySAC0,115200"。在内核已经支持 I.MX6ULL 处理器后，基本无须改动代码就可以让内核运行起来。同时，不同嵌入式设备扩展外设硬件地址和中断号可能不同，需要针对性移植开发。

一个最基本的 Linux 操作系统应该包括引导程序、内核与根文件系统三部分。因此，移植一个 Linux 系统，需要以下 4 个步骤。

Step1：搭建交叉开发环境；
Step2：Bootloader 的选择和移植；
Step3：内核的配置、编译和移植；
Step4：根文件系统的制作与移植。

9.1　Linux 系统启动与 U-Boot

9.1.1　Bootloader 的选择

1．Bootloader 简介

Bootloader（引导加载程序）就是在操作系统内核运行之前运行的一段小程序。要启动 Linux 系统，必须先运行一个 Bootloader 程序，也就是说，芯片上电后先运行一段 Bootloader 程序。这段 Bootloader 程序先初始化 RAM、Flash、串口等外设，然后将 Linux 内核从 Flash（NAND、NOR、SD、MMC 等）复制到 RAM 中，最后启动 Linux 内核。当然，Bootloader 的实际工作要复杂得多，但它最主要的工作就是启动 Linux 内核，Bootloader 和 Linux 内核的关系就类似于 PC 主板上的 BIOS 和 Windows 操作系统的关系，Bootloader 就相当于 BIOS。总之，Bootloader 就是在操作系统运行之前执行的一段小程序，如图 9.1 所示，通过这段小程序，我们可以初始化硬件设备、建立内存空间的映射表，从而建立适当的系统软硬件环境，为最终调用操作系统内核做好准备。

| Bootloader | Bootloader 参数区 | Linux 内核 | 根文件系统 | 其他文件系统 |

图 9.1　Flash 存储中存放文件的分布图

为什么系统移植之前要先移植 Bootloader？

所谓引导操作系统，就是启动内核，让内核运行，也就是把内核加载到内存 RAM 中去运行。先问两个问题。第一个问题，是谁把内核搬到内存中去运行？第二个问题，我们常说的内存是指 SDRAM，大家都知道这种内存由于在结构上和 SRAM 不同而需要周期性地刷新，因此要对其刷新频率等参数进行初始化才能正常工作；在把内核搬运到内存运行之前必须初始化 SDRAM 内存，那么内存是由谁来初始化的呢？其实这两件工作都是由 Bootloader 来完成的，目的是为内核的运行准备好软硬件环境。Bootloader 的任务是引导操作系统。

不同的处理器上电或复位后执行的第一条指令的地址并不相同，对于 ARM 处理器，该地址为 0x00000000（见第 2 章）。对于一般的嵌入式系统，通常把 Flash 等非易失性存储器映射到这个地址，而 Bootloader 就存放于该存储器的最前端，所以系统上电或复位后执行的第一段程序便是 Bootloader。

存储器不同，Bootloader 的执行过程也并不相同。嵌入式系统中广泛采用的非易失性存储器通常是 Flash。Flash 分为 NOR Flash 和 NAND Flash 两种。它们之间的不同在于：NOR Flash 支持芯片内执行（XIP，eXecute In Place），这样代码可以在 Flash 上直接执行而不必复制到 RAM 中去执行；而 NAND Flash 并不支持 XIP，要执行 NAND Flash 上的代码，必须将其从 NAND Flash 复制到 RAM 中，然后跳到 RAM 中去执行。

2. Bootloader 的执行过程

实际应用中的 Bootloader 根据所需功能的不同可以设计得很复杂，除了完成基本的初始化系统和调用 Linux 内核等基本任务，还可以执行用户输入的很多命令，比如设置 Linux 启动参数、给 Flash 分区等；也可以设计得很简单，只完成基本的功能。但为了达到启动 Linux 内核的目的，所有的 Bootloader 都必须具备以下功能。

（1）初始化 SDRAM。

因为 Linux 内核一般在 SDRAM 中运行，所以在调用 Linux 内核之前，Bootloader 必须设置和初始化 SDRAM，为调用 Linux 内核做好准备。初始化 SDRAM 的任务包括设置 CPU 的控制寄存器参数以便正常使用 SDRAM，以及检测 SDRAM 大小等。

（2）初始化串口。

串口在 Linux 的启动过程中有着非常重要的作用，它是 Linux 内核和用户交互的方式之一。Linux 在启动过程中可以将信息通过串口输出，这样便可清楚了解 Linux 的启动过程。虽然它并不是 Bootloader 必须完成的工作，但通过串口输出信息是调试 Bootloader 和 Linux 内核的强有力工具，所以，一般的 Bootloader 都会在执行过程中初始化一个串口作为调试端口。

（3）检测处理器类型。

Bootloader 在调用 Linux 内核前必须检测系统的处理器类型及其内核个数（支持多核处理器），并将其保存到某个常量中以提供给 Linux 内核。Linux 内核在启动过程中会根据该处理器类型调用相应的初始化程序。

（4）设置 Linux 启动参数。

Bootloader 在执行过程中必须设置和初始化 Linux 的内核启动参数。目前，传递启动参数主要采用两种方式：通过 struct param_struct 传递和通过 struct tag（标记列表，tagged list）传递。struct param_struct 是一种比较老的参数传递方式，在 Linux 2.4 版本以前的内核中使用较多。2.4 版本以后的 Linux 内核基本上采用标记列表的方式。但为了保持和以前版本的兼容性，仍支持 struct param_struct 参数传递方式，只不过在内核启动过程中被转换成标记列表方式。标记列表方式是一种比较新的参数传递方式，它必须以 ATAG_CORE 开始，以 ATAG_NONE 结尾，中间可以根据需要加入其他列表。Linux 内核在启动过程中会根据该启动参数进行相应的初始化工作。

（5）调用 Linux 内核映像。

Bootloader 完成的最后一项工作便是调用 Linux 内核。如果 Linux 内核存放在 Flash 中，并且可直接在上面运行（这里的 Flash 指 NOR Flash），那么可直接跳转到内核中去执行。由于在 Flash 中执行代码有种种限制，而且速度也远不及在 RAM 中执行快，所以一般的嵌入式系统都是将 Linux 内核复制到 RAM 中，然后跳转到 RAM 中去执行。还有，在很多嵌入式系统中，在 Flash 中存放的是 Linux 内核的压缩镜像文件，需要 Bootloader 将该镜像文件解压到 RAM 中，在地址重定位后才能正常启动 Linux 内核。

3. Bootloader 的分类

Bootloader 就是 U-Boot（Universal Bootloader）这种说法是错误的，确切地说，U-Boot 是 Bootloader 的一种。也就是说，Bootloader 有很多种，大概分类如表 9.1 所示。

表 9.1 Linux 常用 Bootloader 分类

Bootloader	Monitor	描　　　述	X86	ARM	PowerPC
LILO	否	Linux 磁盘引导程序	是	否	否
GRUB	否	GNU 的 LILO 替代程序	是	否	否
Loadlin	否	从 DOS 引导 Linux	是	否	否
Etherboot	否	通过以太网卡自带的 Linux 固件	是	否	否
LinuxBIOS	否	完全替代 BIOS 的 Linux 引导程序	是	否	否
BLOB	否	LART 等硬件平台的引导程序	否	是	否
Vivi	是	主要为三星处理器引导 Linux	否	是	是
U-Boot	是	通用引导程序	是	是	是
RedBoot	是	基于 eCos 的引导程序	是	是	是

由表 9.1 可以看出，不同的 Bootloader 具有不同的使用范围，其中最令人瞩目的就是 U-Boot，它是一个比较通用的引导程序，同时支持 X86、ARM 和 PowerPC 等多种处理器架构。U-Boot 是遵循 GPL 条款的开放源码项目，是由德国 DENX 小组开发的用于多种嵌入式 CPU 的 Bootloader 程序。

9.1.2 U-Boot 编译流程分析

本书使用 U-Boot-2016.03 版本进行介绍。U-Boot-2016.03 中有上千个文件，针对 I.MX6 对应型号的处理器，可以在 NXP 官方下载移植好的 U-Boot。编译之前，要想了解对于某款处理器的开发板，使用哪些文件、哪些文件首先执行以及可执行文件占用内存的情况，最好的方法就是阅读它的 Makefile。

1. U-Boot 组成结构分析

（1）arch 文件夹。

这个文件夹中存放着和架构有关的文件，如图 9.2 所示。

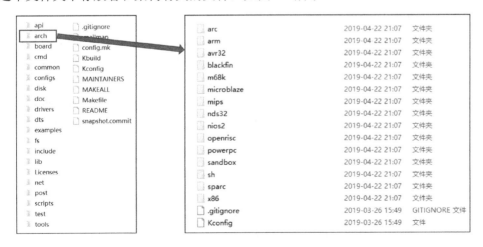

图 9.2 arch 文件夹组成

图 9.2 中有很多架构，比如 ARM、AVR32、M68K 等。本书选用的是 ARM 芯片，所以只需要关心 arm 文件夹即可，打开 arm 文件夹中的内容，mach 开头的文件夹与具体的设备有关，比如 mach-exynos 就是与三星的 exyons 系列 CPU 有关的文件。本书使用的是 I.MX6-ULL，所以要关注 imx-common 这个文件夹。另外，cpu 这个文件夹也是和 CPU 架构有关的，可以看出有多种 ARM 架构相关的文件夹。I.MX6ULL 使用的 Cortex-A7 内核，Cortex-A7 属于 ARMv7，所以我们要关心 armv7 这个文件夹。cpu 文件夹里面有个名为 u-boot.lds 的链接脚本文件，这就是 ARM 芯片所使用的 U-Boot 链接脚本文件。armv7 这个文件夹里面的文件都是与 ARMv7 架构有关的，是本节分析 U-Boot 启动源码时需要重点关注的。

（2）board 文件夹。

board 文件夹就是和具体的板子有关的，此文件夹中全是不同板子的文件夹。borad 文件夹中有个名为"freescale"的文件夹，如图 9.3 所示。

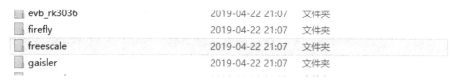

图 9.3　freescale 文件夹

所有使用 Freescale 芯片的板子都放到此文件夹中，I.MX 系列以前属于 Freescale，只是 Freescale 后来被 NXP 收购了。打开 freescale 文件夹，找到和 mx6u（I.MX6UL/ULL）有关的文件夹，如图 9.4 所示。

mx6ul_14x14_ddr3_arm2	2019-09-03 0:17	文件夹
mx6ul_14x14_evk	2019-09-03 0:17	文件夹
mx6ul_14x14_lpddr2_arm2	2019-09-03 0:17	文件夹
mx6ull_ddr3_arm2	2019-09-03 0:17	文件夹
mx6ullevk	2019-09-03 0:17	文件夹

图 9.4　mx6u 相关开发板文件夹

（3）configs 文件夹。

此文件夹为 U-Boot 配置文件。U-Boot 是可配置的，一般半导体厂商或开发板厂商都会制作好一个配置文件。我们可以在这个做好的配置文件的基础上添加自己想要的功能，这些半导体厂商或开发板厂商制作的配置文件统一命名为 xxx_defconfig，xxx 表示开发板名字，这些 defconfig 文件都存放在 configs 文件夹中。因此，NXP 官方开发板配置文件肯定也在这个文件夹中。使用 make xxx_defconfig 命令即可配置 U-Boot，.config 文件部分内容如代码清单 9.1.2.1 所示。

代码清单 9.1.2.1　.config 文件部分内容

```
1    #
2    # Automatically generated file; DO NOT EDIT.
3    # U-Boot 2016.03 Configuration
4    #
```

```
5   CONFIG_CREATE_ARCH_SYMLINK=y
6   CONFIG_HAVE_GENERIC_BOARD=y
7   CONFIG_SYS_GENERIC_BOARD=y
8   # CONFIG_ARC is not set
9   CONFIG_ARM=y
10  # CONFIG_AVR32 is not set
11  ......
12  CONFIG_SYS_ARCH="arm"
13  CONFIG_SYS_CPU="armv7"
14  CONFIG_SYS_SOC="mx6"
15  CONFIG_SYS_VENDOR="freescale"
16  CONFIG_SYS_BOARD="mx6ull_alientek_emmc"
17  CONFIG_SYS_CONFIG_NAME="mx6ull_alientek_emmc"
18  ......
19  #
20  # Boot commands
21  #
22  CONFIG_CMD_BOOTD=y
23  CONFIG_CMD_BOOTM=y
24  CONFIG_CMD_ELF=y
25  CONFIG_CMD_GO=y
26  CONFIG_CMD_RUN=y
27  ......
28  #
29  # Environment commands
30  #
31  CONFIG_CMD_EXPORTENV=y
32  CONFIG_CMD_IMPORTENV=y
33  CONFIG_CMD_EDITENV=y
34  ......
35  #
36  # Library routines
37  #
38  # CONFIG_CC_OPTIMIZE_LIBS_FOR_SPEED is not set
39  CONFIG_HAVE_PRIVATE_LIBGCC=y
40  # CONFIG_USE_PRIVATE_LIBGCC is not set
41  CONFIG_SYS_HZ=1000
```

可以看出，.config 文件中都是以"CONFIG_"开始的配置项，这些配置项就是 Makefile 中的变量，因此后面都有相应的值。U-Boot 的顶层 Makefile 或子 Makefile 会调用这些变量值。在.config 文件中有大量的变量值为 y，这些为 y 的变量一般用于控制某项功能是否使能，值为 y 表示功能使能。

在配置之前，为使编译后的 U-Boot 在开发板上运行，首先要安装交叉编译链，并使用如下命令配置环境变量：

```
source /opt/fsl-imx-fb/4.14-sumo/environment-setup-cortexa9hf-neon-poky- linux-
gnueabi
```

之后便是修改配置文件。因此，修改 xxx_defconfig 文件和 xxx.cfg 文件。

U-Boot 还没有类似 Linux 的可视化配置界面（比如，使用 make menuconfig 来配置），要手动修改配置文件 include/configs/<board_name>.h 来裁剪、设置 U-Boot。

配置文件中有以下两类宏：

● 选项（Options），前缀为"CONFIG_"，它们用于选择 CPU、SoC、开发板类型，设置系统时钟、选择设备驱动程序等。

● 参数（Setting），前缀为"CFG_"，它们用于设置 malloc 缓冲池的大小、U-Boot 下载文件时的默认加载地址、Flash 的起始地址等。

U-Boot 执行通过宏来判断，宏在头文件中定义格式如下：

```
#ifdef CONFIG_TEST
run_test();
#endif
某头文件：#define CONFIG_TEST
```

可以这样认为，"CONFIG_"除了设置一些参数，主要用来设置 U-Boot 的功能、选择使用文件中的哪一部分；而"CFG_"用来设置更详细的参数。

上述命令用到了 xxx_defconfig 文件，比如 mx6ull_alientek_emmc_defconfig。这里将 mx6ull_alientek_emmc_defconfig 中的配置输出到.config 文件中，最终生成"uboot"根目录下的.config 文件。

图 9.5 给出的是命令 make xxx_defconfig 的执行流程。

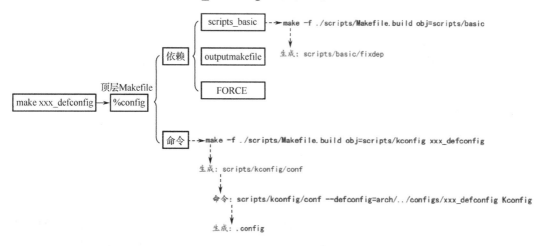

图 9.5   make xxx_defconfig 的执行流程

2. U-Boot 编译

如果使用开发板 board/<board_name>，就先执行"make <board_name>_config"命令进行配置，然后执行"make all"。对于 xxx 开发板，可以根据开发板的型号选择执行"make xxx_defconfig""make"进行编译。编译过程如图 9.6 所示。

```
LD        common/built-in.o
CC        lib/display_options.o
LD        lib/built-in.o
LD        drivers/video/built-in.o
LD        drivers/built-in.o
LD        u-boot
OBJCOPY   u-boot-nodtb.bin
OBJCOPY   u-boot.srec
SYM       u-boot.sym
COPY      u-boot.bin
MKIMAGE   u-boot.imx
```

图 9.6　U-Boot 编译过程

U-Boot 编译通过 Makefile 来判断：

● obj-y += xx.o xx.o　在编译时只编译 obj-y；

● obj-$(CONFIG_XX) = xx.o xx.o　如果 CONFIG_XX 为 y，那么，这个文件被编译到 u-boot. bin 中。设置完成后执行"make all"即可编译。

U-Boot 的编译流程如下：

① 编译 arm/cpu/$(CPU)/start.S，对于不同的 CPU，还可能编译 cpu/$(CPU)下的其他文件。

② 对于平台/开发板相关的每个目录、每个通用目录，都使用它们各自的 Makefile 生成相应的库。

③ 将第①②步生成的.o 文件和.a 文件，按照 board/$(BOARDDIR)/config.mk 文件中指定的代码段起始地址、board/$(BOARDDIR)/config.mk 文件中指定的代码段起始地址、board/$(BOARDDIR)/u-boot.lds 链接脚本进行链接。

④ 第③步得到的是 ELF 格式的 U-Boot，后面的 Makefile 还会将它转换成二进制格式、S-Record 格式。

编译后就可以生成 u-boot.xxx 系列文件，包括 u-boot、u-boot.bin、u-boot.cfg、u-boot.imx、u-boot.lds、u-boot.map、u-boot.srec、u-boot.sym 和 u-boot-nodtb.bin，这些文件的含义如下。

● u-boot：编译出来的 ELF 格式的 U-Boot 镜像文件。

● u-boot.bin：编译出来的二进制格式的 U-Boot 可执行镜像文件。

● u-boot.cfg：U-Boot 的另外一种配置文件。

● u-boot.imx：u-boot.bin 添加了头部信息的文件，NXP 的 CPU 专用文件。

● u-boot.lds：链接脚本。

● u-boot.map：U-Boot 镜像文件，通过查看此文件可以知道一个函数被链接到哪个地址。

● u-boot.srec：S-Record 格式的镜像文件。

● u-boot.sym：U-Boot 符号文件。

● u-boot-nodtb.bin：u-boot.bin 就是 u-boot-nodtb.bin 的复制文件。

如果要用 NXP 提供的 MFGTools 工具向开发板烧写 U-Boot，此时烧写的是 u-boot.imx 文件，而不是 u-boot.bin 文件。u-boot.imx 在 u-boot.bin 文件的头部添加 IVT、DCD 等信息。编译后生成的 u-boot.imx 镜像文件可以烧入 SD 卡中执行，具体命令如下：

```
sudo dd if=u-boot.imx of=/dev/sdb bs=512 seek=2
```

其中，sdb 代表 SD 卡在系统中对应的设备。

9.1.3 I.MX6 U-Boot 启动流程

1. U-Boot 启动流程分析

U-Boot 的最终目的是引导内核，在此之前 U-Boot 需要完成一系列初始化操作，包括设置时钟、初始化 DDR SDRAM、Flash、串口、网卡等。这时，U-Boot 有两条路径：（1）通过按键，触发 U-Boot 进入命令行模式，等待处理命令；（2）引导内核。

U-Boot 属于两阶段的 Bootloader。第一阶段的文件为 cpu/xxx(处理器内核)/start.S 和 board/xxx(开发板)/lowlevel_init.S，主要采用汇编语言编程实现。前一文件是处理器平台（对应不同的处理器型号）相关的，后一文件是开发板（对应同一型号处理器不同厂家的开发板）相关的。第二阶段是 C 语言初始化阶段，主要对剩余外设进行初始化，和用户进行启动过程的命令交互，为引导操作系统做准备。

第一阶段（汇编阶段）分析如下。

Step1：设置 ARM 处理器工作模式为 SVC 模式。

需要 SVC 权限对 ARM 处理器的状态寄存器进行操作。ARM Cortex-A 系列有 9 种工作模式（见第 2 章的 2.2.2 节）。用户模式之外的其他模式称为特权模式。SVC 模式（管理模式）属于特权模式的一种，可以访问所有 CPU 硬件受控资源。相对于其他模式，SVC 模式可以访问的资源更多。

Step2：关闭中断、MMU、Cache。

Cache 是位于主存（即内存）与 CPU 内部寄存器之间的存储介质，用来加快 CPU 与内存之间数据与指令的传输速率，从而加快处理的速度。根据 Cache 的定位可以看出，它用来加快 CPU 从内存中取出指令和数据的速度。由于在设备上电之初，MMU 和内存初始化还未完成，内存中还无有效的数据，Cache 无法正确读取到内存的数据，此时 Cache 工作就会造成指令取指异常。所以，在 U-Boot 上电之初要关闭掉 Cache。

在系统启动时，由于内存还没有成功初始化，MMU 在设备上电之初是没有任何作用的。也就是说，在 U-Boot 的初始化之初执行汇编的那一段代码中，包括后面初始化一些具体的外设时，需要访问实际的物理地址。为了不影响启动之初对程序的启动，关闭 MMU 设备是常用的做法。

Step3：调用电路板级初始化程序，初始化时钟、SDRAM，关闭看门狗。

U-Boot 只是初始化硬件资源和系统资源，完全用不到看门狗的机制，而且看门狗还要写专门的程序为其服务，也就是"喂狗"。为避免这种情况，暂时关闭看门狗，等一切就绪运行后再打开看门狗。

Step4：初始化串口。

串口主要用于系统启动过程中的信息打印和指令交互，要在使用之前进行初始化。在 ARM Linux 系统中，一般采用串口 0 作为系统启动信息交互接口。

Step5：设置栈指针。

在正常运行时，函数调用之前会保护现场，将许多寄存器压栈。在系统启动调用函数时，系统并不会自动压栈，需要自己设置栈空间和栈指针。

Step6：部分启动代码自搬移。

启动过程中，将剩下的启动代码搬移到内存中执行。

Step7：清除 BSS 段。

BSS 通常指用来存放程序中未初始化的全局变量和静态变量的一块内存区域，其特点是可读可写，在程序执行之前 BSS 段会自动清零。所以，未初始化的全局变量在程序执行之前已经为 0。全局变量在内存中有专门的数据段存储，初始化值为 0，且位置是固定的。

其实，数据段里的这么多全局变量都初始化为 0 保存在目标文件中是没有必要的，增大了对存储空间的占用。所以就把数据段中的数据，即未初始化的全局变量存放到 BSS 段中。当有目标文件被载入时，清除 BSS 段，将全局变量清零。

Step8：跳转到 C 程序入口。

第二阶段（C 语言阶段）介绍如下。

Step9：初始化剩余外设，进入超循环。

Step10：超循环处理用户命令。

2. I.MX6U 微处理器 U-Boot 程序执行流程分析

```
(1) _start /* (arch/arm/lib/vector.S) */
     b     reset
```

由于 I.MX6U 芯片属于 ARMv7 架构，在 arch/arm/cpu/ 目录下，通过分析链接脚本 u-boot.lds 代码段.text 可知，可执行程序的入口是_start。

```
(2) reset/* (arch/arm/cpu/armv7/start.S) */
    bl    cpu_init_cp15
    bl    cpu_init_crit
    bl    _main
```

_start 在 arch/arm/lib/vectors.S 中，然后从 vectors.S 中跳转到 reset()函数，reset()函数在 arch/arm/cpu/armv7/start.S 中，待一系列硬件初始化后，跳转到_main()函数。

```
(3) _main /* (arch\arm\lib\crt0.S) */
    board_init_f  /* (common\Board_f.c) */
    b     relocate_code
    ldr   lr, =board_init_r  /* (common/Board_r.c) */
          ->run_main_loop()
            ->main_loop()
```

board_init_f()函数主要完成两个工作：

● 初始化一系列外设，如串口、定时器，或者打印一些消息等。

● 初始化 gd（global data 的简称）的各个成员变量，U-Boot 将自己重定位到 SDRAM 最后面的地址区域，也就是将自己复制到 SDRAM 最后面的内存区域中。这么做的目的是给 Linux 腾出空间，防止 Linux 内核覆盖掉 U-Boot，将 SDRAM 前面的区域完整地空出来。在复制之前要给 U-Boot 各部分分配好内存位置和大小，比如，gd 应该存放到哪个位置，malloc 内存池应该存放到哪个位置，等等。这些信息都保存在 gd 的成员变量中，因此要对 gd 的这些成员变量做初始化。最终形成一个完整的内存"分配图"，在后面重定位 U-Boot 时就会用到这个内存"分配图"。

其中，board_init_f()的具体初始化操作分析如下：

① arch_cpu_init()，设置 AIPS 和关闭看门狗，位于 arch/arm/cpu/armv7/mx6/soc.c 中。

② ccgr_init()，初始化时钟模块 CCM。

③ gpr_init()，初始化 AXI、IPU。

④ board_early_init_f()，IOMUX（IO 多路复用），设置 I^2C 接口。

⑤ timer_init()，设置系统的定时器（timer），位于 arch/arm/imx-common/timer.c 中。Cortex-A7 内核有一个定时器，这里初始化的就是 Cortex-A 内核的那个定时器。通过这个定时器为 U-Boot 提供定时时间。

⑥ preloader_console_init()，串口时钟使能和控制台初始化。

⑦ spl_dram_init()，dram 初始化。

⑧ memset()，清空 BSS 段。

⑨ board_init_r()，进入后置的板级初始化。

relocate_code()函数主要用于代码复制，此函数定义在文件 arch/arm/lib/ relocate.S 中。函数的主要作用就是把 NAND Flash（NOR Flash 型的程序代码可以直接在 Flash 中运行）上的程序搬到内存中。

重定位涉及三个地址：链接地址、加载地址和运行地址。链接地址是我们在 U-Boot 中配置的，由链接器读取并用于生成 U-Boot 的二进制地址。加载地址是 U-Boot 重定向时复制源码的目的地址，通俗地讲，就是把 NAND Flash 里的 U-Boot 代码复制到内存的地址空间。

运行地址是指 U-Boot 在内存中运行的地址。U-Boot 运行时的一些寻址操作，与其代码在内存中的地址有关。

由于 U-Boot 的二进制文件直接或间接地包括了内存的绝对物理地址，所以以上三个地址一般是一样的。通俗地讲，U-Boot 把内存的绝对物理地址固定在二进制文件中，所以 U-Boot 应该复制到内存的哪个地方，下一条指令应该跳转到哪个物理地址，都是在编译时就已经确定的。

relocate_code()重定位分为两个阶段。第一阶段是将 Flash 或 RAM 中的 U-Boot 重新复制到 RAM 顶端的过程，可以直接参考汇编代码（relocate_code()到 copy_loop()）。第二阶段是对全局变量的寻址进行修正（剩余部分代码）。工作流程如图 9.7 所示。

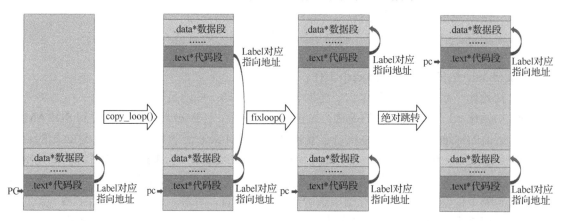

图 9.7 relocate_code()工作流程图

在第一阶段，首先获取复制代码的目的地首尾地址，然后通过函数 copy_loop() 完成代码复制工作。

在第二阶段，代码复制完成后，代码和数据的地址都发生了变化，而 Label 处保存的值还是原来的值，所以访问该数据仍重定位之前的数据。为了解决该问题，在编译 U-Boot 时加上 "-pie" 选项，它的作用就是生成位置无关码，编译时生成一个 .rel.dyn 段，通过这个段可以对重定位后的代码进行 "补充纠正"，这就是 relocate_code() 函数后半部分的 "fix 配置" 工作。

最后通过 relocate_vectors() 函数重定位 vectors 向量表，该函数只是将 CP15 协处理器对应的 VBAR 设置为重定位后的 U-Boot 起始地址，即 vectors 的地址。因为 vectors 区在 U-Boot 的最前面，而前面的 relocate_code() 函数已经也将它一起重定位了，所以只需要简单设置新的地址即可。

board_init_f() 函数并没有初始化所有的外设，还需要做一些后续工作，这些后续工作是由函数 board_init_r() 来完成的。board_init_r() 函数位于 arch/arm/lib/board.c 中，具体完成如下工作：

- bootstage_mark_name()，登记 Boot 的启动阶段。
- enable_caches()，使能缓存。
- board_init()，具体的板级初始化工作，如 setup_spi、setup_i2c、setup_usb、setup_epdc、setup_sata、setup_yaxon（加入自己要做的工作，如 imx6 电源 LED 灯显示）。
- set_cpu_clk_info()，初始化时钟框架。
- serial_initialize()，初始化串口。

当 ubootboard_init_r() 函数完成上述操作后，启动后进入 3 秒倒计时，如果在 3 秒倒计时结束之前按回车键，就会进入 U-Boot 的命令模式，如果倒计时结束后没有按回车键，就会自动启动 Linux 内核。这个功能是由 run_main_loop() 函数调用 main_loop() 函数完成的。

main_loop() 函数完成的都是与具体平台无关的工作，主要包括初始化启动次数限制、设置软件版本号、打印启动信息、解析命令等。

- 设置启动次数有关参数。进入 main_loop() 函数后，首先根据配置加载已经保留的启动次数，并根据配置判断是否超过启动次数。
- 如果系统中有 Modem，打开该功能可以接受其他用户通过电话网络发来的拨号请求。
- 设置 U-Boot 的版本号，初始化命令自动完成功能等。
- 在进入主循环之前，如果配置了启动延迟功能，需要等待用户从串口或网络接口发来的输入；如果用户按下任意键打断进程，启动流程会向终端打印一个启动菜单。
- 在各功能设置完毕后，程序进入一个 for 死循环，该循环不断使用 readline() 函数从控制台（一般是串口）读取用户的输入，然后解析。

main_loop() 函数定义在文件 common/board_r.c 中，函数执行过程如下：

- bootstage_mark_name()，调用 show_boot_progress() 函数，利用它显示启动进程（progress），此处为空函数，这里未实现。
- modem_init()，这里未实现。
- setenv()，用于显示 U-Boot 版本号、编译日期和事件，以及时间，这些都由 U-Boot 构建系统自动生成。

- cli_init()，初始化 hush shell 使用的一些变量。
- run_preboot_environment_command()，从环境变量中获取"preboot"的定义，该变量包含一些预启动命令，一般环境变量中不包含该项配置。
- bootdelay_process()，从环境变量中取出"bootdelay"和"bootcmd"的配置值，将取出的"bootdelay"配置值转换成整数，赋值给全局变量 stored_bootdelay，最后返回"bootcmd"的配置值。bootdelay 为 U-Boot 的启动延时计数值，计数期间如果无用户按键输入干预，那么执行"bootcmd"配置中的命令。
- 由于没有定义 CONFIG_OF_CONTROL 宏，函数 cli_process_fdt()返回 false，即不会执行 cli_secure_boot_cmd()函数。
- 进入 autoboot_command()函数，此函数检查倒计时是否结束、倒计时结束之前有没有被打断。此函数定义在文件 common/autoboot.c 中。在 autoboot_command()函数中，如果倒计时自然结束，那么就执行函数 run_command_list()，此函数会执行参数指定的一系列命令，也就是环境变量 bootcmd 的命令，bootcmd 里面保存着默认的启动命令，因此 Linux 内核启动。这就是 U-Boot 中倒计时结束后自动启动 Linux 内核的原理。如果倒计时结束之前按下键盘上的按键，那么 run_command_list()函数就不会执行，相当于 autoboot_command()是个空函数。

上述操作完成后进入内核启动流程，内核启动执行操作如下：

```
main_loop()->autoboot_command()->run_command_list()->cli_simple_run_comma
nd_list()->cli_simple_run_command()->cmd_process()->find_cmd()/cmd_call(resul
t=(cmdtp->cmd) (cmdtp, flag, argc, argv))
```

9.2 Linux 内核裁剪

9.2.1 内核配置过程分析

1. 内核配置流程

内核编译相关文件主要包括顶层 Makefile 与子目录下的 Makefile，以及各级目录下的 Kconfig 文件。内核配置需要经历以下几个过程。

Step1：清除以前的内核。在内核配置之前，使用 make mrproper 命令清除以前的内核。

Step2：详细配置。make menuconfig——菜单方式选择配置内核参数。

Step3：编译。

- make zImage——生成内核镜像：/arch/arm/boot/zImage。
- make dtbs——生成设备树文件：/arch/arm/boot/dts/imx6sabresd.dtb。
- make modules——把配置值选成 M 的代码编译生成模块文件放在对应的源码目录下。

可以看出，内核编译主要包括两部分，一部分是内核配置，另一部分是内核编译。

2. 内核的 Kconfig 文件分析

（1）修改 Makefile。

解压内核后要先修改内核顶层目录下的 Makefile，配置好交叉编译工具。具体如下：

```
198 ARCH            ?= $(SUBARCH)
199 CROSS_COMPILE    ?= $(CONFIG_CROSS_COMPILE:"%"=%)
```

（2）导入默认配置。

使用 make imx_v7_defconfig 或 cp arch/arm/configs/ imx_v7_deconfig .config 命令，可以看到该命令将配置信息写入.config 中，.config 是内核根目录下的隐藏文件，makefile 根据其中的内容进行编译。

（3）配置内核。

使用 make menuconfig 命令进行内核配置。使用 sudo apt-get install libncurses5-dev 命令安装 libncurses5-dev，安装以后再使用 make menuconfig 命令，便可以看到图 9.8 所示的内核配置界面。

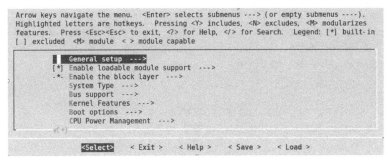

图 9.8　内核配置界面

如图 9.8 所示，通过配置界面，可以选择芯片类型、选择需要支持的文件系统、去除不需要的选项等，这就称为配置内核。注意，也有其他形式的配置界面，比如 make config 命令启动字符配置界面，对于每个选项都会依次出现一行提示信息，逐个回答；make xconfig 命令启动 X-Window 图形配置界面。

所有配置工具都是读取 arch/$(ARCH)/Kconfig 文件来生成配置界面的，这个文件是所有配置文件的总入口，包含其他目录的 Kconfig 文件。

内核源码每个子目录中都有 Makefile 文件和 Kconfig 文件。Kconfig 文件以菜单界面方式配置内核，它就是各种配置界面的源文件。内核的配置工具读取各 Kconfig 文件，生成配置界面供开发人员配置内核，最后生成配置文件.config。

内核的配置界面以树状的菜单形式组织，主菜单下有若干子菜单，子菜单下又有子菜单或配置选项。每个子菜单或选项都有依赖关系，这些依赖关系用来确定它们是否显示；只有被依赖的父项已被选中时子项才会显示。

3. Kconfig 文件语法

下面学习 Kconfig 文件的简单语法。

（1）Kconfig 文件的基本要素：config 条目（entry）。

config 条目常被其他条目包含，用来生成菜单、进行多项选择等。

config 条目用来配置一个选项，或者这么说，它用于生成一个变量，这个变量连同它的值一起被写入配置文件.config 中。比如，有一个 config 条目用来配置 CONFIG_LEDS_*，根据用户的选择，.config 文件中可能出现下面 3 种配置结果中的一种。

- CONFIG_LEDS_*=y　表示对应的文件被编进内核
- CONFIG_LEDS_*=m　表示对应的文件被编成模块
- #CONFIG_LEDS_*　#对应的文件没有被使用

以一个例子说明 config 条目格式。下面的代码选自 drivers/char/Kconfig 文件，它用于配置 CONFIG_TTY_PRINTK 选项，如代码清单 9.2.1.1 所示。

代码清单 9.2.1.1　CONFIG_TTY_PRINTK 配置示例

```
1    config SUPPORT_CEC_TV
2    bool "Support CEC"
3    default y
4
5    config SUPPORT_ARC
6    bool "Support ARC"
7    depends on SUPPORT_CEC_TV
8    default y
9
10   config SUPPORT_CEC_VOLUME_KEY_CONTINUE
11   bool "Support CEC VOLUME KEY CONTINUE"
12   default n
```

其中，config 是关键字，表示一个配置选项的开始；紧接着的 SUPPORT_CEC_TV 是配置选项的名称，省略了前缀 CONFIG_。

bool 表示变量类型，即 CONFIG_SUPPORT_CEC_TV 的类型，这里有 5 种类型：bool、tristate、string、hex 和 int，其中 tristate 和 string 是基本类型。

- bool 变量的值：y 和 n
- tristate 变量的值：y、n 和 m
- string 变量的值：字符串

bool 之后的字符串 SUPPORT CEC 是字符串提示信息，在配置界面中上下移动光标选中它时，就可以通过按空格键或回车键来设置 CONFIG_SUPPORT_CEC_TV。

depends on 表示依赖于 XXX，depends on SUPPORT_CEC_TV 表示只在 SUPPORT_CEC_TV 配置选项被选中时当前配置选项的提示信息才会出现，才能设置当前配置选项。

（2）menu 条目。

menu 条目用于生成菜单，格式如下：

```
"menu"<prompt>
    <menu options>
    <menu block>
"endmenu"
```

在实际使用中，它并不像标准格式那样复杂，代码清单 9.2.1.2 是 menu 的一个例子。

代码清单 9.2.1.2　menu "Unicode Trans Support"示例

```
1   menu "Unicode Trans Support"
2
3       config SUPPORT_CHARSETDET
4       bool "Support Match Character Set Codepage"
5       default n
6
7       config SUPPORT_ISO88591_CP28591
8       bool "Codepage ISO8859-1 Latin 1"
9       default y
10      config SUPPORT_ISO88592_CP28592
11      bool "Codepage ISO8859-2 Central European"
12      default y
13      …
14      config SUPPORT_ISO88595_CP28595
15      bool "Codepage ISO8859-5 Cyrillic"
16      default y
17  endmenu
```

menu 之后的字符串是菜单名，menu 和 endmenu 之间有很多 config 条目。在配置界面上移动光标选中命令后按回车键进入，就会看到这些 config 条目定义的配置选项。

（3）source 条目。

xx/kconfig 表示当前 Kconfig 可以包含其他目录下的 Kconfig，用于读入另一个 Kconfig文件。格式如下：

```
"source" <prompt>
```

（4）choice 条目。

choice 条目将多个类似的配置选项组合在一起，供用户单选或多选。格式如下：

```
"choice"
    <choice options>
    <choice block>
"end choice"
```

在实际使用中，也是在 choice 和 endchoice 之间定义多个 config 条目。比如，arch/arm/Kconfig 中有如下代码：

```
#
# The "ARM system type" choice list is ordered alphabetically by option
# text.  Please add new entries in the option alphabetic order.
#
choice
        prompt "ARM system type"
        default ARM_SINGLE_ARMV7M if !MMU
        default ARCH_MULTIPLATFORM if MMU
```

```
config ARCH_MULTIPLATFORM
        bool "Allow multiple platforms to be selected"
        depends on MMU
        select ARM_HAS_SG_CHAIN
        select ARM_PATCH_PHYS_VIRT
        select AUTO_ZRELADDR
        select TIMER_OF
        select COMMON_CLK
        select GENERIC_CLOCKEVENTS
        select MIGHT_HAVE_PCI
        select MULTI_IRQ_HANDLER
        select PCI_DOMAINS if PCI
        select SPARSE_IRQ
        select USE_OF
```

9.2.2 内核编译过程分析

内核中的哪些文件将被编译？它们是怎样被编译的？它们连接时的顺序如何确定？哪个文件在最前面？哪些文件或函数先执行？这些都是通过 Makefile 来管理的。简单地总结 Makefile 的作用，有以下三点：

- 决定编译哪些文件。
- 怎样编译这些文件。
- 怎样连接这些文件，最重要的是它们的顺序。

Linux 内核源码中含有很多 Makefile 文件，这些 Makefile 文件又要包含其他一些文件（比如配置信息、通用的规则等）。这些文件构成了 Linux 的 Makefile 体系，可以分为表 9.2 中描述的 5 类。

表 9.2　Linux 的 Makefile 体系分类

名　　称	说　　明
顶层 Makefile	它是所有 Makefile 文件的核心，从总体上控制着内核的编译、连接
.config	配置文件，在配置内核时生成。所有 Makefile 文件（包括顶层目录及各级子目录）都是根据.config 来决定使用哪些文件的
arch/$(ARCH)/Makefile	对应体系结构的 Makefile，它用来决定哪些体系结构相关文件参与内核的生成，并提供一些规则来生成特定格式的内核镜像
scripts/Makefile.*	Makefile 的通用规则、脚本等
kbuild Makefiles	各级子目录下的 Makefile，它们相对简单，被上一层 Makefile 调用来编译当前目录下的文件

以下根据前面总结的 Makefile 的 3 大作用分析这 5 类文件。

1. 决定编译哪些文件

Linux 内核的编译过程从顶层 Makefile 开始，然后递归地进入各级子目录调用它们的 Makefile，分为 3 个步骤。

Step1：顶层 Makefile 决定内核根目录下哪些子目录将被编进内核；

Step2：arch/$(ARCH)/Makefile 决定 arch/$(ARCH)目录下哪些文件和目录被编进内核；

Step3：各级子目录下的 Makefile 决定所在目录下哪些文件将被编进内核，哪些文件将被编成模块（即驱动程序），进入哪些子目录继续调用它们的 Makefile。

（1）顶层 Makefile 的编译。

在顶层 Makefile 中可以看到如下内容：

```
# Objects we will link into vmlinux / subdirs we need to visit
init-y          := init/
drivers-y       := drivers/ sound/ firmware/
net-y           := net/
libs-y          := lib/
core-y          := usr/
virt-y          := virt/
endif # KBUILD EXTMOD
```

可见，顶层 Makefile 将这 14 个子目录分为 5 类：init-y、drivers-y、net-y、libs-y 和 core-y。可以看到 arch 目录没有出现在内核中，它在 arch/$(ARCH)/Makefile 中被包含进内核，在顶层 Makefile 中直接包含了这个 Makefile。如下所示：

```
include arch/$(SRCARCH)/Makefile
```

对于 ARCH 变量，可以在执行 make 时传入，比如 "make ARCH=arm ..."。另外，对于非 X86 平台，还需要指定交叉编译工具，这也可以在执行 make 命令时传入，比如 "make CROSS_COPILE=arm-linux- ..."。为了方便，常在顶层 Makefile 中进行如下修改：

```
ARCH=arm
CROSS COMPILE=arm-none-linux-gnueabi-
```

这样执行 make 时就会将 ARCH 变量传入。

（2）arch/$(ARCH)/Makefile 的编译。

对于 Step2 的 arch/$(ARCH)/Makefile，以 ARM 为例，在 arch/arm/Makefile 中可以看到如下内容：

```
#Default value
head-y           := arch/arm/kernel/head$(MMUEXT).o
```

从上面可知，除了上面的 5 类子目录，又出现了一类：head-y，不过它直接以文件名出现。arch/arm/Makefile 中进一步扩展了 core-y 和 libs-y 的内容，这些都是体系相关的目录；CONFIG_在配置内核时定义，它的值有 3 种：y、m 或空。y 表示编进内核，m 表示编为模块，空表示不使用。

编译内核时，将依次进入 init-y、core-y、libs-y、drivers-y 和 net-y 列出的目录中，执行它们的 Makefile，每个子目录都会生成一个 built-in.o（libs-y 所列目录下，有可能生成 lib.a 文件）。最后，head-y 所表示的文件将和这些 built-in.o、lib.a 一起被连接成内核镜像文件 vmlinux。

（3）各级子目录下 Makefile 的编译。

在配置内核时，生成配置文件.config。内核顶层 Makefile 使用如下语句间接包含.config 文件，以后就根据.config 文件中定义的各个变量决定编译哪些文件。

```
-include include/config/auto.conf
```

之所以说是"间接"包含，是因为包含的是 include/config/auto.conf 文件，而它只是将.config 文件中的注释去掉，并根据顶层 Makefile 中定义的变量增加一些变量而已。

2. 怎样编译这些文件

怎样编译这些文件，也就是确定编译选项、连接选项是什么。这些选项分为三类：

- 全局的，适用于整个内核代码树。
- 局部的，仅适用于某个 Makefile 中的所有文件。
- 个体的，仅适用于某个文件。

全局选项在顶层 Makefile 和 arch/$(ARCH)/Makefile 中定义，这些选项的名称为 CFLAGS、AFLAGS、LDFLAGS、ARFLAGS，它们分别是编译 C 文件的选项、编译汇编文件的选项、连接文件的选项、制作库文件的选项。

3. 怎样连接这些文件，它们的顺序如何

前面分析有哪些文件要编进内核时，顶层 Makefile 和 arch/$(ARCH)/Makefile 定义了 6 类目录（或文件）：head-y、init-y、drivers-y、net-y、libs-y 和 core-y。它们的初始值如下所示（以 ARM 体系为例）。

在 arch/arm/Makefile 中：

```
core-$(CONFIG_FPE_NWFPE)        += arch/arm/nwfpe/
core-$(CONFIG_FPE_FASTFPE)      += $(FASTFPE_OBJ)
core-$(CONFIG_VFP)              += arch/arm/vfp/
core-$(CONFIG_XEN)              += arch/arm/xen/
core-$(CONFIG_KVM_ARM_HOST)     += arch/arm/kvm/
core-$(CONFIG_VDSO)             += arch/arm/vdso/

# If we have a machine-specific directory, then include it in the build.
core-y                          += arch/arm/kernel/ arch/arm/mm/ arch/arm/common/
core-y                          += arch/arm/probes/
core-y                          += arch/arm/net/
core-y                          += arch/arm/crypto/
core-y                          += arch/arm/firmware/
core-y                          += $(machdirs) $(platdirs)
```

在顶层 Makefile 中：

```
# Objects we will link into vmlinux / subdirs we need to visit
init-y          := init/
drivers-y       := drivers/ sound/ firmware/
net-y           := net/
libs-y          := lib/
core-y          := usr/
virt-y          := virt/
endif # KBUILD EXTMOD
```

可见，除了 head-y，其余的 init-y、drivers-y 等都是目录名。在顶层 Makefile 中，在 IE 目录名的后面直接加上 built-in.o 或 lib.a，表示要连接进内核的文件。

```
init-y          := $(patsubst %/, %/built-in.o, $(init-y))
core-y          := $(patsubst %/, %/built-in.o, $(core-y))
drivers-y       := $(patsubst %/, %/built-in.o, $(drivers-y))
net-y           := $(patsubst %/, %/built-in.o, $(net-y))
libs-y1         := $(patsubst %/, %/lib.a, $(libs-y))
libs-y2         := $(filter-out %.a, $(patsubst %/, %/built-in.o, $(libs-y)))
virt-y          := $(patsubst %/, %/built-in.o, $(virt-y))
```

上面的 patubst 是一个字符串处理函数，它的用法如下：

```
(patsubst pattern, replacement,text)
```

表示查找 text 中符合格式 pattern 的字，用 replacement 替换它们。比如，上面的 init-y 初值为"init/"，经过上述替换后，"init-y"变为"init/built - in.o"。

在顶层 Makefile 中再往下看，有

```
vmlinux-dirs    := $(patsubst %/,%,$(filter %/, $(init-y) $(init-m) \
                     $(core-y) $(core-m) $(drivers-y) $(drivers-m) \
                     $(net-y) $(net-m) $(libs-y) $(libs-m) $(virt-y)))

vmlinux-alldirs := $(sort $(vmlinux-dirs) $(patsubst %/,%,$(filter %/, \
                     $(init-) $(core-) $(drivers-) $(net-) $(libs-) $(virt-))))
```

对于 ARM 体系，连接脚本就是 arch/arm/kernel/vmlinux.lds，它由 arch/arm/kernel/vmlinux
/lds.S 文件生成，先将生成的 arch/arm/kernel/vmlinux.lds 摘录如下。

（1）配置文件.config 中定义了一系列的变量，Makefile 将结合它们来决定哪些文件被编进内核，哪些文件被编成模块，涉及哪些子目录。

（2）顶层 Makefile 和 arch/$(ARCH)/Makefile 决定根目录下的哪些子目录、arch/$(ARCH)目录下哪些文件和目录将被编进内核。

（3）各级子目录下的 Makefile 决定所在目录下哪些文件将被编进内核，哪些文件将被编为模块（即驱动程序），进入哪些子目录继续调用它们的 Makefile。

（4）顶层 Makedfile 和 arch/$(ARCH)/Makefile 设置了可以影响所有文件的编译、连接选项：CFLAGS、AFLAGS、LDFLAGS、ARFLAGS。

（5）顶层 Makefile 按照一定的顺序组织文件，根据连接脚本 arch/$(ARCH)/kernel/vmlinux.lds 生成内核镜像文件 vmlinux。

9.2.3　内核启动过程分析

内核启动过程思维导图在图 9.9 中给出。

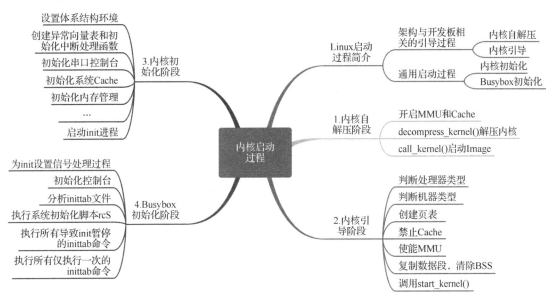

图 9.9　内核启动过程思维导图

1. Linux 启动过程简介

与移植 U-Boot 的过程相似，在移植 Linux 之前，先了解它的启动过程。Linux 的启动过程可以分为两部分：架构与开发板相关的引导过程，后续的通用启动过程。对于 uImage、zImage，它们首先进行自解压得到 vmlinux，然后执行 vmlinux 开始"正常的"启动流程。

引导阶段与具体体系结构有关，所以一般均用汇编语言编写。首先检查内核是否支持当前架构的处理器，然后检查是否支持当前开发板。通过检查后，就为调用下一阶段的 start_kernel()函数做准备。主要分为如下两个步骤。

Step1：连接内核时使用的虚拟地址，所以要设置页表、使能 MMU。

Step2：调用 C 函数 start_kernel()之前的常规工作，包括复制数据段、清除 BSS 段、调用 start_kernel()函数。

第二阶段的关键代码主要使用 C 语言编写。它进行内核初始化的全部工作，最后调用 rest_init()函数创建系统第一个进程 init 进程，然后启动 init 进程。在第二阶段，仍有部分架构与开发板相关的代码，比如重新设置页表、设置系统时钟、初始化剩余串口等。此外，在 Linux 内核启动完成后，为了便于嵌入式软件的调试，还提供一些基本的调试命令和工具。Busybox 软件把常用的工具和命令集成压缩在一个可执行文件里，功能基本不变，而大小却小很多，Busybox 还可以用来构建根文件系统。所以，在系统启动的最后阶段是 Busybox 初始化。

因此，uImage、zImage 格式的 ARM Linux 内核启动全过程可分为：内核自解压阶段→内核引导阶段→内核初始化阶段→Busybox 初始化阶段。

2. Linux 启动过程分析

（1）内核自解压阶段。

Linux 内核有两种映像：一种是非压缩内核，称为 Image，另一种是压缩版本，称为 zImage。根据内核映像格式，Linux 内核的启动在开始阶段也有所不同。zImage 是 Image 经过压缩形成的，所以它比 Image 小。但为了能使用 zImage，必须在它的开头加上解压缩的代码，将 zImage 解压缩之后才能执行，因此它的启动执行速度比 Image 慢。但考虑到嵌入式系统的存储空容量一般比较小，采用 zImage 可以占用较少的存储空间，因此牺牲一点性能也是值得的。所以，一般的嵌入式系统均采用压缩内核的方式。

内核自解压阶段依次完成以下工作：开启 MMU 和 Cache，调用 decompress_kernel()解压内核，最后通过调用 call_kernel()进入非压缩内核 Image 的启动。

内核压缩和解压缩代码都在目录 kernel/arch/arm/boot/compressed 中，编译完成后将产生 head.o、misc.o、piggy.gzip.o、vmlinux 和 decompress.o 这几个文件。head.o 是内核的头部文件，负责初始设置；misc.o 将主要负责内核的解压工作，它在 head.o 之后；piggy.gzip.o 是一个中间文件，其实是一个压缩的内核（kernel/vmlinux），只不过没有和初始化文件及解压文件链接而已；vmlinux 是没有（zImage 是压缩过的内核）压缩的内核，就是由 piggy.gzip.o、head.o 和 misc.o 组成的，而 decompress.o 是为支持更多的压缩格式而新引入的。

解压缩代码位于 kernel/lib/inflate.c 中，inflate.c 是从 gzip 源程序中分离出来的，包含了一些对全局数据的直接引用，在使用时需要直接嵌入代码中。gzip 压缩文件时总是在前 32KB 的范围内寻找重复的字符串进行编码的，在解压时需要一个至少为 32KB 的解压缓冲区，它定义为 window[WSIZE]。inflate.c 使用 get_byte()读取输入文件，它被定义成宏来提高效率。输入缓冲区指针必须定义为 inptr，inflate.c 中对之有减量操作。inflate.c 调用 flush_window()

来输出 window 缓冲区中解压出的字节串，每次输出的长度用 outcnt 变量表示。在 flush_window()中，还必须对输出字节串计算 CRC 并且刷新 crc 变量。在调用 gunzip()开始解压之前，调用 makecrc()初始化 CRC 计算表。最后，gunzip()返回 0 表示解压成功。在内核启动的开始处都会看到这样的输出：

```
Uncompressing Linux...done, booting the kernel.
```

这也是由 decompress_kernel()函数输出的。执行完解压过程，再返回到 head.S 中启动内核。

（2）内核引导阶段。

内核引导阶段是内核启动的第一阶段，压缩版本内核的入口程序即为 arch/arm/boot/compressed/head.S。该文件是内核启动引导阶段最先执行的一个文件，该文件中的汇编代码通过查找处理器内核类型和机器码类型调用相应的初始化函数，包括内核入口 ENTRY(stext)，到 start_kernel()间的初始化代码，主要作用是检查 CPU ID、Architecture Type，初始化 BSS 等，并跳到 start_kernel()函数。内核引导阶段程序流程如图 9.10 所示。检测处理器类型是在汇编子函数__lookup_processor_type 中完成的，通过以下代码可实现对它的调用：

```
bl __lookup_processor_type(在文件 head-commom.S 中实现)
```

__lookup_processor_type 调用结束返回原来的程序时，将返回结果保存到寄存器中。

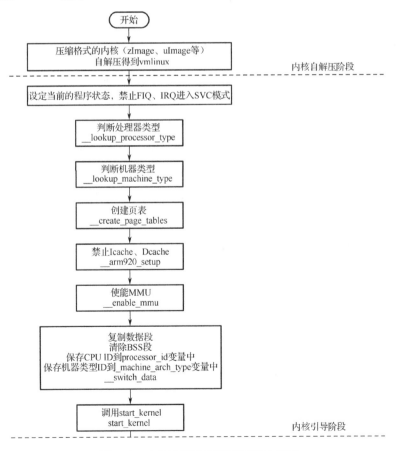

图 9.10　内核引导阶段程序流程示意图

如果系统中加载的内核是非压缩的 Image，那么 Bootloader 将内核从 Flash 中复制到 RAM 后，直接跳到该地址处，启动 Linux 内核。非压缩内核的入口位于文件/arch/arm/ kernel/head-armv.S 中的 stext 段。主要执行操作如下：

① 从 el2 特权级退回到 el1。

② 确认处理器类型。

③ 计算内核映射的起始物理地址，以及物理地址与虚拟地址之间的偏移。

④ 验证设备树的地址是否有效。

⑤ 创建页表，用于启动内核。

⑥ 设置 CPU（cpu_setup），用于使能 MMU。

⑦ 使能 MMU。

⑧ 交换数据段。

⑨ 跳转到 start_kernel()函数继续运行。

在执行前，处理器应满足以下状态：

① r0：应为 0

② r1：unique architecture number

③ MMU：off

④ I-cache：on 或 off（指令高速缓存打开或关闭）

⑤ D-cache：off（数据高速缓存关闭）

ARM Linux 内核启动引导阶段的部分实例代码如代码清单 9.2.3.1 所示。

代码清单 9.2.3.1　ARM Linux 内核启动引导阶段的部分实例代码

```
1    /* 内核入口点 */
2    ENTRY(stext)
3    /* 程序状态，禁止 FIQ、IRQ，设定 SVC 模式 */
4    mov r0, #F_BIT | I_BIT | MODE_SVC@ make sure svc mode
5    /* 置当前程序状态寄存器 */
6    msr cpsr_c, r0 @ and all irqs disabled
7    /* 判断 CPU 类型，查找运行的 CPU ID 值与 Linux 编译支持的 ID 值是否支持 */
8    bl__lookup_processor_type
9    /* 跳到__error */
10   teq r10, #0 @ invalid processor?
11   moveq r0, #'p' @ yes, error 'p'
12   beq__error
13   /* 判断体系类型，查看 R1 寄存器的 Architecture Type 值是否支持 */
14   bl__lookup_architecture_type
15   /* 不支持，跳到出错 */
16   teq r7, #0 @ invalid architecture?
17   moveq r0, #'a' @ yes, error 'a'
18   beq__error
19   /* 创建核心页表 */
20   bl__create_page_tables
21   adr lr,__ret @ return address
22   add pc, r10, #12 @ initialise processor
23   /* 跳转到 start_kernel()函数 */
```

```
24  b start_kernel
```

（3）内核初始化阶段。

Linux 内核启动的第二阶段从 start_kernel()函数开始。start_kernel()是所有 Linux 平台进入系统内核初始化后的入口函数，它主要完成剩余的、与硬件平台相关的初始化工作。在进行一系列与内核相关的初始化后，调用第一个用户进程——init 进程并等待用户进程的执行，这样，整个 Linux 内核便启动完毕。start_kernel()函数位于 init/main.c 文件中，它的主要工作流程如图 9.11 所示。

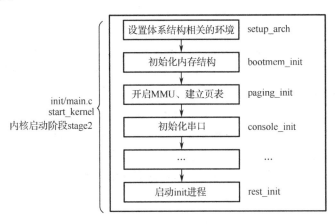

图 9.11 start_kernel()函数工作流程

该函数所做的具体工作如下：

- 调用 setup_arch()函数进行与体系结构相关的第一个初始化工作；对不同的体系结构，该函数有不同的定义。对于 ARM 平台，该函数定义在 arch/arm/ kernel/ setup.c 中。它首先根据检测出的处理器类型进行处理器内核的初始化，然后通过 bootmem_init()函数根据系统定义的 meminfo 结构进行内存结构的初始化，最后调用 paging_init()开启MMU，初始化内核页表，映射所有的物理内存和 I/O 空间。
- 创建异常向量表和初始化中断处理函数。
- 初始化系统核心进程调度器和时钟中断处理机制。
- 初始化串口控制台（serial-console）。ARM Linux 在初始化过程中一般都会初始化一个串口作为内核的控制台，这样，内核在启动过程中就可以通过串口输出信息以便开发者或用户了解系统的启动进程。
- 初始化系统 Cache，为各种内存调用机制提供缓存，包括动态内存分配、虚拟文件系统 VFS 及页缓存。
- 初始化内存管理，检测内存大小及被内核占用的内存情况。
- 初始化系统的进程间通信（IPC）机制。

当以上所有初始化工作结束后，start_kernel()函数调用 rest_init()函数进行最后的初始化，包括创建系统的第一个进程 init 来结束内核的启动。Linux 内核启动第一个进程 init 必须以根文件系统为载体，所以在启动 init 之前，还要挂载根文件系统。

init 进程首先进行一系列的硬件初始化，然后通过命令行传递来的参数挂载根文件系统。

最后，init 进程执行用户传递来的"init="启动参数执行用户指定的命令，或者执行以下几个
进程之一：

- execve("/sbin/init", argv_init, envp_init)
- execve("/etc/init", argv_init, envp_init)
- execve("/bin/init", argv_init, envp_init)
- execve("/bin/sh", argv_init, envp_init)

当所有的初始化工作结束后，cpu_idle()函数被调用以使系统处于闲置（idle）状态并等
待用户程序的执行。至此，整个 Linux 内核启动完毕。

（4）Busybox 初始化阶段。

Busybox 是一个软件工具箱，它整合了 Linux 上常用的许多工具和命令（utilities），如 rm、
ls、gzip、tftp 等。对于这些工具和命令，Busybox 中的实现可能不是最全的，却是最常用的，
它的特点是短小精悍，特别适合对尺寸很敏感的嵌入式系统。

Busybox 除了提供基本的命令，还支持 init 功能。与其他的 init 一样，Busybox 的 init 工
具也是完成系统的初始化工作、关机前的工作等，在 Linux 的内核被载入后，机器把控制权
转交给内核。Linux 的内核启动之后做一些工作，然后找到根文件系统中的 init 程序并执行它。
Busybox 初始化执行流程如图 9.12 所示。Busybox 的 init 进程依次进行以下工作：

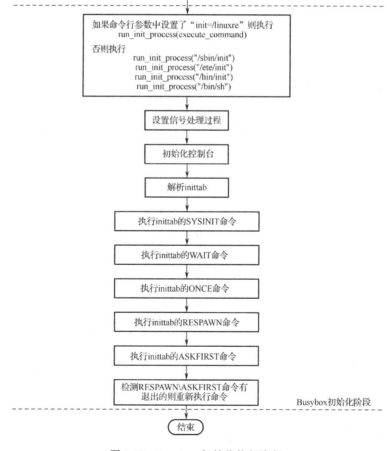

图 9.12　Busybox 初始化执行流程

- 为 init 设置信号处理过程。
- 初始化控制台。
- 分析 inittab 文件，/etc/inittab。
- 执行系统初始化脚本，默认情况下使用/etc/init.d/rcS。
- 执行所有导致 init 暂停的 inittab 命令（动作类型：wait）。
- 执行所有仅执行一次的 inittab 命令（动作类型：once）。

一旦完成以上工作，init 进程便循环执行以下进程：

- 执行所有终止时必须重新启动的 inittab 命令（动作类型：respawn）。
- 执行所有终止时必须重新启动但启动前必须询问用户的 inittab 命令（动作类型：askfirst）。

初始化控制台之后，Busybox 检查/etc/inittab 文件是否存在，如果此文件不存在，Busybox 使用默认的 inittab 配置，它主要为系统重引导、系统挂起以及 init 重启动设置默认的动作，此外它还会为 4 个虚拟控制台（tty1 到 tty4）设置启动 Shell 的动作。如果未建立这些设备文件，Busybox 会报错。

inittab 文件中行的格式如下所示（Busybox 的根目录下的 example 文件夹下有详细的 inittab 文件范例）：

```
id:runlevel:action:process
```

尽管此格式与传统的 Sytem V init 类似，但是，id 在 Busybox 的 init 中具有不同的意义。对 Busybox 而言，id 用来指定启动进程的控制 tty。如果所启动的进程并不是可以交互的 Shell，例如 Busybox 的 sh（ash），应该会有个控制 tty，如果控制 tty 不存在，Busybox 的 sh 会报错。Busybox 将完全忽略 runlevel 字段，所以空着它就行了。process 字段用来指定所执行程序的路径，包括命令行选项。action 字段用来指定表 9.3 中 8 个可能应用到 process 的动作之一。

表 9.3　action 字段动作及其结果

动　作	动作的结果
sysinit	为 init 提供初始化命令行的路径
respawn	每当相应的进程终止执行便会重新启动
askfirst	类似 respawn，不过它的主要用途是减少系统上执行的终端应用程序的数量。它将会促使 init 在控制台上显示 "Please press Enter to active this console" 的信息，并在重新启动之前等待用户按下回车键
wait	告诉 init 必须等到相应的进程完成之后才能继续执行
once	仅执行相应的进程一次，而且不会等待它完成
ctraltdel	当按下 Ctrl+Alt+Del 组合键时，执行相应的进程
shutdown	当系统关机时，执行相应的进程
restart	当 init 重新启动时，执行相应的进程，通常此处执行的进程是 init 本身

3. start_kernel()函数实例分析

下面分析 start_kernel()函数及其相关函数。start_kernel()函数调用过程如图 9.13 所示。

```
start_kernel()
        |----printk(linux_baner)  // 打印内核版本信息
        |----setup_arch(comxxxx)  //初始化mem_io
              |----paging_init()
                    |---setup_machine
                          |---lookup_machine_type(汇编)   //机器号对应平台
                    |---paging_init
                          |---devicemaps_init  //初始i/o,时钟,串口  //打印时钟
              |---early_trap_init() //初始化异常向量表   (位于0xffff0000)
        |--printk("Kernel command line:......");
        |--vfs_caches_init_early()  初始化文件子系统
        |--mm_init()  初始化mmu,内存管理
        |--sched_init()  进程调度
        |--init_IRQ() 初始化软中断,中断底半部
        |--console_init()  初始化控制终端
        |--rest_init()  启动内核线程
              |--kernel_thread(kernel_init)
                    |---kernel_init
                          |--do_basic_setup  (初始化工作队列)
                                |--do_initcalls();(初始化大部分硬件)
                          |--init_post()加载第一个应用程序
```

图 9.13 start_kernel()函数调用过程

（1）setup_arch()函数。

setup_arch()函数完成体系架构相关的初始化工作，函数的定义在 arch/arm/kernel/setup.c 文件中，主要涉及下列函数及代码。

① setup_processor()函数。该函数主要执行以下操作：

```
for (list = &__proc_info_begin; list < &__proc_info_end ; list++)
if ((processor_id & list->cpu_mask) == list->cpu_val)
break;
```

这个循环在.proc.info 段中寻找匹配的 processor_id，processor_id 在 head_armv.S 文件中设置。

② setup_architecture(machine_arch_type)函数。该函数获得体系结构的信息，返回 mach-xxx/arch.c 文件中定义的 machine 结构体的指针，包含以下内容：

```
MACHINE_START (xxx, "xxx")
MAINTAINER ("xxx"
BOOT_MEM (xxx, xxx, xxx)
FIXUP (xxx)
MAPIO (xxx)
INITIRQ (xxx)
MACHINE_END
```

③ 内存设置代码如下：

```
if (meminfo.nr_banks == 0)
{
    meminfo.nr_banks = 1;
    meminfo.bank[0].start = PHYS_OFFSET;
    meminfo.bank[0].size = MEM_SIZE;
}
```

meminfo 结构表明内存的情况，是对物理内存结构 meminfo 的默认初始化。

nr_banks 指定内存块的数量，bank 指定每块内存的范围，PHYS_OFFSET 指定某块内存块的开始地址，MEM_SIZE 指定某块内存块长度。PHYS_OFFSET 和 MEM_SIZE 都定义在 include/asm-armnommu/arch-XXX/memory.h 文件中，其中 PHYS_OFFSET 是内存的开始地址，MEM_SIZE 就是内存的结束地址。

这个结构在接下来内存的初始化代码中起重要作用。

④ 内核内存空间管理如下：

```
init_mm.start_code = (unsigned long) &_text; 内核代码段开始
init_mm.end_code = (unsigned long) &_etext; 内核代码段结束
init_mm.end_data = (unsigned long) &_edata; 内核数据段开始
init_mm.brk = (unsigned long) &_end; 内核数据段结束
```

每个任务都有一个 mm_struct 结构管理其内存空间，init_mm 是内核的 mm_struct。

其中，设置成员变量*mmap 指向自己，意味着内核只有一个内存管理结构，设置 pgd=swapper_pg_dir，swapper_pg_dir 是内核的页目录，ARM 体系结构的内核页目录大小定义为 16KB。init_mm 定义了整个内核的内存空间，内核线程属于内核代码，同样使用内核空间，其访问内存空间的权限与内核一样。

⑤ 内存结构初始化。bootmem_init (&meminfo)函数根据 meminfo 进行内存结构初始化。bootmem_init()函数中调用 reserve_node_zero(bootmap_pfn, bootmap_pages) 函数，这个函数的作用是保留一部分内存使之不能被动态分配。这些内存包括：

```
reserve_bootmem_node(pgdat,__pa(&_stext), &_end - &_stext); /*内核所占用地址空间*/
    reserve_bootmem_node(pgdat, bootmap_pfn<<PAGE_SHIFT, bootmap_pages<<PAGE_SHIFT)  /*bootmem 结构所占用地址空间*/
```

⑥ paging_init(&meminfo, mdesc)函数。该函数创建内核页表，映射所有物理内存和 I/O 空间，对于不同的处理器，该函数差别比较大。

MMU 的实现过程实际上就是一个查表映射的过程，建立页表是实现 MMU 功能不可缺少的一步。页表位于系统的内存中，页表的每一项对应于一个虚拟地址到物理地址的映射，每一项的长度即是一个字的长度（在 ARM 中，一个字的长度被定义为 4 字节）。页表项除了完成虚拟地址到物理地址的映射功能，还定义访问权限和缓冲特性等。

MMU 的映射分为两种：一级页表变换和二级页表变换。两者的不同之处是实现的变换地址空间大小不同。一级页表变换支持 1MB 大小的存储空间的映射，而二级页表变换可以支持 64KB、4KB 和 1KB 地址空间的映射。

动态表（页表）的大小等于表项数乘以每个表项所需的位数，即为整个内存空间建立索引表时需要多大空间存放索引表本身。

● 表项数 = 虚拟地址空间 / 每页大小；
● 每个表项所需的位数 = Log(实际页表数) + 适当控制位数；
● 实际页表数 = 物理地址空间 / 每页大小。

（2）parse_options()函数。

这个函数分析由内核引导程序发送给内核的启动选项，在初始化过程中按照某些选项运行，并将剩余部分传送给 init 进程。

这些选项可能已经存储在配置文件中，也可能是由用户在系统启动时输入的。但内核并不关心这些，这些细节是内核引导程序关注的内容，嵌入式系统更是如此。

（3）trap_init()函数。

这个函数用来完成体系相关的中断处理的初始化，在该函数中调用__trap_init((void *) vectors_base())。函数将 exception vector 设置到 vectors_base 开始的地址上。__trap_init()函数位于 entry-armv.S 文件中，对于 ARM 处理器，包括复位、未定义指令、SWI、预取指终止、数据终止、IRQ 和 FIQ 几种方式。

SWI 主要用来实现系统调用，而产生了 IRQ 之后，通过 exception vector 进入中断处理过程，执行 do_IRQ()函数。

armnommu 的 trap_init()函数在 arch/armnommu/kernel/traps.c 文件中，如代码清单 9.2.3.2 所示。vectors_base 是写中断向量的开始地址，在 include/asm-armnommu/proc-armv/system.h 文件中设置，地址为 0 或 0xFFFF0000。

代码清单 9.2.3.2　trap_init()函数示例代码

```
1   ENTRY(__trap_init)
2   stmfd sp!, {r4 - r6, lr}
3   mrs r1, cpsr @ code from 2.0.38
4   bic r1, r1, #MODE_MASK @ clear mode bits /* 设置 svc 模式, disable IRQ,FIQ */
5   orr r1, r1, #I_BIT|F_BIT|MODE_SVC @ set SVC mode, disable IRQ,FIQ
6   msr cpsr, r1
7   adr r1, .LCvectors @ set up the vectors
8   ldmia r1, {r1, r2, r3, r4, r5, r6, ip, lr}
9   stmia r0, {r1, r2, r3, r4, r5, r6, ip, lr} /* 复制异常向量 */
10  add r2, r0, #0x200
11  adr r0, __stubs_start @ copy stubs to 0x200
12  adr r1, __stubs_end
13  1: ldr r3, [r0], #4
14  str r3, [r2], #4
15  cmp r0, r1
16  blt 1b
17  LOADREGS(fd, sp!, {r4 - r6, pc})
```

__stubs_start 到__stubs_end 的地址中包含了异常处理的代码，因此复制到 vectors_base + 0x200 的位置上。

（4）外部中断初始化：init_IRQ()函数。

这个函数用来完成体系相关的 IRQ 处理的初始化，如代码清单 9.2.3.3 所示。

代码清单 9.2.3.3　init_IRQ()函数示例代码

```
1   void __init init_IRQ(void)
2   {
3       extern void init_dma(void);
4       int irq;
```

```
5
6          for (irq = 0; irq < NR_IRQS; irq++) {
7              irq_desc[irq].probe_ok = 0;
8              irq_desc[irq].valid = 0;
9              irq_desc[irq].noautoenable = 0;
10             irq_desc[irq].mask_ack = dummy_mask_unmask_irq;
11             irq_desc[irq].mask = dummy_mask_unmask_irq;
12             irq_desc[irq].unmask = dummy_mask_unmask_irq;
13         }
14         CSR_WRITE(AIC_MDCR, 0x7FFFE); /* disable all interrupts */
15         CSR_WRITE(CAHCNF,0x0);/*Close Cache*/
16         CSR_WRITE(CAHCON,0x87);/*Flush Cache*/
17         while(CSR_READ(CAHCON)!=0);
18         CSR_WRITE(CAHCNF,0x7);/*Open Cache*/
19
20         init_arch_irq();
21         init_dma();
22  }
```

irq_desc 数组是用来描述 IRQ 的请求队列，每个中断号分配一个 irq_desc 结构，组成一个数组。NR_IRQS 代表中断数目，这里只是对中断结构 irq_desc 进行了初始化。

在默认的初始化完成后调用初始化函数 init_arch_ir()，先执行 arch/armnommu/kernel/irq-arch.c 文件中的函数 genarch_init_irq()，然后执行 include/asm-armnommu/arch-xxxx/irq.h 中的 inline 函数 irq_init_irq()，在这里对 irq_desc 进行了实质的初始化。

其中，mask 用来阻塞中断；unmask 用来取消阻塞；mask_ack 的作用是阻塞中断，同时还给硬件回应 ack，表示这个中断已经被处理了，否则硬件将再次发生同一个中断。这里，不是所有硬件都需要这个 ack 回应，所以很多时候 mask_ack 与 mask 使用的是同一个函数。

接下来执行 init_dma()函数，如果不支持 DMA，可以设置 include/asm-armnommu/arch-xxxx/dma.h 中的 MAX_DMA_CHANNELS 为 0，这样，在 arch/armnommu/kernel/dma.c 文件中会根据这个定义使用不同的函数。

（5）sched_init()函数。

这个函数初始化系统调度进程，主要对定时器机制和时钟中断的 Bottom Half 的初始化函数进行设置。与时间相关的初始化过程主要有两步。

Step1：调用 init_timervecs()函数初始化内核定时器机制；

Step2：调用 init_bh()函数将 BH 向量 TIMER_BH、TQUEUE_BH 和 IMMEDIATE_BH 所对应的 BH 函数分别设置成 timer_bh()、tqueue_bh()和 immediate_bh()函数。

（6）softirq_init()函数。

这个函数是内核的软中断机制初始化函数。

调用 tasklet_init()初始化 tasklet_struct 结构，软中断的个数为 32。用于 bh 的 tasklet_struct 结构调用 tasklet_init()后，它们的函数指针 func 全都指向 bh_action()。

bh_action 就是 tasklet 实现 bh 机制的代码，但此时具体的 bh 函数还没有指定。

HI_SOFTIRQ 用于实现 Bottom Half，TASKLET_SOFTIRQ 用于公共的 tasklet。

```
    open_softirq(TASKLET_SOFTIRQ, tasklet_action, NULL); /* 初始化公共的 tasklet_
struct 要用到的软中断*/
    open_softirq(HI_SOFTIRQ, tasklet_hi_action, NULL); /* 初始化 tasklet_struct
实现的 bottom half 调用 */
```

（7）time_init()函数。

这个函数用来完成体系相关的定时器（timer）的初始化，armnommu 存放在 arch/armnommu/ kernel/time.c 中。这里调用了文件 include/asm-armnommu/arch-xxxx/time.h 中的 inline 函数 setup_ timer()。

setup_timer()函数的设计与硬件设计紧密相关，主要是根据硬件设计情况设置时钟中断号和时钟频率等，如代码清单 9.2.3.4 所示。

代码清单 9.2.3.4　setup_timer()函数示例

```
1 void __inline__setup_timer (void)
2 {
3   /*----- disable timer -----*/
4   CSR_WRITE(TCR0, xxx);
5   CSR_WRITE (AIC_SCR7, xxx); /* setting priority level to high */
6   /* timer 0: 100 ticks/sec */
7   CSR_WRITE(TICR0, xxx);
8   timer_irq.handler = xxxxxx_timer_interrupt;
9   setup_arm_irq(IRQ_TIMER, &timer_irq); /* IRQ_TIMER is the interrupt number */
10  INT_ENABLE(IRQ_TIMER);
11  /* Clear interrupt flag */
12  CSR_WRITE(TISR, xxx);
13  /* enable timer */
14  CSR_WRITE(TCR0, xxx);
15}
```

（8）console_init()函数。

这个函数完成控制台初始化。控制台也是一种驱动程序，由于其特殊性，提前到该处完成初始化，主要是为了提前看到输出信息，据此判断内核运行情况。

很多嵌入式 Linux 由于没有在/dev 目录下正确配置 console 设备，造成启动时发生诸如 "unable to open an initial console" 等错误。

（9）init_modules()函数。

这个函数完成模块的初始化。如果编译内核时使能该选项，则内核支持模块化加载/卸载功能。

（10）kmem_cache_init()。

这个函数完成内核 cache 的初始化。

（11）sti()。

这个函数完成使能中断，从这里开始，中断系统开始正常工作。

（12）calibrate_delay()函数。

这个函数是近似计算 BogoMIPS 数字的内核函数。作为第一次估算，calibrate_delay 计算出在每秒内执行多少次延迟循环，也就是每个定时器节拍（timer tick）——百分之一秒内延迟循环可以执行多少次。这种计算只是一种估算，结果并不能精确到纳秒，但这个数字供内核使用已经足够精确。

BogoMIPS 的数字由内核计算并在系统初始化时打印。它近似地给出 CPU 每秒可以执行一个短延迟循环的次数。在内核中，这个结果主要用于需要等待非常短周期的设备驱动程序。例如，等待几微秒并查看设备的某些信息是否已经可用。

计算一个定时器节拍内可以执行多少次循环，需要在节拍开始时就开始计数，或者尽可能与它接近。全局变量 jiffies 中存储了从内核开始保持跟踪时间到现在经过的定时器节拍数，jiffies 保持异步更新，在一个中断内每秒 100 次，内核暂时挂起正在处理的内容，更新变量，然后继续刚才的工作。

（13）kmem_cache_sizes_init()函数。

这个函数完成内核内存管理器的初始化，也就是初始化 cache 和 SLAB 分配机制。

（14）pgtable_cache_init()函数。

这个函数完成页表 cache 初始化。

（15）fork_init()函数。

这里根据硬件的内存情况，如果计算出的 max_threads 数量太大，可以自行定义。

（16）proc_caches_init()函数。

这个函数为 proc 文件系统创建高速缓冲。

（17）vfs_caches_init(num_physpages)函数。

这个函数为 VFS 创建 SLAB 高速缓冲。

（18）buffer_init(num_physpages)函数。

这个函数初始化 buffer。

（19）page_cache_init(num_physpages)函数。

这个函数完成页缓冲初始化。

（20）signals_init()函数。

这个函数创建信号队列高速缓冲。

（21）proc_root_init()函数。

这个函数在内存中创建包括根节点在内的所有节点。

（22）check_bugs()函数。

这个函数检查与处理器相关的 bug。

（23）rest_init()函数。

这个函数调用 kernel_thread(init, NULL, CLONE_FS | CLONE_FILES | CLONE_SIGNAL)函数。

这里调用了 arch/armnommu/kernel/process.c 中的函数 kernel_thread()，在 kernel_thread()函数中通过__syscall(clone) 创建新线程。__syscall(clone)函数参见 armnommu/kernel 目录下的 entry-common.S 文件。

init()函数通过 kernel_thread(init, NULL, CLONE_FS | CLONE_FILES | CLONE_SIGNAL)

的回调函数执行，完成下列功能。

- 在 do_basic_setup()函数中，sock_init()函数进行网络相关的初始化，占用相当多的内存，如果所开发系统不支持网络功能，可以把该函数的执行注释掉。
- do_initcalls()实现驱动的初始化，这里要与 vmlinux.lds 联系起来看才能明白其中奥妙。

```c
static void __init do_initcalls(void)
{
    initcall_t *call;
    call = &__initcall_start;
    do {
        (*call)();
        call++;
    } while (call < &__initcall_end);

    /* Make sure there is no pending stuff from the initcall sequence */
    flush_scheduled_tasks();
}
```

查看/arch/i386/vmlinux.lds，其中有一段代码如下：

```
__initcall_start = .;
.initcall.init: { *(.initcall.init) }
__initcall_end = .;
```

其含义是 __initcall_start 指向代码节.initcall.init 的节首，而 __initcall_end 指向代码节.initcall.init 的节尾。

do_initcalls()完成的是系统中有关驱动程序部分的初始化工作，那么这些函数指针数据是怎样放到.initcall.init 节中的呢？

在 include/linux/init.h 文件中有如下 3 个定义：

① #define __init_call __attribute__((unused, __section__ (".initcall.init"))

__attribute__的含义就是构建一个在.initcall.init 节中指向初始函数的指针。

② #define __initcall(fn) static initcall_t __initcall_##fn __init_call = fn

##意思就是在可变参数使用宏定义时，构建一个变量名称为所指向函数的名称，并且在前面加上 __initcall 。

③ #define module_init(x) __initcall(x);

很多驱动程序中都有类似 module_init(usb_init)的代码，通过该宏定义逐层解释存放到.initcall.int 节中。

在 init 执行过程中，在内核引导结束并启动 init 之后，系统转入用户态的运行，在这之后创建的一切进程都是在用户态进行的。

这里先要弄清楚一个概念，就是 init 进程虽然是从内核开始的，即前面所讲的 init/main.c 中的 init()函数在启动后就已经是一个核心线程，但在转到执行 init 程序（如/sbin/init）之后，内核中的 init()就变成了/sbin/init 程序，状态也转变成了用户态。也就是说，核心线程变成了普通的进程。

这样一来，内核中的 ini()函数实际上只是用户态 init 进程的入口，它在执行 execve("/sbin/

init", argv_init, envp_init)时改变成为一个普通的用户进程。

此外，它们的代码来源也有差别，内核中的 init()函数的源代码在/init/main.c 中，是内核的一部分，而/sbin/init 程序的源代码是应用程序。

init 程序启动之后，要完成以下任务：检查文件系统，启动各种后台服务进程，最后为每个终端和虚拟控制台启动一个 getty 进程供用户登录。由于所有其他用户进程都是由 init 派生的，因此它又是其他一切用户进程的父进程。init 进程启动后，按照/etc/inittab 的内容进程系统设置。很多嵌入式系统使用的是 Busybox 的 init，它与通常使用的 init 不同，先执行 /etc/init.d/rcS 而非/etc/rc.d/rc.sysinit。

通过对 Linux 的启动过程的分析，我们可以看出哪些是和硬件相关的功能，哪些是 Linux 内核内部已实现的功能，这样在移植 Linux 的过程中便有所针对。而 Linux 内核的分层设计将使 Linux 的移植变得更加容易。

9.2.4　内核移植过程

本书使用 NXP 官方提供的 Linux 源码，将其移植到 I.MX6U 开发板上。找到 NXP 官方原版 U-Boot 和 Linux->linux-imx-rel_imx_4.1.15_2.1.0_ga.tar.bz2。使用 FileZilla 将其发送到 Ubuntu 中并解压，得到名为 linux-imx-rel_imx_4.1.15_2.1.0_ga 的目录。为了和 NXP 官方的名字区分，可以使用 mv 命令对其重命名，这里将其重命名为"linux-imx-rel_imx_4.1.15_2.1.0 _ga_alientek"，命令如下：

```
mv linux-imx-rel_imx_4.1.15_2.1.0_ga linux-imx-rel_imx_4.1.15_2.1.0_ga_alientek
```

1. 内核配置与编译

本节以 I.MX6ULL EVK 开发板为参考，将 NXP 提供的 Linux 内核移植到自己的 I.MX6U 开发板上。

（1）修改顶层 Makefile。

修改顶层 Makefile，直接在顶层 Makefile 文件里面定义 ARCH 和 CROSS_COMPILE 的变量值为 arm 和 arm-linux-gnueabihf-，结果如图 9.14 所示。

图 9.14 中第 252、253 行分别设置了 ARCH 和 CROSS_COMPILE 这两个变量的值，这样在编译时就不用输入很长的命令了。

```
242  # CROSS_COMPILE specify the prefix used for all executables used
243  # during compilation. Only gcc and related bin-utils executables
244  # are prefixed with $(CROSS_COMPILE).
245  # CROSS_COMPILE can be set on the command line
246  # make CROSS_COMPILE=ia64-linux-
247  # Alternatively CROSS_COMPILE can be set in the environment.
248  # A third alternative is to store a setting in .config so that plain
249  # "make" in the configured kernel build directory always uses that.
250  # Default value for CROSS_COMPILE is not to prefix executables
251  # Note: Some architectures assign CROSS_COMPILE in their arch/*/Makefile
252  ARCH        ?= arm
253  CROSS_COMPILE    ?= arm-linux-gnueabihf-
```

图 9.14　修改顶层 Makefile

（2）配置并编译 Linux 内核。

和 U-Boot 一样，在编译 Linux 内核之前要先配置 Linux 内核。每个开发板都有对应的默认配置文件，这些默认配置文件保存在 arch/arm/configs 目录中。imx_v7_defconfig 和 imx_v7_mfg_defconfig 都可作为 I.MX6ULL EVK 开发板所使用的默认配置文件。但是，这里建议使用 imx_v7_mfg_defconfig 这个默认配置文件。此配置文件默认支持 I.MX6UL 这款芯片，而且重要的是此文件编译出来的 zImage，可以通过 NXP 官方提供的 MfgTool 工具来烧写。imx_v7_mfg_defconfig 中的"mfg"表示的就是 MfgTool。

进入 Ubuntu 中的 Linux 源码根目录下，执行如下命令配置 Linux 内核：

```
make clean                          //第一次编译 Linux 内核之前先清理一下
make imx_v7_mfg_defconfig           //配置 Linux 内核
```

配置完成后如图 9.15 所示。

```
root@linux:~/linux/IMX6ULL/linux/temp/linux-imx-rel_imx_4.1.15_2.1.0_ga_alientek$ make imx_v7_mfg_defconfig
  HOSTCC  scripts/basic/fixdep
  HOSTCC  scripts/kconfig/conf.o
  HOSTCC  scripts/kconfig/zconf.tab.o
  HOSTLD  scripts/kconfig/conf
#
# configuration written to .config
root@linux:~/linux/IMX6ULL/linux/temp/linux-imx-rel_imx_4.1.15_2.1.0_ga_alientek$
```

图 9.15　配置 Linux 内核

配置完成以后就可以编译了，使用如下命令编译 Linux 内核：

```
make -j16 //编译 Linux 内核
```

等待编译完成，结果如图 9.16 所示。

```
LD [M]  lib/libcrc32c.ko
LD [M]  lib/crc-itu-t.ko
LD [M]  sound/core/snd-rawmidi.ko
LD [M]  sound/core/snd-hwdep.ko
LD [M]  sound/usb/snd-usbmidi-lib.ko
LD [M]  sound/usb/snd-usb-audio.ko
AS      arch/arm/boot/compressed/piggy.lzo.o
LD      arch/arm/boot/compressed/vmlinux
OBJCOPY arch/arm/boot/zImage
Kernel: arch/arm/boot/zImage is ready
root@linux:~/linux/IMX6ULL/linux/temp/linux-imx-rel_imx_4.1.15_2.1.0_ga_alientek$
```

图 9.16　Linux 编译完成

Linux 内核编译完成以后在 arch/arm/boot 目录下生成 zImage 镜像文件。如果使用设备树，还会在 arch/arm/boot/dts 目录下生成开发板对应的.dtb（设备树）文件，如 imx6ull-14x14-evk.dtb 就是 NXP 官方的 I.MX6ULL EVK 开发板对应的设备树文件。这样，可以得到两个文件。

● Linux 内核镜像文件：zImage。

● NXP 官方 I.MX6ULL EVK 开发板对应的设备树文件：imx6ull-14x14-evk.dtb。

（3）Linux 内核启动测试。

编译内核得到对应的 zImage 和 imx6ull-14x14-evk.dtb 这两个文件后，需要先测试下这两个文件能不能在 I.MX6U-ALPHA EMMC 版开发板上启动。在测试之前，确保 U-Boot 中环境变量 bootargs 的内容如下：

```
console=ttymxc0, 115200 root=/dev/mmcblk1p2 rootwait rw
```

将编译出来的 zImage 和 imx6ull-14x14-evk.dtb 复制到 Ubuntu 中的 tftp 目录下，因为要在 U-Boot 中使用 tftp 命令将其下载到开发板中，复制命令如下：

```
cp arch/arm/boot/zImage /home/root/linux/tftpboot/ -f
cp arch/arm/boot/dts/imx6ull-14x14-evk.dtb /home/root/linux/tftpboot/ -f
```

复制完成后就可以测试了。启动开发板，进入 U-Boot 命令行模式，然后输入如下命令，将 zImage 和 imx6ull-14x14-evk.dtb 下载到开发板中并启动，结果如图 9.17 所示。

```
tftp 80800000 zImage
tftp 83000000 imx6ull-14x14-evk.dtb
bootz 80800000 - 83000000
```

图 9.17　启动 Linux 内核

从图 9.17 可以看出，此时 Linux 内核已经启动了，如果 EMMC 中的根文件系统存在，我们就可以进入 Linux 系统中使用命令进行操作，如图 9.18 所示。

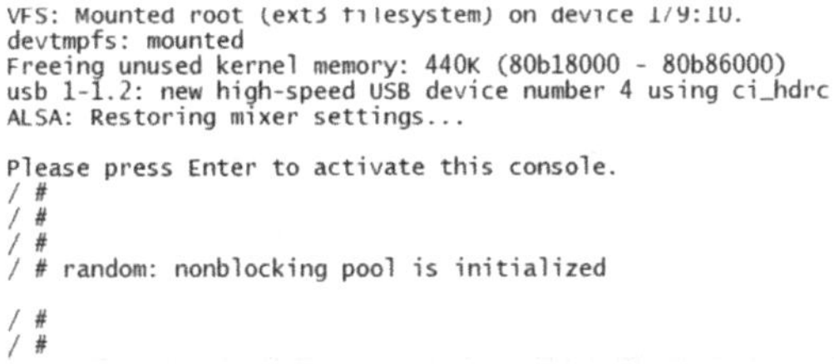

图 9.18　进入 Linux 根文件系统

2. 添加开发板对应的设备树文件

添加适合 EMMC 版开发板的设备树文件，进入目录 arch/arm/boot/dts 中，复制一份

imx6ull-14x14-evk.dts，然后将其重命名为 imx6ull-alientek-emmc.dts。命令如下：

```
cd arch/arm/boot/dts
cp imx6ull-14x14-evk.dts imx6ull-alientek-emmc.dts
```

.dts 是设备树源码文件，编译 Linux 时会将其编译为.dtb 文件。imx6ull-alientek-emmc.dts
创建好以后还需要修改文件 arch/arm/boot/dts/Makefile，找到 dtb-$(CONFIG_SOC_IMX6ULL)
配置项，在此配置项中加入 imx6ull-alientek-emmc.dtb，如代码清单 9.2.4.1 所示。

代码清单 9.2.4.1　arch/arm/boot/dts/Makefile 代码段

```
400 dtb-$(CONFIG_SOC_IMX6ULL) += \
401 imx6ull-14x14-ddr3-arm2.dtb \
402 imx6ull-14x14-ddr3-arm2-adc.dtb \
403 imx6ull-14x14-ddr3-arm2-cs42888.dtb \
404 imx6ull-14x14-ddr3-arm2-ecspi.dtb \
405 imx6ull-14x14-ddr3-arm2-emmc.dtb \
…
420 imx6ull-14x14-evk-gpmi-weim.dtb \
421 imx6ull-14x14-evk-usb-certi.dtb \
422 imx6ull-alientek-emmc.dtb \
423 imx6ull-9x9-evk.dtb \
424 imx6ull-9x9-evk-btwifi.dtb \
425 imx6ull-9x9-evk-ldo.dtb
```

第 422 行为"imx6ull-alientek-emmc.dtb"，这样编译 Linux 时就可以从 imx6ull-alientek
-emmc.dts 编译出 imx6ull-alientek-emmc.dtb 文件了。

前面已经在 Linux 内核中添加了 I.MX6UL EMMC 版开发板，接下来进行编译测试。可
以创建一个编译脚本 imx6ull_alientek_emmc.sh，脚本内容如代码清单 9.2.4.2 所示。

代码清单 9.2.4.2　imx6ull_alientek_emmc.sh 编译脚本

```
1 #!/bin/sh
2 make ARCH=arm CROSS_COMPILE=arm-linux-gnueabihf- distclean
3 make ARCH=arm CROSS_COMPILE=arm-linux-gnueabihf- imx_alientek_emmc_defconfig
4 make ARCH=arm CROSS_COMPILE=arm-linux-gnueabihf- menuconfig
5 make ARCH=arm CROSS_COMPILE=arm-linux-gnueabihf- all -j16
```

第 2 行，清理工程。

第 3 行，使用默认配置文件 imx_alientek_emmc_defconfig 来配置 Linux 内核。

第 4 行，打开 Linux 图形配置界面，如果不需要每次都打开该界面，可以删除此行。

第 5 行，编译 Linux。

执行 Shell 脚本 imx6ull_alientek_emmc.sh 编译 Linux 内核，命令如下：

```
chmod 777 imx6ull_alientek_emmc.sh        //给予可执行权限
./imx6ull_alientek_emmc.sh                //执行 Shell 脚本编译内核
```

编译完成后，在目录 arch/arm/boot 下生成 zImage 镜像文件，在 arch/arm/boot/dts 目录下

生成 imx6ull-alientek-emmc.dtb 文件。将这两个文件复制到 tftp 目录下，然后重启开发板，在
U-Boot 命令模式中使用 tftp 命令下载这两个文件并启动，命令如下：

```
tftp 80800000 zImage
tftp 83000000 imx6ull-alientek-emmc.dtb
bootz 80800000 -83000000
```

只要出现如图 9.19 所示的内容，就表示 Linux 内核启动成功。Linux 内核启动成功，说
明我们已经在 NXP 提供的 Linux 内核源码中添加了 I.MX6UL-ALPHA 开发板。

```
Booting Linux on physical CPU 0x0
Linux version 4.1.15 (zuozhongkai@ubuntu) (gcc version 4.9.4 (Linaro GCC 4.9-2017.01) ) #
n 8 18:38:28 CST 2019
CPU: ARMv7 Processor [410fc075] revision 5 (ARMv7), cr=10c53c7d
CPU: PIPT / VIPT nonaliasing data cache, VIPT aliasing instruction cache
Machine model: Freescale i.MX6 ULL 14x14 EVK Board
Reserved memory: created CMA memory pool at 0x8c000000, size 320 MiB
Reserved memory: initialized node linux,cma, compatible id shared-dma-pool
Memory policy: Data cache writealloc
```

图 9.19　Linux 内核启动成功

9.3　Linux 根文件系统移植

9.3.1　根文件系统概述

1. 文件系统与根文件系统

（1）根文件系统。

可以把这里所说的根理解为基础的意思，根文件系统是一种基础的文件系统。

在 Windows 系统下，磁盘被划分为 C、D、E 等不同的盘或称为分区。同理，Linux 系统
也可以将磁盘或 Flash 等存储设备划分为若干个分区，在不同分区存放不同类型的文件。比
如，在 ARM Cortex-A7 开发板的 NOR Flash 中，在某个分区存放 U-Boot 的可执行文件；在
某个分区存放内核镜像文件，在另一个分区存放根文件系统镜像文件等。与 Windows 安装在
C 盘类似，Linux 也需要在一个分区上存放系统启动的必要文件，比如内核启动运行后的第
一个程序（init 进程）、用于挂接文件系统的脚本、给用户提供操作界面的 Shell 程序、应用
程序所要依赖的库等，这些必要的基本文件的集合称为根文件系统，它们存放在一个分区中。

Linux 中的根文件系统更像是一个文件夹（或称为目录，特殊的文件夹），在这个目录中
有很多子目录。根目录下和子目录中有很多的文件，这些文件是 Linux 运行所必需的，如库、
常用的软件和命令、设备文件、配置文件等。Linux 系统启动后首先挂载这个分区，称为挂
载（mount）根文件系统，然后从根文件系统中读取初始化脚本，比如 rcS、inittab 等。本章
后面提到文件系统，如果不特别指明，一般表示根文件系统。

为什么需要根文件系统呢？

● init 进程的应用程序在根文件系统上。

● 根文件系统提供了根目录"/"。

● 内核启动后的应用层配置（etc 目录）在根文件系统上。可以认为: 发行版=内核+rootfs。

● Shell 命令程序在根文件系统上，如 ls、cd 等命令。

因此，一套 Linux 体系，只有内核本身是不能工作的，必须有 rootfs（etc 目录下的配置文件、/bin 与/sbin 等目录下的 Shell 命令，还有/lib 目录下的库文件等）的配合才能工作。

（2）普通文件系统。

其他分区上的所有目录、文件的集合称为文件系统。文件系统是在任何操作系统中都非常重要的概念，简单地讲，文件系统是操作系统用于明确磁盘或分区上的文件的方法和数据结构，即在磁盘上组织文件的方法。文件系统的存在，使得数据可以被有效而透明地存取或访问。

在嵌入式 Linux 应用中，主要的存储设备为 RAM（DRAM、SDRAM、DDRn SDRAM）和 ROM（常采用 Flash 存储器），常用的基于存储设备的文件系统类型包括 JFFS2、YAFFS、CRAMFS、ROMFS、RAMDISK、RAMFS/TMPFS 等。和根文件系统不同，FATFS、EXT4 这样的文件系统代码属于 Linux 内核的一部分。

进行嵌入式开发，采用 Linux 作为嵌入式操作系统，必须对 Linux 文件系统结构有一定的了解。每个操作系统都有一种把数据保存为文件和目录的方法，如此数据才能得知添加、修改之类的改变。在 DOS 操作系统下，磁盘或磁盘分区有独立的根目录，并用唯一的驱动器标识符来表示，如 C:\、D:\等；不同磁盘或不同的磁盘分区中，目录结构的根目录是各自独立的。而 Linux 的文件系统组织和 DOS 操作系统不同，它的文件系统是一个整体，所有文件系统结合成一个完整的统一体，组织到一个树形目录结构中，目录是树的枝干，这些目录可能包含其他目录，或其他目录的"父目录"，目录树的顶端是一个单独的根目录，用/表示。在 Linux 下可以看到系统的根目录的组成内容。

2. 根文件系统的结构

根文件系统一直以来都是所有类 UNIX 操作系统的重要组成部分，也可以认为是嵌入式 Linux 系统区别于其他一些传统嵌入式操作系统的重要特征，它给 Linux 带来许多强大、灵活的功能，同时也带来一些复杂性。我们需要清楚地了解根文件系统的基本结构，细心地选择所需的系统库、内核模块和应用程序等，并配置好各种初始化脚本文件，选择合适的文件系统类型，并把它放到实际存储设备的合适位置。

Linux 的根文件系统是采用级层式的树状目录结构，此结构的最上层是根目录"/"，在此目录下再创建其他目录。树的根节点是根目录 root，树的叶节点可以是普通文件、特殊文件或目录文件。其他既非根节点也非叶节点的节点是目录文件。

从前面的讲解我们知道，文件系统是文件与目录的集合，那么根文件系统下的目录有哪些呢？目录里的文件又有什么作用呢？这节提及的目录都是我们稍后移植根文件系统时要用的目录。图 9.20 给出了 Linux 文件系统的目录结构。

（1）/root 是系统管理员的主目录。

根用户的目录。与此对应，普通用户的目录是/home 下的某个子目录。

（2）/bin 存放二进制可执行命令的目录。

该目录下存放所有用户都可以使用的基本命令，这些命令在挂接其他文件系统之前就可以使用，所以/bin 目录必须和根文件系统在同一个分区中。

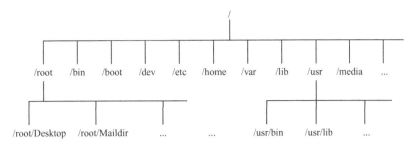

图 9.20　Linux 文件系统的目录结构

/bin 目录下常用的命令有 cat、chgrp、chmod、cp、ls、sh、kill、mount、umount、mkdir、mknod 等。我们在利用 Busybox 制作根文件系统时，在生成的 bin 目录下可以看到一些可执行的文件，也就是一些可用的命令。

（3）/boot 存放的是启动 Linux 时使用的一些核心文件，包括一些连接文件以及镜像文件。

（4）/dev 存放设备文件的目录。该目录下存放的是设备文件。设备文件是 Linux 中特有的文件类型，Linux 系统以访问文件的方式访问各种设备，即通过读写某个设备文件来操作某个具体硬件。比如，通过 dev/ttySAC0 文件可以操作串口 0，通过/dev/mtdblock1 可以访问 MTD 设备的第 2 个分区。

（5）/etc 存放系统管理和配置文件的目录。

该目录下存放各种配置文件。对于 PC 上的 Linux 系统，/ctc 目录下的文件和目录非常多，这些目录文件是可选的，它们依赖于系统拥有的应用程序，依赖于这些程序是否需要配置文件。在嵌入式系统中，这些内容可以精减。

（6）/home 是用户主目录。

比如，用户 user 的主目录就是/home/user，可以用~user 表示。用户目录是可选的，对于普通用户，在/home 目录下有一个以用户名命名的子目录，里面存放用户相关的配置文件。

（7）/lib 存放动态链接共享库的目录。

该目录下存放共享库和可加载（驱动程序）。共享库用于启动系统、运行根文件系统中的可执行程序，比如/bin /sbin 目录下的程序。

（8）/sbin 存放系统管理员使用的管理程序的目录。

该目录下存放系统命令，即只有管理员才能使用的命令，系统命令还可以存放在/usr/sbin、/usr/local/sbin 目录下。/sbin 目录中存放的是基本的系统命令，用于启动系统、修复系统等。与/bin 目录相似，在挂接其他文件系统之前就可以使用/sbin，所以/sbin 目录必须和根文件系统在同一个分区中。

/sbin 目录下常用的命令有 shutdown、reboot、fdisk、fsck 等，本地用户自己安装的系统命令放在/usr/local/sbin 目录下。

（9）/mnt 让用户临时挂载其他文件系统。

用于临时挂载某个文件系统的挂接点，通常是空目录，也可以在里面创建空的子目录，比如，/mnt/cdram /mnt/hda1 用来临时挂载光盘、硬盘。

（10）/proc 是虚拟文件系统，可直接访问这个目录来获取系统信息。

这是一个空目录，常作为 proc 文件系统的挂接点。proc 文件系统是一个虚拟的文件系统，它没有实际的存储设备，其中的目录、文件都是由内核临时生成的，用来表示系统的运行状态，也可以操作其中的文件控制系统。

（11）/usr 是最庞大的目录，要用到的应用程序和文件几乎都在这个目录中。

/usr 目录的内容可以存放在另一个分区中，在系统启动后再挂接到根文件系统中的/usr 目录下。里面存放的是共享、只读的程序和数据，这表明/usr 目录下的内容可以在多个主机间共享，这些内容符合 FHS（Filesystem Hierarchy Standard，文件系统层次结构标准）的要求。/usr 中的文件应该是只读的，其他主机相关的可变文件应该保存在其他目录下，比如/var。/usr 目录在嵌入式系统中可以精减。

（12）/var 是某些大文件的溢出区。

与/usr 目录相反，/var 目录中存放可变的数据，比如 spool 目录（mail、news）、log 文件、临时文件。

（13）/tmp 是共用的临时文件存储点。

用于存放临时文件，通常是空目录，一些需要生成临时文件的程序用到的/tmp 目录下，所以/tmp 目录必须存在并可访问。

9.3.2 编译 Busybox 构建根文件系统

在 Linux 驱动程序开发时，一般都是通过 NFS 挂载根文件系统的，产品最终上市时才会将根文件系统烧写到 EMMC 或 NAND Flash 中。所以，要在设置的 NFS 服务器目录中创建一个名为 rootfs 的子目录（名字大家可以随意起，这里为了方便就用了 rootfs）。假设/home/root/linux/nfs 就是 NFS 服务器目录，使用如下命令创建名为 rootfs 的子目录：

```
mkdir rootfs
```

创建好的 rootfs 子目录用来存放根文件系统。

将 Busybox-1.29.0.tar.bz2 发送到 Ubuntu 中，存放位置可以随便选择。然后使用如下命令将其解压：

```
tar -vxjf Busybox-1.29.0.tar.bz2
```

解压完成后进入 Busybox-1.29.0 目录，此目录中的文件和文件夹如图 9.21 所示。

```
root@linux:~/linux/busybox$ cd busybox-1.29.0/
root@linux:~/linux/busybox/busybox-1.29.0$ ls
applets          coreutils      init           Makefile                   NOFORK_NOEXEC.lst          selinux
applets_sh       debianutils    INSTALL        Makefile.custom            NOFORK_NOEXEC.sh           shell
arch             docs           klibc-utils    Makefile.flags             printutils                 size_single_applets.sh
archival         e2fsprogs      libbb          Makefile.help              procps                     sysklogd
AUTHORS          editors        libpwdgrp      make_single_applets.sh     qemu_multiarch_testing     testsuite
Config.in        examples       LICENSE        miscutils                  README                     TODO
configs          findutils      loginutils     modutils                   runit                      TODO_unicode
console-tools    include        mailutils      networking                 scripts                    util-linux
root@linux:~/linux/busybox/busybox-1.29.0$
```

图 9.21　Busybox-1.29.0 目录中的文件和文件夹

1. 修改 Makefile，添加编译器

与 U-Boot 和 Linux 移植一样，打开 Busybox 的顶层 Makefile，添加 ARCH 和 CROSS_COMPILE 的值，如下所示：

```
CROSS_COMPILE ?= /usr/local/arm/gcc-linaro-4.9.4-2017.01-X86_64_arm-linux-
gnueabihf /bin/arm-linux-gnueabihf-
......
ARCH ?= arm
```

在示例代码中，CORSS_COMPILE 使用绝对路径，主要是为了防止编译出错。

2. 配置 Busybox

和编译 U-Boot、Linux 内核一样，要先对 Busybox 进行默认配置。配置选项包括：

- defconfig，默认配置，也就是默认配置选项。
- allyesconfig，全选配置，也就是选中 Busybox 的所有功能。
- allnoconfig，最小配置。

一般使用默认配置即可。因此，先使用如下命令来配置 Busybox：

```
make defconfig
```

Busybox 也支持图形化配置，通过图形化配置可以进一步选择想要的功能。输入如下命令打开图形化配置界面，打开以后如图 9.22 所示。

```
make menuconfig
```

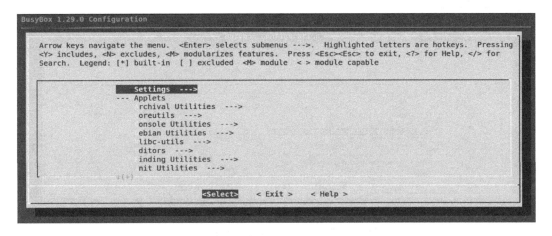

图 9.22　Busybox 配置界面

配置路径如下：

```
Location:
-> Settings
-> Build static binary (no shared libs)
```

选项 Build static binary（no shared libs）用来决定是静态编译还是动态编译 Busybox。静态编译不需要库文件，但编译出来的库会很大；动态编译要求根文件系统中有库文件，但编译出来的 Busybox 会小很多。这里我们不能采用静态编译，因为采用静态编译 DNS 会出问题，无法进行域名解析。配置如图 9.23 所示。

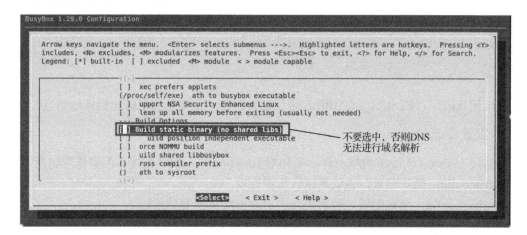

图 9.23 不选择 Build static binary（no shared libs）

继续配置如下路径的配置项：

```
Location:
-> Settings
-> vi-style line editing commands
```

结果如图 9.24 所示。

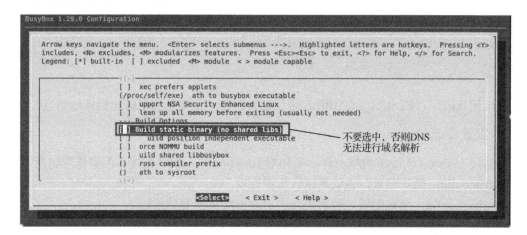

图 9.24 选择 vi-style line editing commands

接着配置如下路径的配置项：

```
Location:
-> Linux Module Utilities
-> Simplified modutils
```

默认选中"Simplified modutils"，这里要取消选中！继续配置如下路径配置项：

```
Location:
-> Linux System Utilities
-> mdev (16 kb)        //确保下面的全部选中，默认都是选中的
```

结果如图 9.25 所示。

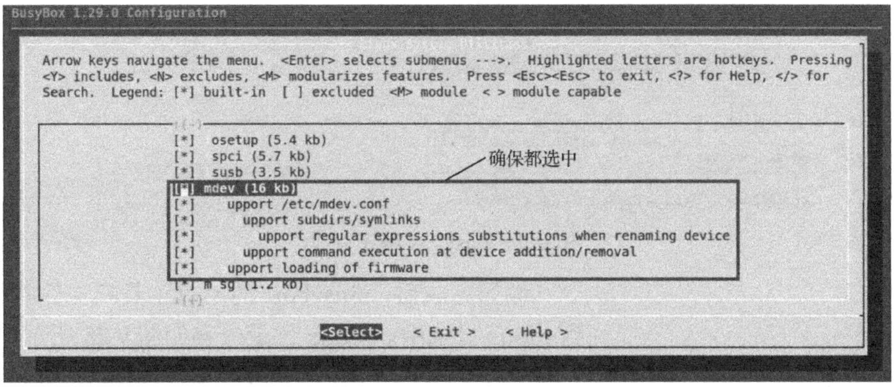

图 9.25 "mdev" 配置项

最后，使能 Busybox 的 Unicode 编码以支持中文，配置路径如下：

```
Location:
-> Settings
-> Support Unicode //选中
-> Check $LC_ALL, $LC_CTYPE and $LANG environment variables //选中
```

结果如图 9.26 所示。

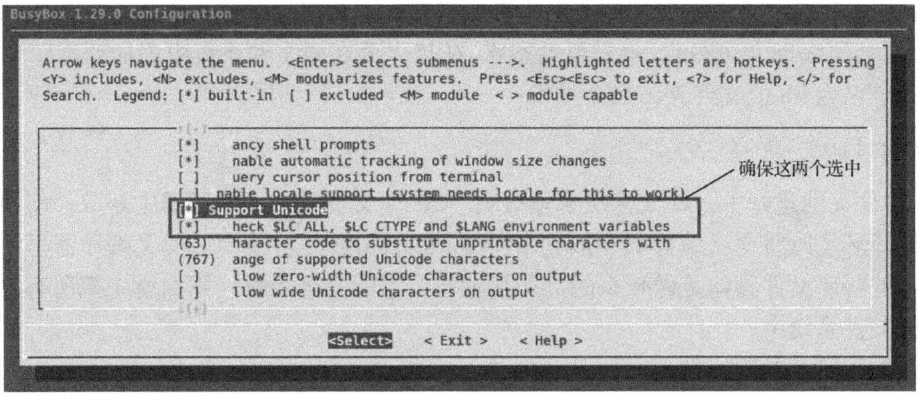

图 9.26 中文支持

到这里 Busybox 的配置就完成了，大家可以根据自己的实际需求选择配置其他选项。不过，对于初学者，笔者不建议再做其他修改，以免节外生枝，出现编译出错的情况。

3. 编译 Busybox

配置好 Busybox 后就可以编译了。我们可以指定编译结果的存放目录，肯定要将编译结果存放到前面创建的 rootfs 目录中。输入如下命令：

```
make
make install CONFIG_PREFIX=/home/root/linux/nfs/rootfs
```

CONFIG_PREFIX 指定编译结果的存放目录，如存放到/home/root/linux/nfs/rootfs 目录中，等待编译完成。编译完成后如图 9.27 所示。

```
./_install//usr/sbin/ubirename -> ../../bin/busybox
./_install//usr/sbin/ubirmvol -> ../../bin/busybox
./_install//usr/sbin/ubirsvol -> ../../bin/busybox
./_install//usr/sbin/ubiupdatevol -> ../../bin/busybox
./_install//usr/sbin/udhcpd -> ../../bin/busybox

--------------------------------------------------
You will probably need to make your busybox binary
setuid root to ensure all configured applets will
work properly.
--------------------------------------------------

root@linux:~/linux/busybox/busybox-1.29.0$
```

图 9.27   Busybox 编译完成

```
root@linux:~/linux/nfs/rootfs$ ls
bin linuxrc sbin usr
root@linux:~/linux/nfs/rootfs$
```

图 9.28   rootfs 目录

编译完成后，Busybox 的所有工具和文件就会被安装到 rootfs 目录中。rootfs 目录内容如图 9.28 所示。

从图中可以看出，rootfs 目录下有 bin、sbin 和 usr 这三个目录，以及文件 linuxrc。前面说过，Linux 内核 init 进程最后会查找用户空间的 init 程序，找到后运行这个 init 程序，从而切换到用户态。如果 bootargs 设置 init=/linuxrc，那么 linuxrc 就是可以作为用户空间的 init 程序，所以用户态空间的 init 程序是由 Busybox 生成的。Busybox 的工作就完成了，但此时的根文件系统还不能使用，还需要一些其他文件，需要继续完善 rootfs。

4. 向根文件系统添加 lib 库

（1）向 rootfs 的/lib 目录添加库文件。

Linux 中的应用程序一般都需要动态库，当然，也可以编译成静态的，但静态的可执行文件很大。如果编译为动态的，就需要动态库，所以先要在根文件系统中添加动态库。在 rootfs 中创建一个名为 lib 的文件夹，命令如下：

```
mkdir lib
```

lib 文件夹创建好了，库文件从哪里来呢？lib 库文件从交叉编译器中获取，前面我们搭建交叉编译环境时将交叉编译器存放到了 "/usr/local/arm/" 目录中。交叉编译器里面有很多库文件，这些库文件具体是做什么的，初学者肯定不能完全了解，那么就先把所有的库文件都放到根文件系统中。

进入如下路径对应的目录：

```
/usr/local/arm/gcc-linaro-4.9.4-2017.01-X86_64_arm-linux-gnueabihf/arm-li
nux-gnueabihf/libc/lib
```

此目录下有很多*so*文件（*是通配符）和.a 文件，这些就是库文件。将此目录下所有*so*文件和.a 文件都复制到 rootfs/lib 目录中。复制命令如下：

```
cp *so* *.a /home/root/linux/nfs/rootfs/lib/ -d
```

最后的-d 表示复制符号链接。这里有个比较特殊的库文件 ld-linux-armhf.so.3，此库文件也是个符号链接，相当于 Windows 下的快捷方式。它会链接到库 ld-2.19-2014.08-1-git.so 上，输入命令 "ls ld-linux-armhf.so.3 -l" 查看此文件详细信息，如图 9.29 所示。

```
root@linux:~/linux/nfs/rootfs$ cd lib/
root@linux:~/linux/nfs/rootfs/lib$ ls ld-linux-armhf.so.3 -l
lrwxrwxrwx 1 kai 24 Jun 13 12:36 ld-linux-armhf.so.3 -> ld-2.19-2014.08-1-git.so
```

图 9.29   文件 ld-linux-armhf.so.3

从图 9.29 可以看出，ld-linux-armhf.so.3 后面有个“->”，表示它是一个软链接文件，链接到文件 ld-2.19-2014.08-1-git.so。因为它是一个快捷方式，所以文件大小只有 24B。但是，ld-linux-armhf.so.3 不能作为符号链接，否则在根文件系统中执行程序无法执行！所以要重新复制 ld-linux-armhf.so.3，先将 rootfs/lib 中的 ld-linux-armhf. so.3 文件删除掉，命令如下：

```
rm ld-linux-armhf.so.3
```

然后重新进入/usr/local/arm/gcc-linaro-4.9.4-2017.01-X86_64_arm-linux-gnueabihf/arm-linux-gnueabihf/libc/lib 目录中复制 ld-linux-armhf.so.3，命令如下：

```
cp ld-linux-armhf.so.3 /home/root/linux/nfs/rootfs/lib/
```

复制完成后再到 rootfs/lib 目录下查看 ld-linux-armhf.so.3 文件详细信息，如图 9.30 所示。

```
root@linux:~/linux/nfs/rootfs/lib$ rm  ld-linux-armhf.so.3
root@linux:~/linux/nfs/rootfs/lib$ ls ld-linux-armhf.so.3 -l
-rwxr-xr-x 1 kai 724392 Jun 13 12:59 ld-linux-armhf.so.3
root@linux:~/linux/nfs/rootfs/lib$
```

图 9.30　文件 ld-linux-armhf.so.3

从图 9.30 可以看出，此时 ld-linux-armhf.so.3 已经不是软链接了，而是一个实实在在的库文件。继续进入如下目录中：

```
/usr/local/arm/gcc-linaro-4.9.4-2017.01-X86_64_arm-linux-gnueabihf/arm-linux-gnueabihf/ lib
```

此目录下也有很多*so*文件和.a 库文件，我们将其复制到 rootfs/lib 目录中，命令如下：

```
cp *so* *.a /home/root/linux/nfs/rootfs/lib/ -d
```

rootfs/lib 目录的库文件就这么多。完成后的 rootfs/lib 目录如图 9.31 所示。

```
root@linux:~/linux/nfs/rootfs/lib$ ls
ld-2.19-2014.08-1-git.so                libgomp.so                              libpthread-2.19-2014.08-1-git.so
ld-linux-armhf.so.3                     libgomp.so.1                            libpthread.so.0
libanl-2.19-2014.08-1-git.so            libgomp.so.1.0.0                        libresolv-2.19-2014.08-1-git.so
libanl.so.1                             libitm.a                                libresolv.so.2
libasan.a                               libitm.so                               librt-2.19-2014.08-1-git.so
libasan.so                              libitm.so.1                             librt.so.1
libasan.so.1                            libitm.so.1.0.0                         libSegFault.so
libasan.so.1.0.0                        libm-2.19-2014.08-1-git.so              libssp.a
libatomic.a                             libmemusage.so                          libssp_nonshared.a
libatomic.so                            libm.so.6                               libssp.so
libatomic.so.1                          libnsl-2.19-2014.08-1-git.so            libssp.so.0
libatomic.so.1.1.0                      libnsl.so.1                             libssp.so.0.0.0
libBrokenLocale-2.19-2014.08-1-git.so   libnss_compat-2.19-2014.08-1-git.so     libstdc++.a
libBrokenLocale.so.1                    libnss_compat.so.2                      libstdc++.so
libc-2.19-2014.08-1-git.so              libnss_db-2.19-2014.08-1-git.so         libstdc++.so.6
libcrypt-2.19-2014.08-1-git.so          libnss_db.so.2                          libstdc++.so.6.0.20
libcrypt.so.1                           libnss_dns-2.19-2014.08-1-git.so        libstdc++.so.6.0.20-gdb.py
libc.so.6                               libnss_dns.so.2                         libsupc++.a
libdl-2.19-2014.08-1-git.so             libnss_files-2.19-2014.08-1-git.so      libthread_db-1.0.so
libdl.so.2                              libnss_files.so.2                       libthread_db.so.1
libgcc_s.so                             libnss_hesiod-2.19-2014.08-1-git.so     libubsan.a
libgcc_s.so.1                           libnss_hesiod.so.2                      libubsan.so
libgfortran.a                           libnss_nis-2.19-2014.08-1-git.so        libubsan.so.0
libgfortran.so                          libnss_nisplus-2.19-2014.08-1-git.so    libubsan.so.0.0.0
libgfortran.so.3                        libnss_nisplus.so.2                     libutil-2.19-2014.08-1-git.so
libgfortran.a                           libnss_nis-2.19-2014.08-1-git.so        libubsan.so.0
libgfortran.so                          libnss_nisplus-2.19-2014.08-1-git.so    libubsan.so.0.0.0
```

图 9.31　rootfs/lib 目录

（2）向 rootfs 的 usr/lib 目录添加库文件。

在 rootfs 的 usr 目录下创建一个名为 lib 的目录，将如下目录中的库文件复制到 rootfs/usr/lib 目录中：

```
/usr/local/arm/gcc-linaro-4.9.4-2017.01-X86_64_arm-linux-gnueabihf/arm-li
nux-gnueabihf/ libc/usr/lib
```

将此目录中的*so*文件和.a 库文件都复制到 rootfs/usr/lib 目录中，命令如下：

```
cp *so* *.a /home/root/linux/nfs/rootfs/usr/lib/ -d
```

完成后的 rootfs/usr/lib 目录如图 9.32 所示。

```
root@linux:~/linux/nfs/rootfs/usr/lib$ ls
libanl.a              libcrypt_pic.a   libnsl.a              libnss_nis_pic.a        librpcsvc_p.a       c_p.a
libanl_p.a            libcrypt.so      libnsl_p.a            libnss_nisplus_pic.a    librt.a
libanl_pic.a          libc.so          libnsl_pic.a          libnss_nisplus.so       librt_p.a           a
libanl.so             libdl.a          libnsl.so             libnss_nis.so           librt_pic.a         c.a
libBrokenLocale.a     libdl_p.a        libnss_compat_pic.a   libpthread.a            librt.so
libBrokenLocale_p.a   libdl_pic.a      libnss_compat.so      libpthread_nonshared.a  libthread_db_pic.a
libBrokenLocale_pic.a libdl.so         libnss_db_pic.a       libpthread_p.a          libthread_db.so     d_db_pic.a
libBrokenLocale.so    libg.a           libnss_db.so          libpthread.so           libutil.a           d_db.so
libc.a                libieee.a        libnss_dns_pic.a      libresolv.a             libutil_p.a         a
libc_nonshared.a      libm.a           libnss_dns.so         libresolv_p.a           libutil_pic.a       p.a
libc_p.a              libmcheck.a      libnss_files_pic.a    libresolv_pic.a         libutil.so          pic.a
libc_pic.a            libm_p.a         libnss_files.so       libresolv_pic.map                           so
libcrypt.a            libm_pic.a       libnss_hesiod_pic.a   libresolv.so
libcrypt_p.a          libm.so          libnss_hesiod.so      librpcsvc.a
```

图 9.32　rootfs/usr/lib 目录

至此，根文件系统的库文件就全部添加好了，可以使用 du 命令查看 rootfs/lib 和 rootfs/usr/lib 这两个目录的大小。命令如下：

```
cd rootfs      //进入根文件系统目录
du ./lib ./usr/lib/ -sh //查看 lib 和 usr/lib 这两个目录的大小
```

结果如图 9.33 所示。

```
root@linux:~/linux/nfs/rootfs$ du ./lib ./usr/lib/ -sh
57M    ./lib
67M    ./usr/lib/
root@linux:~/linux/nfs/rootfs$
```

图 9.33　rootfs/lib 和 usr/lib 目录的大小

可以看出，rootfs/lib 和 rootfs/usr/lib 这两个目录的大小分别为 57MB 和 67MB，加起来就是 124MB。初学者可以选择 EMMC 版本。

5. 创建其他文件夹

在根文件系统中创建其他文件夹，如 dev、proc、mnt、sys、tmp 和 root 等，创建完成后如图 9.34 所示。

```
root@linux:~/linux/nfs/rootfs$ cd lib/
root@linux:~/linux/nfs/rootfs/lib$ ls ld-linux-armhf.so.3 -l
lrwxrwxrwx 1 root root 24 Jun 13 12:36 ld-linux-armhf.so.3 -> ld-2.19-2014.08-1-git.so
```

图 9.34　创建好其他文件夹后的 rootfs

6. 完善根文件系统

（1）创建/etc/init.d/rcS 文件。

rcS 是一个 Shell 脚本，Linux 内核启动后需要启动一些服务，而 rcS 就是规定启动哪些文件的脚本文件。在 rootfs 中创建/etc/init.d/rcS 文件，然后在 rcS 中输入如代码清单 9.3.2.1
所示的内容。

代码清单 9.3.2.1　rcS 脚本文件示例

```
1  #!/bin/sh
2
3  PATH=/sbin:/bin:/usr/sbin:/usr/bin:$PATH
4  LD_LIBRARY_PATH=$LD_LIBRARY_PATH:/lib:/usr/lib
5  export PATH LD_LIBRARY_PATH
6
7  mount -a
8  mkdir /dev/pts
9  mount -t devpts devpts /dev/pts
10
11 echo /sbin/mdev > /proc/sys/kernel/hotplug
12 mdev -s
```

第 1 行，表示这是一个 Shell 脚本。

第 3 行，PATH 环境变量保存着可执行文件可能存在的目录，这样我们在执行一些命令
或可执行文件时，就不会出现提示找不到文件这样的错误。

第 4 行，LD_LIBRARY_PATH 环境变量保存着库文件所在的目录。

第 5 行，使用 export 导出上面这些环境变量，相当于声明一些"全局变量"。

第 7 行，使用 mount 命令挂载所有的文件系统，这些文件系统由文件/etc/fstab 指定，所
以要创建/etc/fstab 文件。

第 8、9 行，创建目录/dev/pts，然后将 devpts 挂载到/dev/pts 目录中。

第 11、12 行，使用 mdev 来管理热插拔设备，通过这两行，Linux 内核可以在/dev 目录
下自动创建设备节点。关于 mdev 的详细内容，可以参考 Busybox 中的 docs/mdev.txt 文档。

代码清单 9.3.2.1 中的 rcS 文件内容是最精简的，大家如果去看 Ubuntu 或其他大型 Linux
操作系统中的 rcS 文件，就会发现它们非常复杂。因为我们是初次学习，所以不用搞这么复
杂的，而且这么复杂的 rcS 文件也是借助其他工具创建的。

创建文件/etc/init.d/rcS 后，一定要给其可执行权限！使用如下命令给/ec/init.d/rcS 赋予可
执行权限：

```
chmod 777 rcS
```

设置好后重新启动 Linux 内核，启动以后如图 9.35 所示。

```
mount: can't read '/etc/fstab': No such file or directory
/etc/init.d/rcS: line 13: can't create /proc/sys/kernel/hotplug: nonexistent directory
mdev: /sys/dev: No such file or directory

Please press Enter to activate this console.
```

图 9.35　Linux 启动过程

从图 9.35 可以看到，提示找不到/etc/fstab 文件，以及一些其他错误。首先把找不到/etc/
fstab 这个错误解决了，可能把这个问题解决以后其他的错误也就解决了。前面说了，mount -a
挂载所有根文件系统时需要读取/etc/fstab，因为/etc/fstab 里面定义了应该挂载哪些文件。

（2）创建/etc/fstab 文件。

在 rootfs 中创建/etc/fstab 文件，它在 Linux 开机以后自动配置那些需要自动挂载的分区，格式如下：

```
<file system> <mount point> <type> <options> <dump> <pass>
```

- <file system>：要挂载的特殊设备，也可以是块设备，比如/dev/sda 等。
- <mount point>：挂载点。
- <type>：文件系统类型，比如 EXT2、EXT3、PROC、ROMFS、TMPFS 等。
- <options>：挂载选项，在 Ubuntu 中输入 man mount 命令可以查看具体的选项。一般使用 defaults，也就是默认选项，defaults 包含 rw、suid、dev、exec、auto、nouser 和 async。
- <dump>：值为 1 表示允许备份，值为 0 表示不备份。一般不备份，因此设置为 0。
- <pass>：磁盘检查设置，值为 0 表示不检查。根目录"/"设置为 1，其他的都不能设置为 1。一般不在 fstab 中挂载根目录，因此这里一般设置为 0。

按照上述格式，在 fstab 文件中输入如下内容：

```
#<file system> <mount point> <type> <options> <dump> <pass>
proc /proc proc defaults 0 0
tmpfs /tmp tmpfs defaults 0 0
sysfs /sys sysfs defaults 0 0
```

创建完成 fstab 文件以后重新启动 Linux，结果如图 9.36 所示。

```
VFS: Mounted root (nfs filesystem) on device 0:14.
devtmpfs: mounted
Freeing unused kernel memory: 444K (80b19000 - 80b88000)

Please press Enter to activate this console.
/ #
```

图 9.36　Linux 重新启动

从图 9.36 可以看出，启动成功，而且没有任何错误提示。但我们还需要创建一个文件/etc/inittab。

（3）创建/etc/inittab 文件。

inittab 的详细内容可以参考 Busybox 下的文件 examples/inittab。init 程序会读取/etc/inittab 这个文件，inittab 由若干条指令组成，每条指令的结构都是一样的，由以 ":" 分隔的 4 个段组成，格式如下：

```
<id>:<runlevels>:<action>:<process>
```

- <id>：指令的标识符不能重复。但对于 Busybox 的 init，<id>有着特殊意义。对于 Busybox，<id>用来指定启动进程的控制 tty，一般需要将串口或 LCD 屏幕设置为控制 tty。
- <runlevels>：对于 Busybox，此项完全没用，所以空着。
- <action>：用于指定<process>可能用到的动作。Busybox 支持的动作如表 9.3 所示。
- <process>：具体的动作，比如程序、脚本或命令等。

参考 Busybox 的 examples/inittab 文件,创建一个/etc/inittab,在里面输入如代码清单 9.3.2.2 所示的内容。

代码清单 9.3.2.2　/etc/inittab 文件示例

```
1  #etc/inittab
2  ::sysinit:/etc/init.d/rcS  /*系统启动以后运行/etc/init.d/rcS 这个脚本文件*/
3  console::askfirst:-/bin/sh /*将 console 作为控制台终端,也就是 ttymxc0*/
4  ::restart:/sbin/init       /*若重启则运行/sbin/init */
5  ::ctrlaltdel:/sbin/reboot  /*按下 ctrl+alt+del 组合键运行/sbin/reboot */
6  ::shutdown:/bin/umount -a -r /*关机时执行/bin/umount,卸载文件系统*/
7  ::shutdown:/sbin/swapoff -a /*关机时执行/sbin/swapoff,关闭交换分区*/
```

/etc/inittab 文件创建好后就可以重启开发板。至此,根文件系统要创建的文件就全部完成了,接下来要对根文件系统进行其他测试。

9.3.3　根文件系统的启动过程分析

Linux 系统挂载完根文件系统之后就会执行 init 程序,创建 init 进程。根文件系统的启动过程大概如图 9.37 所示。

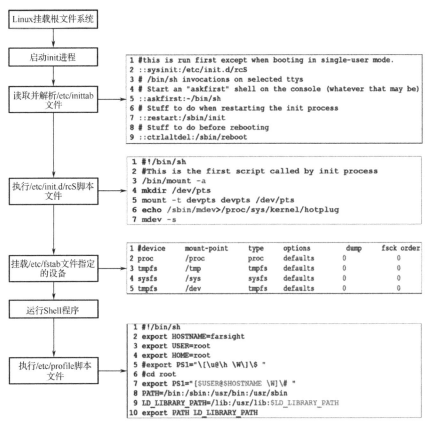

图 9.37　根文件系统的启动过程

作业

1. 分析系统启动的主要作用是什么。Linux 系统启动过程主要分为哪几个阶段？每个阶段完成哪些工作？

2. 查找资料，分析 U-Boot 的特点。U-Boot 如何实现对不同系列、不同型号处理器的启动支持？针对不同型号处理器，通过什么方式配置 U-Boot？针对不同扩展板，如何修改对应的参数？

3. 针对你购买的开发板，试着裁剪内核，并编译启动测试。

4. 参考开发板提供的根文件系统，制作并移植一种支持更高版本 Linux 内核的根文件系统。

第 10 章　Linux 应用编程与实例

应用程序开发（也称为应用编程）需要根据嵌入式应用的具体需求来设计。Linux 应用编程涉及 Linux 进程与线程的相关知识，同时要考虑进程或线程之间的通信、互斥等问题。因此，本章先对 Linux 进程与线程的一些基础知识进行讲解，然后以 V2X 车联网中 OBU 的应用编程为例，分析讲解应用程序开发的软件架构设计、线程间的关系、线程的创建、线程的通信处理等内容，再结合前面学习的以太网通信知识，以具体的线程编程为实例，为读者进行多线程应用程序开发提供一种样例。

10.1　程序、进程与线程

10.1.1　程序和进程

成功编译源代码后，生成可执行程序文件。可执行程序文件是为了完成特定任务而准备好的指令序列与数据的集合，这些指令和数据以"可执行映像"文件的格式保存在磁盘中。正如我们所写的一些代码，经过编译器编译生成对应的可执行文件，这个可执行文件就是程序，或者称为可执行程序。

进程（Process）是程序执行的具体实例。比如，一个可执行文件，在执行时，它就是一个进程，直到该程序执行完毕。在程序执行过程中，它享有系统的资源，至少包括进程的运行环境、CPU、外设、存储器、进程 ID 等资源与信息。同样的一个程序，可以实例化为多个进程，在 Linux 系统下使用 ls-la 命令可以查看当前正在执行的进程。当这个可执行程序运行完毕后，进程也随之被销毁。

程序并不能单独执行，只有将程序加载到存储器中，系统为它分配资源后才能够执行。这种执行的程序称为进程，也就是说，进程是系统进行资源分配和调度的一个独立单位。操作系统为每个进程分配单独的地址空间。

在 Linux 的/bin 目录下有很多可执行文件，我们在 Linux 系统中打开一个终端就是一个进程，这个进程由 bash 可执行文件（程序）实例化而来。而一个 Linux 系统可打开多个终端，并且这些终端是独立运行在系统中的。

在 Linux 系统中，程序只是一个静态的可执行文件，而进程是一个动态的实体，进程的状态（后续讲解进程状态）会在运行过程中改变。那么，程序是如何变成进程的呢？

在 Linux 中，运行一个程序，通常在 Shell 中输入命令运行就可以了。在运行过程中包含了程序到进程转换的过程，整个转换过程主要包含以下 3 个步骤：

- 查找对应程序代码存放的位置。
- 使用 fork()函数启动一个新进程。

● 在新进程中调用 exec 族函数（请参考第 4 章的内核部分）装载程序，并执行程序中的 main()函数。

总的来说，程序与进程有以下关系：

（1）程序只是一系列指令与数据的集合，本身没有任何运行的含义，只是一个静态的实体。进程则不同，它是程序在某个数据集上的执行过程，是一个动态运行的实体，有自己的生命周期，因启动而产生，因调度而运行，因等待资源或事件而被处于等待状态，因任务完成而被销毁。

（2）进程和程序并不是一一对应的。一个程序在不同的数据集上运行就会成为不同的进程，可以用进程控制块来唯一地标识系统中的进程。而这一点正是程序无法做到的，由于程序没有和数据产生直接的联系，即使是执行不同数据的程序，它们的指令的集合依然是一样的，所以无法唯一地标识出这些运行于不同数据集上的程序。一般来说，一个进程肯定有一个与之对应的程序，而且有且只有一个；而一个程序可能没有与之对应的进程（因为这个程序没有被运行），也可能有多个进程与之对应（这个程序可能运行在多个不同的数据集上）。

（3）进程具有并发性，而程序没有并发性。

（4）进程是竞争计算机资源的基本单位，而程序不是。

10.1.2　进程和线程

很多 Linux 书籍这样描述进程和线程：进程是资源管理的最小单位，线程是程序执行的最小单位。在操作系统设计上，从进程演化出线程，最主要的目的就是减小进程的上下文切换开销。前面提到，进程是资源管理的最小单位，那么每个进程都有自己的数据段、代码段和堆栈段，这必然造成进程在切换时有比较复杂的上下文切换等动作。因为要保存当前进程上下文的内容，还要恢复另一个进程的上下文，如果经常切换进程，开销累计起来占比就很大。因为在进程切换上下文时，需要重新映射虚拟地址空间、进出操作系统内核、切换寄存器，还会干扰处理器的缓存机制。因此，为了减少 CPU 在进程切换时的额外开销，Linux 进程演化出了另一个概念——线程。

线程是操作系统能够调度和执行的基本单位，在 Linux 中也被称为轻量级进程。在 Linux 系统中，一个进程至少需要一个线程作为它的指令执行体，进程管理着资源（如 CPU、存储器、软件资源等），而将线程分配到某个 CPU 上执行。一个进程可以拥有多个线程，它还可以同时使用多个 CPU 来执行不同线程，以实现最大程度的并行，提高工作效率；同时，即使是在单 CPU 的机器上，依然可以采用多线程模型来设计程序，使程序的执行效率更高。

图 10.1　进程与线程的关系

从上面这些概念不难得出一个非常重要的结论：线程的本质是进程内部的一个控制序列，类似于队列；它是进程中的东西，一个进程可以拥有一个线程或多个线程。进程与线程的关系如图 10.1 所示。

回顾前面内核部分学习进程相关的知识：当进程执行 fork()函数创建一个进程时，将创建该进程的一个副本。这个新进程拥有自己的变量和自己的 PID，它的执行几乎完全独立于父进程。用这种方式得到一个新的进程，开销是非常大的。而在进程中创建一个新线程时，新线程将拥有自己的栈空间，但与它的创建者共享全局变量、文件描述符、信号处理函数和当前目录状态等，也就是说，它只使用当前进程的资源，而不是产生当前进程的副本。

　　Linux 系统中的每个进程都有独立的地址空间，一个进程崩溃后，在系统的保护模式下并不会对系统中的其他进程产生影响；而线程只是进程内部的一个控制序列，当线程崩溃时，进程也随之崩溃。所以，一个多进程的程序要比多线程的程序健壮，但在进程切换时，耗费资源较大，效率要差一些。在某些场合，对于一些要求同时进行又要共享某些变量的并发操作，只能用线程，不能用进程。

　　总的来说，一个程序至少有一个进程，一个进程至少有一个线程。线程使用的资源是进程的资源，进程崩溃线程也随之崩溃。线程的上下文切换要比进程更快速，因为本质上，线程的很多资源都是共享进程的资源，所以线程之间切换时，需要保存和切换的项很少。

10.2　线程管理

　　在讲解线程编程之前，先了解一个标准：可移植操作系统界面（Portable Operating System Interface，POSIX）。POSIX 是 IEEE 为在各种 UNIX 操作系统上运行软件而定义 API 的一系列关联标准的总称，其中的 X 则表明其对 UNIX API 的传承。其正式名称为 IEEE Std 1003，国际标准名称为 ISO/IEC 9945。POSIX 是由理查德·斯托曼（RMS）应 IEEE 的要求而提议的一个易于记忆的名称。

　　Linux 系统下的多线程遵循 POSIX 标准，而其中的一套常用的线程库是 pthread，它是一套通用的线程库，是由 POSIX 提出的，因此具有很好的可移植性，我们学习多线程编程，就是使用它。使用时必须包含以下头文件：

```
#include <pthread.h>
```

　　此外，在链接时要使用库 libpthread.a。因为 pthread 的库不是 Linux 系统的文件，所以在编译时要加上-lpthread（或-pthread）选项。

10.2.1　线程创建

1. 线程属性

Linux 中的线程属性结构如下：

```
typedef struct
{
    int etachstate;                    //线程的分离状态
    int schedpolicy;                   //线程调度策略
    struct sched_param schedparam;     //线程的调度参数
    int inheritsched;                  //线程的继承性
    int scope;                         //线程的作用域
    size_t guardsize;                  //线程栈末尾的警戒缓冲区大小
    int stackaddr_set;                 //线程的栈设置
```

```
    void* stackaddr;                        //线程栈的位置
    size_t stacksize;                       //线程栈的大小
}pthread_attr_t;
```

线程的属性非常多，而且其属性值不能直接设置，要使用相关函数进行操作。线程主要包括如下属性：作用域（scope）、栈大小（stack size）、栈地址（stack address）、优先级（priority）、分离的状态（detached state）、调度策略和参数（scheduling policy and parameters）；默认属性为非绑定、非分离、1MB 的堆栈大小、与父进程同样级别的优先级。线程属性相关的 API 如表 10.1 所示。

表 10.1　线程属性相关的 API

序　　号	API	说　　明
1	pthread_attr_init()	初始化一个线程对象的属性
2	pthread_attr_destroy()	销毁一个线程属性对象
3	pthread_attr_getaffinity_np()	获取线程的 CPU 亲缘性
4	pthread_attr_setaffinity_np()	设置线程的 CPU 亲缘性
5	pthread_attr_getdetachstate()	获取线程分离状态属性
6	pthread_attr_setdetachstate()	修改线程分离状态属性
7	pthread_attr_getguardsize()	获取线程的栈保护区大小
8	pthread_attr_setguardsize()	设置线程的栈保护区大小
9	pthread_attr_getscope()	获取线程的作用域
10	pthread_attr_setscope()	设置线程的作用域
11	pthread_attr_getstack()	获取线程的堆栈信息（栈地址和栈大小）
12	pthread_attr_setstack()	设置线程堆栈区
13	pthread_attr_getstacksize()	获取线程堆栈大小
14	pthread_attr_setstacksize()	设置线程堆栈大小
15	pthread_attr_getschedpolicy()	获取线程的调度策略
16	pthread_attr_setschedpolicy()	设置线程的调度策略
17	pthread_attr_getschedparam()	获取线程的调度优先级
18	pthread_attr_setschedparam()	设置线程的调度优先级
19	pthread_attr_getinheritsched()	获取线程是否继承调度属性
20	pthread_attr_setinheritsched()	设置线程是否继承调度属性

当然，如果不是特别需要，可以不考虑线程相关的属性，使用默认属性即可。

（1）初始化一个线程对象的属性。

函数原型为：

```
int pthread_attr_init(pthread_attr_t *attr);
```

若函数调用成功返回 0，否则返回对应的错误代码。attr 是指向一个线程属性的指针。

（2）销毁一个线程属性对象。

销毁一个线程属性对象，经过 pthread_attr_destroy()函数销毁初始化之后的 pthread_attr_t 结构，被 pthread_create()函数调用时将会返回错误。

函数原型：

```
int pthread_attr_destroy(pthread_attr_t *attr);
```

若函数调用成功返回 0，否则返回对应的错误代码。attr 是指向一个线程属性的指针。

2. 线程创建

pthread_create()函数用于创建一个线程。创建线程实际上就是确定调用该线程函数的入口点，在线程创建后，就开始运行相关的线程函数。若线程创建成功，则返回；若线程创建失败，则返回对应的错误代码。函数在执行错误时的错误信息将作为返回值返回，并不修改系统全局变量 errno，当然也无法使用 perror()打印错误信息。

函数原型为：

```
int pthread_create(pthread_t *thread, const pthread_attr_t *attr, void
*(*start_routine) (void *), void *arg);
```

参数说明如下：

① pthread_t *thread：传递一个 pthread_t 类型的指针变量，也可以直接传递某个 pthread_t 类型变量的地址。pthread_t 是一种用于表示线程的数据类型，每个 pthread_t 类型的变量都可以表示一个线程。

② const pthread_attr_t *attr：用于手动设置新建线程的属性，如线程的调用策略、线程所能使用的栈内存的大小等。在大部分场景中都不需要手动修改线程的属性，将 attr 参数赋值为 NULL，pthread_create()函数会采用系统默认的属性值创建线程。

pthread_attr_t 类型以结构体的形式定义在<pthread.h>头文件中，此类型的变量专门表示线程的属性。

③ void *(*start_routine) (void *)：以函数指针的方式指明新建线程需要执行的函数，该函数的参数最多有 1 个（可以省略），形参和返回值的类型都必须为 void*类型。void*类型又称为空指针类型，表明指针所指数据的类型是未知的。使用此类型指针时，通常要对其进行强制类型转换，然后才能正常访问指针指向的数据。

如果该函数有返回值，则线程执行完函数后，函数的返回值可以由 pthread_join()函数接收。

④ void *arg：指定传递给 start_routine()函数的实参，当不需要传递任何数据时，将 arg 赋值为 NULL 即可。

如果成功创建线程，pthread_create()函数返回数字 0，否则返回非零值。各非零值对应不同的宏，指明创建失败的原因。常见的宏有以下几种：

● EAGAIN：系统资源不足，无法提供创建线程所需的资源。

● EINVAL：传递给 pthread_create()函数的 attr 参数无效。

● EPERM：传递给 pthread_create()函数的 attr 参数中，某些属性的设置为非法操作，程序没有相关的设置权限。

10.2.2　线程管理

1．线程的调度策略选择

POSIX 标准指定了三种调度策略：

● 分时调度策略（SCHED_OTHER）。

● 实时调度策略，先进先出方式调度（SCHED_FIFO）。

● 实时调度策略，时间片轮转方式调度（SCHED_RR）。

这个属性的默认值为 SCHED_OTHER。后两种调度方式只能用于以超级用户权限运行的进程，因为它们都具备实时调度的功能，但在行为上略有区别。SCHED_FIFO 是基于队列的调度程序，对每个优先级都使用不同的队列，先进入队列的线程能优先得到运行，线程一直占用 CPU，直到有更高优先级的任务到达或自己主动放弃 CPU 使用权。SCHED_RR 与 FIFO 相似，不同的是前者的每个线程都有一个执行时间配额，当采用 SHCED_RR 策略的线程的时间片用完时，系统将重新分配时间片，将该线程置于就绪队列尾，并切换线程；放在队列尾保证了所有具有相同优先级的 RR 线程的调度公平。

与调度相关的 API 如下：

● int pthread_attr_setinheritsched(pthread_attr_t *attr, int inheritsched);

● int pthread_attr_getinheritsched(const pthread_attr_t *attr, int *inheritsched);

● int pthread_attr_setschedpolicy(pthread_attr_t *attr, int policy);

● int pthread_attr_getschedpolicy(const pthread_attr_t *attr, int *policy);

若函数调用成功返回 0，否则返回对应的错误代码。参数如下。

● attr：指向一个线程属性的指针。

● inheritsched：线程是否继承调度属性，可选值分别为：①PTHREAD_INHERIT_SCHED，调度属性将继承于创建的线程，attr 中设置的调度属性将被忽略。②PTHREAD_EXPLICIT_SCHED，调度属性将被设置为 attr 中指定的属性值。

● policy：可选值为线程的三种调度策略 SCHED_OTHER、SCHED_FIFO、SCHED_RR。

2．线程的优先级设置

顾名思义，线程的优先级就是这个线程得到资源被运行的优先级。在 Linux 系统中，优先级的值越小，线程优先级越高。Linux 根据线程的优先级对线程进行调度，遵循线程属性中指定的调度策略。

获取、设置线程静态优先级（static priority）可以使用以下函数，注意，是静态优先级。当线程的调度策略为 SCHED_OTHER 时，其静态优先级必须设置为 0。该调度策略是 Linux 系统调度的默认策略，处于 0 优先级的这些线程按照动态优先级被调度。之所以被称为"动态"，是因为随着线程的运行，它根据线程的表现而发生改变，而动态优先级起始于线程的 nice 值，且每当一个线程已处于就绪状态还未被调度器调度时，其动态优先级数值自动增加一个单位，这样能保证这些线程竞争 CPU 的公平性。

线程的静态优先级之所以被称为"静态"，是因为只要不强行使用相关函数修改它，它不随线程的执行而发生改变。静态优先级决定了实时线程的基本调度次序，它们是在即时调度策略中使用的。

- int pthread_attr_setschedparam(pthread_attr_t *attr, const struct sched_param *param);
- int pthread_attr_getschedparam(const pthread_attr_t *attr, struct sched_param *param);

参数说明如下。

- attr：指向一个线程属性的指针。
- param：静态优先级数值。

线程的优先级有以下特点：

- 新线程的优先级默认为 0。
- 新线程不继承父线程调度优先级（PTHREAD_EXPLICIT_SCHED）。

当线程的调度策略为 SCHED_OTHER 时，不允许修改线程优先级，仅当调度策略为实时的（即 SCHED_RR 或 SCHED_FIFO）时，可以在运行时通过 pthread_setschedparam() 函数来改变优先级，优先级默认为 0。

3. 线程栈设置

线程栈是非常重要的资源，它可以存放函数形参、局部变量、线程切换现场寄存器等数据。在前面讲到，线程共享使用的是进程的存储器空间，那么一个进程有 n 个线程，默认的线程栈大小是 1MB，那么就有可能导致进程的存储器空间不够用，因此，在存在多线程的情况下，可以适当减小某些线程栈的大小，防止进程的存储器空间不足。而某些线程可能需要完成大量的工作，或者线程调用的函数会分配很大的局部变量，或者函数调用层次很深，需要的栈空间可能很大，那么也可以增大线程栈的大小。

获取、设置线程栈的大小可以使用以下函数：

- int pthread_attr_setstacksize(pthread_attr_t *attr, size_t stacksize);
- int pthread_attr_getstacksize(const pthread_attr_t *attr, size_t *stacksize);

参数说明如下。

- attr：指向一个线程属性的指针。
- stacksize：线程栈的大小。

4. 线程退出

在线程创建后，系统就开始运行相关的线程函数。在该函数运行完之后，该线程也就退出了，这是线程的一种隐式退出方法。与进程的退出差不多，进程完成工作后就退出。而另一种退出线程的方法是使用 pthread_exit() 函数，让线程显式退出，这是线程的主动行为。这里要注意的是，在使用线程函数时，不能随意使用退出函数 exit() 来进行出错处理，这是因为函数 exit() 的作用是使调用进程终止，而一个进程往往包含多个线程，因此，使用 exit() 后，该进程中的所有线程都会被退出。因此，在线程中只能调用线程退出函数 pthread_exit() 而不是调用进程退出函数 exit()。

函数原型为：

```
void pthread_exit(void *retval);
```

参数说明如下。

retval：如果 retval 不为空，则会将线程的退出值保存到 retval 中，如果不关心线程的退出值，形参为 NULL 即可。

一般情况下，进程中各个线程的运行是相互独立的，线程的终止并不会相互通知，也不会影响其他线程，终止的线程所占用的资源不会随着线程的终止而归还系统，而是仍为线程所在的进程持有，这是因为一个进程中的多个线程是共享数据段的。从前面的内容我们知道，进程之间可以使用 wait()系统调用来等待其他进程结束，线程也有类似的函数：

```
int pthread_join(pthread_t tid, void **rval_ptr);
```

如果某个线程要等待另一个线程退出并获取它的退出值，就可以使用 pthread_join()函数完成，以阻塞的方式等待 thread 指定的线程结束。当函数返回时，被等待线程的资源将被收回，如果进程已经结束，那么该函数会立即返回。并且，thread 指定的线程必须是可结合状态的，该函数执行成功返回 0，否则返回对应的错误代码。

参数说明如下。
- thread：线程标识符，即线程 ID。
- retval：用户定义的指针，用来存储被等待线程的返回值。

需要注意的是，一个可结合状态的线程所占用的存储器，仅当有线程对其执行 pthread_join()时才会释放，因此，为了避免存储器泄漏，所有线程终止时，要么已经被设为 DETACHED，要么使用 pthread_join()来回收资源。

10.2.3　一个实例

若非特别需要，几乎不需要修改线程的属性。下面创建一个进程，线程的属性是默认属性，在线程执行完毕后退出，如代码清单 10.2.3.1 所示。

代码清单 10.2.3.1　线程创建示例

```
1    #include <unistd.h>
2    #include <fcntl.h>
3    #include <stdio.h>
4    #include <stdlib.h>
5    #include <pthread.h>
6    void *test_thread(void *arg)  /*  线程执行代码  */
7    {
8        int num = (unsigned long long)arg;
9        printf("arg is %d\n", num);
10       pthread_exit(NULL);
11   }
12   int main(void)
13   {
14       pthread_t thread;
15       void *thread_return;
16       int arg = 520;
17       int res;
```

```
18      printf("start create thread\n");
19      res = pthread_create(&thread, NULL, test_thread, (void*)(unsigned long
20      long)(arg));
21      if(res != 0)
22      {
23          printf("create thread fail\n");
24          exit(res);
25      }
26      printf("create treads success\n");
27      printf("waiting for threads to finish...\n");
28      res = pthread_join(thread, &thread_return);
29      if(res != 0)
30      {
31          printf("thread exit fail\n");
32          exit(res);
33      }
34      printf("thread exit ok! \n");
35      return 0;
36  }
```

进入 system_programing/thread 目录下执行 make 编译源码，然后运行，测试现象如下：

```
thread git:(master) ./targets
start create thread
create treads success
waiting for threads to finish...
arg is 520
thread exit ok!
```

10.3　C-V2X OBU 应用编程实例

10.3.1　C-V2X OBU 功能分析与软件架构

1. C-V2X 车联网简介

C-V2X（Cellular-V2X。V2X 表示 Vehicle to Everything）车联网是指利用一种新的短距离无线通信技术，如 LTE-V2X、5G NR-V2X，和移动蜂窝通信相结合，构建的车辆无线通信网络。通过在车辆上安装车载终端设备，实现对车辆工作情况和静态/动态对象信息的采集、存储和传输。通过车辆收集、处理并共享大量信息，使车与车、车与路上的行人和自行车，以及车与城市网络互相连接，实现更智能、更安全的驾驶。

C-V2X 车联网主要由 C-V2X 车载单元（On-Board Unit，OBU）、路侧单元（Road-Side Unit，RSU）和云平台组成，其架构如图 10.2 所示。

C-V2X 车载单元（OBU）是车路协同架构中数量最多且灵活多变的可移动式 V2X 设备，主要负责车辆数据的采集和安全的辅助作用。OBU 通过车身传感器获得车辆的实时运动状态，主要包括位置信息、运动状态信息、制动系统状态信息和历史轨迹信息。将这些车辆信息按照《合作式智能运输系统车用通信系统应用层及应用数据交互标准》进行压缩，填充 BSM（Base Safety Message）消息，通过 V2X 通信广播给其他 V2X 设备。其他 V2X 设备根据接收到的 BSM 消息，提取出目标车辆的位置、速度、航向角、加速度、挡位状态、刹车状态和转向灯状态等信息，与本车的位置和运动状态信息相结合，实现安全驾驶和防撞预警等应用。同时，OBU 也会将本车车辆状态、位置和触发预警情况利用蜂窝网络通信上报给云平台，为云端的车辆编队、事故回放和事故分析提供数据支撑。

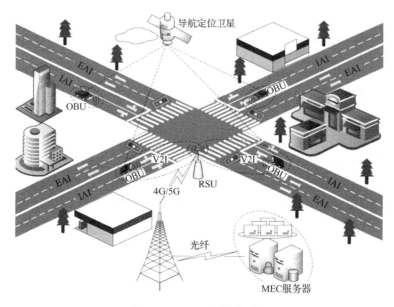

图 10.2　V2X 车联网架构

路侧单元（RSU）是车路协同架构中重要的不可移动 C-V2X 设备，主要负责道路信息和动态交通信息的采集与广播。智能路侧设备将一些智能感知设备（如摄像头、毫米波雷达等）与传统的 RSU 相结合，用来提高车路协同架构对弱势交通参与者的感知能力。道路信息主要是区域地图信息和道路状态信息，地图信息包括区域的路口信息、路段信息、车道信息和道路之间的连接关系等，而道路状态信息主要是动态的或临时的交通事件信息。OBU 获得这类消息后，可以有效地避免交通事故带来的交通拥堵现象，提高车联网中车辆的通行效率。动态交通信息主要是路侧安全信息和交通信号灯状态信息。路侧安全信息是利用智能感知设备获得的弱势交通参与者的运动状态和位置信息，通过 RSU 共享给 OBU，提高车联网的安全性。交通信号灯状态信息大多通过专用网络获取，OBU 可以根据当前信号灯的状态与剩余时间，动态设计不停车通过交通路口的方案，提高路口车辆的通行效率。同时，RSU 设备也负责转发其他车载终端的 BSM 消息，避免建筑物遮挡造成的 V2X 感知盲区，提高车辆的 V2X 感知范围。RSU 不仅要与车联网中的移动 V2X 设备进行信息交互，还要将不同时刻的路口车流量数据上传给云平台，为交通灯动态配时提供数据支撑。

云平台是车路协同架构的核心计算和数据存储设备，主要负责交通灯动态配时的发布、临时交通事故的发布和交通流量的预测等。利用人工智能和大数据技术，云平台可以实时地根据同一道路上不同路口 RSU 上传的交通流数据，设置动态的交通信号灯配时以及绿波车速，提高车联网的交通效率。将上报的临时交通事故发布给附近路口的 RSU，使计划经过该路口的车辆提前重新规划交通线路，避免不必要的时间浪费。分析事故多发地可能存在的客观原因，对驶入该区域的车辆提前发布预警提醒，向交通部门上报信息以便及时排除道路隐患，提高车联网的安全性。

此外，车联网系统中还有路侧 MEC（Mobile Edge Computing，移动边缘计算）平台、信号控制器、GNSS 差分基站等基础设施。这些内容请参考 V2X 车联网相关资料。

2. V2X 通信应用简介

我国执行的 V2X 车联网应用标准是中国汽车工程学会提出的《合作式智能运输系统车用通信系统应用层及应用数据交互标准》（TCSAE 53-2017）。该标准通过向上制定与系统应用对接的应用编程接口（API），应用开发者可独立开发实现互联互通的应用，而无须担心使用何种通信方式或通信设备。同时，通过向下制定与不同通信设备对接的服务提供接口（SPI），实现车用通信系统与不同通信方式或通信设备的兼容，满足通信技术不断发展的需求。在 TCSAE 53-2017 标准中定义了 17 个场景，如表 10.2 所示，涵盖安全、效率和信息服务三类应用。本章选取几个 OBU 典型应用开发作为实例，说明 Linux 应用软件开发方法及流程。

表 10.2　TCSAE 53-2017 标准中定义的 17 个场景

序号	类别	通信方式	应用名称
1	安全	V2V	前向碰撞预警
2		V2V/V2I	交叉路口碰撞预警
3		V2V/V2I	左转辅助
4		V2V	盲区预警/变道辅助
5		V2V	逆向超车预警
6		V2V-Event	紧急制动预警
7		V2V-Event	异常车辆提醒
8		V2V-Event	车辆失控预警
9		V2I	道路危险状况提示
10		V2I	限速预警
11		V2I	闯红灯预警
12		V2P/V2I	弱势交通参与者碰撞预警
13	效率	V2I	绿波车速引导
14		V2I	车内标牌
15		V2I	前方拥堵提醒
16		V2V	紧急车辆提醒
17	信息服务	V2I	汽车进场支付

3. V2X OBU 网络架构分析

在 C-V2X 车联网系统中，OBU 是信息交互的终端。为车联网服务的有多种通信网络，如 4G/5G、CAN、BT 和 C-V2X 等。这些网络提供车与车（V2V）、车与路（V2I）、车与云平台（V2N）的通信，使车辆、路侧和云平台协同工作，一起为车联网服务。

图 10.3 展示了 OBU 相关的异构通信网络关系图，可以看出，OBU 的网络主要分为三种：车际网（车辆自组网）、车载互联网、车内网。

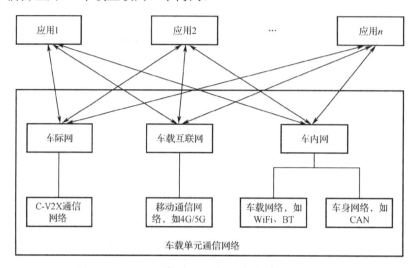

图 10.3　OBU 中应用和网络间的关系图

C-V2X 中车与车、车与路通信采用的是中短程无线通信网络，是典型的车际网，仅供汽车使用，遵守相应的协议和技术标准。

4G/5G 移动通信网络是与互联网通信的主要途径，主要提供信息服务和娱乐功能。车载互联网是车辆和云平台进行通信的移动网络。

车内网分为车载网络和车身网络。车载网络主要由 WiFi、BT 组成，为便携式设备提供车载信息服务。车身网络是车辆自身设备间的通信网络。车身网络连接车身的各个传感器设备，为车辆提供环境感知服务。CAN 和车载以太网是目前主要的车身网络。

C-V2X 车联网是典型异构通信网络。OBU 能够获得和处理来自车身各种通信设备的数据，这些异构网络在车内共存，为车辆提供信息服务。车联网应用可以使用多种通信网络来完成一些功能。这些网络具有不同的数据格式和通信方式，给车联网应用开发带来了一定困难。在车辆通信网络中，主要通过车载网关来完成这些网络之间的通信。

4. OBU 软件架构

OBU 设备整体架构可分为 6 层：硬件层、Linux 内核层、通信协议中间件、V2X 消息中间件、算法 SDK 和应用层，如图 10.4 所示。其中，硬件层包括数据获取模块和通信设备模块，主要负责数据获取、底层数据传输。数据通信模块包括 CAN、LTE-V、4G/5G、WiFi 等模块。

数据传输包括通信协议层和 V2X 消息层两部分，通信协议层主要负责数据的 V2X 消息编解码、加解密、O2H（OBU to HMI）与 V2N（车对云平台）通信；O2H 通信主要包括 OBU 与 HMI（Human Machine Interface）、云设备通信模块。V2X 消息部分包括 BSM、SPAT、MAP、RSI、RSM 等通信消息的编解码。

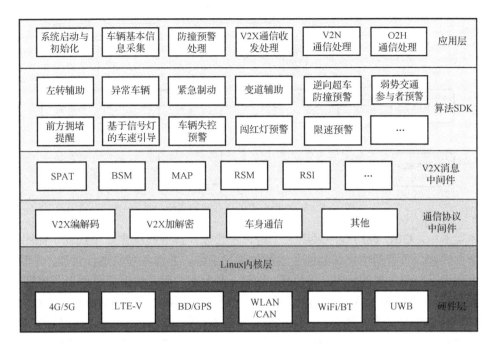

图 10.4　V2X OBU 软件系统架构框图

算法 SDK 层主要包括防撞预警算法、车辆编队组队算法等 V2X 车联网应用算法。例如，防撞预警算法 ACW 模块，主要通过通信部分获取的 HV（Host Vehicle）信息、RV（Remote Vehicle）信息、环境信息（包括 MAP 地图信息、SPAT 交通灯信息），通过防撞预警算法计算出当前 HV 所在的场景、危险程度以及危险的距离等信息。

应用层是面向应用开发而设计的，主要完成初始化、通信管理、防撞预警处理等工作。在应用层中，包含系统启动与初始化、车辆基本信息采集、V2X 通信收发处理、V2N 与 O2H 通信处理、防撞预警处理等模块。

10.3.2　应用程序设计

车载终端 OBU 中主要实现典型场景预警的应用程序设计，采用多线程编程将各功能模块独立到各线程中，如车辆基本信息采集线程、防撞预警线程、V2X 信息收发线程、与云平台的通信线程等。车辆基本信息采集线程涉及与车身的信息交互，V2X 信息收发线程主要进行 V2X 消息处理，防撞预警线程则需要进行防撞预警处理，调用防撞预警的 SDK 依据车辆之间的运动状态关系判断是否发出预警。

V2X 系统中各设备间的通信关系如图 10.5 所示。RSU 接收到路侧智能终端处理后的数据（如交通信号灯信息、路侧感知的交通对象信息），处理后按照 V2X 应用层标准填充到消息体中，通过 V2X 通信向 OBU 发送路侧感知数据；多个车辆装载 V2X OBU$_n$，主车装载 OBU，接收其他车辆的 OBU$_n$ 通过 V2X 发送的 BSM 消息；经由防撞预警算法和其他消息处理机制，将 OBU 所在车辆位置及计算结果通过 Socket 通信发送到 HMI 和云服务器。

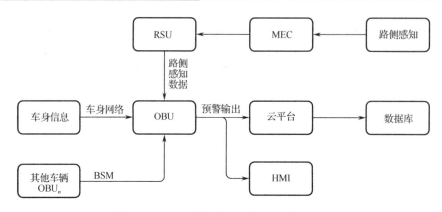

图 10.5　V2X 系统中各设备间的通信关系

在本实例中，OBU 应用程序采用 1 个进程来管理，该进程包含 6 个线程，如图 10.6 所示。一个主线程，负责初始化和其他子线程的创建工作，并对各模块进行管理。车辆信息采集线程主要用于监测车辆的状态，如位置、速度、异常事件等，输出信息用于防撞预警处理；V2X 通信线程通过 V2V 和 V2I 通信获取其他车辆和 RSU 发送的交通对象信息，经过信息融合，获得车辆周围的交通对象信息，输出给防撞预警线程进行预警处理；防撞预警线程通过获取本车状态信息、V2X 通信获取的其他车辆信息、环境感知信息等，通过防撞预警 SDK 提供的 API 进行处理，得到防撞预警的输出。

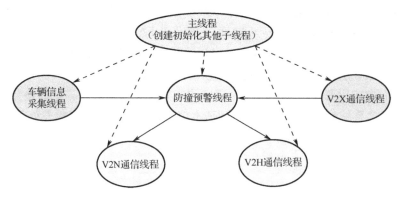

图 10.6　OBU 应用程序线程组成及相互关系

O2H 通信线程负责与 HMI 通信，通过获取防撞预警线程处理的结构，将预警信息通过优先级队列排序，然后发送到 HMI 部分，为驾驶员提供声音、图像等预警信息；OBU 与平台的网络通信线程用于部分信息的上传监测，如车辆的位置、速度以及产生的事件同步等。在应用程序中，线程的很多功能都需要通过互斥锁、条件锁、线程同步完成，并且心跳机制的实现需要准确的定时机制等。

1．程序流程图

在 OBU 应用中，5 个子线程可以并行执行，其中，V2X 通信线程和车辆信息采集线程主要用于防撞预警处理的信息采集，线程始终处于运行态。而防撞预警线程运行存在一个条件锁（条件锁的实现方式），条件不满足时该线程阻塞，条件满足时该线程运行，其运行条件为 V2X 消息接收线程接收其他车辆的 BSM 消息。线程的特点是共享物理内存，所以线程间通信最便捷的方式就是设置全局变量，一般使用全局结构体指针作为全局变量进行线程间通信。需要注意的是，全局变量的使用要注意添加读写锁，以防止数据混乱导致计算出错。防撞预警、车辆信息采集和 V2X 消息接收线程的处理流程如图 10.7 所示。

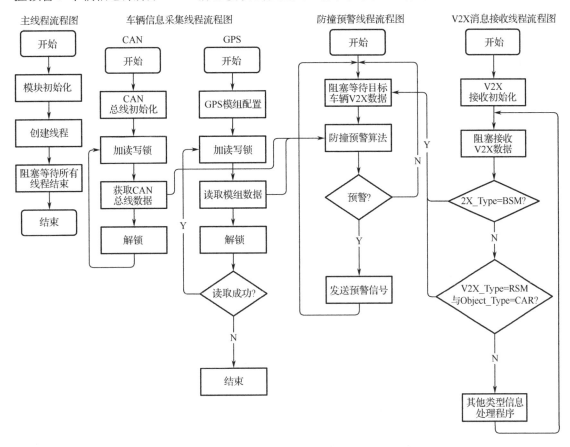

图 10.7　程序流程图

2. 主线程示例代码

如上所述，主线程主要用于创建其他子线程，代码中首先通过 V2X_Radio_init()函数将 V2X 模块初始化，然后使用 pthread_create()函数创建程序所需的所有线程。本实例以防撞预警线程、V2N 通信线程、V2X 消息接收线程为例进行分析，说明应用程序的开发方法。为了调试方便，我们在设计中采用线程开关对各子线程进行管理。功能需要裁剪时，通过 XXX_THREAD_EN 宏使能对应线程。主线程示例代码如代码清单 10.3.2.1 所示。

代码清单 10.3.2.1　主线程示例代码

```
1    #include "debug.h"
2    #include "V2X.h"
3    #include <errno.h>
4    #include "ACW_Thread.h"
```

```
5   #include "V2XRx_Thread.h"
6   #include "Server_Thread.h"
7
8   /*线程开关*/
9   #define ACW_THREAD_EN 1;
10  #define V2XRx_THREAD_EN 1;
11  #define SERVER_THREAD_EN 1;
12  /*线程号*/
13  pthread_t ACW_ThreadID;
14  pthread_t V2XRx_ThreadID;
15  pthread_t Server_ThreadID;
16  /**
17  * @brief      主函数
18  * @param      argc  argv
19  * @retval     None
20  */
21  int main(int argc, char *argv[])
22  {
23      int ret = -ENOSYS;
24
25      //V2X 广播初始化
26      V2X_Radio_init();
27
28  /*================= V2XRx 模块 =====================*/
29  #if V2XRx_THREAD_EN
30      ret = pthread_create(&V2XRx_ThreadID, NULL, V2XRx_Thread, NULL);
31      if (ret)
32      {
33          errno = ret;
34          perror("V2XRx Thread fail");
35          exit(EXIT_FAILURE);
36      }
37      else
38      {
39          debugprint("create V2XRx success\n");
40      }
41  #endif
42
43  /*========== ACW 模块:防撞预警场景判断 ================*/
44  #if ACW_THREAD_EN
45      ret = pthread_create(&ACW_ThreadID, NULL, ACW_Thread, NULL);
46      if (ret)
47      {
48          errno = ret;
49          perror("ACW Thread fail");
50          exit(EXIT_FAILURE);
```

```
51      }
52      else
53      {
54          debugprint("create ACW success\n");
55      }
56  #endif
57  /*=========== V2N 模块：车云通信线程 ================*/
58  #if SERVER_THREAD_EN
59      ret = pthread_create(&Server_ThreadID, NULL, Server_Thread, NULL);
60      if (ret)
61      {
62          errno = ret;
63          perror("Server Thread fail");
64          exit(EXIT_FAILURE);
65      }
66      else
67      {
68          debugprint("create Server success\n");
69      }
70  #endif
71
72      while(1) {}
73      Error:
74      debugprint("Error!\n");
75      exit(EXIT_SUCCESS);
76  }
```

10.3.3　V2X 消息接收线程

OBU 的消息接收线程通过调用 V2X 消息 SDK 的 API 函数，接收解析 V2X 应用层的 BSM、RSI、RSM、SPAT 等消息，将提取出来的信息存放到消息缓存中，以便于后面防撞预警的处理。代码清单 10.3.3.1 给出 V2X 消息接收线程的一个示例。

代码清单 10.3.3.1　V2X 消息接收线程示例

```
1   /**********************************************************************
2    * @file     V2XRx_Thread.c
3    * @brief    V2X 消息接收线程
4    ********************************************************************** */
5   #include <errno.h>
6   #include <pthread.h>
7   #include <netinet/in.h>
8   #include "V2XRx_Thread.h"
9   #include "msg_uper.h"
10  #include "debug.h"
11  #include "V2X.h"
```

```
12  #include "compute.h"
13  #include "structdefine.h"
14  #include "cJSON.h"
15  #include "GPSToSER.h"
16
17  extern tUserData* userdata;
18  extern tUserData* serdata;
19  extern struct HMI* pHMI;
20  extern pthread_rwlock_t USERDATA_RWLock;
21  extern int tcp_sock;
22  extern struct sockaddr_in tcp_addr;
23  extern int car_sock;
24  extern struct sockaddr_in car_addr;
25
26  /**全局变量**/
27  char rtcm[1024];
28  MSG_MessageFrame_st* RX_Msg;
29  /*V2XRx 互斥锁*/
30  pthread_mutex_t V2XRx_mutex = PTHREAD_MUTEX_INITIALIZER;
31  /*V2XRx 条件锁*/
32  pthread_cond_t V2XRx_cond = PTHREAD_COND_INITIALIZER;
33  tSPAT* spat;
34  obu_st* obu;
35  int count = 0;
36
37  int vlcount =0,Tcount = 0;
38  static int Parse_SPAT_Msg(MSG_MessageFrame_st* Msg, tSPAT* spat,
tUserData* HV_data);
39  static int SPAT_Msg_ToHMI(tSPAT* msg, int sockfd, int advspeed);
40  static int Advise_Speed_Compute(tSPAT* msg);
41  static int Spat_Judge_to_HMI(tSPAT* msg);
42  static int RSI_Judge_to_HMI(MSG_MessageFrame_st* rx,tUserData* HV_data);
43  static int Limit_Msg_ToHMI(int sockfd, int danger);
44  static int VLimit_Msg_ToHMI(int sockfd ,int danger);
45  static int Filled_RSM(MSG_MessageFrame_st* msg);
46  static int target_to_car();
47
48  /* V2X 接收处理线程*/
49  extern void *V2XRx_Thread(void *arg)
50  {
51      debugprint( "V2XRx Thread Start\n" );
52      pthread_detach ( pthread_self() );
53
54      int ret = -1, rx_sock;
55      int BSM_DataLength = 0;
56      int i;
```

```
57          char s[]="123";
58          unsigned char bsm_msg_buf[BSM_MAX_LEN] = {0} ;
59
60          //初始化 RX_Msg
61          RX_Msg = ( MSG_MessageFrame_st* ) calloc ( 1,sizeof ( MSG_Message
Frame_st ) );
62          if ( NULL == RX_Msg )
63          {
64              debugprint ( "[V2XRx_Thread]: calloc for Msg failed! ----
65                         %s::%s->%d \n", __FILE__, __FUNCTION__, __LINE__ );
66              goto Error;
67          }
68          //初始化 SPAT
69          spat = ( tSPAT* ) calloc ( 1,sizeof ( tSPAT ) );
70          if ( NULL == spat )
71          {
72              printf ( "[V2XRx_Thread]: calloc for spat failed\n" );
73              goto Error;
74          }
75          while(userdata == NULL)
76          {
77              UtilNap(100*1000);
78          }
79          while(serdata == NULL)
80          {
81              UtilNap(100*1000);
82          }
83          //调用 API 接口完成应用业务处理
84          rx_sock = V2X_Recv_Init();
85          while(1)
86          {
87              BSM_DataLength=V2X_MSG_Recv(rx_sock, bsm_msg_buf,
88                                          BSM_MAX_LEN, BSM_MAX_LEN);
89              if(BSM_DataLength == 1024)
90              {
91                  for(i=0;i<1024;i++)
92                  {
93                      rtcm[i] = bsm_msg_buf[i];
94                  }
95              }
96              pthread_mutex_lock( &V2XRx_mutex );
97              V2X_MSG_Decode(RX_Msg, bsm_msg_buf, BSM_DataLength); /*BSM 消息
解析*/
98              switch ( RX_Msg->messageid )
99              {
100                 case MSG_MessageFrame_ID_MAPDATA :
```

```
101            pthread_mutex_unlock( &V2XRx_mutex );
102            break;
103        case  MSG_MessageFrame_ID_BSM :
104            if(strcmp(RX_Msg->msg.msg_bsm.id, s) == 0)
105            {
106                if(RX_Msg->msg.msg_bsm.pos.latitude != 0.00)
107                {
108                    /* 接收到BSM消息, 取消ACW_Thread线程阻塞 */
109                    pthread_cond_signal ( &V2XRx_cond );
110                }
111            }
112            pthread_mutex_unlock ( &V2XRx_mutex );
113            break;
114        case MSG_MessageFrame_ID_RSI :
115            pthread_rwlock_rdlock(&USERDATA_RWLock);
116            ret = RSI_Judge_to_HMI(RX_Msg,userdata);
117            pthread_rwlock_unlock(&USERDATA_RWLock);
118            if ( 0 == ret )
119            {
120                printf ( "RSI_Judge_to_HMI failed\n" );
121                continue;
122            }
123            pthread_mutex_unlock ( &V2XRx_mutex );
124            break;
125        case  MSG_MessageFrame_ID_SPAT :
126            pthread_rwlock_rdlock(&USERDATA_RWLock);
127            ret =Parse_SPAT_Msg ( RX_Msg, spat, userdata);
128            pthread_rwlock_unlock(&USERDATA_RWLock);
129            if ( 0 == ret )
130            {
131                printf ( "[BSM_Thread]: ParseSPATMsg() failed\n" );
132                continue;
133            }
134            ret = Spat_Judge_to_HMI(spat);
135            if ( 0 == ret )
136            {
137                printf ("[Spat_Judge_to_HMI]:WarningMSG_ToHMI() failed\n");
138                continue;
139            }
140            pthread_mutex_unlock ( &V2XRx_mutex );
141            break;
142        case  MSG_MessageFrame_ID_RSM :
143            ret = Filled_RSM(RX_Msg);    //目标数据填充
144            pthread_mutex_unlock ( &V2XRx_mutex );
145            break;
146        default:
```

```
147                pthread_mutex_unlock ( &V2XRx_mutex );
148                break;
149        }
150    }
151 Error:
152    //销毁 BSM 互斥锁和条件锁
153    pthread_mutex_destroy ( &V2XRx_mutex );
154    pthread_cond_destroy ( &V2XRx_cond );
155    free(RX_Msg);
156    free ( spat );
157    pthread_exit ( NULL );
158 }
```

在该线程中，通过 V2X_MSG_Recv()函数和线程锁来处理接收 V2X 消息，BSM 消息接收后存放到 bsm_msg_buf 中，然后通过 V2X_MSG_Decode()函数对 V2X 接收的消息进行解析。V2X_MSG_Recv()函数的原型如下：

```
int V2X_MSG_Recv(int sock, uint8_t *msg, int size, char *flags);
```

参数说明如下。
- sock：由 V2X_Recv_Init()函数得到。
- msg：为消息接收缓存，存储接收到的 V2X 消息。
- size：待接收的消息体长度。
- flags：消息类型名。
- 返回参数：0 表示发送成功，-1 表示发送失败。

由于一个进程中的多个线程可以共享进程资源，当多个线程同时访问同一个共享资源时会造成问题。需要对线程进行控制，所以引入了线程锁，解决多个线程之间共享同一资源时对资源的占用控制问题，防止多个线程同时修改同一资源信息而导致不可预知的问题。

10.3.4　防撞预警线程

防撞预警线程首先初始化变量，然后阻塞等待接收 V2X 的 BSM 类型消息。检测到的车辆信息包括要发送消息的本车 BSM，过滤掉 BSM 消息中的本车数据，然后将本车消息与接收到的 BSM 消息填充到预警算法的输入结构体中。由于过程中需要读取本车信息，所以在读取过程前后要加上读写锁。调用预警算法接口 Anti_Collision_Warning()函数，返回场景值，最后将场景值发送到 HMI 和云平台服务器记录与显示。防撞预警线程流程图见图 10.7。

该线程在初始化变量之后进入循环，通过 pthread_cond_wait()函数阻塞等待 BSM 消息，条件锁阻塞函数如下：

```
pthread_mutex_lock ( &V2XRx_mutex );
pthread_cond_wait ( &V2XRx_cond, &V2XRx_mutex );
pthread_rwlock_rdlock(&USERDATA_RWLock);
```

线程的示例代码如代码清单 10.3.4.1 所示。

代码清单 10.3.4.1　防撞预警线程示例代码

```c
1    /**
2    **************************************************************************
3    * @file       ACW_Thread.c
4    * @brief      防撞预警
5    @date
6    */
7    /**Includes*****************************************************************/
8
9    #include "Message_Filled.h"
10   #include "structdefine.h"
11   #include "MsgToHMI.h"
12   #include <errno.h>
13   #include <pthread.h>
14   #include "ACW.h"
15   #include "GPSToSER.h"
16   #include "Server_Thread.h"
17   #include "debug.h"
18
19   extern struct HMI* pHMI;                //HMI 模块参数[HMI_thread 定义]
20   extern pthread_mutex_t V2XRx_mutex;     //V2XRx 互斥锁[V2XRx_Thread 中]
21   extern pthread_cond_t V2XRx_cond;       //V2XRx 条件锁[V2XRx_Thread 中]
22   extern pthread_rwlock_t USERDATA_RWLock;
23   extern tUserData* userdata;
24   extern MSG_MessageFrame_st* RX_Msg;
25   extern Stack HV_History;
26   extern int tcp_sock;
27   extern struct sockaddr_in tcp_addr;
28   extern tUserData* serdata;
29   /**
30   * @brief      防撞预警场景判断
31   * @param      arg
32   * @retval     Nono
33   */
34
35   extern void *ACW_Thread(void *arg)
36   {
37       int ret = -1, i = 0;
38       int tag=0;
39       double lon1,lat1;
40       double lon2,lat2;
41       tWarningMessage* wm;                //预警消息
42       tACW_Data* ACW_data;
43       char s[]="123";
44       tHistory* pRVOldMsg;    //RV 历史 BSM 消息
45       debugprint ( "ACW Thread Start\n" );
```

```
46      pthread_detach ( pthread_self() );
47      //初始化 pRVOldMsg
48      pRVOldMsg = malloc(sizeof(tHistory)*HISTORY_LENGTH);
49      if ( NULL == pRVOldMsg )
50      {
51          debugprint ( "[ACW_Thread]: malloc for pRVOldMsg failed!  %s::
52                      %s->%d", __FILE__, __FUNCTION__, __LINE__ );
53          goto Error;
54      }
55      ACW_data = (tACW_Data*)malloc(sizeof(tACW_Data));
56      if( ACW_data == NULL)
57      {
58          debugprint ( "[ACW_Thread]: malloc for ACW_data failed! %s::
59                      %s->%d", __FILE__, __FUNCTION__, __LINE__ );
60          goto Error;
61      }
62      wm = calloc ( 1, sizeof ( tWarningMessage ) );
63      if ( NULL == wm )
64      {
65          debugprint ( "[ACW_Thread]: calloc for WM failed! %s::
66                      %s->%d", __FILE__, __FUNCTION__, __LINE__ );
67          goto Error;
68      }
69      while(serdata == NULL)
70      {
71          UtilNap(100*1000);
72      }
73      while(userdata == NULL)
74      {
75          UtilNap(100*1000);
76      }
77      while(1)
78      {
79          pthread_mutex_lock ( &V2XRx_mutex );
80          pthread_cond_wait ( &V2XRx_cond, &V2XRx_mutex );
81          pthread_rwlock_rdlock(&USERDATA_RWLock);
82          if(Filter_BSM_Own()==1)
83          {
84              printf("[ACW_Thread] filter own\n");
85              continue;
86          }
87          ret = ACW_Data_Filled( ACW_data, RX_Msg, userdata, pRVOldMsg);
88          pthread_rwlock_unlock (&USERDATA_RWLock);
89          pthread_mutex_unlock ( &V2XRx_mutex );
90          //防撞预警场景判断
91          wm->Scene=Anti_Collision_Warning(HV_History, pRVOldMsg,ACW_data);
```

```
92          gps_transform( ACW_data->RV.latitude, ACW_data->RV.longitude,
&lat1, &lon1);
93          bd_encrypt(lat1,lon1,&lat2,&lon2);
94
95          printf("[ACW_C(114)]:\nHV:lat=%.8lf\tlon=%.8lf\theading=%f\
96  tspeed=%f\tID=%s\nRV:lat=%.8lf\tlon=%.8lf\theading=%f\tspeed=%f\tID=
97  %s\n", serdata->lat,serdata->lon, ACW_data-> HV.heading, ACW_data->HV.
98  speed, ACW_data->HV.vehicleID, lat2, lon2, ACW_data->RV.heading, ACW_
data->RV.speed, ACW_data->RV.vehicleID);
99
100         //生成预警消息
101         wm->msgID = JSON_TO_ANDROID_MSGID_ACW;
102         memmove ( wm->RV_ID, ACW_data->RV.vehicleID, sizeof  (ACW_data->
RV.vehicleID ) );
103         wm->RVLatitude = ACW_data->RV.latitude;
104         wm->RVLongitude = ACW_data->RV.longitude;
105         wm->Distance = 0;
106         //printf("ACW scence %d\n",wm->Scene);
107         ret = Warning_ToSER ( serdata,wm->Scene,tcp_sock,tcp_addr );
108         //通过 Socket 发送出去
109         ret = WarningMSG_ToHMI ( wm, pHMI->ASI.clientfd.WarnMsgFD );
110     }
111 Error:
112     debugprint("[ACW_Thread]:Error!\n");
113     free(wm);
114     free(pRVOldMsg);
115     free(ACW_data);
116     pthread_exit( NULL );
117 }
```

读写锁在之前已经介绍过,下面介绍 SDK 中防撞预警算法接口函数。

防撞预警算法接口函数原型如下:

```
int  Anti_Collision_Warning(Stack S, tHistory* pRV, tACW_Data* ACW_data);
```

参数说明如下。

- S:主车历史数据。
- pRV:目标车辆历史数据。
- ACW_data:主车、目标车辆数据。

函数返回的是场景编码值。

10.3.5 V2N 通信线程

V2N 指车端与云平台的通信。在 V2X 应用中,车端与云平台服务器通信实现车辆信息的实时采集与传输,主要包括车辆 ID、位置、速度、触发的 V2X 事件等。车与云平台之间的通信采用基于 Socket 的 TCP 通信,约定使用 JSON 格式进行网络通信,具体通信实现类似于车载终端与 HMI 的通信。通信内容包括车辆实时位置及场景触发信息，V2X 通信流程如图 10.8 所示。

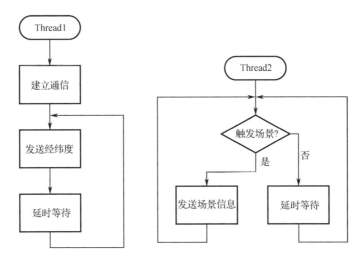

图 10.8　V2N 通信处理流程

V2N 通信属于整个工程中的一个功能子模块，因此可以将该通信功能实现在一个单独的线程中。线程输入为车辆经纬度、速度和航向角等车辆状态信息，以及由预警算法得出的预警结果场景信息。

1. Socket 通信实现（UDP 客户端）

在 Linux 平台中，V2N 通信是以 Socket 实现的。为了提高通信效率，一般采用 UDP 通信，OBU 作为客户端，云端作为服务器端。在操作系统内部，有一块用于存放控制信息的存储空间，这块存储空间记录了用于控制通信的控制信息。其实这些控制信息就是 Socket 的实体，或者说，存放控制信息的存储器空间就是套接字的实体。

一个套接字就是五元组（协议、本地地址、外部地址、状态、PID）。有时也称为四元组，四元组不包括协议。在 Linux 下使用<sys/socket.h>头文件中的 socket()函数来创建套接字，原型为：

```
int socket(int af, int type, int protocol);
```

参数说明如下。

① af 为地址族（Address Family），也就是 IP 地址类型。常用的有 AF_INET 和 AF_INET6。AF 是 Address Family 的简写，INET 是 Internet 的简写。AF_INET 表示 IPv4 地址，例如 127.0.0.1；AF_INET6 表示 IPv6 地址，例如 1030::C9B4:FF12:48AA:1A2B。也可以使用 PF 前缀，PF 是 Protocol Family 的简写，它和 AF 是一样的。例如，PF_INET 等价于 AF_INET，PF_INET6 等价于 AF_INET6。

② type 为数据传输方式/套接字类型，常用的有 SOCK_STREAM（流格式的套接字/面向连接的套接字）和 SOCK_DGRAM（数据报套接字/无连接的套接字）。

③ protocol 表示传输协议，常用的有 IPPROTO_TCP 和 IPPTOTO_UDP，分别表示 TCP 传输协议和 UDP 传输协议。可以将 protocol 的值设为 0，系统会自动推断应使用什么协议。

Socket 创建实例如下：

```
int tcp_socket = socket(AF_INET, SOCK_STREAM, IPPROTO_TCP);  //IPPROTO_TCP
表示 TCP 协议，创建 TCP 套接字
int udp_socket = socket(AF_INET, SOCK_DGRAM, IPPROTO_UDP);  //IPPROTO_UDP
表示 UDP 协议，创建 UDP 套接字
```

下面以 UDP 协议通信为例，介绍 Linux 网络通信。在创建 Socket 之后，通过地址结构体设置服务器地址和监听端口如下：

```
struct sockaddr_in udp_addr;
bzero(&udp_addr, sizeof(udp_addr));
udp_addr.sin_family=AF_INET;              //设置为 IPv4 通信
udp_addr.sin_port=htons(port);            //设置目的端口去链接服务器
udp_addr.sin_addr.s_addr=inet_addr(&ip);  //设置目的 IP 地址
```

然后，调用 sendto()函数向服务器发送数据。在头文件 <sys/types.h> 与<sys/socket.h>中定义函数原型如下：

```
int sendto(int s, const void * msg, int len, unsigned int flags, const struct
sockaddr * to, int tolen);
```

sendto()函数用来将数据由指定的 Socket 传给对方主机。参数 s 为已建好连线的 Socket，如果利用 UDP 协议则不需经过连线操作。参数 msg 指向要连接的数据内容，参数 flags 一般设为 0，详细描述请参考 sendto()函数。参数 to 用来指定传送的网络地址，即上面的 udp_addr。参数 tolen 为 sockaddr 的结果长度。

返回值：成功则返回实际传送出去的字符数，失败则返回-1，错误原因存储在 errno 中。函数使用实例如下：

```
ret =sendto(sockfd, send_buf, strlen (send_buf), 0,(struct sockaddr*)&
gps_addr, sizeof(gps_addr));
```

如果需要接收数据，使用 recvfrom()函数。在头文件<sys/types.h>与<sys/socket.h>中定义函数原型如下：

```
int recvfrom(int s, void *buf, int len, unsigned int flags, struct sockaddr
*from,int *fromlen);
```

函数说明：recvfrom()函数用来接收远程主机经指定 Socket 传来的数据，并把数据存到由参数 buf 指向的存储器空间，参数 len 为可接收数据的最大长度。参数 flags 一般设为 0，参数 from 用来指定欲传送的网络地址，参数 fromlen 为 sockaddr 的结构长度。

返回值：成功则返回接收到的字符数，失败则返回-1，错误原因存储在 errno 中。

函数使用实例如下：

```
recv_length = recvfrom(udp_sock, recv_buf, sizeof(recv_buf), 0, (struct
sockaddr*)&udp_addr, sizeof(udp_addr));
```

接收到的消息存储在 recv_buf 中，udp_addr 中填充来自发送端的地址端口等信息。可以看到，在发送与接收函数中，数据以空指针形式发送和接收。发送比较复杂的数据时，可以

使用结构体发送，但考虑到发送方与接收方的存储器对齐方式和其他设置的不同，在不同的发送接收端需要修改配置。因此，使用一种规定的格式进行传输是必要的。

V2N 通信线程示例如代码清单 10.3.5.1 所示。

代码清单 10.3.5.1　V2N 通信线程示例

```
1   #include "Server_Thread.h"
2   #include <stdio.h>
3   #include <stdlib.h>
4   #include <sys/socket.h>
5   #include <pthread.h>
6   #include <errno.h>
7   #include <sys/un.h>
8   #include <netinet/in.h>
9   #include "debug.h"
10  #include "Server_Thread.h"
11  #include "structdefine.h"
12  #include "mxml.h"
13  #include "M8P_Rover_Thread.h"
14  #include "compute.h"
15  /**
16   * @brief      Server 线程函数
17   * @param      arg
18   * @retval     Nono
19   */
20
21  extern tUserData* userdata;
22  extern tSPAT* spat;
23  extern pthread_rwlock_t USERDATA_RWLock; //userdata 读写锁
24  int udp_sock;    //云平台服务器 sock
25  struct sockaddr_in udp_addr;
26  struct tUserData* serdata;
27  double speed_max;
28  double speed_min;
29
30  static int Filled_Serdata(tUserData* serdata, tUserData* userdata);
31  void *Server_Thread(void *arg)
32  {
33      printf("Server Thread\n");
34      pthread_detach(pthread_self());
35      struct timeval tv_out;
36      tv_out.tv_sec=2;
37      tv_out.tv_usec=0;
38      int ret;
39      short int port;
40      const char ip[16];
        FILE *fp;
```

```
41
42    mxml_node_t *xml, *devices, *title;
43    memset(&udp_addr, 0x0, sizeof(udp_addr));//udp_addr 置零
44    fp = fopen("/v2x/xml/udp.xml","r");//从 xml 文件中读取 ip，端口号
45    if(fp == NULL)
46    {
47        debugprint("open udp.xml failed! %s::%s->%d", __FILE__,
48                                    __FUNCTION__, __LINE__);
49        exit(1);
50    }
51    xml = mxmlLoadFile(NULL, fp, MXML_TEXT_CALLBACK);
52    fclose(fp);
53    devices = mxmlFindElement(xml, xml, "HMI", NULL, NULL, MXML_DESCEND);
54 55
   title = mxmlFindElement(devices, xml, "IP", NULL, NULL, MXML_DESCEND);
56    if(mxmlGetText( title, NULL) != NULL)
57        strcpy( &ip, mxmlGetText(title, NULL));
58    title = mxmlFindElement(devices, xml, "Port", NULL, NULL, MXML_DESCEND);
59    if(mxmlGetText( title, NULL) != NULL)
60        port = atoi(mxmlGetText(title, NULL));
61    mxmlDelete(xml);
62    serdata = (tUserData*)calloc(1, sizeof(tUserData));
63    if(serdata == NULL) {
64        debugprint("[GPS_Thread]calloc serdata failed! %s::%s->
65                            %d\n",__FILE__,__FUNCTION__,__LINE__);
66
67    }
68    udp_addr.sin_family=AF_INET;//通过 sockaddr_in 设置服务器地址和监听端口；
69    udp_addr.sin_port=htons(port);
70    udp_addr.sin_addr.s_addr=inet_addr(&ip);
71
72    udp_sock=socket(PF_INET, SOCK_DGRAM, 0);//使用 Socket 生成套接字文件描
73 述符
74    if(udp_sock<0)
75    {
76            perror("udp_sock socket error");
77    }
78
79    short int port1;
80    const char ip1[16];
81    FILE *fp1;
82    mxml_node_t *xml1, *devices1, *title1;
83    memset(&car_addr, 0x0, sizeof(car_addr));
84
85    fp1 = fopen("/v2x/xml/config1.xml","r");
86    if(fp1 == NULL)
```

```
87      {
88          debugprint("open config1.xml failed! - %s::%s->%d", __FILE__,
89                                          __FUNCTION__, __LINE__);
90          exit(1);
91      }
92      xml1 = mxmlLoadFile(NULL, fp1, MXML_TEXT_CALLBACK);
93      fclose(fp1);
94      devices1 = mxmlFindElement(xml1, xml1, "HMI", NULL, NULL, MXML_DESCEND);
95      title1 = mxmlFindElement(devices1, xml1, "IP", NULL, NULL, MXML_DESCEND);
96      if(mxmlGetText( title1, NULL) != NULL)
97          strcpy( &ip1, mxmlGetText(title1, NULL));
98      title1 = mxmlFindElement(devices1, xml1, "Port", NULL, NULL, MXML_DESCEND);
99      if(mxmlGetText( title1, NULL) != NULL)
100         port1 = atoi(mxmlGetText(title1, NULL));
101     mxmlDelete(xml1);
102     car_addr.sin_family=AF_INET;
103     car_addr.sin_port=htons(port1);
104     car_addr.sin_addr.s_addr=inet_addr(&ip1);
105     printf("car_addr  %s\n",ip1);
106     car_sock=socket(PF_INET, SOCK_DGRAM, 0);
107     if(car_sock<0)
108     {
109         perror("socket");
110     }
111     while(spat == NULL)
112     {
113         UtilNap(100*1000);
114     }
115     while(userdata == NULL)
116     {
117         UtilNap(100*1000);
118     }
119     while(1)
120     {
121         int recv_length=0;
122         pthread_rwlock_rdlock(&USERDATA_RWLock);
123         ret= Filled_Serdata(serdata,userdata);
124         ret=GPS_ToSER(serdata,udp_sock,udp_addr);
125         if(ret<0)
126             printf("GPS_ToSER error\n");
127         pthread_rwlock_unlock(&USERDATA_RWLock);
128         if(recv_length<0)
129             printf("UDP recv error\n");
130         else
131             printf("从服务器接收：%s\n",recv_buf);
132         memset(recv_buf, 0, sizeof(recv_buf));*/
```

```
133        UtilNap(1000*1000);//精确延时 400000us
134    }
135    /* 关闭 socket 连接 */
136    close(udp_sock);
137    pthread_exit(NULL);
138 }
```

线程首先从 xml 文件中读取 IP 地址、端口数据用于建立 Socket 连接，然后读取车辆信息并填充到发送给服务器的结构体 userdata 中。

2. JSON 格式

在 O2H 和 V2N 通信中，发送比较复杂的数据时可以使用结构体。同样，考虑到发送方与接收方的存储器对齐方式和其他设置的不同，在不同的发送接收端需要修改配置。因此，使用一种规定的格式进行传输是必要的。这里采用嵌入式系统中常用的 JSON 格式来进行填充发送。

JSON（JavaScript Object Notation，JS 对象简谱）是一种轻量级的数据交换格式，它是 ECMAScript（欧洲计算机协会制定的 JS 规范）的一个子集，采用完全独立于编程语言的文本格式来存储和表示数据。简洁和清晰的层次结构使得 JSON 成为理想的数据交换语言，易于人阅读和编写，同时也易于机器解析和生成，并能提升网络传输效率。

首先介绍一下 JSON 对象的概念。JSON 对象是一个无序的"名称/值"键值对的集合：

● 以"{"开始，以"}"结束，允许嵌套使用。
● 每个名称和值成对出现，名称和值之间使用":"分隔。
● 键值对之间用","分隔。
● 在这些字符前后，允许存在无意义的空白符。

在 C 语言中有标准的 cJSON 库函数，我们可以方便地使用 JSON。

```
cJSON* bsmJSON;
/*创建 Json 对象*/
bsmJSON = cJSON_CreateObject();
/*添加字符串值*/
cJSON_AddStringToObject ( bsmJSON, "ID", tmpID );
/*添加数据值*/
cJSON_AddNumberToObject ( bsmJSON, "latitude", (int)(gps_data->lat* 10000000));
cJSON_AddNumberToObject ( bsmJSON, "longitude",(int)(gps_data->lon* 10000000));
/*转化为二进制数据*/
send_buf = cJSON_Print ( bsmJSON );
/*删除 JSON 对象*/
cJSON_Delete ( bsmJSON );
```

将 send_buf 写到 sendto()函数的发送缓存中并发送到服务器端，服务器端解析 JSON 数据后就能得到 JSON 对象的内容。

作业

1. 分析进程与线程的关系。试编写代码创建两个进程，其中一个实时进程、一个非实时进程，进程间采用共享内存方式进行通信；每个进程包含 3 个线程，设置线程的调度策略和优先级，线程之间需建立事件同步与资源互斥关系。打印分析各进程与线程的执行次数统计。

参 考 文 献

[1] 蒋建春，曾素华. 嵌入式系统原理及应用[M]. 北京：高等教育出版社，2014.

[2] 正点原子. Linux 驱动开发指南说明 V1.5.

[3] 陈文智，王总辉. 嵌入式系统原理与设计[M]. 2 版. 北京：清华大学出版社，2017.

[4] 宋宝华. Linux 设备驱动开发详解：基于最新的 Linux4.0 内核[M]. 北京：机械工业出版社，2015.

[5] 华清远见，宋宝华. Linux 设备驱动开发详解[M]. 北京：人民邮电出版社，2010.